深层碳酸盐岩礁滩气藏储层成藏机理及勘探开发对策研究
——以川东北黄龙场地区为例

何 骁　赵 松　黄雪松
曾汇川　王 刚　任洪明　等 著

科学出版社
北京

内 容 简 介

本书是一部介绍中国四川盆地川东北地区典型礁滩气藏黄龙场地区勘探开发的专著,汇集了黄龙场地区40年来的勘探开发成果。本书通过分析川东北地区典型礁滩气藏黄龙场地区的构造圈闭特征、沉积相特征,系统总结出礁滩气藏的成烃模式、储层特征及主控因素、烃类的运移及聚集、天然气的保存条件及气藏的成藏模式,指出礁滩气藏的富集规律,研究气藏生产特征、储量动用情况、水侵规律,提出气藏下步开发调整措施。本书采用理论与实践相结合的方法,具有较强的理论指导和实际应用价值。

本书可供从事复杂地区天然气勘探开发的科研人员、生产技术管理工作者使用,也可作为石油天然气大专院校有关专业师生的参考书。

图书在版编目(CIP)数据

深层碳酸盐岩礁滩气藏储层成藏机理及勘探开发对策研究:以川东北黄龙场地区为例/何骁等著.—北京:科学出版社,2017.3
ISBN 978-7-03-052456-0

Ⅰ.①深… Ⅱ.①何… Ⅲ.①碳酸盐岩油气藏-油气藏形成-研究-川东地区②碳酸盐岩油气藏-油气勘探-研究-川东地区 Ⅳ.①P618.130.627.1

中国版本图书馆CIP数据核字(2017)第056133号

责任编辑:张 展 黄 桥/责任校对:韩雨舟
责任印制:罗 科/封面设计:墨创文化

科学出版社 出版
北京东黄城根北街16号
邮政编码:100717
http://www.sciencep.com

成都锦瑞印刷有限责任公司 印刷
科学出版社发行 各地新华书店经销
*
2017年3月第 一 版 开本:787×1092 1/16
2017年3月第一次印刷 印张:16 1/2
字数:380千字
定价:118.00元
(如有印装质量问题,我社负责调换)

《深层碳酸盐岩礁滩气藏储层成藏机理及勘探开发对策研究

——以川东北黄龙场地区为例》编委会

主　编：何　骁　赵　松　黄雪松　曾汇川

　　　　王　刚　任洪明

副主编：刘　均　曹　刚　张　航　罗　韧

　　　　雷小华　袁迎中　黄小亮　李　丹

　　　　谭秀成　蒋　东　文华国　曹脊翔

　　　　胡作维

序

碳酸盐岩礁滩气藏的勘探开发是天然气复杂气藏勘探开发的世界级难题之一。这类气藏具有成藏模式复杂，礁、滩精细刻画难度大，储层低孔低渗、非均质性强，气水关系复杂，埋藏较深的特点，且普遍属中、高含硫气藏。

川东北地区天然气的勘探工作已历经半个多世纪，碳酸盐岩天然气藏的发现从无到有，分别在三叠系、二叠系、石炭系取得了一系列重大突破。礁滩气藏的探明储量已超过 7000 亿立方米。

黄龙场地区的地震勘探工作始于 1971 年，1986 年首钻黄龙 1 井在生物礁储层获气，2003 年投入开发生产，至今已有 40 余年的勘探开发历史。黄龙场作为中、高含硫气藏的典型代表，是川东北地区最早投入勘探开发的礁滩气藏，通过不断学习和借鉴国内外先进技术，在勘探开发方面取得了显著的成效。

川东北气矿自 2002 年成立以来就面临"低渗透气藏""有水气藏""高含硫气藏"等开发技术难题。为了更加高效优质地开发气田，深挖气井、气藏生产潜力，不断提高气藏的最终采收率。川东北气矿人以"科学发展"统领各项工作，多领域积极探索，应用新技术不断提高气田开发的整体效益。目前川东北地区已经成为西南油气田分公司的重要天然气上产区。

《深层碳酸盐岩礁滩气藏储层成藏机理及勘探开发对策研究——以川东北黄龙场地区为例》一书在地质理论方面总结了川东北地区礁滩气藏的成藏模式、主控因素、储层特征和富集规律，并结合开发生产进行了气藏生产特征、水侵规律、下步开发调整对策研究。形成了川东北地区礁滩气藏的一套成熟的勘探开发技术。思路开阔，观点新颖，立论正确，成果丰富具创新性。

该书是四川盆地天然气勘探开发工作中的一份重要总结，对国内外同类型气藏的勘探开发将起到重要的指导与借鉴作用。为此，我特向著者及广大参与川东北地区勘探开发实践的工作者表示衷心的祝贺，预祝川东北地区天然气勘探开发不断取得新的进展和重大发现，进一步开拓四川盆地天然气勘探开发的新局面。

陈洪德

2017 年 1 月

前　言

川东北地区礁滩气藏的勘探开发有其自身的特点。气田地表条件差，地下构造复杂，气藏具有边水，储层低孔、低渗、非均质性严重，裂缝对储集性能的改善起重要作用；礁滩气藏地震预测较为困难，利用地震勘探技术可靠地查明地下构造形态存在一系列技术难题，开采技术难度大。在此背景下，川东北地区的科研人员经过多年的不断探索和实践，创新工作方法，对该地区礁滩气藏基本规律的认识不断深化、完善与发展，形成了一系列成熟的、行之有效的技术，充分体现了科学技术是第一生产力，使川东北地区的天然气生产得到了可持续发展。树立了四川盆地礁滩气藏天然气勘探开发中的重要里程碑。

川东北地区高含硫气藏对外合作以后，随着老气田产量的衰减，急需寻找新的产能接替领域，以弥补产量持续递减的不利局面。礁滩气藏成了该地区重要的勘探开发领域。为此，通过持续深化"开江—梁平海槽"东西两侧的礁滩气藏的研究，发现海槽东侧黄龙场区块长兴组生物礁和飞仙关组鲕滩资源潜力巨大。但是前期勘探开发暴露出该区块构造复杂，断层认识不清，储层形成机理和分布规律不清，岩性油气藏的成藏机理不明确，气水分布复杂，以及高含硫气藏高效开发安全风险高等问题。针对川东北高陡复杂地区地震资料品质普遍较差，礁滩储层地震预测难度较大，地层及沉积相无统一的地质认识，严重制约长兴组生物礁与飞仙关组鲕滩气藏深化勘探开发等特点，运用复杂油气藏地质综合研究方法，将地质与地震勘探技术紧密结合，开展礁、滩体发育的受控因素、储层机理、展布规律研究，明确有利富集区带，优选目标，取得了显著的效果，实现了油气藏的高效环保经济的快速勘探开发，为同类复杂油气藏的勘探开发提供理论依据及技术支持，具有重大意义。

《深层碳酸盐岩礁滩气藏储层成藏机理及勘探开发对策研究——以川东北黄龙场地区为例》专著研究内容以黄龙场地区礁滩气藏为例，综合运用旋回地层学、现代沉积学、构造地质学、碳酸盐岩储层地质学、成藏动力学、油气藏描述、气藏工程、试井解释、有水气藏开采技术、数值模拟技术等学科的理论和方法，主要内容包括气藏地质特征研究、气藏生产特征研究、气藏水侵规律研究、气藏数值模拟研究、开发调整潜力评价及治水对策研究等，全面展示了川东北地区礁滩气藏高效勘探开发的成就和进步，可为该区以及国内同类中、高含硫礁滩气藏的高效安全勘探开发提供借鉴。

通过本书的编写，期望能总结经验、认识规律、发展技术、明确方向，进一步加快川东北地区下步天然气生产的高效勘探开发；并以此书献给从事川东北地区天然气勘探开发的全体工作者。

全书由序言、前言和相对独立的八章组成。第一章由何骁、曾汇川、黄雪松撰写；第二章由何骁、袁迎中、罗韧、谭秀成、文华国撰写；第三章由赵松、任洪明、张航、曹刚、胡作维撰写；第四章由黄雪松、刘均、黄小亮、曹脊翔撰写；第五章由赵松、李丹、任洪明、曾汇川撰写；第六章由任洪明、雷小华、王刚、袁迎中撰写；第七章由曾汇川、黄雪松、黄小亮、赵松撰写；第八章由王刚、何骁、张航、蒋东撰写。

在编写过程中，中国石油西南油气田分公司、重庆科技学院、西南石油大学等单位、院校的领导和专家给予了指导和帮助。在此，向所有对本书提供指导、关心、帮助的领导和员工及引用参考资料的有关作者表示深深的谢意。

鉴于编者水平有限、编写时间仓促，错误之处请批评指正，特此表示衷心感谢。

作者

2017 年 1 月

目 录

第一章 气藏概况及开发历程 ... 1
第一节 地理自然环境与区域构造位置 ... 1
第二节 勘探历程 ... 2
一、地震勘探简况 ... 2
二、钻探试油概况 ... 3
第三节 开发简况 ... 6

第二章 气藏地质特征研究 ... 7
第一节 精细地层对比与划分 ... 7
一、地层简况 ... 7
二、地层划分 ... 8
三、地层对比 ... 10
第二节 构造及圈闭特征研究 ... 12
一、层位标定 ... 12
二、断裂特征 ... 16
三、构造概况与圈闭发育特征 ... 19
第三节 沉积微相研究 ... 21
一、区域沉积背景 ... 21
二、长兴组沉积相特征 ... 22
三、飞仙关组沉积相特征 ... 28
四、长兴组、飞仙关组沉积演化史 ... 38
五、长兴组、飞仙关组储层成岩作用 ... 40
第四节 储层特征研究 ... 43
一、长兴组储层特征 ... 43
二、飞仙关组储层特征 ... 52
第五节 储层主控因素研究 ... 61
一、长兴组礁滩体发育受控因素及发育模式 ... 61
二、礁、滩型储层主控因素及成因 ... 69
第六节 礁滩气藏成藏条件和模式 ... 78
一、烃源岩评价 ... 78
二、长兴组生物礁气藏成藏条件分析 ... 95
三、飞仙关组鲕滩气藏成藏条件分析 ... 96
四、长兴组生物礁气藏成藏模式及成藏过程 ... 98
五、飞仙关组鲕滩气藏成藏模式及成藏过程 ... 102

  六、成藏过程综合分析 ……………………………………………………… 106
  七、天然气成藏富集规律与模式 ………………………………………… 108
第三章 气藏温度、压力系统及驱动类型 …………………………………………… 110
 第一节 长兴组气藏温度、压力系统及驱动类型 ………………………………… 110
  一、流体性质 ……………………………………………………………… 110
  二、温度与压力系统 ……………………………………………………… 110
  三、气水界面 ……………………………………………………………… 115
  四、驱动类型 ……………………………………………………………… 119
 第二节 飞仙关组气藏温度、压力系统及驱动类型 ……………………………… 119
  一、流体性质 ……………………………………………………………… 119
  二、温度与压力系统 ……………………………………………………… 120
  三、气水界面 ……………………………………………………………… 124
  四、气藏类型 ……………………………………………………………… 126
 第三节 区域硫化氢气体分布规律 …………………………………………………… 127
 第四节 区域气水界面差异分析 ……………………………………………………… 127
第四章 气藏容积法地质储量计算 ………………………………………………………… 129
 第一节 长兴组气藏储量计算 ………………………………………………………… 129
  一、储量计算单元的确定 ………………………………………………… 129
  二、黄龙场主体构造储量计算 …………………………………………… 129
  三、符家坡构造 …………………………………………………………… 131
 第二节 飞仙关组气藏储量计算 ……………………………………………………… 132
  一、储量计算单元确定 …………………………………………………… 132
  二、储量计算 ……………………………………………………………… 133
 第三节 容积法储量评价 ……………………………………………………………… 135
  一、黄龙场构造主高点长兴组气藏储量评价 …………………………… 135
  二、黄龙场构造飞仙关组气藏储量评价 ………………………………… 136
  三、符家坡高点长兴组气藏储量评价 …………………………………… 136
  四、储量总体评价 ………………………………………………………… 137
第五章 气藏生产特征研究 ………………………………………………………………… 138
 第一节 产能评价研究 ………………………………………………………………… 138
  一、气井产能方程建立 …………………………………………………… 138
  二、气井产能计算 ………………………………………………………… 145
  三、气井产能影响因素分析 ……………………………………………… 149
  四、气井的合理配产 ……………………………………………………… 153
 第二节 生产动态特征分析 …………………………………………………………… 154
  一、黄龙场主体构造长兴组气藏生产特征分析 ………………………… 154
  二、飞仙关组气藏生产特征分析 ………………………………………… 161
 第三节 产量递减规律分析 …………………………………………………………… 161
  一、ARPS产量递减模型 …………………………………………………… 161

二、产量递减模型判断 …… 162
　　三、气藏递减规律分析 …… 163
　第四节　储量动用程度研究 …… 165
　　一、气井动态储量计算 …… 165
　　二、气藏储量动用程度评价 …… 173
　第五节　采收率与剩余可采储量研究 …… 174
　　一、采收率预测 …… 174
　　二、可采储量计算 …… 176

第六章　气藏水侵规律研究 …… 178
　第一节　水侵动态特征 …… 178
　　一、产出水特征分析法 …… 178
　　二、井口产量压力变化分析法 …… 179
　第二节　水侵模式判别 …… 180
　第三节　水侵量计算 …… 182
　第四节　水体大小计算 …… 185
　　一、罐状水层模型法 …… 185
　　二、Fetkovitch 法 …… 185
　第五节　水体活跃程度评价 …… 189
　第六节　驱动机制分析 …… 191

第七章　气藏数值模拟研究 …… 194
　第一节　数值模型的建立 …… 194
　　一、地质模型粗化 …… 194
　　二、流体及岩石性质 …… 196
　　三、生产动态参数 …… 200
　　四、模型初始化 …… 200
　第二节　生产动态历史拟合 …… 202
　　一、模型参数调整 …… 202
　　二、整体指标拟合 …… 203
　　三、单井指标拟合 …… 206
　第三节　剩余气饱和度分布 …… 212

第八章　开发调整潜力评价及治水对策研究 …… 217
　第一节　长兴组气藏治水对策及开发潜力研究 …… 217
　　一、国内外控水治水应用现状 …… 217
　　二、开发潜力分析 …… 220
　　三、基础方案分析及预测 …… 221
　　四、治水技术对策及数学预测 …… 228
　第二节　飞仙关组气藏开发调整潜力评价 …… 238
　　一、开发潜力分析 …… 238
　　二、开发调整方案部署 …… 240

三、开发调整方案指标预测 ··· 243

参考文献 ··· 248

第一章　气藏概况及开发历程

第一节　地理自然环境与区域构造位置

黄龙场构造位于四川省东北部的宣汉县境内，西南抵新农乡，西北至三河乡，东北至南坝镇，东南至上峡，东西长约16km，南北长约14km，面积为191.33km²。在区域构造划分上，黄龙场构造位于四川盆地川东南中隆高陡构造区双石庙构造群南部，地面构造为鼻状构造，地腹构造在温泉井构造带上的一个潜伏构造，处于温泉井背斜西段北翼断下盘。该构造南以峡口场向斜与温泉井主体构造相隔，北以南坝向斜与渡口河构造相邻，东面连接石工坝—罗家寨潜伏高带，西面紧靠芭蕉场向斜(图1-1)。地貌大致可划分为两种类型：一是东部侏罗纪砂泥岩沉积区典型的丘陵地貌；二是西侧上三叠统和中三叠统沉积区典型的高山地貌，地面海拔最低400m，最高1200m，相对高差达800m，地势险恶，沟壑纵横，地形切割厉害，悬崖陡壁处处可见，在南部森林覆盖率高。县城附近常年平均温度为13.4℃，夏季七月均温23.4℃，冬季一月均温2.5℃，气候温暖潮湿，雨量充沛，年降雨量1207mm。人烟稠密，小水电较多，交通不发达，仅有县、乡级公路，大部分出露地层为侏罗系上、下沙溪庙组泥岩、厚层砂岩[1,2]。

黄龙场内部集输管网完善，采输条件较好。

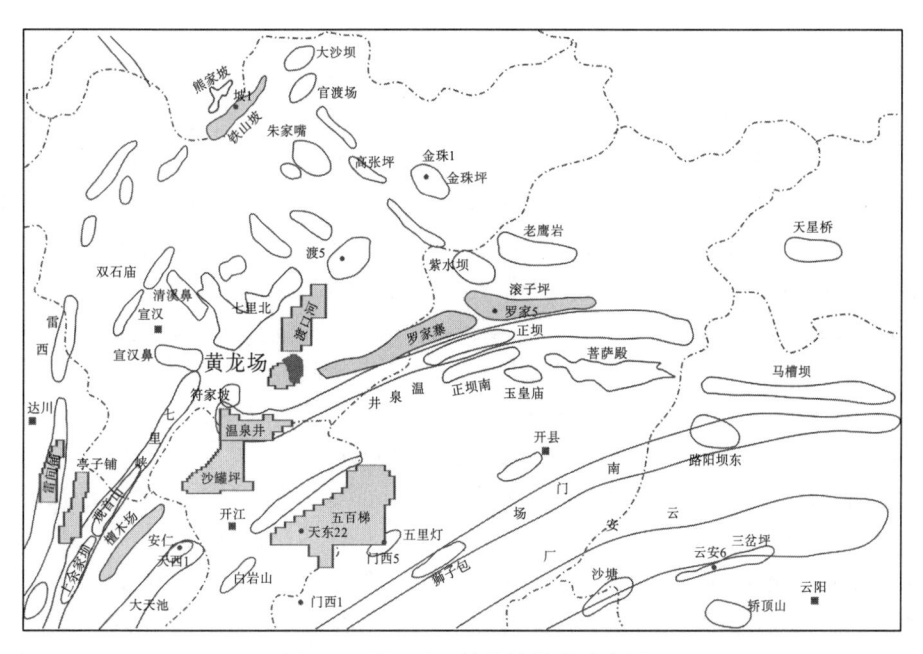

图1-1　地理及区域构造位置示意图

第二节 勘探历程

一、地震勘探简况

黄龙场构造地震勘探工作始于1971年,地震勘探工作量见表1-1。1971~1973年,西南石油地质局第二物探大队用光点记录仪在黄龙场构造进行地震详查,认为黄龙场构造地腹可能有圈闭存在。1977~1978年,四川石油管理局地震212队在大盛场—大方寺向斜进行地震连片测量,证实了黄龙场潜伏构造的存在。

表1-1 黄龙场构造地震工作量统计表

内容	类别 年度	二维数字地震						三维地震/km
		1984年	1985年	1987年	1994年	2001年	2004年	2005年
野外工作量		236.9km/9条	165.885km/9条	233.055km/15条	77.64km/4条			189.03
常规处理		236.9km/9条	165.885km/9条	233.055km/15条	77.64km/4条	224km/14条	371km/26条	189.03
特殊处理	高分辨/km	236.9	165.885	233.055	77.64	224		
	G-LOG/km	236.9	165.885	233.055	77.64			
	道积分/km	236.9	165.885	233.055	77.64	224		
	连续频谱/km	236.9	165.885	233.055	77.64	224		
	神经网络/km	236.9	165.885	233.055	77.64			
	模式识别/km	236.9	165.885	233.055	77.64			
	孔隙度反演/km	236.9	165.885	233.055	77.64			189.03
	Strata速度反演/km						371	189.03
	自然伽马反演/km						371	189.03
	密度反演/km							189.03

1984~1995年黄龙场构造上共进行了四轮地震工作,北侧渡口河地区部分测线延伸至研究区内,地震测线37条,长713.48km,测线距0.75~1.2km。1984~1985年地调处采用多次覆盖方法,对构造区进行了地震详查和补充详查,编制了香溪群顶、阳新统顶、阳新统底、中奥顶等层构造图。四川石油管理局地调处于1994~1995年又增布测线对本区进行补充地震详查,并将新、老资料统一采用波形保真、顶点归位较好,不受速度陷阱影响的串级深度偏移归位以及G-Log、道积分、连续频谱、模式识别、高分辨等特殊处理,对构造、储层、含流体性质等进行综合分析研究,取得了黄龙场二叠系长兴组生物礁气藏是叠合在构造上的岩性圈闭的重要认识,2001年为进一步落实区内生物礁的分布,完成了17条测线约224km的地震老资料处理。

随着川东北地区飞仙关组勘探的不断深入,对黄龙场地区的飞仙关组勘探得到了重视。2004年,黄龙8井、黄龙9井于飞仙关组获气后,西南油气田分公司委托四川石油管理局地调处,进行了地震老资料重新处理解释工作,编制了黄龙场地区飞四底地震反射构造图,并对鲕滩储层进行了Strata反演等定量解释工作。

2004年,为了进一步明确黄龙场地区飞仙关组和长兴组等层构造细节和储层分布状况,西南油气田分公司对该地区开展了三维地震工作。并于2005年9月中旬处理解释完成。该轮三维地震控制面积为189.03km²，满覆盖面积109.03km²，面元25m×25m，覆盖次数8次×8次。此轮地震工作查清了黄龙场地腹构造细节、圈闭规模、断层展布格局及构造间接触关系，编制了飞四段底、飞仙关组鲕滩储层顶等层构造图，上二叠统底构造图、长兴组生物礁分布预测图和长兴组生物礁储层预测图；在自然伽马反演及Strata速度反演的基础上，编制了飞仙关组鲕滩储层有效厚度等值线图等。该轮地震成果报告名称为《四川盆地黄龙场构造三维地震勘探报告》。此轮成果还与罗家寨、渡口河三维地震成果进行了拼接，使黄龙场地腹构造更为落实、可靠。

2013年3月，黄龙009-H1井在飞仙关获高产气流后，为了进一步扩大黄龙场构造油气勘探面积，落实黄龙场构造细节和飞仙关组鲕滩储层的特征，川东北气矿委托川庆物探公司重新对黄龙场构造黄龙9井区以及相邻的罗家寨、渡口河、温泉井—五百梯3个三维区块的部分三维地震资料重新进行水平叠加、叠前时间偏移及时深转换处理（满覆盖面积110km²，控制面积268.93km²）。此轮地震老资料连片处理工作，明确了黄龙场—渡口河—罗家6井区断层展布、构造间接触、沉积相及储层之间的关系，编制了黄龙场—渡口河—罗家寨（罗家6井区）飞四段底构造图，飞仙关组鲕滩储层厚度、储层孔隙度及储能系数等值线图。

通过上述多轮的地震工作以及地震资料处理解释工作，黄龙场地区长兴组、飞仙关组地层取得了较丰富的地震成果和地质综合研究成果，查明了黄龙场地区长兴组、飞仙关组地层的地腹构造形态、圈闭规模、断层展布格局及构造间接触关系，明确了储层在平面上的分布，为黄龙场地区长兴组、飞仙关组气藏开发潜力评价奠定了坚实的基础[3,4]。

二、钻探试油概况

黄龙场地区的钻探工作始于1986年部署的主探石炭系的黄龙1井，该井位于黄龙场构造高点南翼，设计井深4537m。1987年11月钻至井深3926m，层位长兴组见井漏显示，钻至井深3938m时连续发现8m白云岩，随即进行取心，并对井段3938~4069m进行了中途测试，证实为气层。通过对所取得的资料进行分析、研究，认为该井已经钻获生物礁气藏，故于1988年8月提前完井。经酸化后测试获气22.56×10⁴m³/d，由此拉开了黄龙场构造长兴组生物礁钻探的序幕。

黄龙场飞仙关组气藏的发现始于2004年5月完钻的黄龙8井，该井钻至井深3212m，层位飞三段，循环见后效气侵，随即进行中测，获气18.45×10⁴m³/d，完井测试产量为24.25×10⁴m³/d。2004年4月黄龙9井钻至井深4240m，层位长兴组完钻，同年6月对飞仙关组井段3736~3770m、3912~3924m进行射孔，酸化后飞仙关组进行APR测试获气6.95×10⁴m³/d。2005年4月8日对黄龙9井再次进行放喷测试，并进行稳定试井，获得测试产量为6.17×10⁴m³/d。

截至2016年6月底，地区共完钻井17口，获气14口（黄龙1、黄龙4、黄龙6、黄龙8、黄龙9、黄龙10、黄龙001-X1、黄龙001-X2、黄龙004-2、黄龙004-X1、黄龙004-X3、黄龙004-X4、黄龙009-H1、黄龙009-H2井）。其中长兴组获气10口（黄龙1、黄龙4、黄龙8、黄龙10、黄龙001-X1、黄龙001-X2、黄龙004-2、黄龙004-X1、黄龙004-X3、黄龙004-X4井），飞仙关组获气井5口（黄龙6、黄龙[8]、黄龙9、黄龙009-H1、黄龙009-H2井），钻井测试情况见表1-2、表1-3[2]。

表1-2 黄龙场构造长兴组测试成果表

序号	井号	测试层位	测试井段/m	测试日期(年-月-日)	气/($10^4 m^3/d$)	水/(m^3/d)	增产措施	试气结论
1	黄龙1	P_2ch	3918.64~3952.90(中测)	1987-12-23	4.33	—	—	气层
			3918.64~4070.34(中测)	1988-01-31	1.65	—	—	气层
			3938~3943 3990~3994 4005~4012 4063~4069 (完井)	1988-07-26 1988-08-05	4.45 22.56	— —	射孔酸化	气层
2	黄龙001-X1	P_2ch	4242~4366 4392~4412	2007-09-21 2007-09-26 2007-09-26	12.75 6.39 15.64	— — —	射孔酸化	气层
3	黄龙001-X2	P_2ch	4298~4314 4322~4350 4398~4410	2009-10-08	12.196 19.221	—	射孔酸化	气层
4	黄龙2	P_2ch	4140~4148 4153~4155	1989-02-23	0.22	105	射孔	水层
5	黄龙3	P_2ch	4214.33~4273.00	1997-07-17	—	3.8	—	水层
6	黄龙4	P_2ch	3581.0~3592.1 3594.0~3609.0 3639.6~3645.4	1997-04-03	15.61	—	射孔酸化	气层
7	黄龙004-X1(正眼)	P_2ch	4416~4438 4519~4527	2007-11-29	—	14.30	射孔	水层
			4325~4351 4354~4393	2007-12-29	—	50.77	射孔酸化	水层
	黄龙004-X1(侧眼)	P_2ch	3680.5~3766.0 3772.5~3829.5 3851.0~3871.5 3904.0~3915.0	2008-03-13	43.77	—	射孔酸化	气层
8	黄龙004-2	P_2ch	3467~3502 3507~3516 3536~3547 3566~3570 3628~3637	2007-07-24	40.706	—	射孔酸化	气层
9	黄龙004-X3	P_2ch	3998~4010 4013~4026 4032~4058 4064~4070 4086~4124 4160~4170 4174~4191 4210~4219 4223~4234 4245~4247 4281~4286 4340~4342	2009-11-03	11.64	—	射孔酸化	气层

续表

序号	井号	测试层位	测试井段/m	测试日期(年-月-日)	测试产量 气/(10^4m³/d)	测试产量 水/(m³/d)	增产措施	试气结论
10	黄龙004-X4	P_2ch	3664～3684 3686～3742 3825～3832 3854～3864	2009-12-04	10.59	—	射孔酸化	气层
11	黄龙5	P_2ch	4353～4377 4382～4399 4410～4423	未测试	—	—	射孔酸化	未测试(微气)
12	黄龙005-C1	P_2ch	4574～4593 4598～4615	2006-08-25	微气(0.2)	产水(未计算水量)	射孔酸化	测试未成功(无工业气)
13	黄龙8	P_2ch	3558～3576 3588～3628	2004-07-24	18.96	—	射孔酸化	气层
14	黄龙10	P_2ch	4072～4112.5 4114～4131.5	2005-07-05	65.05	—	射孔酸化	气层
15	黄龙6	P_2ch	4505～4510 4516～4527	未测试	—	—	射孔酸化	未测试(干层)
16	黄龙9	P_2ch	4071～4087 4126～4129 4192～4205	2004-05-18 2004-06-03	— —	— —	射孔酸化	干层

表1-3 黄龙场构造飞仙关组测试成果表

序号	井号	测试层位	测试井段/m	测试日期(年-月-日)	测试产量 气/(10^4m³/d)	测试产量 水/(m³/d)	措施	试气结论
1	黄龙2	T_1f^{3-1}	3989～3997	1989-03-23 1989-04-02	极微 微	— —	射孔酸化	干层
2	黄龙3	T_1f^{3-1}	3823.77～3880	1997-08-01	微气	—	—	干层
3	黄龙6	T_1f^{3-1}	4007～4058	2005-07-31 2005-08-15 2005-08-15	3.58 3.214 2.495	— — —	射孔酸化	气层
			4186～4190 4220～4226	未测试	—	—	射孔酸化	未测试(干层)
4	黄龙[8]	T_1f^{3-1}	3089～3212(中测)	2004-05-22	20.26	—		气层
		T_1f^{3-1}	3150～3156 3162～3168 3174～3198(完井测试)	2004-08-04	24.25	—	射孔酸化	气层
5	黄龙9	T_1f^{3-1}	3736～3770 3912～3924	2004-06-15 2004-06-16 2004-06-17 2004-07-10	6.95 6.71 5.03 2.43	— — — —	射孔酸化	气层

续表

序号	井号	测试层位	测试井段/m	测试日期(年-月-日)	气/($10^4 m^3/d$)	水/(m^3/d)	措施	试气结论
6	黄龙009-H1	T_1f^{3-1}	4148～4746.43	2013-03-21	114.32	—	酸化	气层
7	黄龙009-H2	T_1f^{3-1}	3762～3824 3904～4254	2016-04-21	88.17	—	酸化	气层

第三节 开发简况

2003年4月5日黄龙4井投产，黄龙场长兴组生物礁气藏开始投入试采。随后黄龙1井也于2003年4月12日投入生产，试采井黄龙1、黄龙4井，试采规模$25.0×10^4 m^3/d$，2005年2月21日黄龙8井投入生产，该井采用油套分采方式开采飞仙关组和长兴组，2005年11月黄龙10井投产后，气藏采气规模扩大至$100.0×10^4 m^3/d$。随着滚动勘探步伐的加快，之后部署的6口井相继投产，气藏规模增至最高的$170.0×10^4 m^3/d$，到2009年后开始递减，2010年1月以后处于南翼低部位的黄龙001-X1井和北翼低部位的黄龙004-X3井开始产地层水，日产水规模10～20m^3，水体能量较弱，对气藏生产的影响小，至2010年10月气藏投入增压开采。气藏投产以来，取得了较丰富的动态资料。目前气藏各井产量稳定，生产正常。截至2016年6月，气藏开发历史过程共有10口井投入生产，目前生产井8口，日产气量$45.5×10^4 m^3$、日产水量7.5m^3，生产套压平均3.56～6.21MPa、生产油压平均2.25～3.12MPa，气藏累计采气量$43.56×10^8 m^3$，气藏探明地质储量采出程度为60.58%，剩余探明地质储量$28.34×10^8 m^3$，累产水量55091m^3[5]。

截至2016年6月底，整个黄龙场区块飞仙关组气藏已完钻井有5口（黄龙6、黄龙8、黄龙9、黄龙009-H1、黄龙009-H2井），其中高含硫井4口（黄龙6、黄龙9、黄龙009-H1、黄龙009-H2井），低含硫气井1口（黄龙8井）；因高含硫隐患治理，已将黄龙6、黄龙9井进行封堵；黄龙009-H2井因管输原因未进行试采。目前黄龙场飞仙关组气藏仅有2口在生产井（黄龙8、黄龙009-H1井）。黄龙8井于2005年5月14日投产，最初采取油套分采方式生产（油管产长兴组气，套管产飞仙关组气），该井于2013年5月修井后采取油套合采方式生产，黄龙8井（套管）修井前日产气$0.2×10^4 m^3$，累产气量$0.30×10^8 m^3$，累产水量34m^3，关井套压3.45MPa；黄龙009-H1井飞仙关组于2013年12月24日开始生产，受地面集输条件的限制，以$10×10^4$～$20×10^4 m^3/d$的产量生产，油压下降缓慢，截至2016年6月，该井已累计产气$1.30×10^8 m^3$，累产水量322m^3，生产油压平均30.46MPa。截至2016年6月底，飞仙关组气藏累计产气$1.61×10^8 m^3$，累产水量356m^3[4]；黄龙场地区礁滩气藏累计产气$45.16×10^8 m^3$，累产水量55447m^3。

第二章 气藏地质特征研究

第一节 精细地层对比与划分

一、地层简况

黄龙场构造地面出露侏罗系中统沙溪庙组，地腹地层因受印支运动、东吴运动、加里东运动的影响，使得中三叠统、茅口组、石炭系、志留系等顶界遭受剥蚀，与上覆地层呈假整合接触。地层层序正常，自上而下依次为侏罗系下统、三叠系上统、三叠系中统、三叠系下统、二叠系上统、二叠系下统、石炭系中统。侏罗系中统沙溪庙组至下统自流井组为一套河湖相沉积，岩性以泥岩、页岩、砂岩为主，少夹灰岩。其中大安寨组灰岩、珍珠冲组厚砂岩可成为较好的储集层。三叠统上统为湖泊－沼泽相沉积，岩性为一套巨厚石英砂岩、黑色页岩夹煤等碎屑岩组合；中三叠统为开阔台地－台地蒸发岩相沉积，雷口坡组岩性为石膏、云岩、泥云岩；下统嘉陵江组及飞仙关组为开阔海台地相与局限海半封闭式蒸发岩相沉积，岩性主要为灰岩、云岩及石膏。二叠系为开阔海台地

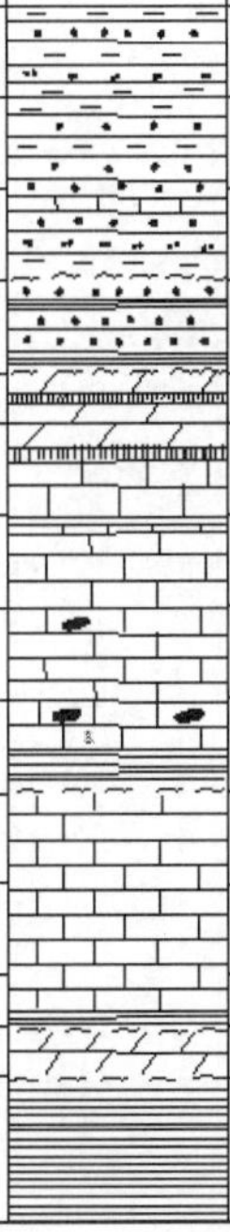

界	系	统	组	地层符号	剖面	厚度/m	资料来源
中生界	侏罗系	中统	沙溪庙组	J_2s		750.0	黄龙4井
		下统	凉高山组	J_1l		235.0	
			自流井组	J_1z		311.0	
	三叠系	上统	须家河组	T_3x		877.0	
		中统	雷口坡组	T_2l		56.5	
		下统	嘉陵江组	T_1j		902.0	
			飞仙关组	T_1f		339.0	
古生界	二叠系	上统	长兴组	P_2ch		286.0	
			龙潭组	P_2l		285.0	
		下统	茅口组	P_1m		156.5	
			栖霞组	P_1q		109.0	
			梁山组	P_1l		11.5	
	石炭系	中统	黄龙组	C_2h		5.0	
	志留系	中统	韩家店组	S_1h		18.0（未完）	

图 2-1 黄龙场地区区域地层层序柱状图

相碳酸盐岩与滨海沼泽相页岩、凝灰质砂岩、铝土质泥岩等组合而成,岩性主要为灰岩、云岩夹页岩。石炭系为局限海潮上－潮间带沉积,以云岩、颗粒云岩、角砾云岩为主,底部为潮坪潟湖相砂质云岩(图2-1)[1,2]。

二、地层划分

(一)层序划分

前人对川东北长兴组层序进行过多次划分,最新观点是川东北普光气田上二叠统长兴组剖面层序地层可划分为2个三级层序。同时前人也对飞仙关组的地层进行过研究,表明在早三叠世飞仙关期,四川盆地主要为一套碳酸盐岩台地相沉积,该区主要发育有Ⅰ型和Ⅱ型两种类型的层序界面。四川盆地下三叠统飞仙关组划分为两个三级层序。飞仙关组底部与上二叠统长兴组之间呈不整合接触,属Ⅰ型层序不整合界面;飞仙关组内部地层完整,表现出连续沉积特征,飞仙关组三段底部和飞仙关组四段顶部为岩性－岩相转换界面,属Ⅱ型层序界面。由于普光气田与黄龙场地区处在开江—梁平海槽东侧,因此两气田长兴组—飞仙关组的地层具有一定的可比性。

已有学者对普光气田地层进行了层序划分,飞仙关组划分为2个三级层序,长兴组为2个三级层序,由于普光气田与研究区同在海槽东侧,沉积旋回具有可对比性,因此可依据普光6井的旋回性划分本研究区的旋回性。

黄龙场地区内飞仙关组可划分为2个三级层序4个沉积旋回,长兴组为2个三级层序3个沉积旋回(图2-2)。

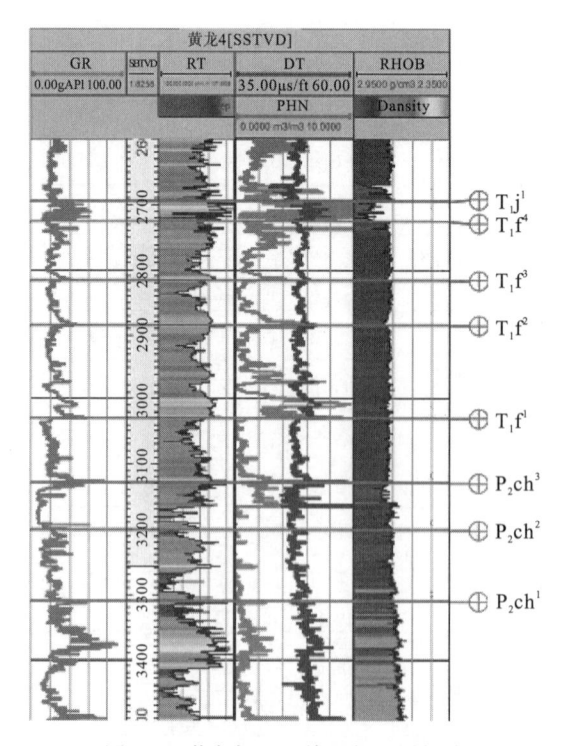

图2-2 黄龙场地区旋回与地层划分

(二)标志层特征

1. 飞仙关组顶部

飞四段石膏、紫色泥岩及泥质白云岩互层,电性特征为高电阻、高密度、高声波、高中子及锯齿状伽马,与下部石灰岩界限明显(图2-3)。

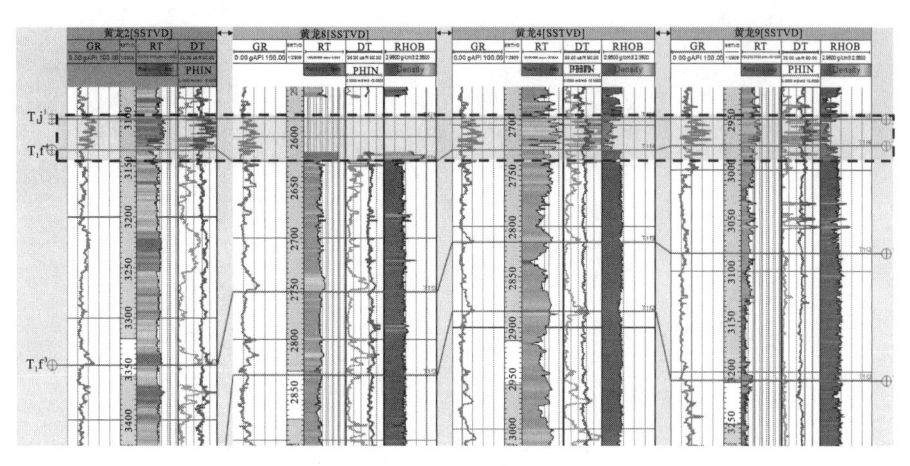

图 2-3　黄龙场地区飞仙关组顶界测井曲线特征

2. 飞仙关组底部

(深)褐灰色泥灰岩,电性特征为高伽马、高中子,部分井高电阻、声波偏高,与下部褐色石灰岩界限明显(图2-4)。

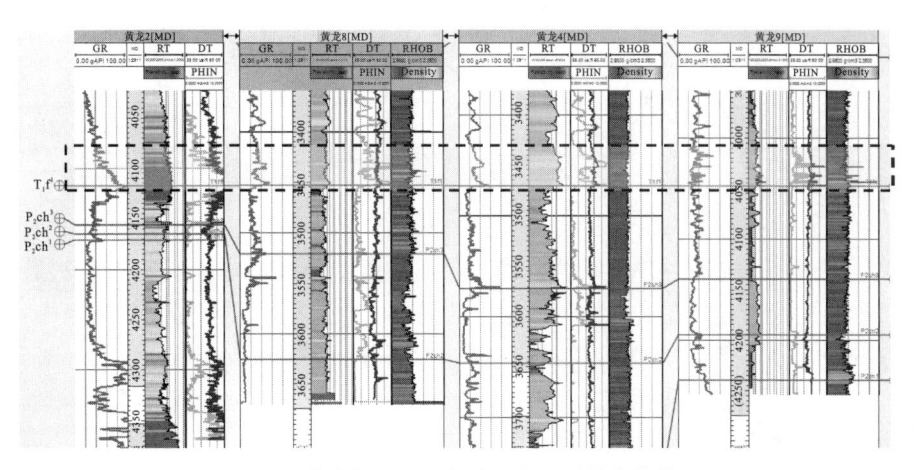

图 2-4　黄龙场地区飞仙关组底界测井曲线特征

3. 龙潭组顶部

灰黑色灰岩与硅质灰岩,电性特征为高伽马、低电阻、声波和中子较长兴组有所升高,密度有所降低(图2-5)。

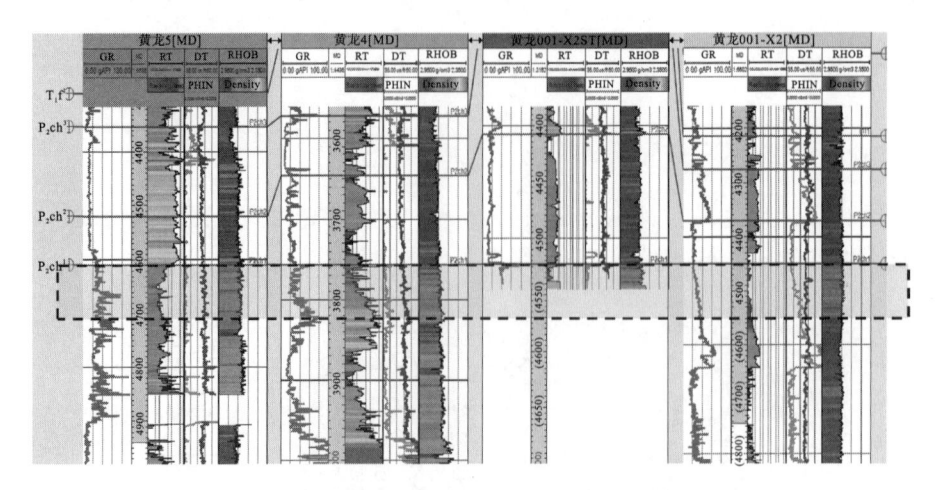

图 2-5　黄龙场地区龙潭组顶界测井曲线特征

[注:"黄龙001-X2ST"代表"黄龙001-X2井侧钻部分"]

(三)层序内岩电特征

各层段的岩性与测井曲线特征如下。

飞四段:主要为白色石膏、紫色泥岩及泥质白云岩互层,电性为"四高"及锯齿状伽马。

飞三段—飞一段储层段:主要为深灰色、褐灰色鲕粒灰岩、白云岩、云质灰岩,电性为低伽马,块状电阻。

飞一段底部:为褐灰色泥灰岩,电性为高伽马,高中子。

长三段:深灰带黑色灰岩,含燧石结核,自然伽马呈锯齿状高值,深浅双侧向为块状中阻。

长二段:灰、灰褐色灰岩为主,电性特征表现为自然伽马低值,块状高阻。

长一段:深灰色灰岩夹燧石结核灰岩,自然伽马为齿状高值,电性上为齿状高阻[6]。

三、地层对比

本次研究中,首先通过井震结合,确立层组界限,明确标志层特征;其次通过旋回对比法对小层进行划分;在对骨架剖面划分的基础上,通过地层对比划分其他井。

(1)通过井震结合确定了飞仙关顶、底、长兴组的底界限,确定界面标志(图 2-6)。

(2)单井小层采用沉积旋回进行划分,多井之间通过关键井建立骨架剖面,依照旋回特征参照常规曲线特征进行对比。

通过关键井建立骨架剖面,进而对研究区各井进行地层划分与对比。图 2-7 为地层对比时的骨干剖面(蓝色线)和对比剖面(黑色线),通过对比,可以建立本地区的等时地层格架。

可以看出,飞仙关组由台地向海槽方向厚度经历先减小后增大的过程,长兴组由台地向海槽方向经历厚度先增大后减小的过程(图 2-8)。

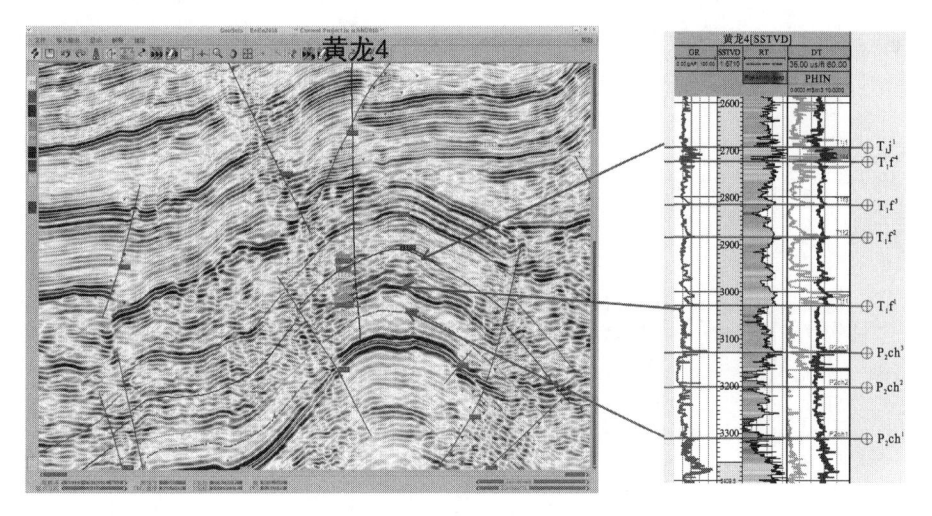

图 2-6　黄龙场地区井震结合划分地层界限示意图(以黄龙 4 井为例)

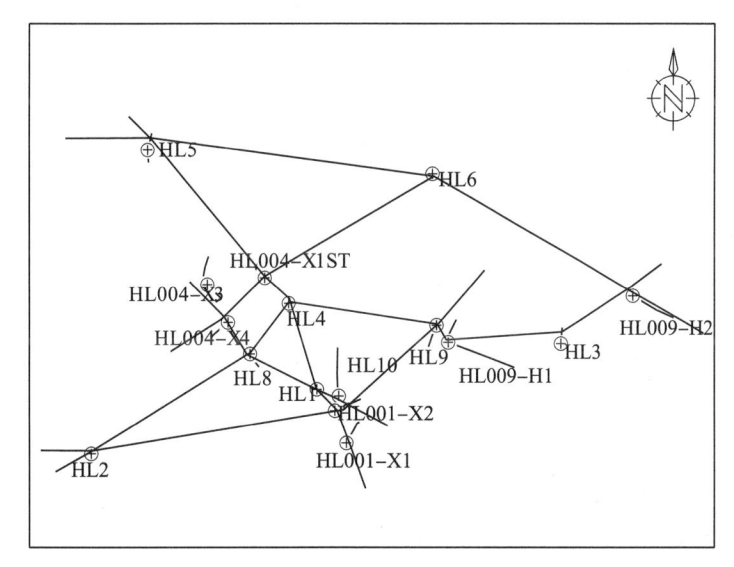

图 2-7　黄龙场地区地层对比骨架剖面和对比剖面
[注："HL"代表"黄龙",下同]

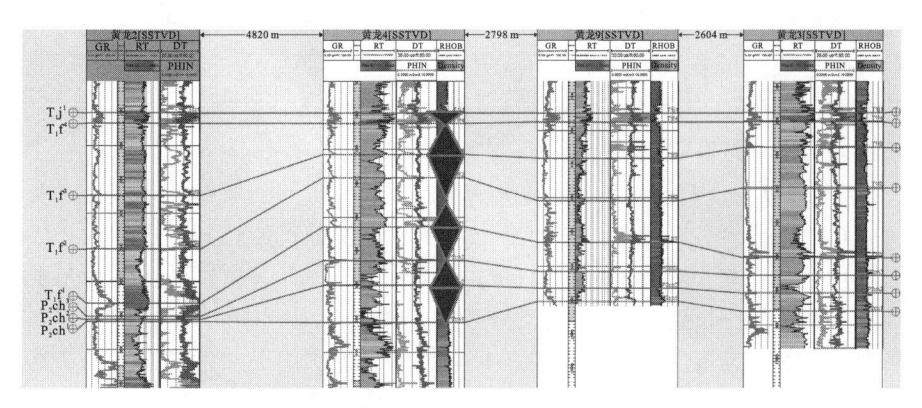

图 2-8　黄龙场地区东西向骨架剖面地层划分与对比示意图

台地边缘相带单井上由于相带发育不同而有所差异，整体上飞仙关组和长兴组具有由北向南厚度变薄的趋势(图 2-9)。

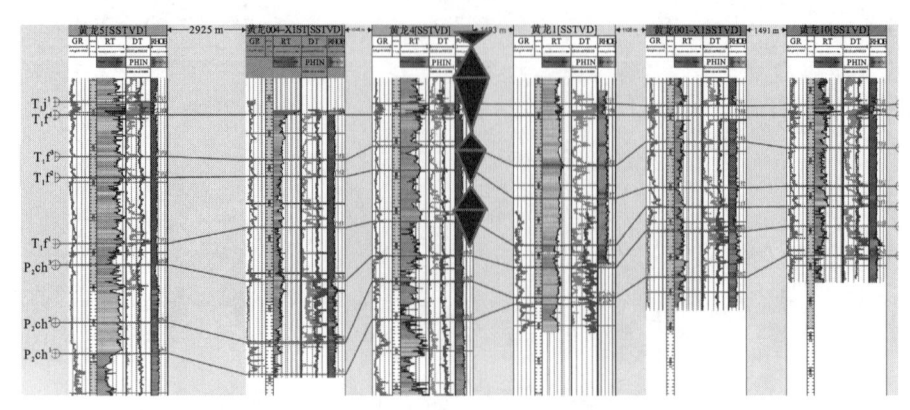

图 2-9　黄龙场地区顺台地边缘方向骨架剖面地层划分与对比示意图
[注："黄龙 004-X1ST"代表"黄龙 004-X1 井侧钻部分"]

第二节　构造及圈闭特征研究

一、层位标定

根据黄龙 1、黄龙 2、黄龙 3、黄龙 4、黄龙 5、黄龙 8、黄龙 9 井等多口井的资料，在地震资料分析基础上，综合标定，确定其层位和分层，最终标定结果与实际钻进吻合，层位标定正确。

地震资料频谱分析主要是分析地震记录的振幅谱宽度和峰值频率，这两个参数决定储层预测时的垂向分辨率。综合分析结果表明，黄龙场三维地震资料极性为正极性，上构造层须家河组地震资料振幅谱绝对宽度为 10～75Hz，峰值频率为 26Hz；中构造层飞仙关组地震资料振幅谱绝对宽度为 10～70Hz，峰值频率为 23Hz。总体看来全区地震资料有效频带相对较宽，峰值频率较高，主频也相应较高，对分辨薄储层非常有利。

地震地质层位的标定主要采用地震合成记录标定。在进行合成记录制作时，通过测井曲线校正、子波分析及闭合差分析，采用标志反射层的方法进行标定，具体做法是：首先分析黄龙 1、黄龙 2、黄龙 3、黄龙 4、黄龙 5、黄龙 6、黄龙 8、黄龙 9、黄龙 10 井等测井曲线，横向上进行对比。以黄龙 2 井为例(图 2-10)，认为龙潭组底界为上覆泥灰岩，与下伏灰岩地层沉积有明显的岩性和速度界面，标定的强反射波合成记录与地震反射特征一致；嘉四段岩性以石膏为主与嘉三段灰岩有明显的岩性和速度界面，因此合成记录为较强反射，与井旁地震道强反射同相轴相对应；飞仙关组以泥灰岩地层为主，地震呈较连续的中弱振幅反射，长兴组底界标定时间深度为 1820ms。黄龙 6 井龙潭组底界反射与黄龙 2 井类似为强反射(图 2-11)，长兴组和飞仙关组泥质含量少，长兴组底界标定时间深度为 1980ms。其他井反射层位同样反射特征较为明显(图 2-12、图 2-13)。

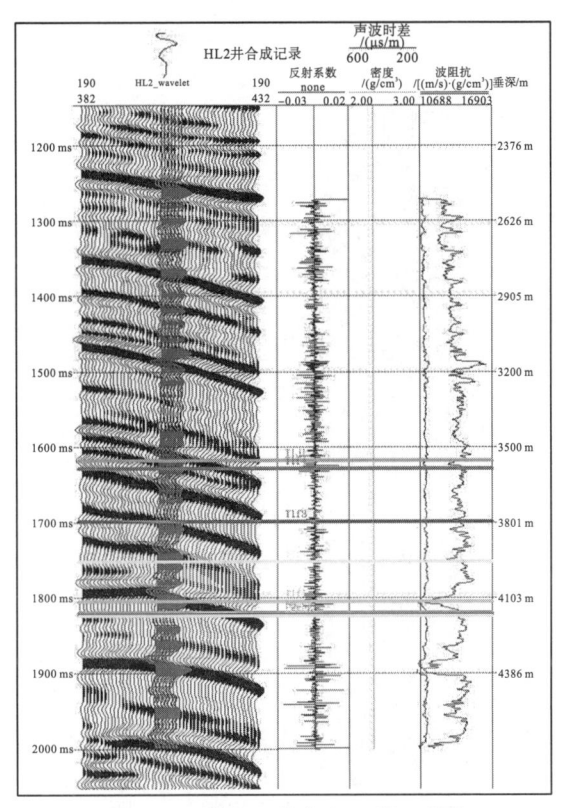

图 2-10 黄龙 2 井合成地震记录图

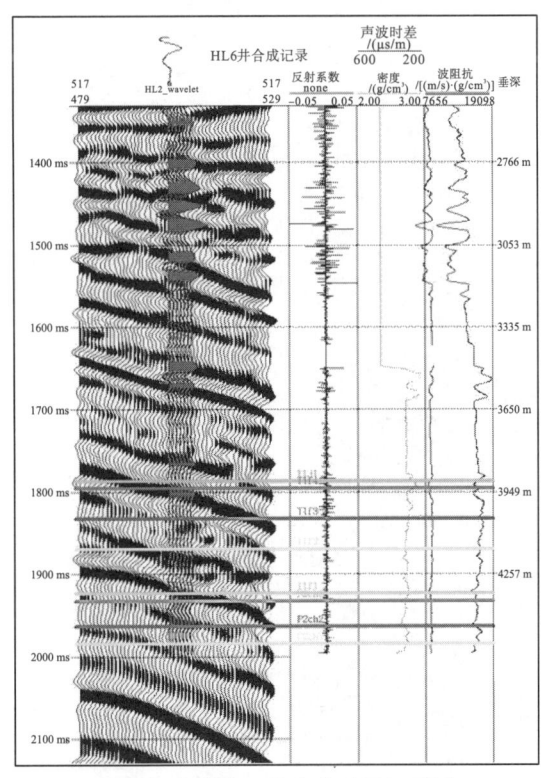

图 2-11 黄龙 6 井合成地震记录图

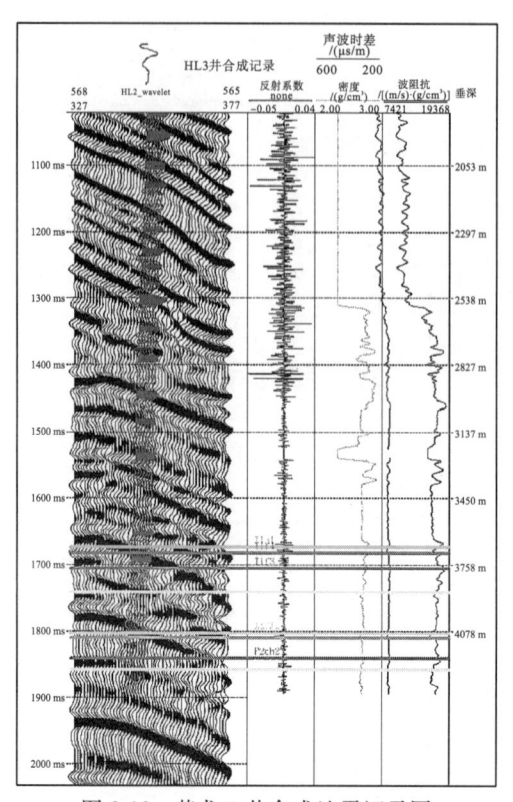

图 2-12 黄龙 3 井合成地震记录图

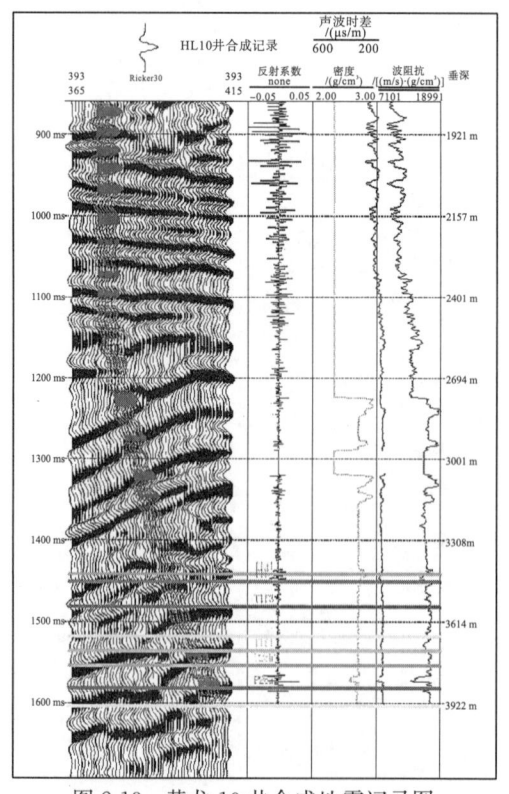

图 2-13 黄龙 10 井合成地震记录图

在单井标定和多井曲线对比的基础上,进行了多井联合标定(图 2-14),共完成了研究区内 15 口井合成记录标定,最终确定须家河组底界对应地震上弱反射中的较强反射,连续性较好,全区可以连续追踪,为海相地层与陆相地层的分界线;嘉陵江组二段的底界对应地震上多相位强反射,研究区内多数地区连续性好,底部为强反射标志层;上二叠统龙潭组底部为一套页岩与下二叠统茅口组灰岩地层阻抗差异大,能形成强反射。因此须家河组底界、嘉陵江组二段底界以及上二叠统龙潭组底界反射可以作为全区内三个区域性的地震反射标志层。经过标定,多口井的时深关系吻合较好(图 2-15),说明全区地震标定合理,结果可信。

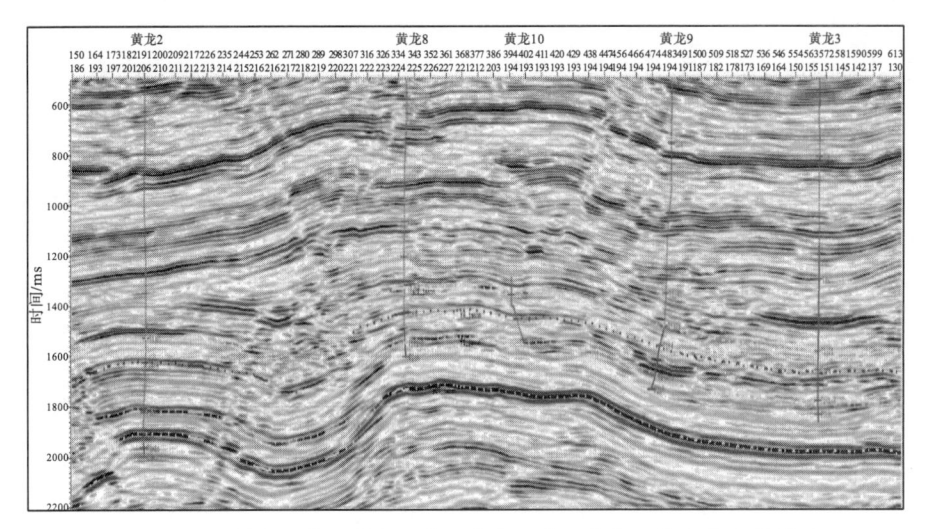

图 2-14　过黄龙 2 井—黄龙 8 井—黄龙 9 井—黄龙 3 井连井地震剖面

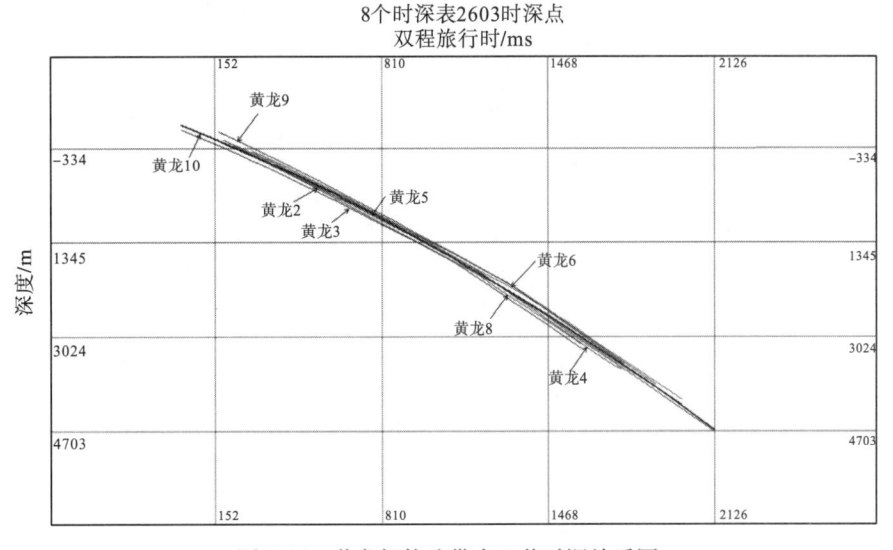

图 2-15　黄龙场构造带多口井时深关系图

标定过程中综合考虑地质分层,地层结构和地震反射波组特征的关系,最终对主要地震地质层位进行了标定。

TT₃x：相当于上三叠统须家河组底界反射，地震反射上表现为弱反射中的较强反射，连续性较好，全区可以连续追踪；为海相地层与陆相地层的分界线。

TT₁j²：相当于下三叠统嘉陵江组二段底界反射，为膏盐岩与灰岩、云岩的分界线。为多相位强反射，研究区内多数地区连续性好，追踪膏盐岩反射底包络面，是一区域标志层。

TT₁f⁴：相当于下三叠统飞仙关组四段底界反射，弱反射带中的较连续反射，由两个同相轴组成，局部地区连续性较差，以上相位为标层相位。

TT₁f¹：相当于下三叠统飞仙关组底界反射，连续性较差的低频弱反射，部分地区难以有效连续追踪。

TP₂ch：相当于上二叠统龙潭组底界反射，连续性好的低频强振幅反射，为全区的区域标志层。

在此基础上，对飞仙关组和龙潭组内部，根据地质建模需要，依据钻井进行了细分，包括 TT₁f² 和 TT₁f³，另外对龙潭组分为 TP₂l¹ 及 TP₂l²。同时进行了细致的地震层位追踪及解释[1,2]。

二、断裂特征

在层位标定基础上，经过精细的地震解释以及变速成图，完成了三层主要层位的构造图(图 2-16、图 2-17、图 2-18)。

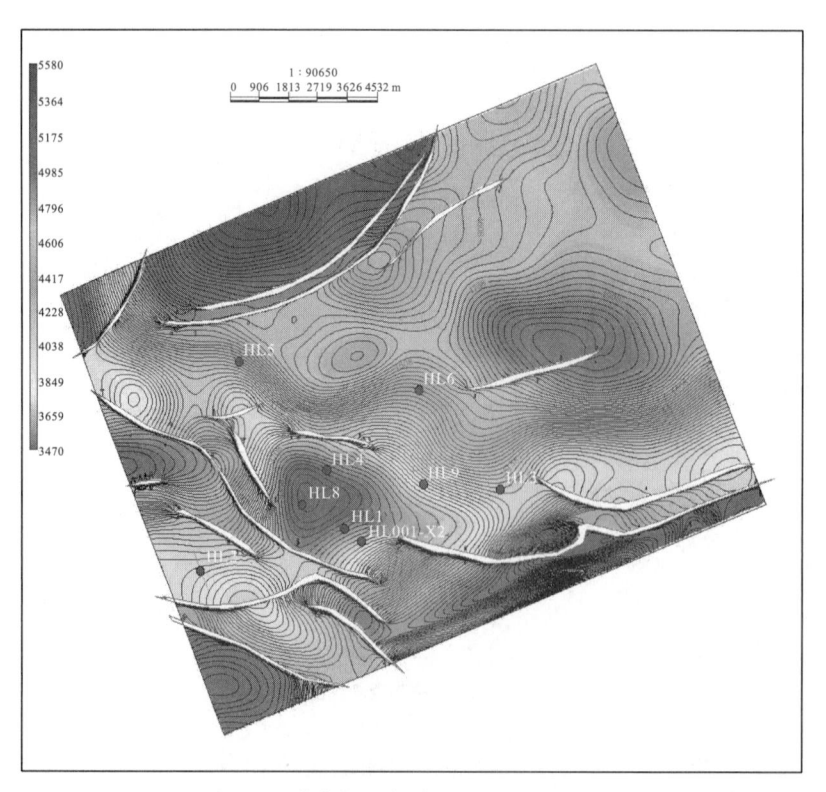

图 2-16 黄龙场飞仙关组飞四段底构造图

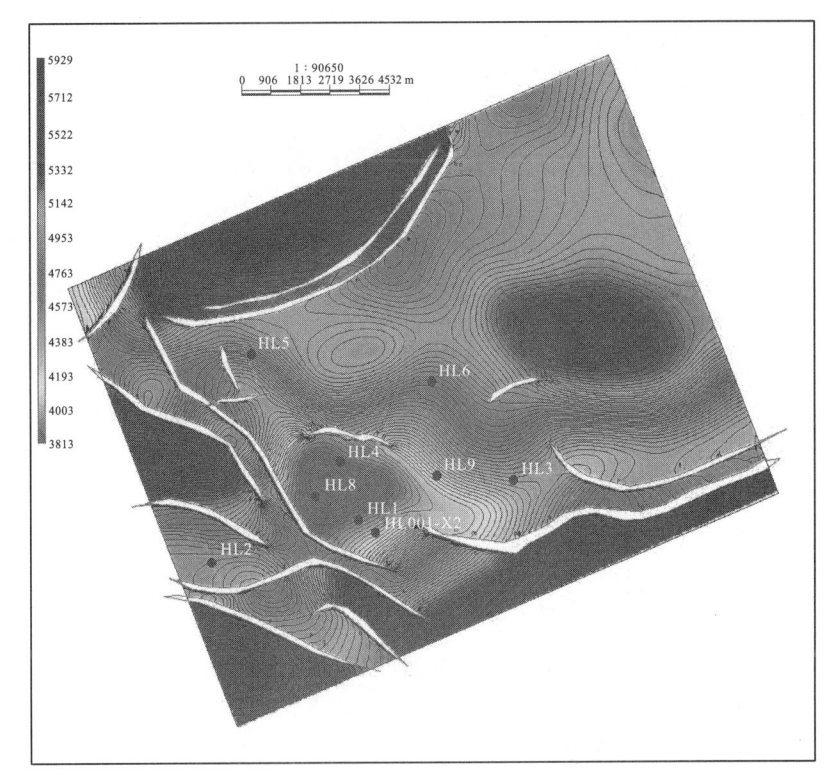

图 2-17　黄龙场飞仙关组飞一段底构造图

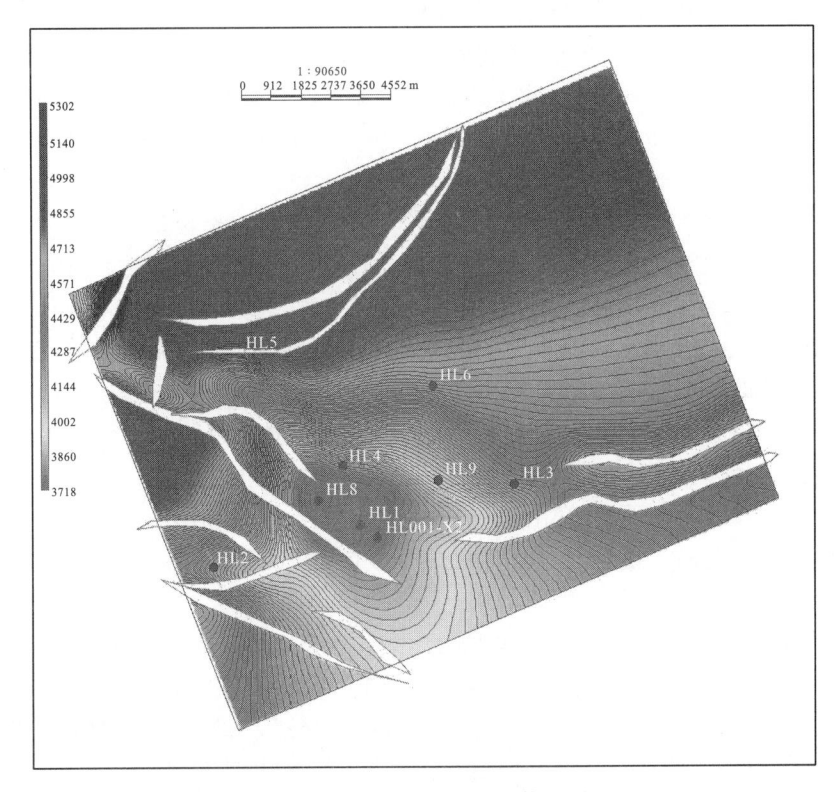

图 2-18　黄龙场龙潭组底构造图

新构造图表明：受复杂断层影响，研究区发育大量背斜及断背斜圈闭，西南部断层发育，东北部构造相对简单。飞仙关组、长兴组断层及圈闭具有继承性，表明主要受后期构造运动影响。

综合研究结果显示，三维区受三套柔性地层的控制，断层的发育及其特征具有明显的分区性和分段性。研究区断层在纵向上浅、中、深层表现出完全不同的特征，浅层断层，断距小，断穿的层位少。中构造层断层发育数量较上层的少，但是中构造层断层规模较大，断开层位多，断层走向主要以北西向为主，局部地区发育了部分北东向断层，断层主要发育于三叠系嘉陵江组以下至志留系之间，与构造的走向密切相关。纵向上由于嘉陵江组膏岩层的存在而形成的滑脱分界面，因此上、中构造层的断层互不相通。综合区域构造形成演化情况分析，黄龙场三维区内的断裂系统发育期为喜马拉雅早-晚期[3,7]。

研究区内上构造层发育的对构造形成演化影响较大的断裂系统主要发育在上三叠统须家河组到下三叠统嘉陵江组。

中构造层发育的对构造形成演化影响较大的断裂系统主要有两组，一组近北西向，发育于黄龙场构造、符家坡断鼻的西翼，以及黄龙场西潜伏构造西翼；另一组为近东西走向，发育于七里北潜伏构造南翼。按照由西向东、由南向北依次编号为黄龙①～⑥号断层(图 2-19)，分别描述如下。

(1)黄龙①号断层：位于研究区西侧，走向为近北西向，倾向南西，发育于三叠系及其以下地层，向上消失于三叠系嘉陵江组内部，向下止于奥陶系内部。该断层向南逐渐倾没，向北发生扭转并延伸出研究区，倾角约 45°。

(2)黄龙②号断层：位于黄龙场西潜伏构造西翼，为该构造的形成的主控断裂。走向为近北西向，倾向南东，发育于三叠系及其以下地层，向上消失于三叠系嘉陵江组内部，向下被黄龙③号断层截断，该断层向被逐渐倾没，向南断距逐渐增大并延伸出研究区，倾角约 25°。

(3)黄龙③号断层：位于黄龙场西潜伏构造东翼，对该构造早期的形成的面貌进行了改造。走向为近北西向，倾向南西，底滑脱断面位于志留系地层，向上消失于三叠系嘉陵江组内部。与黄龙②号断层形成背冲断层，奠定了黄龙场西潜伏构造的构造形态。

(4)黄龙④号断层：作为横穿整个研究区的断层发育在黄龙场背斜和符家坡断鼻的西翼，是两个构造的形成的主控断裂，与黄龙③号断层形成对冲模式。走向为近北西向，倾向南东，底滑脱断面位于寒武系地层，向上消失于三叠系嘉陵江组膏岩层内部。在飞四底界构造图上延伸长度约 14.7km，断层落差 420m，倾角约 35°。

(5)黄龙⑤号断层：断层发育在黄龙场背斜的南翼，对早期形成的黄龙场背斜进行了改造。走向为近北西向，倾向南东，底滑脱断面位于寒武系地层，向上消失于三叠系嘉陵江组膏岩层内部。

(6)黄龙⑥号断层：断层发育在黄龙场西潜伏构造北翼，走向为近东西向，倾向南东，底滑脱断面位于寒武系地层，向上消失于三叠系嘉陵江组膏岩层内部。

(7)黄龙⑦号断层：为喜马拉雅晚期发育的断层，位于三维区西北角符家坡断鼻构造的北翼，将早期黄龙④断层冲断形成的断背斜型圈闭分割成断鼻构造。走向为近北北东向，倾向南东，底滑脱断面位于寒武系地层，向上消失于三叠系嘉陵江组膏岩层内部。

(8)黄龙⑧号断层：为喜马拉雅早期发育的断层，位于研究区北部发育于七里北潜伏构造南翼，冲断作用形成了黄龙场北断背斜。走向为近东西向，倾向向南，底滑脱断面位于寒武系地层，向上消失于三叠系嘉陵江组膏岩层内部。

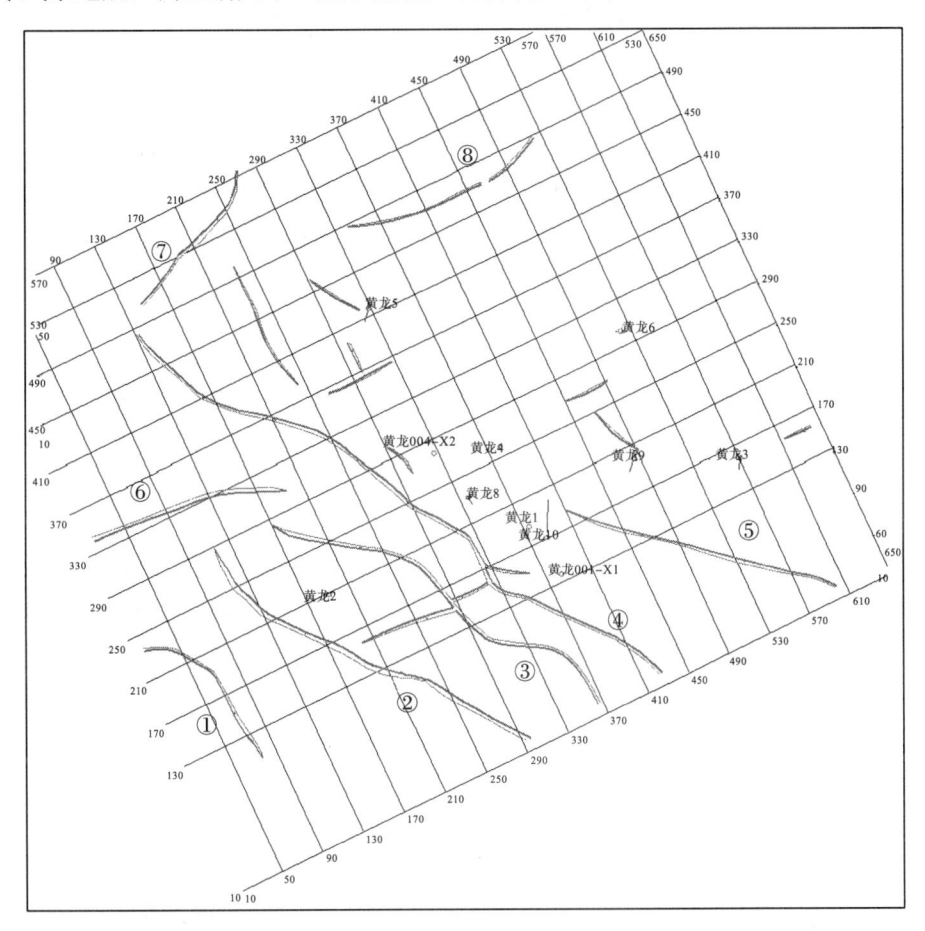

图 2-19 黄龙场地区飞一底断裂系统图

三、构造概况与圈闭发育特征

研究区从构造结构上来说，主要有三层构造，即浅层构造、中层构造和深层构造。

浅层构造：指三叠系嘉陵江组四段以上各层构造。研究区内仅发育黄龙场构造，沙溪庙组底—须家河组底界构造继承了地表构造的特点，黄龙场构造呈北北西向延伸。浅层构造断层小而多，断层主要走向为北西向。

中层构造：指三叠系嘉陵江组四段以下至下古生界各层构造。其中黄龙场构造位于两组构造交汇的三角地带，因而构造较为复杂。在中层构造层发育的构造中，除了黄龙场构造，还发育了符家坡断鼻构造、黄龙场西潜伏构造、黄龙场北断背斜等。中层构造轴线方向基本一致，表现为北东向。断层多为倾轴逆断层，较大型断层延伸长度可贯穿全研究区。

深层构造：指下古生界各层构造。由于中层构造发育的断层向下滑脱于志留系近1000m的泥质塑性地层中，使下伏奥陶系及以下地层褶皱强度骤减，构造变缓，本构造层断层少，断距也较小。

研究区内构造变形的应力场来自于喜马拉雅期南东—北西向的强挤压作用，岩层由褶皱而至断裂。由于卷入构造变形的各岩层厚、薄不同和脆性、塑性的差异，厚层的脆性岩层主要发生弯滑褶皱并挤入塑性的薄岩层中，使薄岩层系常常加厚。三叠系嘉四中的膏盐层及志留系的泥质层均由于此类原因增厚，形成了黄龙场构造垂向变异的现今格局。

飞仙关及长兴组总体发育 6 个主要的圈闭，其中以黄龙场背斜为主，圈闭幅度大，面积大。其他圈闭主要是受断层控制的断背斜圈闭，这些圈闭对于油气运聚有重要意义。

本次解释共计落实三级构造圈闭 5 个（上构造层 1 个，中构造层 4 个）。由于上、中构造层圈闭形态差异很大，缺乏继承性，同时结合本区的勘探成果，因此本次解释重点描述了中构造层的黄龙场、黄龙场西、符家坡、黄龙场北 4 个构造圈闭。

（一）黄龙场背斜

黄龙场背斜位于黄龙场三维区的中部，是双石庙构造群的西南延伸翼。从纵向上看该构造是一继承性断背斜型圈闭，长轴走向为北西向，从浅至深均存在，形成的因素主要来自于黄龙④号断层的形成演化作用，构造核部高点的南翼被后期发育的黄龙⑤号断层所改造，形成了南北两个高点。

飞仙关组四段底界构造高点位于 Inline352、Crossline248 附近，高点海拔－2620m，最低圈闭线－3140m，闭合度 520m，闭合面积 26.03km^2。飞仙关组一段底界构造高点位于 Inline352、Crossline248 附近，高点海拔－2960m，最低圈闭线－3560m，闭合度 600m，闭合面积 26.95km^2。二叠系上统底界构造高点位于 Inline360、Crossline236 附近，高点海拔－3500m，最低圈闭线－3820m，闭合度 320m，闭合面积 13.32km^2。

（二）黄龙场西断背斜

圈闭位于黄龙场背斜的西侧为一受两条背冲断层夹持的断背斜圈闭，通过由黄龙③、黄龙④号断层对冲作用形成的负向构造与黄龙场背斜相连接。成因主要来自于黄龙②号断层早期冲断形成的断层相关褶皱，后期被黄龙③号冲断所改造，原先的褶皱东翼发生了掀斜，最终形成了现在的构造格局。圈闭主要位于中构造层，与上构造层没有继承性。

（三）符家坡断鼻

圈闭位于黄龙场背斜的北翼，通过一鞍部相互连接，成因机制与黄龙场背斜类似。相对于黄龙场背斜，该圈闭构造规模较小，且早期形成的低附断背斜圈闭后期被黄龙⑦号断层的活动所破坏，形成了现在的构造格局。符家坡构造为断鼻构造，与黄龙场构造带处在同一构造体系下，为两个不同位置的褶皱。圈闭面积和幅度较小。

（四）黄龙场北断背斜

圈闭位于黄龙场背斜的北部，早期该构造属于黄龙场背斜东翼的延伸部分，后期受黄龙⑧号断层的作用形成了一圈闭轴向为北东向的低伏背斜，由于受三维面积限制，在研究区内构造形态并不完整。能确定的飞仙关组四段底界构造高点位于 Inlin512、Crossline464 点处，高点海拔－3620m，最低圈闭线－3800m，闭合度 180m，该高点呈北西向延伸，闭合面积 2.90m²。飞仙关组一段底界高点位于 Inline512、Crossline464 附近，高点海拔－3840m，最低圈闭线－4160m，闭合度 320m，闭合面积 4.16km²。

第三节 沉积微相研究

一、区域沉积背景

黄龙场地区处于扬子板块的北部边缘，其北侧为南秦岭区，该区的沉积、构造演化与扬子板块北缘及南秦岭洋的活动密切相关。二叠世是南秦岭裂陷开裂最剧烈的时期，早三叠世裂陷盆地才逐渐由开裂到萎缩，由此影响产生的开江—梁平海槽是一个不对称的箕状海槽，海槽东界铁山坡、黄龙场、天东一线，界线两边长兴组与飞仙关组地层厚度、沉积相变化剧烈，表明当时地形较陡，明显受基底断裂控制；而西南边界两侧的变化不如东界剧烈，可能与断裂活动程度有关。总体来看，开江—梁平海槽西南面地形较缓，东面陡峭，向北则逐渐加深，明显表现出不对称的箕状，这与板内拉张模式是一致的，控制开江—梁平海槽东界的这条基底断裂从长兴至飞仙关早期活动频繁，并对沉积相带展布具明显控制作用[2,8]。

据前人研究成果及本区块钻井取心、薄片鉴定资料综合研究，通过岩心、岩屑描述、分析和测井工作，结合测井分析认为，黄龙场地区长兴期沉积相可划分为海槽、台地边缘礁滩、台地三个沉积相带(图 2-20)，其中，生物礁分为礁顶潮坪、礁核和礁基三个亚相；已有学者对四川盆地的沉积相进行过研究，认为四川盆地下三叠统飞仙关组是发生于相对海平面下降背景的向上变浅的沉积序列，在开江—梁平海槽两侧发育了台地边缘滩相，其中黄龙场—罗家寨方向经历了海槽、斜坡、台地边缘滩、开阔台地、局限台地的演变(图 2-21)。

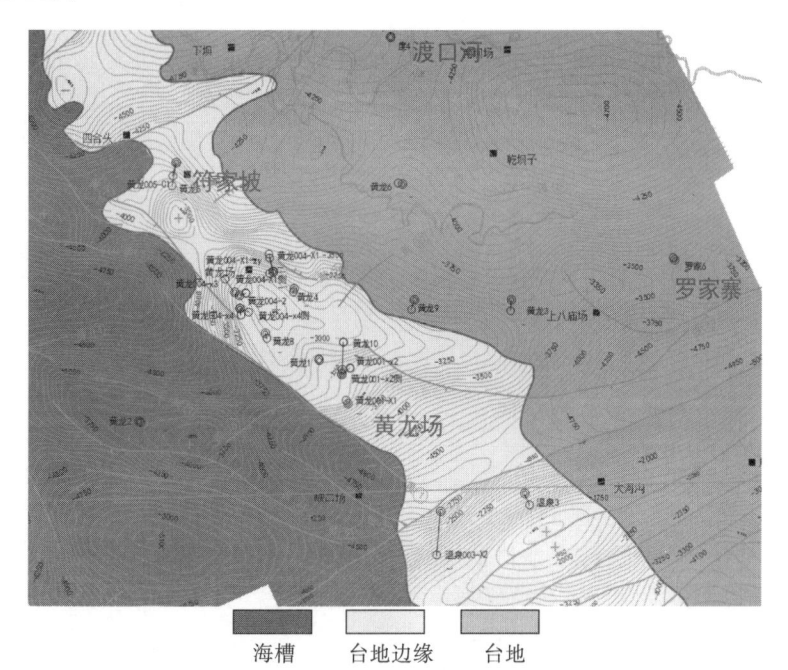

图 2-20 黄龙场长兴组岩相古地理图

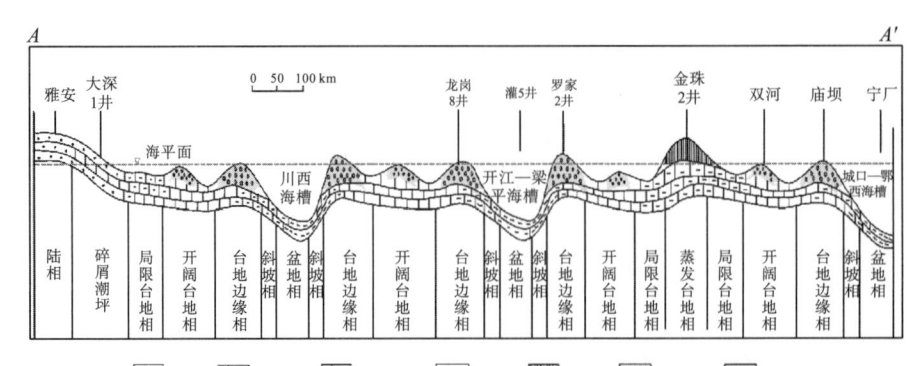

图 2-21 四川盆地下三叠统飞仙关组海陆交互-碳酸盐岩台地沉积相模式图

二、长兴组沉积相特征

长兴组早期，开江—梁平海槽海平面上升和地壳拉张造成相对海平面上升、可容空间扩大，使退积作用更明显，开江—梁平海槽开始发育。此时交互区已退出川东地区，主要为碳酸盐岩深缓坡区，黄龙场地区位于碳酸盐深缓坡外带。长兴中晚期，陆棚边缘礁带形成阶段。海平面快速升高、海槽区裂陷加剧以及沉积速率的差异使得新增可容空间产生明显分化。此时，开江—梁平海槽与城口—鄂西海槽的范围均进一步扩大，形成大范围的深水海槽区。沉积地形分异加剧，沉积作用使碳酸盐缓坡变浅，而基底的下沉和海侵使海槽区变深。此时连续的陆棚边缘（礁）带已经形成，可以明显分为环开江—梁平海槽陆棚边缘（礁）带和城口—鄂西海槽西侧陆棚边缘（礁）带。

（一）沉积相划分

通过岩心、测井等资料的分析，并结合前人的研究成果，认为长兴组有利的沉积相带是陆棚边缘礁相，该相带可分为礁核亚相、礁滩亚相、礁顶潮坪亚相三个次级单元（表2-1）。

表 2-1 长兴组沉积相划分表

相	亚相	微相
台地	开阔台地潟湖	泥质灰岩 石灰岩
生物礁	礁顶潮坪	泥晶白云岩微相 藻叠层微相 腹足泥晶灰岩微相
生物礁	礁核	障积岩微相 骨架岩微相 黏结岩微相 礁角砾岩微相
生物礁	礁滩	棘屑泥粒岩微相 虫藻颗粒-泥粒岩微相 晶粒白云岩微相
海槽	斜坡/海盆	燧石结核灰岩 石灰岩 泥质灰岩

(1) 礁核亚相：是生物礁的主体或核心，呈块状，无层理。含有各种造礁生物化石，生物含量一般30%~50%，局部70%以上，为苔藓虫、仙掌藻、绵层藻、管壳石等。包括障积岩微相、骨架岩微相、黏结岩微相、礁角砾岩微相(图2-22)。

(2) 礁滩亚相：可分为三种类型，即礁基滩、架间滩和礁顶滩，是生物礁发育过程中造成的生物滩环境中形成的岩石。该相主要为生屑颗粒－泥粒岩，沉积后经埋藏白云化作用，被强烈白云化为晶粒白云岩，成为礁气藏的主要储层(图2-23)。与礁核相相比，滩相的泥质含量相对高，且白云化程度也比礁核相高。

礁基滩是造礁生物定殖前发育的滩体，又称为礁基。多数情况下礁基是以海百合茎片为主的生物碎屑滩，在剖面上位于礁组合的底部，经白云石化后成为晶粒白云岩储层。

图 2-22　黄龙1井 P_2ch 发育的礁角砾云岩　　　　图 2-23　黄龙5井 P_2ch 滩相白云岩

架间滩体是夹于礁骨架之间的礁组合内部的生物碎屑浅滩，其侧向随礁体消失而趋向尖灭。沉积时为生物碎屑泥粒岩或颗粒岩，在成岩作用过程中，常被白云化形成白云岩，溶蚀作用再次提高其储层渗透性能，成为优良礁体储层。

礁顶滩发育于礁体之上或礁后的滩体，在剖面上位于礁组合的顶部，由泥粒岩或颗粒岩组成，经白云化作用成为晶粒状白云岩，再经溶蚀作用成为溶孔白云岩储层。

(3) 礁顶潮坪亚相：该相形成于礁体生物加积速度超过海平面上升速度造成的极浅水环境，岩性很细，以灰泥为主，含屑较少，沉积后，经固化成为致密的泥灰岩，作为生物礁的礁盖，对油气保存起着重要的作用。

长兴生物礁储层都发育在礁组合的礁滩微相中，表明礁微相对形成储集空间的白云石化作用、埋藏溶解作用有明显的控制作用。但经成岩作用改造最终能成为储层的只是礁滩相的一部分[1,9]。

(二) 生物礁储层识别特征

长兴组的生物礁储层总结有以下几方面特征。
(1) 地震偏移剖面具有亮点反射的特征(图2-24)。
(2) 地震反演剖面具有低速、低伽马、高孔隙度的特征(图2-25)。

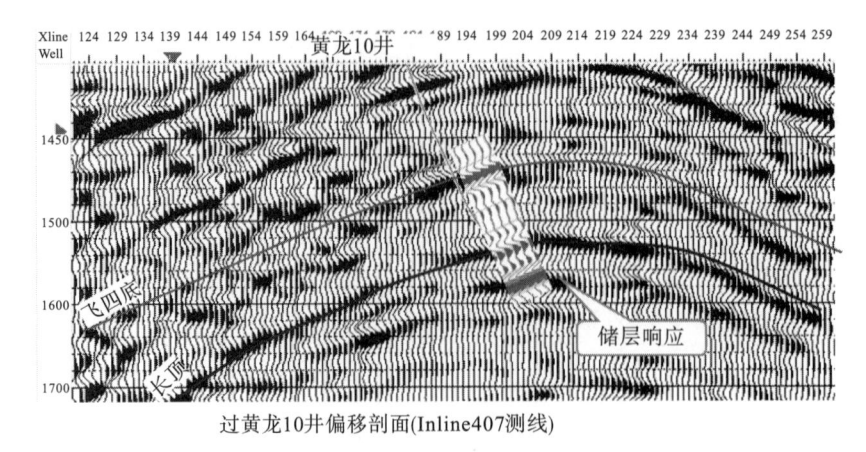

图 2-24 黄龙场地区地震偏移剖面上生物礁储层特征

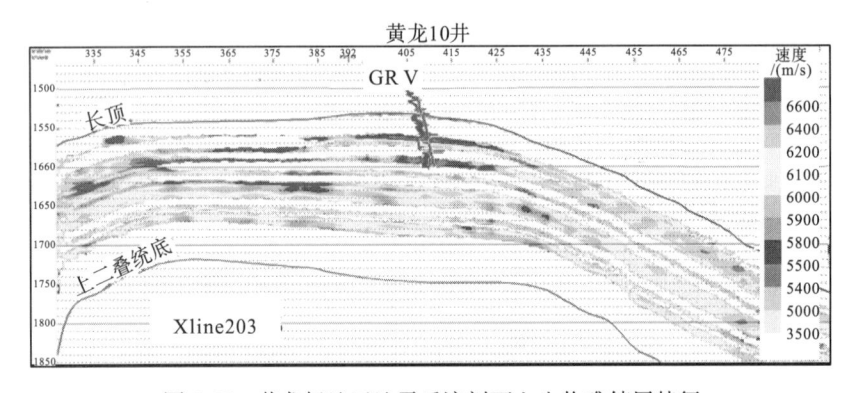

图 2-25 黄龙场地区地震反演剖面上生物礁储层特征

(3)钻遇生物礁时,测井曲线一般显示为低速、低伽马、高孔隙度的特征(图 2-26)。生物礁储层综合测井判别标准在 GR<18 和 CNL>1.6 的范围内(图 2-27、图 2-28)。

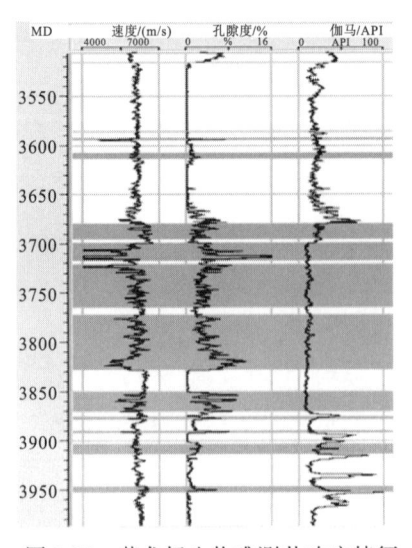

图 2-26 黄龙场生物礁测井响应特征

第二章 气藏地质特征研究

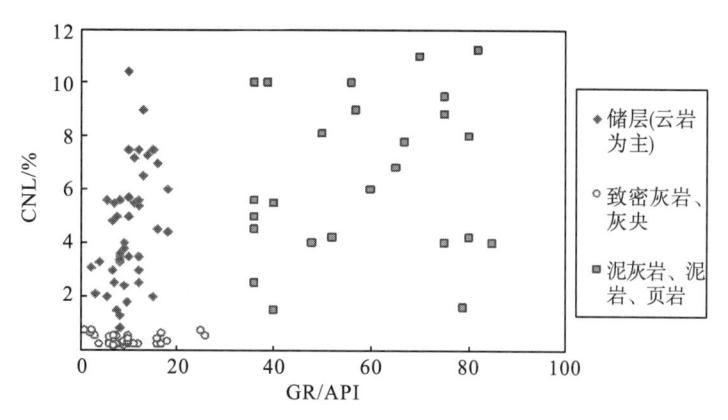

图 2-27 黄龙场地区长兴组不同岩性测井数据交会图

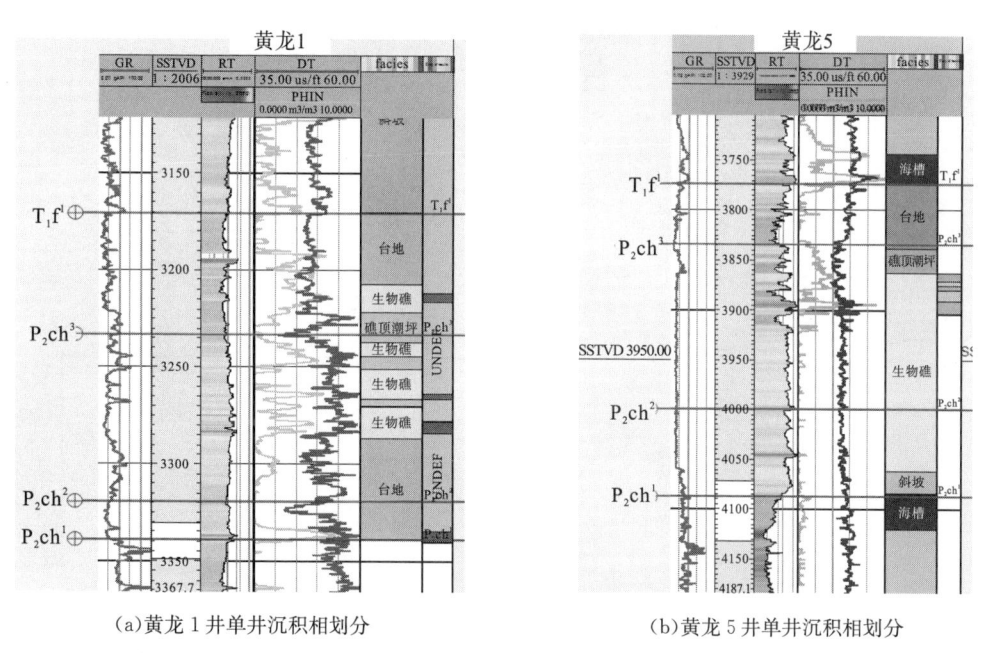

(a)黄龙 1 井单井沉积相划分　　(b)黄龙 5 井单井沉积相划分

图 2-28 黄龙场地区长兴组单井沉积相的划分

(三)沉积相平面展布特征

通过对黄龙场构造三维地震过井剖面的研究，发现钻遇生物礁体时，长兴组内部反射有减弱、空白、杂乱或时差增大等现象，长顶反射变弱。再通过与黄龙 2、黄龙 3、黄龙 6、黄龙 9 等井的对比发现这一现象与它们所处的沉积环境有关。通过地震切片显示，均方根振幅在显示生物礁分布上特征比较明显(图 2-29)，验证了长兴组长二段沉积相分布(图 2-30)，两者边界基本一致。可以看出，从西往东，经历了海槽—生物礁—台地的沉积变化[1,10]。

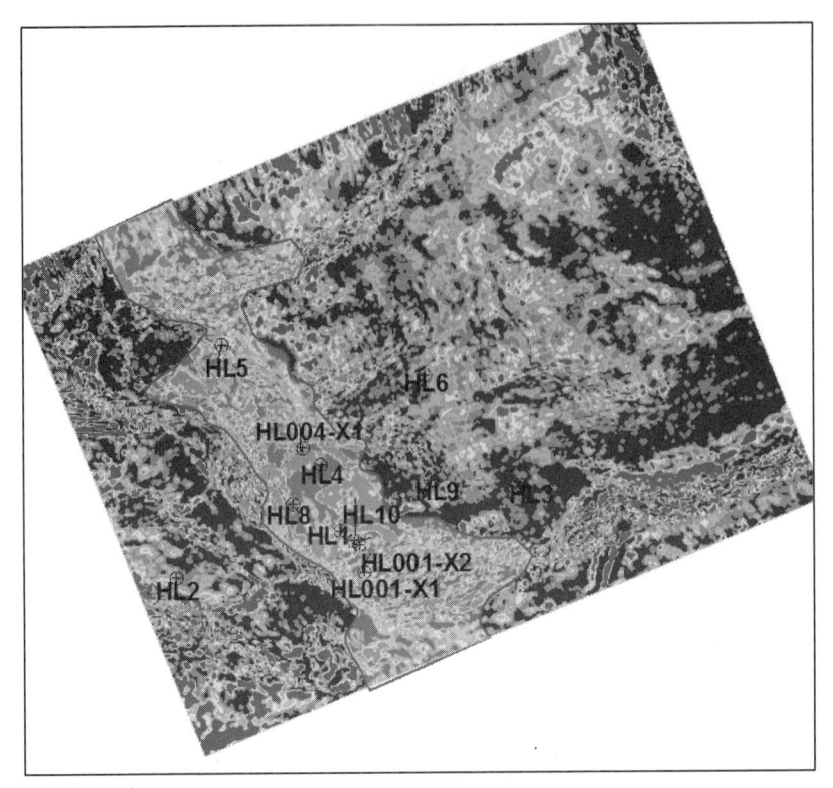

图 2-29　黄龙场地区长兴组长二段均方根振幅分布图

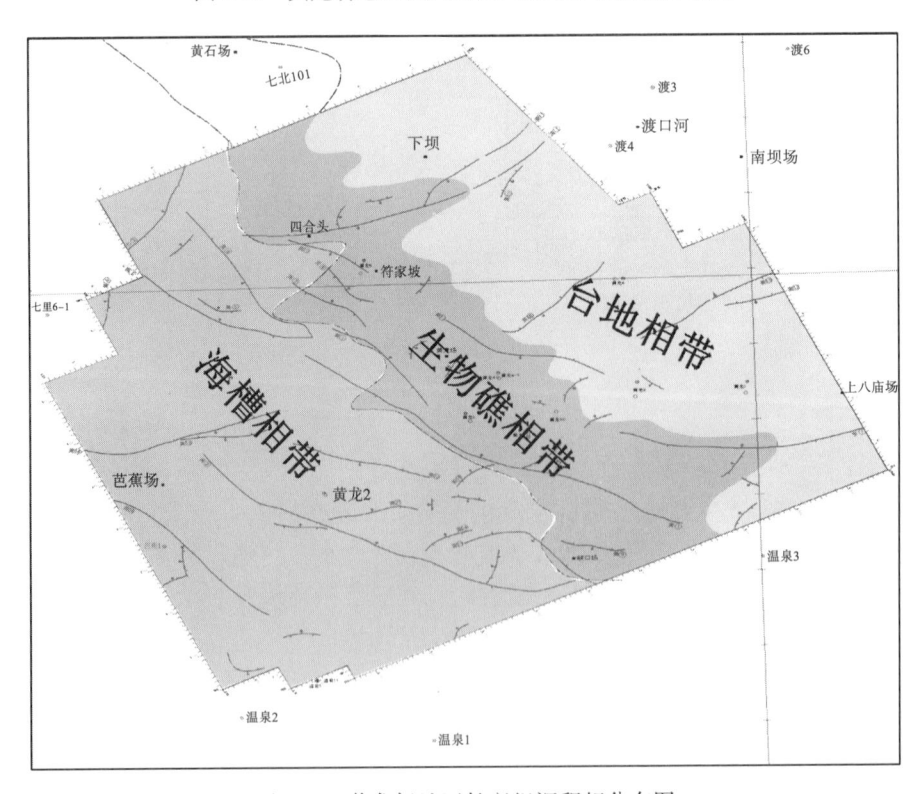

图 2-30　黄龙场地区长兴组沉积相分布图

第二章 气藏地质特征研究

另外，通过地震剖面对沉积相边界进行了检查确认（图2-31、图2-32），从地震剖面上验证了沉积相剖面的准确性。从图2-31可以看出，黄龙005-C1井西南部存在生物礁的特征，地震反射为弱振幅空白反射特征，但是生物礁并不是连续的。

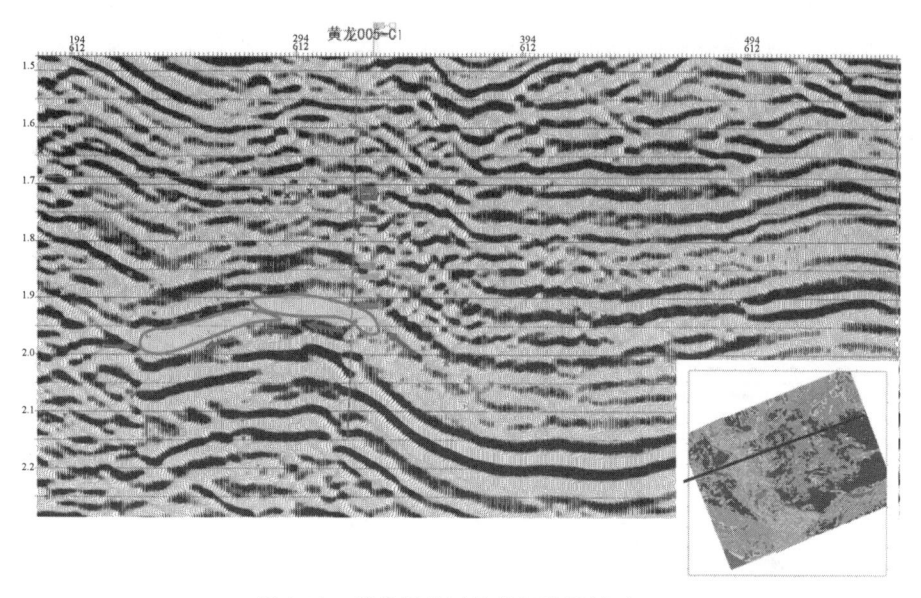

图2-31　黄龙场地区长兴组地震剖面（1）

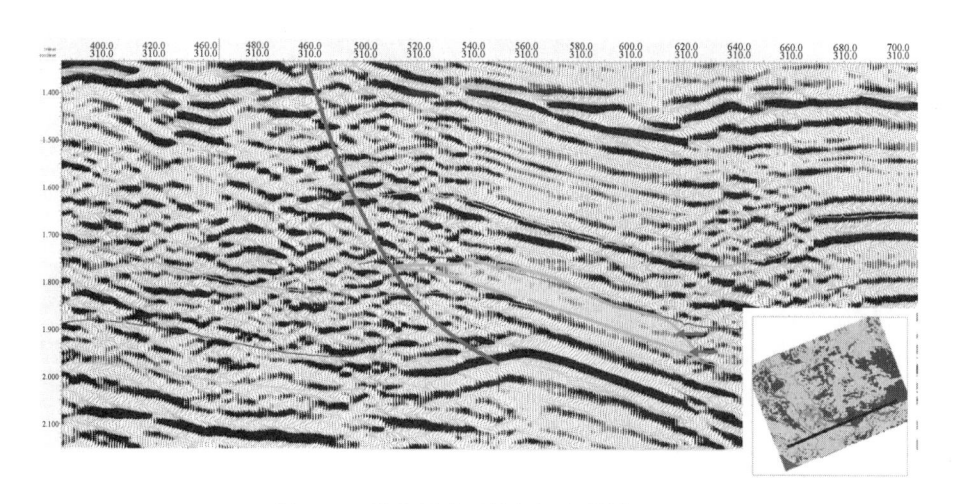

图2-32　黄龙场地区长兴组地震剖面（2）

将黄龙场构造南部的地震剖面沿长兴组底界拉平（图2-33），发现断裂左侧存在生物礁发育的背景，同时结合地震反射剖面（图2-34），认为生物礁在地震剖面上具有弱反射，丘状特征，南部断层发育明显，断层下盘发育生物礁。

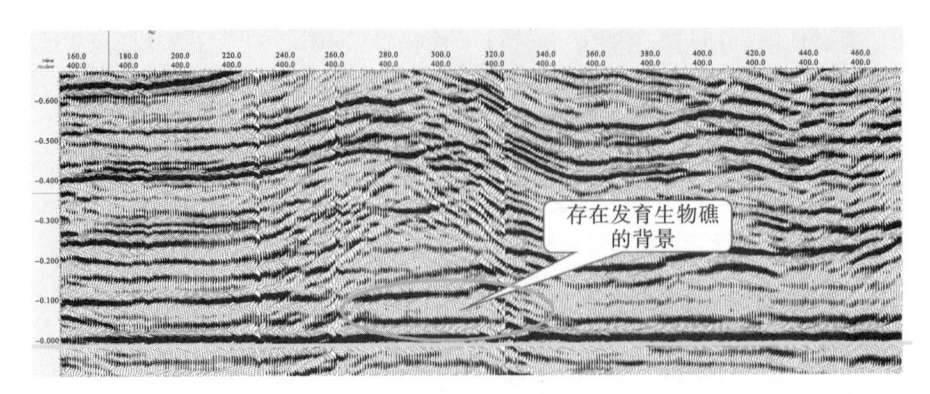

图 2-33　黄龙场地区长兴组地震底拉平剖面

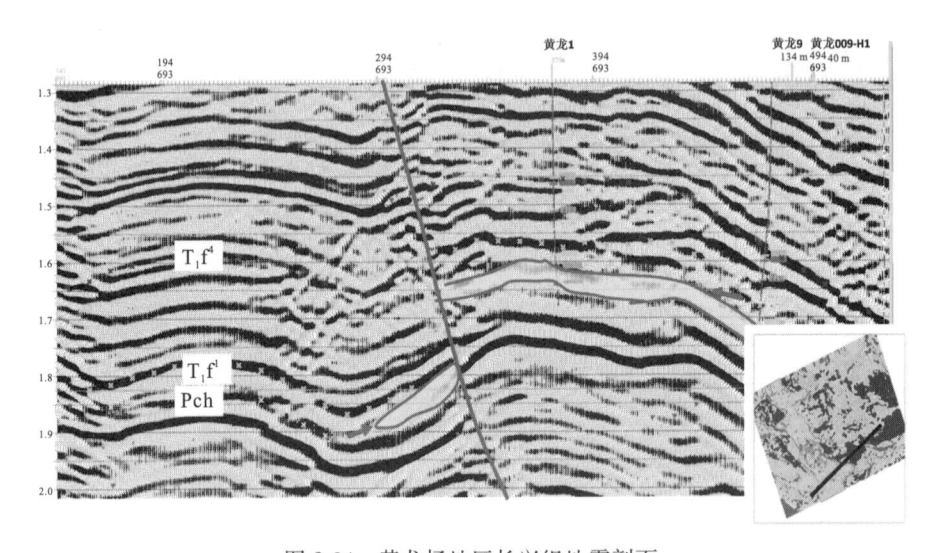

图 2-34　黄龙场地区长兴组地震剖面

三、飞仙关组沉积相特征

前人研究表明川东北地区飞仙关组沉积相主要分为半局限－蒸发台地相、台地边缘鲕粒滩相及海槽－斜坡相等。飞仙关组在开江—梁平东侧长兴组地层沉积后地貌高地上开始发育鲕滩，并随飞一至飞二期台盆沉积填平而演化为台内鲕滩，鲕滩为川东北地区飞仙关组最有利的储集相类型。

在飞仙关早期，川东北地区沉积相带沿近北西—南东向展布，台地边缘呈条带状分布于毛坝—铁山坡—普光—七里北—渡口河—黄龙场—罗家寨一线，并以鲕滩沉积为其典型特征，岩性多为鲕粒白云岩和鲕粒灰岩；其西南侧为海槽相，东北侧由于水体受台缘滩体的阻隔和遮挡，以发育局限－蒸发台地相沉积为特征，岩性主要以白云岩和膏岩为主。值得注意的是，台缘鲕滩呈条带状分布在台地边缘带，尤其是在毛坝—铁山坡、黄龙场—渡口河、温泉井—罗家寨一线最为明显，具有沿北东向向台地内指状延伸的典型特征，其延伸距离可达 10~25km，从台地边缘鲕滩向台内指突位置来看，与北东向断裂系统的分布密切相关。基底断裂同沉积活动形成的古地理格局、沉积古地貌与相对海平面的升降变化便成为控制区飞仙关组内台缘带鲕滩发育及分布的主要因素。台缘带鲕滩发育在连通台盆的陡槽两侧"断隆"处，断续分布在台地边缘带内部，并呈指状向台地内部延伸，其延伸方向与台地边缘带相垂直或角度相交，最终形成"北西控带、北东修饰"的台缘带鲕滩分布特征[11]。

根据四川盆地东北部地区三叠系飞仙关组沉积相模式图(图2-21)，黄龙场构造飞仙关组处于过渡相区，地跨海槽、陆棚(斜坡)及碳酸盐岩台地相区。根据川东北沙罐坪—黄龙场—罗家寨飞仙关组沉积相剖面图(图2-35)，其中，黄龙2井飞仙关组厚度577m，位于海槽内，黄龙8井处于陆棚相区，两口井鲕滩储层不发育，黄龙009-H1、黄龙009-H2、黄龙9、黄龙6、黄龙3、罗家6井位于碳酸盐岩台地相区，鲕滩储层相对发育，储集岩主要为云岩及灰质云岩、云质灰岩，储层物性与云化有关[3]。

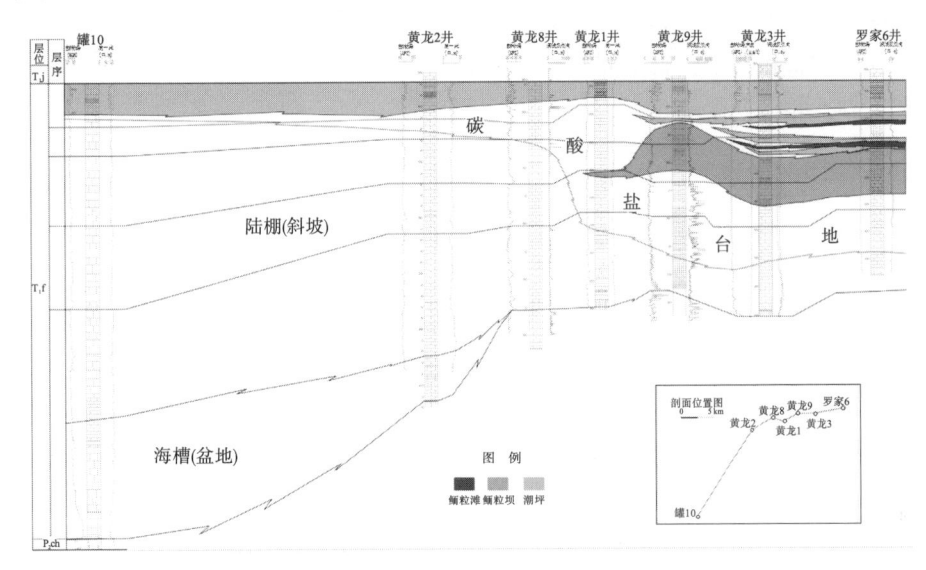

图 2-35 沙罐坪—黄龙场—罗家寨飞仙关组沉积相剖面图

(一)沉积相划分

在综合分析钻井、录井、岩心、测井等资料的基础上，结合前人研究成果，认为黄龙场地区自下而上发育了海槽、斜坡、台地等沉积相带(表2-2)。

表 2-2 黄龙场地区沉积相划分

相带	亚相带
海槽相	—
斜坡相	—
台地相	潮坪亚相
	台内鲕粒滩亚相
	台地潟湖亚相
	台缘鲕粒滩亚相

海槽相沉积：黄龙2井为灰色带黑色泥晶灰岩、黑灰色泥灰岩。罐10井则为深灰带黑色薄纹层状泥晶灰岩，岩性普遍含泥质重，伽马曲线上表现为高值，薄纹层发育，颜

色深，普遍带黑色，指示了深水、安静的沉积环境。

陆棚（斜坡）相沉积特征：以黄龙2、黄龙8、黄龙5井最为典型。黄龙2井T_1f^{3-1}段以大段深灰色、灰色带黑色泥-细粉晶灰岩夹深灰色含泥灰岩、灰-深灰色泥灰岩及薄层灰黑色灰质页岩，其中，井段3991.0~3994.7m取心，上部为深灰带黑色泥晶灰岩，底部1m左右为灰色-深灰色鲕粒灰岩，鲕粒深灰色，分选好，根据薄片鉴定，鲕粒普遍不完整，呈碎块状。黄龙9井3550m发育含砾屑鲕粒灰岩中砾屑成分为云化鲕粒灰岩，结合其上下均为深水沉积环境，推断该套鲕粒灰岩为异地沉积物。黄龙8井取心井段3124.19~3185.68m，上部为纹层状泥晶灰岩夹薄层灰色生屑灰岩，下部深灰-灰黑色泥晶灰岩，岩性致密，滑塌变形构造极为发育，为典型的斜坡相沉积特征。黄龙5井虽然未取心，但是，根据成像测井资料，滑塌变形层理清晰可见。

碳酸盐岩台地相特征：台地相可划分为台缘鲕粒滩亚相、台内鲕粒滩亚相、潮坪亚相、台地潟湖亚相等四个亚相。

1. 台缘鲕粒滩亚相

台缘鲕粒滩亚相是台地迎风边缘的高能环境沉积，除潮汐作用外，还受较强风浪作用影响，形成鲕粒、砂屑及核形石混合沉积体。下部常为核形石颗粒岩，往上，砂屑、鲕粒含量增加。常由核形石灰岩向上变为亮晶鲕粒灰岩，靠近顶部，鲕粒发育程度变好，形成向上变浅的沉积序列，构成厚层一块状的沉积体，单层厚度大。常见各种大型、中型层理构造。鲕粒具有粒度大、圈层发育的特点。由于受风浪作用控制，台缘鲕粒滩坝常在台地边缘呈条带状分布，并随台地的发展而逐渐向上迁移（图2-35）。鲕粒坝沉积厚度较大，分布稳定，常因白云化及溶解作用形成次生孔隙，成为良好的储集层。黄龙9井虽然没有取心，但是通过对岩屑资料的认真分析，并结合岩屑薄片鉴定，黄龙9井鲕粒岩主要发育段为3730~3746、3763~3770m，其岩性主要为亮晶鲕粒灰岩及亮晶生屑鲕粒或含砾屑鲕粒灰岩，多为中层状。鲕粒圈层发育，分选较好，丰度高。鲕粒云化普遍，见溶蚀形成的次生孔隙，是黄龙9井的主要储集、产层段。黄龙6井据岩屑资料统计其鲕粒灰岩及鲕粒云岩累厚达90m，主要发育于飞二段，下部发育有两套单层厚度为28m的鲕粒灰岩和一套单层厚度为17m的鲕粒灰岩，可见鲕粒滩沉积十分发育。

2. 台内鲕粒滩亚相

台内鲕粒滩亚相是台地上潮下高能环境沉积，主要受潮汐作用的控制。鲕粒滩体呈席状展布，具有平面上不规则、纵向上不稳定、单层厚度不大的特征，常与潟湖或潮坪环境沉积的泥状灰岩呈互层状。纵向上可有多个层序叠加，形成不规则的鲕滩叠复体。台内鲕滩多由中-薄层状、透镜状灰、浅灰色的泥亮晶砂屑灰岩（白云岩）、泥亮晶鲕粒灰岩（白云岩）、亮晶生屑灰岩和含生屑亮晶砂屑鲕粒灰岩构成，小型交错层理发育，沉积体单层厚度不大，一般为0.5~6m，常以中-薄层状、透镜状分布于鲕粒坝沉积的上部。台内鲕滩数量虽较多，但规模一般较小，随机分布性强，多以中-薄层状和透镜状分布在大套的细粒沉积物之间，与之渐变过渡或突变。鲕粒滩体也可被云化或溶解形成次生孔隙，成为储集层。黄龙3井3804~3907m共发育五套鲕粒灰岩，其中下部3858~

3868m、3894.5～3907m 为鲕粒岩的主要分布段，岩性以深灰色鲕粒灰岩为主，其上则有三套单层厚度小于 6m 的鲕粒灰岩，显然为叠加发育的鲕滩沉积。

（二）鲕粒滩储层的响应特征

通过对川东北部钻遇飞仙关组鲕滩储层的各井资料分析发现，在鲕滩储层发育区域，由于其内在的岩性及物性特征的改变，岩石的地球物理性质也随之发生变化。鲕滩储层与围岩之间的岩石地球物理性质差异显著，鲕滩储层较围岩主要表现为相对低速、低密度响应特征。利用钻遇鲕滩储层各井所做的声波地震合成记录清楚地反映出，在鲕滩储层发育的区域，因鲕滩储层底界与围岩之间的地球物理特性有明显差异，在鲕滩储层与非储层之间会形成强的波阻抗界面，由此产生了较强的地震反射，出现所谓的地震"亮点"。这种反射的强弱及波组特征与鲕滩储层的发育程度密切相关，平面上分布范围较广、孔隙性越好、有效厚度大的鲕滩储层其地震反射异常特征就越明显，地震"亮点"反射越连续，反之地震异常特征不明显，连续性差。在鲕滩储层不发育的地方，地震剖面上特征表现为复波，杂乱反射，仅在飞四底下面存在一个较弱的反射波组[12]。

勘探表明，当鲕滩储层发育且厚度较大时，可在常规剖面上形成"地震亮点"（图 2-36），渡口河、罗家寨等构造均表现出"地震亮点"的反射特征，黄龙场构造的鲕滩储层发育较差，且单层厚度小，亮点反射特征较弱。因此，可以根据"地震亮点"的强弱定性地预测鲕滩储层。换言之，亮点反射特征越强，振幅值越大。

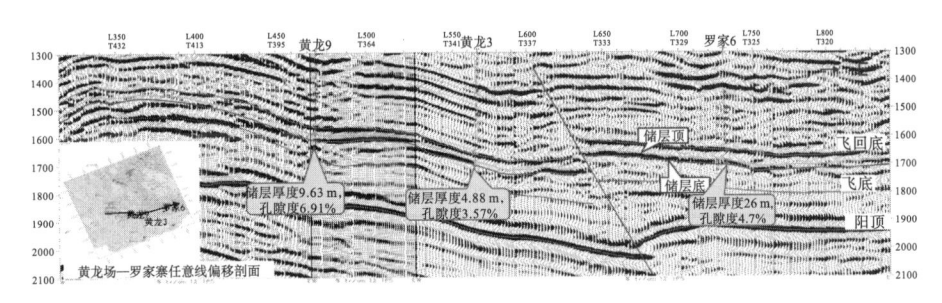

图 2-36 黄龙场地区地震偏移剖面上的鲕滩的亮点反射特征

测井资料显示，飞仙关组鲕滩储层测井曲线表现为"三低、一高、正差异"的特征，即"低速度、低密度、低伽马、高孔隙、深浅双侧向正差异"（图 2-37、图 2-38）。

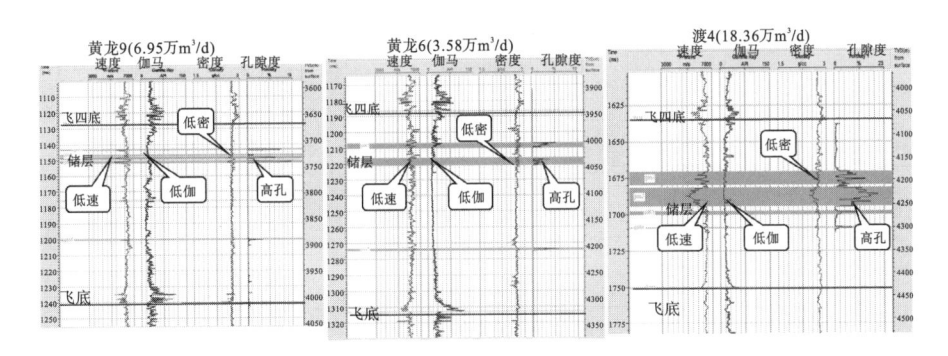

图 2-37 黄龙场地区鲕滩储层测井曲线特征

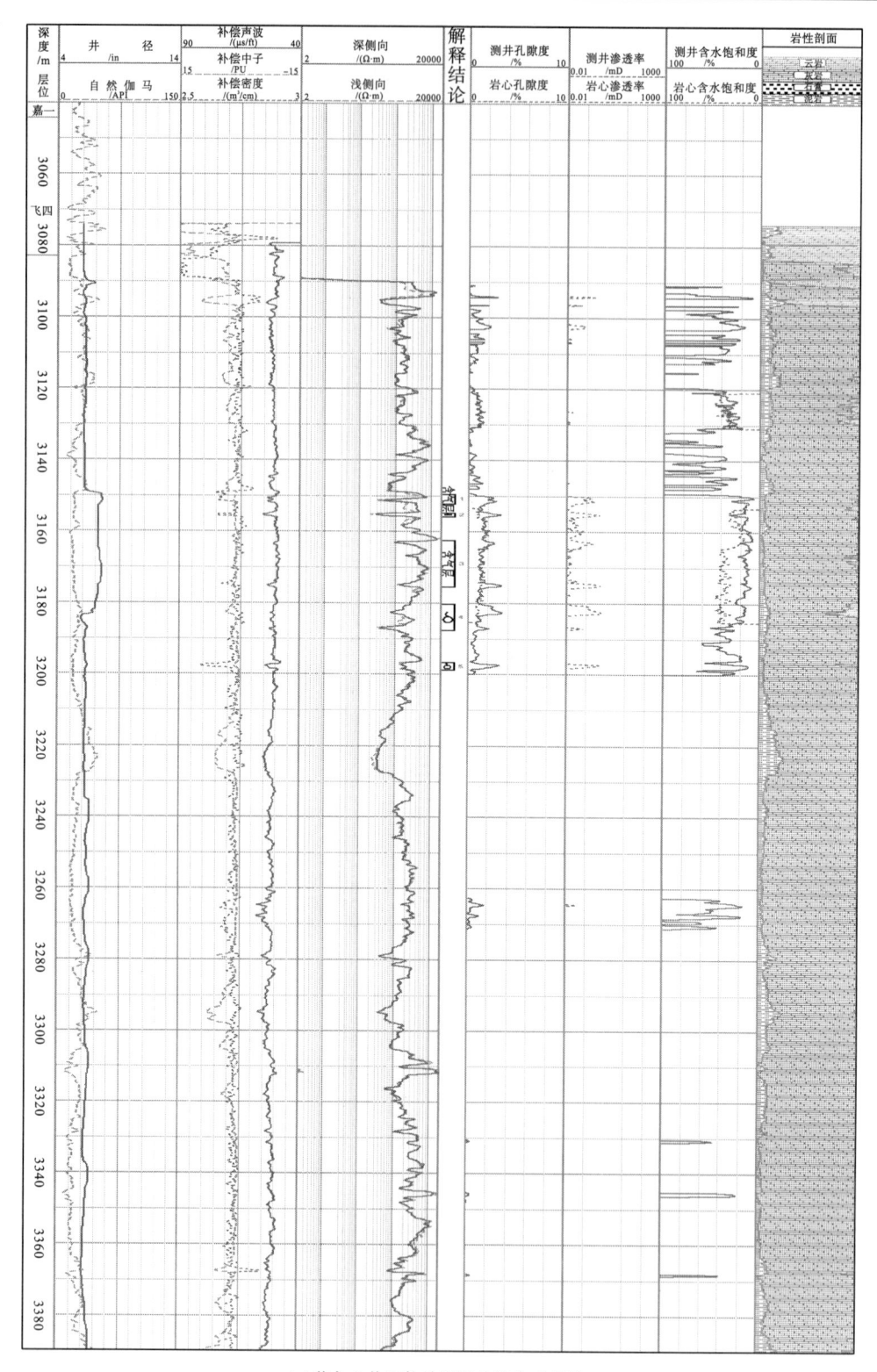

(a)黄龙8井飞仙关组测井综合成果图

图 2-38 黄龙场地区鲕滩储层双侧向测井曲线特征

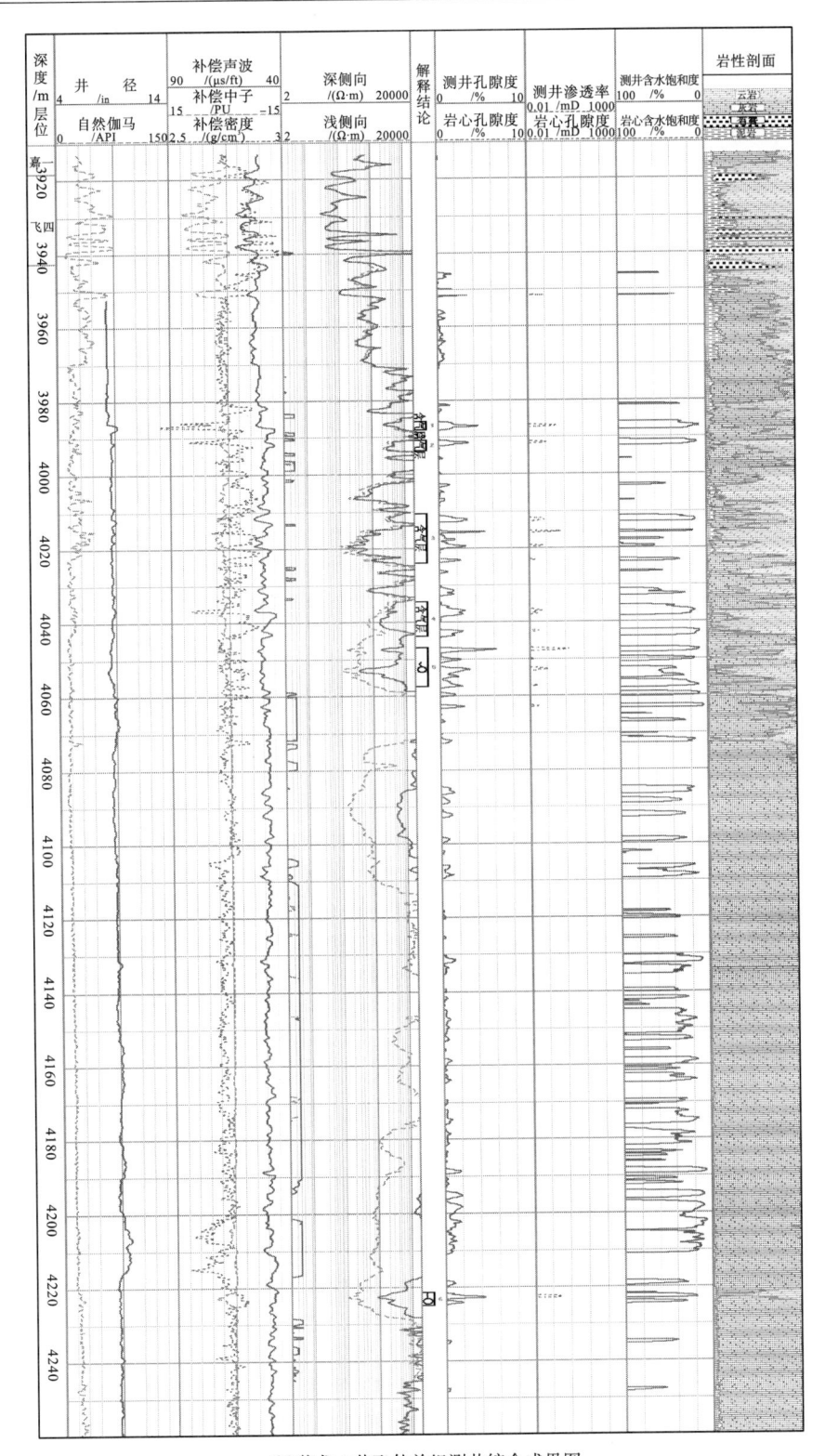

(b) 黄龙 6 井飞仙关组测井综合成果图

图 2-38 黄龙场地区鲕滩储层双侧向测井曲线特征(续)

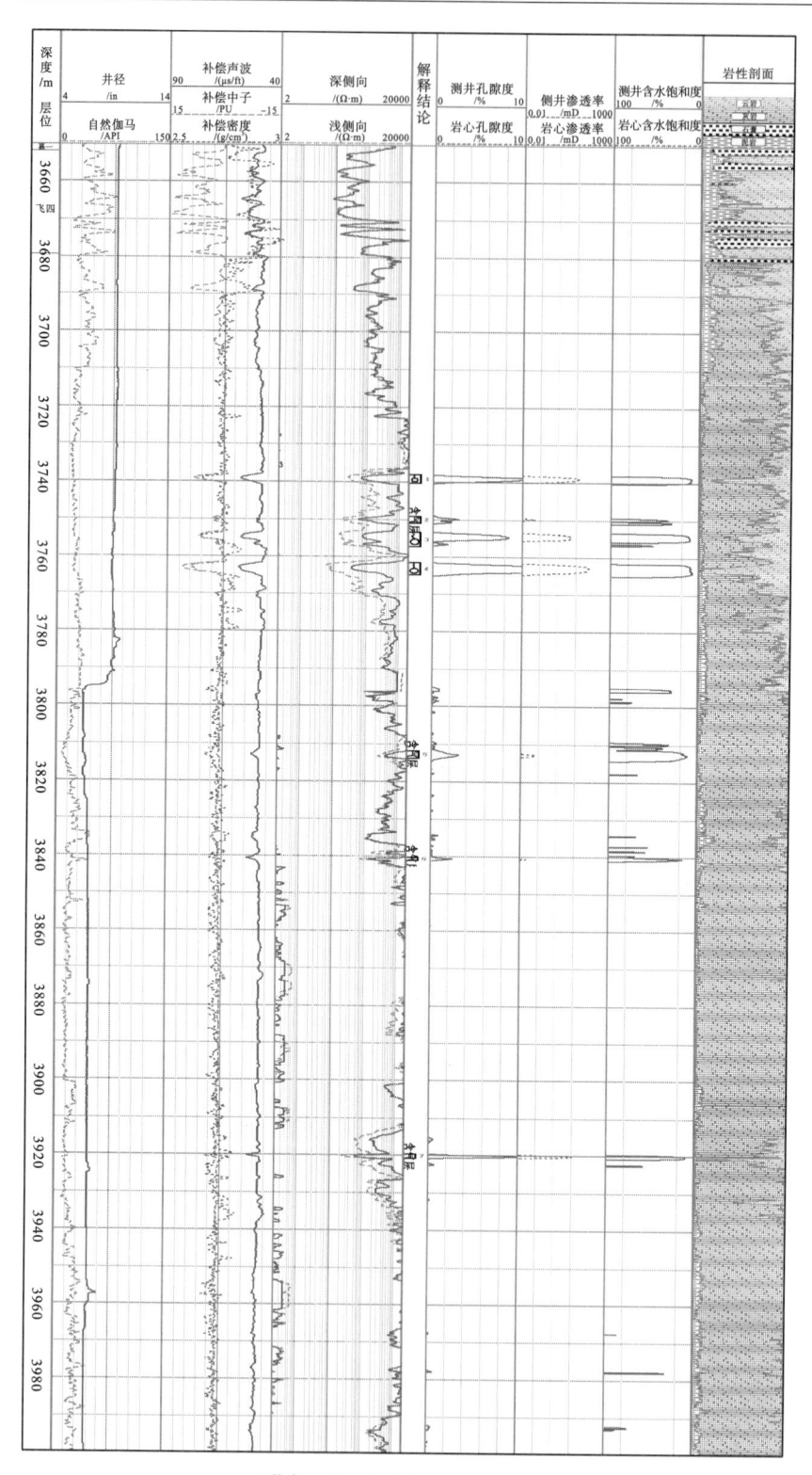

(c)黄龙 9 井飞仙关组测井综合成果图

图 2-38 黄龙场地区鲕滩储层双侧向测井曲线特征(续)

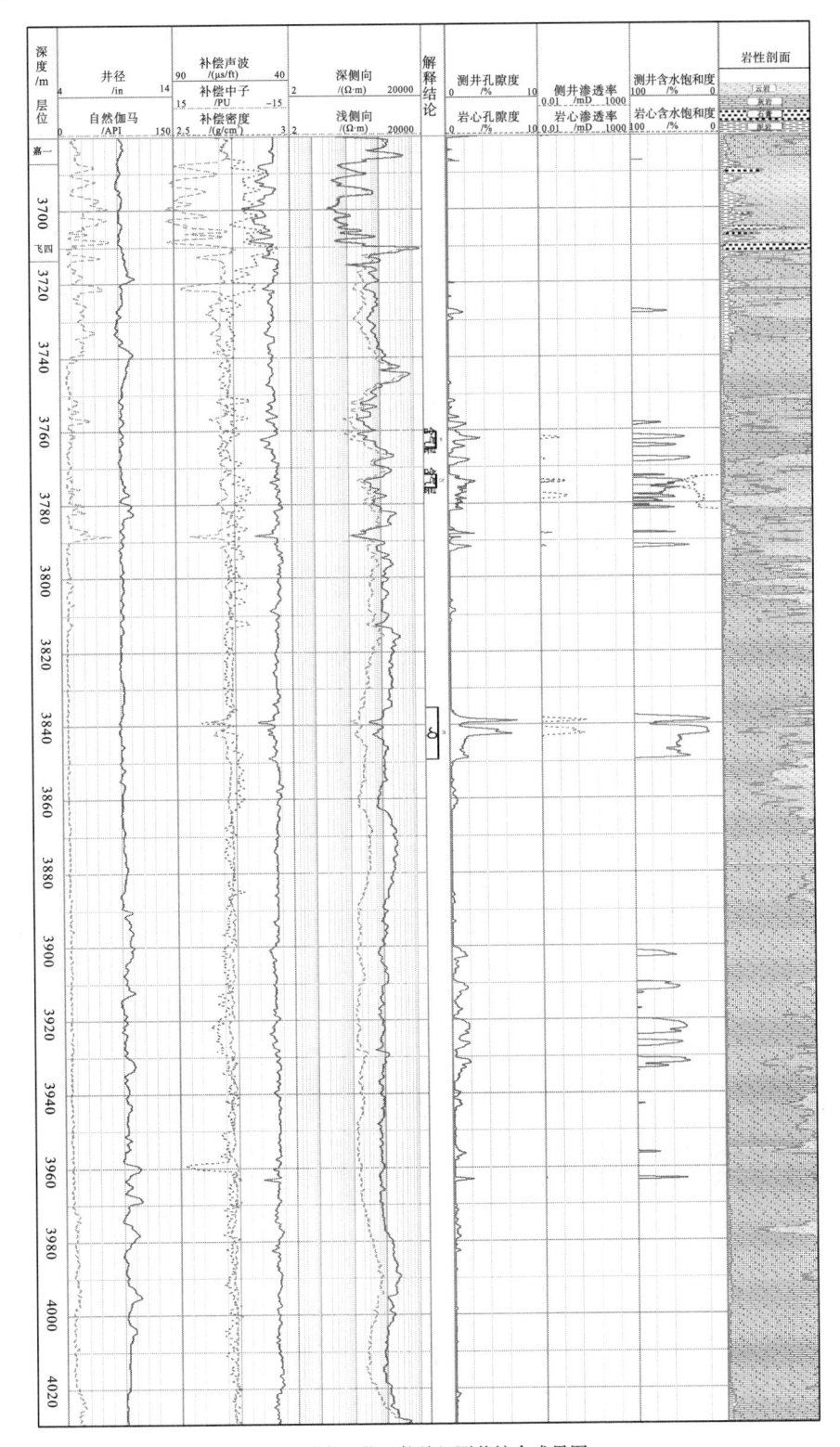

第二章 气藏地质特征研究

(d) 黄龙 3 井飞仙关组测井综合成果图

图 2-38 黄龙场地区鲕滩储层双侧向测井曲线特征(续)

（三）沉积相平面展布特征

飞仙关组鲕滩储层厚度及物性差异主要受飞仙关时期海平面变化及古地貌高地等因素控制。因此对飞仙关组地层开展古地貌分析以及沉积厚度的空间变化规律进行研究，对飞仙关组鲕滩有利区进行划分，从而指导鲕滩储层的地层预测。

本次古地形地貌恢复是根据飞四底界层拉平（图2-39）来研究飞仙关组及各亚段沉积前的古地貌，从而分析控制鲕滩沉积古地貌高带的迁移变化特征。

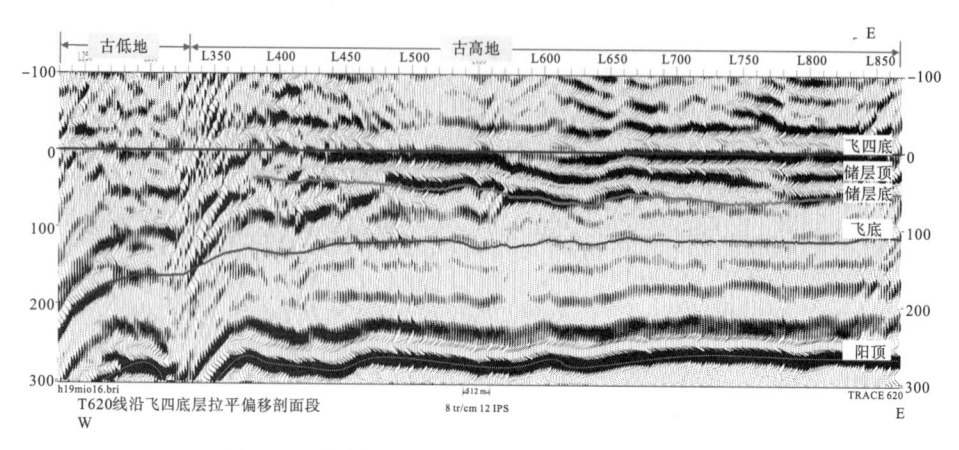

图2-39 黄龙场地区飞仙关顶界拉平后的地震剖面

通过对全区飞四底、飞底（长顶）、鲕滩储层顶、底界面的精细对比，在此基础上利用飞四底界深度与鲕滩底界深度相减，断层附近进行适当调整，消除后期构造运动对古地貌恢复的影响，进而恢复出该区飞仙关组鲕滩沉积前古地貌特征[图2-40（左）]。从图中可以看出，飞仙关组鲕滩沉积前古地貌表现为东北高西南低，越往台地方向古地貌越稳定，台缘带附近古地貌变化越大。再利用飞四底界深度与鲕滩储层顶界深度相减，断层附近进行适当调整，消除后期构造运动对古地貌恢复的影响，进而恢复出该区飞仙关组鲕滩沉积后古地貌特征[图2-40（右）][13]。

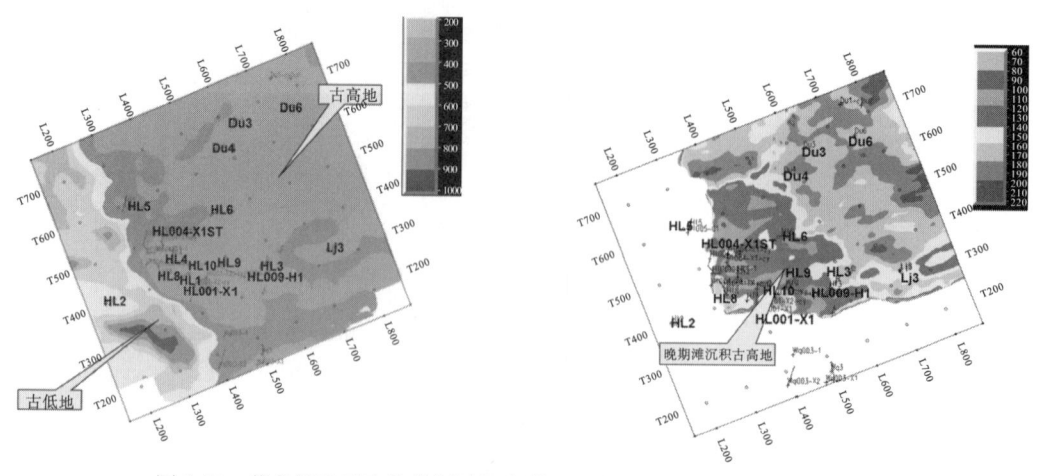

图2-40 黄龙场地区飞仙关鲕滩沉积前（左图）、后（右图）古地貌平面图
[注：HL代表"黄龙"，Du代表"渡"]

第二章 气藏地质特征研究

结合鲕滩"亮点"地震反射特征，对全区鲕滩"亮点"进行了识别，在此基础上提取了多种属性进行定性预测，通过飞仙关组储层底界属性切片试验(图2-41)，认为最大波峰振幅属性效果较好，边界较清楚，因此采用该属性进行鲕滩有利区定性分布预测。

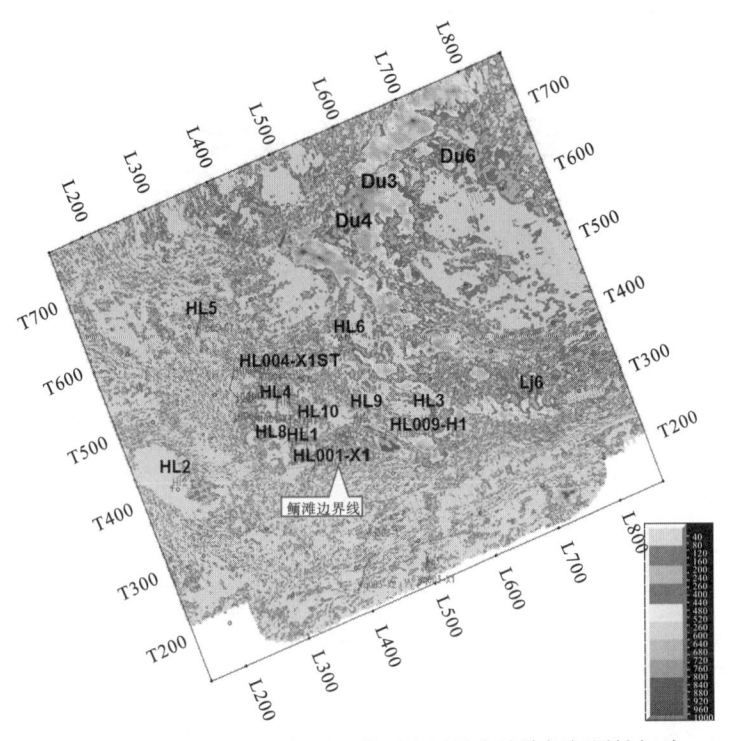

图 2-41 黄龙场地区飞仙关组储层底界最大波峰振幅属性切片

由于振幅会随着鲕滩储层厚度的变化而变化，因此，将研究区钻井的鲕滩储层厚度与振幅值做了统计，得出振幅值随储层厚度变化图(图 2-42)，将振幅值≥300 的区域定义为鲕滩发育区，将振幅值为 100～300 的区域定义为鲕滩较发育区，振幅值<100 的区域

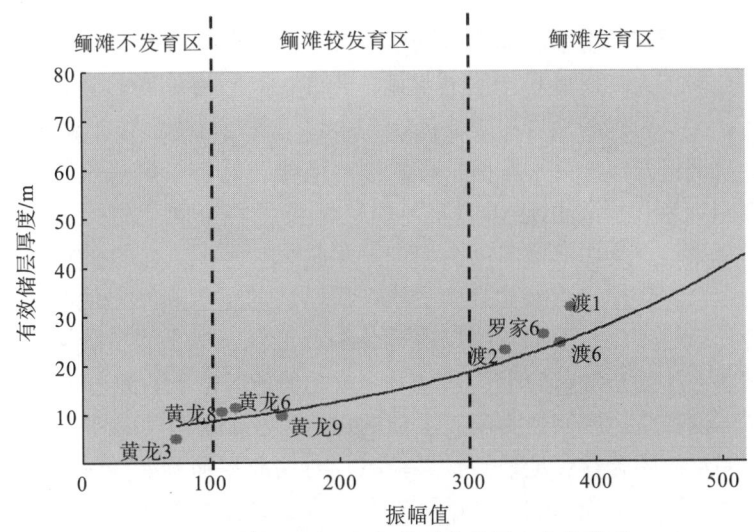

图 2-42 黄龙场地区振幅值随有效厚度变化关系

定义为鲕滩不发育区。结合鲕滩沉积前的古地貌图及最大波峰振幅属性图，勾绘出鲕滩分布图(图2-43)。从图中可以看出，研究区黄龙场构造西部由于古地貌较低，位于海槽-斜坡相，无明显亮点反射特征为鲕滩不发育区。研究区黄龙场构造东南部处于古地貌较高位置，位于斜坡相及台地相，为鲕滩储层比较发育的区域。

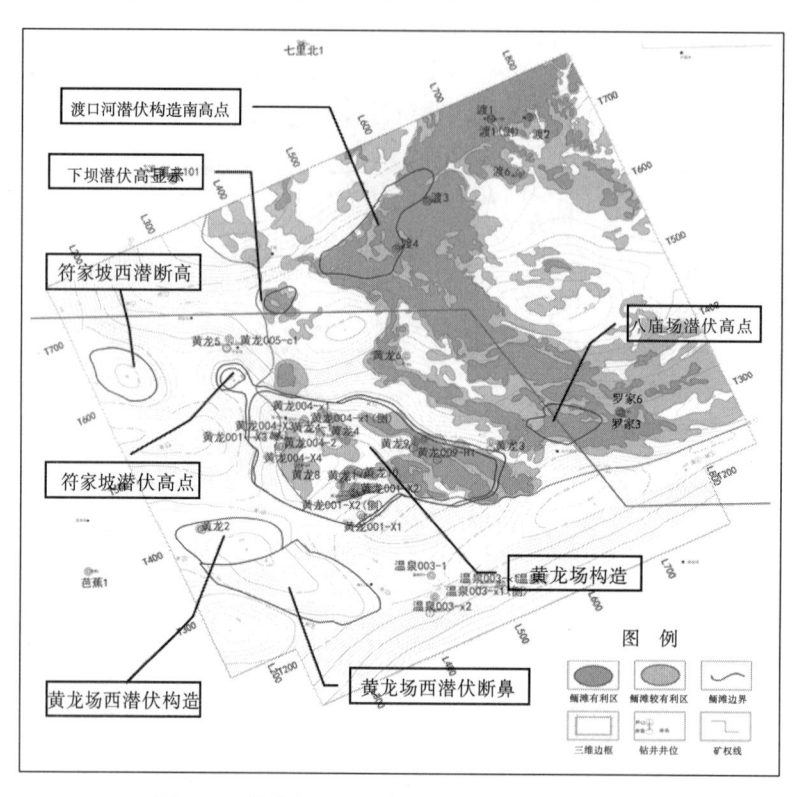

图 2-43　黄龙场地区飞仙关组鲕滩分布有利区图

四、长兴组、飞仙关组沉积演化史

长兴组早期：开江—梁平海槽开始发育阶段。海平面上升和地壳拉张造成相对海平面上升、可容空间扩大，使退积作用更明显，开江—梁平海槽开始发育。此时交互区已退出川东地区，主要为碳酸盐岩深缓坡区(图2-44)。黄龙场地区位于碳酸盐深缓坡外带。

长兴组中晚期：开江—梁平海槽发育成熟，陆棚边缘礁带形成阶段。海平面快速升高、海槽区裂陷加剧以及沉积速率的差异使得新增可容空间产生明显分化。此时，开江—梁平海槽与城口—鄂西海槽的范围均进一步扩大，形成大范围的深水海槽区。沉积地形分异加剧，沉积作用使碳酸盐缓坡变浅，而基底的下沉和海侵使海槽区变深。此时连续的陆棚边缘(礁)带已经形成，可以明显分为环开江—梁平海槽陆棚边缘(礁)带和城口—鄂西海槽西侧陆棚边缘(礁)带(图2-45)。黄龙场地区位于陆棚边缘(礁)带。

飞一至飞三期：飞一晚期，受印支运动的影响，控制开江—梁平海槽发育的南秦岭洋自东向西开始逐渐闭合，台地逐渐扩展；飞二时期海平面开始缓慢下降，碳酸盐的高沉积速率使沉积过程以进积为主，开始了晚期高水位体系域的沉积过程；飞三时期，台地发展繁盛，各相带分化明显，以黄龙9井—温泉3井一线以东鲕粒滩广泛发育，以西至

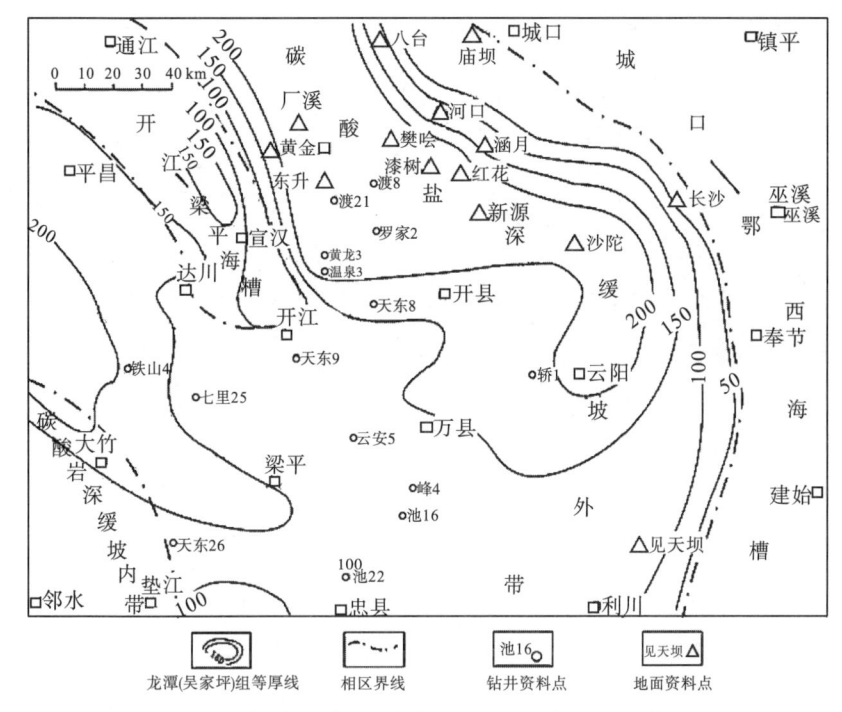

图 2-44　龙潭(吴家坪)晚期—长兴组早期沉积相分区图

黄龙 2 井区已转化为台地潟湖，台地潟湖周缘发育了大量的鲕粒滩体，这些滩体与早期的鲕粒坝叠合，形成了较厚的鲕粒岩沉积，为储层的发育提供了良好的物质基础(图 2-46)。

飞四期：高位域晚期海平面明显降低，最后全区演化为均一化的碳酸盐台地潮坪沉积环境。

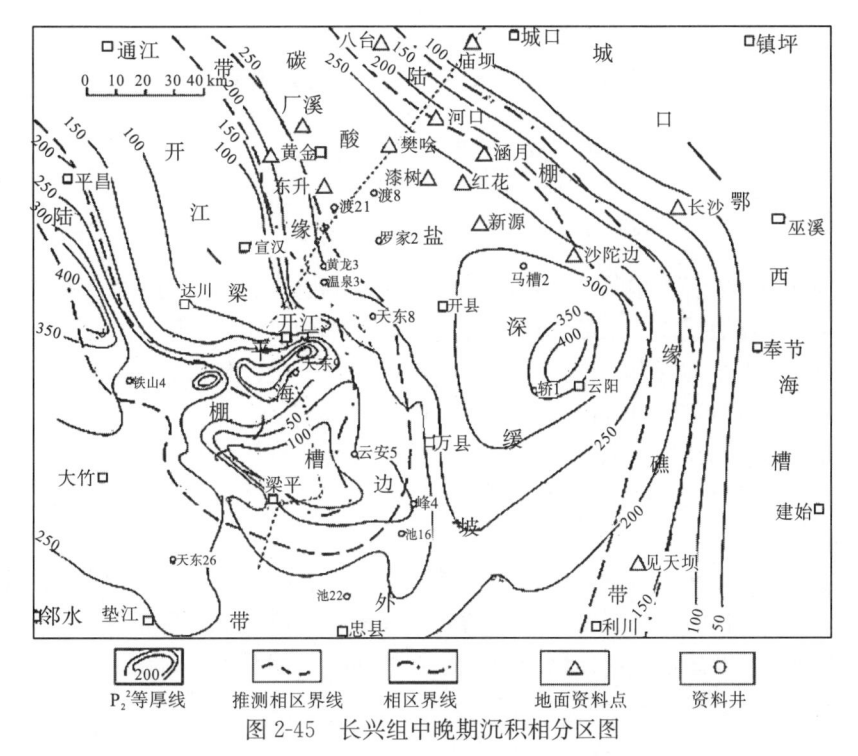

图 2-45　长兴组中晚期沉积相分区图

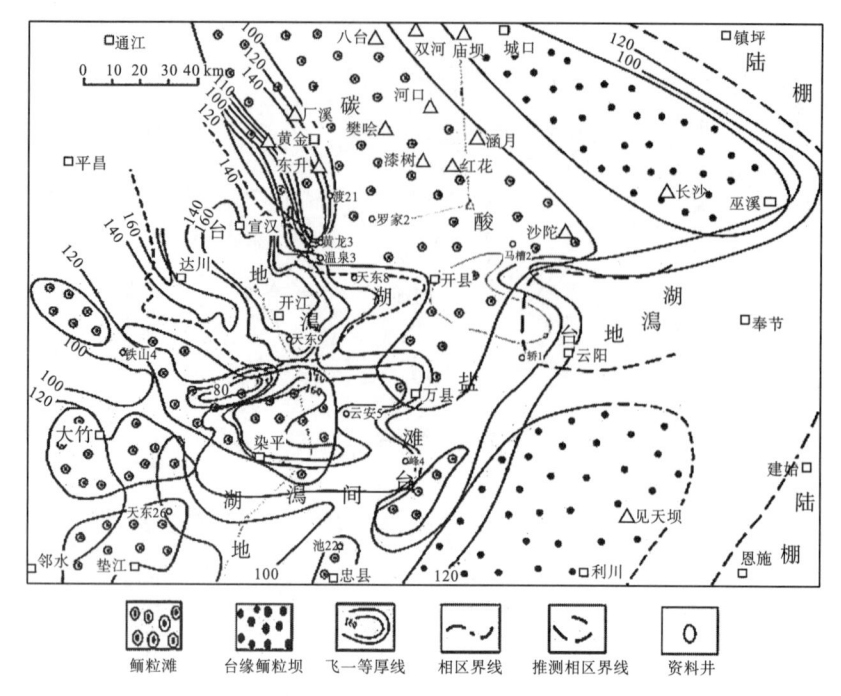

图 2-46 飞三期沉积相分区图

综上，黄龙场地区随着东吴运动后的海平面上升，受南秦岭洋扩张－收缩的影响，长兴期为海侵体系域的深缓坡－陆棚边缘－海槽沉积环境，在飞仙关期进入高位域，沉积环境演化为碳酸盐台地－陆棚－海槽的沉积环境。随碳酸盐台地的逐渐发育、增生，开江—梁平海槽充填消亡，演化为台地潟湖。陆棚边缘发育的生物礁、滩沉积为长兴组储层发育奠定了良好的基础；台缘鲕粒坝在原鲕粒坝之上叠加上鲕粒滩沉积，从而构成了较厚的鲕粒岩组合，为飞仙关组储层发育奠定了良好的基础[2]。

五、长兴组、飞仙关组储层成岩作用

（一）长兴组储层成岩作用

长兴组生物礁成岩作用复杂（表 2-3），有白云石化、去云化、溶蚀、胶结、重结晶、硅化等，其中与储层形成关系最密切的是白云化、溶蚀（图 2-47）和去云化。

黄龙场长兴组生物礁由这种白云化作用形成的各类礁滩中的雾心亮边细－中晶白云石占整个川东长兴组各礁组合白云石总量的 60%～80%。

去白云化是溶蚀作用的结果，使白云石钙化溶解，可以引起方解石沉淀、胶结，长期持续不断的淋滤过程，使去白云化产生的钙不断溶失，才可以在白云岩层中产生孔隙带，形成储层。

礁组合中的礁滩在成岩早期的亮晶胶结作用和成岩晚期的亮晶胶结作用均使部分孔隙填塞，而大部分白云岩仍保留许多白云石晶间溶孔为有效孔，形成储层。因此可以说混合水白云化程度及溶蚀去白云化作用决定了孔隙发育程度[2]。

表 2-3　长兴组储层主要成岩作用与成岩环境划分表

成岩环境		沉积	近地表	浅埋藏	中埋藏	深埋藏
成岩作用	泥晶化作用					
	胶结作用 泥晶方解石					
	纤状方解石					
	柱状方解石					
	云石环边					
	粒状方解石					
	粒状晶白云石					
	共轴生长					
	萤石					
	石英					
	泥晶白云石(化)					
	晶粒白云石(化)					
	压实					
	溶解作用					

图 2-47　黄龙场地区长兴组白云石化及溶蚀作用

(二) 飞仙关组储层成岩作用

通过岩心及薄片观察，影响鲕滩储层最重要的成岩因素除压实作用外，主要有胶结及矿物充填作用、白云石化作用及溶蚀作用等(图 2-48)。储层主要成岩作用与成岩环境总结如表 2-4。白云石化及溶蚀作用是飞仙关组储层形成的关键因素，优质鲕滩储层都是鲕粒岩经白云石化及溶蚀作用后形成的孔隙性储渗体。前人通过大量取心资料的分析和试验，认为飞仙关组白云石有三种成因类型：即混合水白云石化、回流渗透白云石化和埋藏白云石化，其中混合水白云石化是优质储层发育的主要控制因素，混合水白云石化主要发生在台地边缘鲕坝(滩)中，而黄龙场地区正位于有利的混合水白云石化相带边缘(图 2-49)。

飞仙关组鲕滩储层在印支期处于海底和大陆环境，主要经历了第一、二期方解石胶结、混合水白云石化及同生期溶蚀作用，三叠世末之前，处于浅埋藏成岩环境，主要有压实、压溶作用及第二、三期方解石胶结作用，到白垩纪之前的燕山期，处于深埋藏成岩环境，有第一、二期埋藏溶蚀作用、第二期方解石充填、埋藏白云石化及白云石充填、沥青充填和石英充填作用，至喜马拉雅期的抬升埋藏成岩阶段，主要为第三期埋藏溶蚀作用、石膏充填作用和第三期方解石充填作用。

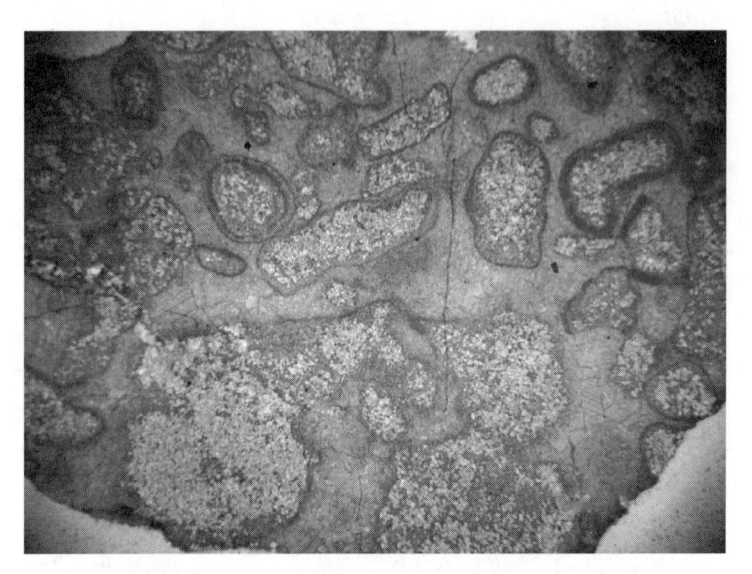

图 2-48　黄龙 9 井飞仙关组白云石化及溶蚀作用

表 2-4　飞仙关组储层主要成岩作用与成岩环境划分表

成岩作用		近地表		浅埋藏	深埋藏	抬升埋藏
		海底	大陆			
胶结作用	纤柱状晶方解石	──				
	粒状晶方解石		────			
	粗晶方解石			──		
	石膏	──				
充填作用	方解石		──		──	──
	白云石				──	──
	石英					──
	硫磺					──
	石膏					──
	沥青				──	
	黄铁矿				──	
压实压溶作用				────		
去膏化作用					──	
溶蚀作用		──	──		──	──
白云石化作用		────────			──	──
液烃侵位				──		
气烃侵位					──	

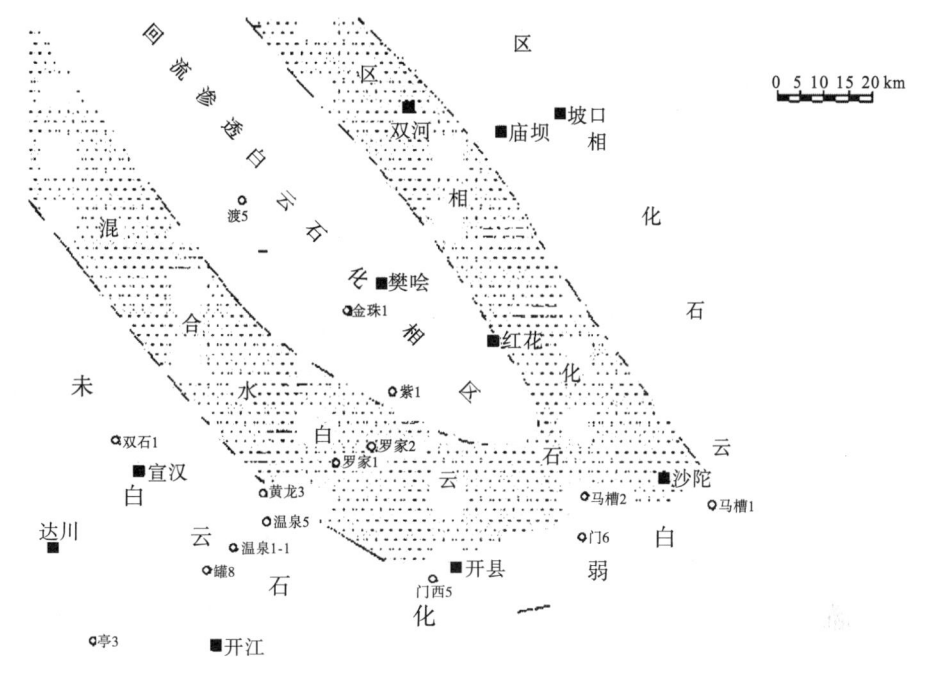

图 2-49 黄龙场地区白云石化平面分区图

第四节　储层特征研究

一、长兴组储层特征

（一）岩性特征

川东地区钻遇生物礁井的大量分析资料研究证实：长兴组储层主要是分布于与生物礁发育有关的各种滩体中的白云岩和少量的颗粒岩、泥粒岩之中。这些滩体中的颗粒岩、泥粒岩常常被优先白云石化形成白云岩。白云岩经溶蚀作用产生溶蚀孔、洞、缝成为储集层。

通过黄龙场构造已钻井的长兴组岩屑描述、薄片鉴定以及录井、测井资料综合分析，储层岩性包括灰褐色－褐灰色粉－细晶云岩、溶孔云岩、角砾屑云岩、泥晶海绵云质灰岩、泥晶残余生屑云岩及含砂屑泥、粉晶灰岩。云化作用强烈，白云岩与生物灰岩互层，白云石化后形成的各类白云岩为主要储集岩类。白云岩以灰－灰褐色为主，粉－细晶结构，质纯，较疏松，半自形－他形晶，溶蚀孔洞发育，大小 0.1～2mm，未充填或半充填，面孔率可达 5％，重结晶作用较强。从图 2-50 可以看出，储层厚度与白云岩厚度之间存在正相关关系，白云岩厚度越大，储层越厚，同时也表明，经过溶蚀改造后的白云岩才能够形成储层[14]。

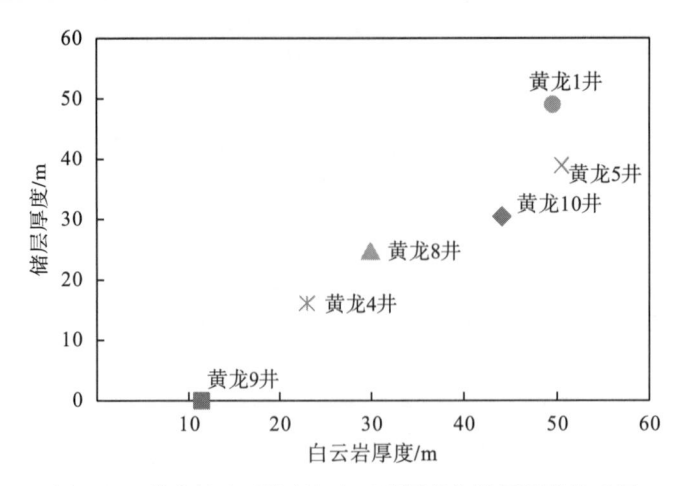

图 2-50 黄龙场地区长兴组白云岩厚度与储层厚度关系图

(二)储集空间类型与特征

黄龙场长兴组储集空间可分为孔、洞、缝三类，均是经过多次溶蚀作用形成的。孔隙可进一步细分为晶间溶孔、粒间溶孔、粒内溶孔、铸模孔、砾内溶孔、溶孔、生物体腔孔及架间孔八类(表 2-5)。

表 2-5 黄龙场地区长兴组储层储集空间划分表

类	成因类型 亚类	特征	形成阶段
孔隙	晶间溶孔	晶间孔被溶蚀扩大形成	同生期为主 成岩期为辅
	粒间溶孔	粒间孔被溶蚀扩大形成	
	粒内溶孔	分布于颗粒内部的溶蚀孔隙	
	铸模孔	颗粒(含生屑)全部被溶蚀扩大形成	
	砾内溶孔	分布于礁角砾内的溶蚀孔隙	
	溶孔	原孔隙被溶蚀扩大，已破坏原始组构	
	生物体腔孔	分布于生物壳内，有机质腐烂形成	沉积期
	架间孔	生物礁骨架之间的孔隙，局部被溶蚀扩大	
溶洞	孔隙性溶洞	沿孔隙溶孔扩大，呈层分布，洞间连通性好	同生期为主
	裂缝性溶洞	沿溶缝局部溶蚀扩大形成，偶见	成岩期
裂缝	张开缝	构造作用形成，半平充填或未充填	成岩期
	溶蚀缝	沿张开缝溶蚀扩大形成，偶见	

溶孔形态在岩心上多呈不规则状或近圆状(图 2-51)，镜下观察则为不规划的港湾状，孔隙结构不均，表现在不同级别孔隙度结构参数相近或孔隙度相近的岩样其孔隙结构参数相差一个数量级以上，孔隙分选普遍较差(图 2-52、图 2-53)。但从压汞资料分析来看(表 2-7)，长兴组储层段饱和度中值压力较低为 4.5479MPa，其束缚水饱和度也较低为 16%，表明具有良好的连通性。总体上储层具中低孔、小喉的特点。

第二章　气藏地质特征研究

图 2-51　黄龙 5 井长兴组发育溶孔和半充填白云石和沥青的晶洞

图 2-52　砾间溶孔，黄龙 1 井　　　　图 2-53　不规则溶蚀孔，黄龙 5 井

黄龙场长兴组生物礁溶洞十分发育，据取心观察和统计，黄龙 1 井和黄龙 4 井两口井共取心 82.86m，共见有各类溶洞 588 个（表 2-6），洞密度为 7.1 个/m，其中大洞 40 个，中洞 62 个，小洞 486 个，说明溶洞发育是以小洞为主。此外溶洞发育多集中选择性分布于各类云岩之中，灰岩较少，溶洞大小（2mm×2mm）～（30mm×35mm），溶洞以孔隙性溶洞为主，占 95% 以上，裂缝性溶洞分布较少，数量不到 5%。

表 2-6　黄龙场长兴组生物礁井缝洞统计

井号	裂缝密度/(条/m)	裂缝 有效缝 小计	立缝	斜缝	平缝	溶洞 小计	大洞	中洞	小洞	岩心厚度/m	备注
黄龙 1	7.95	276	187	41	48	429	20	36	373	34.71	小缝为主
黄龙 4	1.99	96	23	63	10	159	20	26	113	48.15	均为小缝
合计		372	210	104	58	588	40	62	486	82.86	

长兴组生物礁储层裂缝较发育，裂缝以构造缝为主，占整个裂缝的 95% 以上。据取心观察和统计，黄龙 5 井储层段裂缝较发育，岩心统计裂缝密度为 8.6 条/m；黄龙 1 井和黄龙 4 井共发育各类缝 894 条，其中无效缝 522 条，有效缝 372 条，有效缝密度为 4.5 条/m；黄龙 1 井的有效裂缝密度为 7.95 条/m，约为黄龙 4 井的 4 倍（表 2-6）。有效缝中几乎全为小缝，中缝及大缝偶见，缝内一般半充填或见少量方解石或白云石薄膜；

按产状区分,以立缝、斜缝居多,占84%,平缝次之,占16%。就裂缝发育的层位而言,多与储层发育的白云岩伴生,其密度一般是灰岩的3~30倍,这与孔隙的分布规律相似。另一类溶蚀缝一般是在构造缝基础上发展而来,其缝壁凹凸不平,局部溶蚀扩大形成溶孔(洞)。此外在电镜下可见有晶间隙存在。

黄龙场长兴组生物礁储层主要分布在白云岩中,储集空间主要以孔隙为主,洞穴次之,其裂缝较发育。据岩心统计黄龙1井有效缝平均密度7.95条/m、黄龙4井有效缝平均密度1.99条/m,虽全为小缝,但它们对改善储层的渗透性能起到一定作用,从压汞资料分析,黄龙1、黄龙4井长兴组储层分选性普遍较差,但连通性较好,一定程度上说明裂缝对渗透性有较大的改善。综合分析认为长兴组生物礁储集类型属裂缝-孔隙型储层[1]。

(三)孔隙结构特征

由压汞分析资料可知,储层具有低孔小喉的特点(表2-7),孔喉平均半径(D_m)最大为4.642μm,最小为0.181μm,平均为1.671μm;最大连通半径(R_{c10})为2.835μm,平均仅为1.347μm,R_{c10}小于D_m表明有相对较大的孔隙存在。表征孔喉分布位置特征参数(D_{50})及饱和度中值半径(R_{c50})最大值分别为1.196μm和1.191μm,平均为0.273μm和0.357μm,远低于D_m和R_{c10}。

从储层的孔喉分选参数特征看,储层分选性普遍较差,分选系数(S_p)一般大于1.008,最大为3.863,平均为2.669;歪度(S_{kp})偏细,除个别样S_{kp}可达0.551外,多数为0.2~0.4,峰态(K_p)较平缓,为0.608~1.205,平均为0.969。

从描述储层连通性的特征参数排驱压力(P_d)、饱和度中值压力(P_{c50})及束缚饱和度(S_{min})来看,P_d值小,普遍小于1.0MPa;P_{c50}为0.6297~9.926MPa,储层段平均值仅为4.547MPa,而S_{min}也较低,普遍低于16%,反映出储层连通性相对较好。

表2-7 黄龙场地区二叠系长兴组孔喉结构参数表

参数样品号	孔隙度/%	孔喉大小/μm				孔喉分选			孔喉连通性(0.1MPa)		
		D_m	D_{50}	R_{c10}	R_{c50}	S_p	S_{kp}	K_p	P_d	P_{c50}	S_{min}/%
405	0.82	0.181	0.0023	0.013	—	1.008	−1.000	0.724	563.610	—	62.987
12	7.55	2.179	0.317	2.414	0.311	3.453	0.319	0.848	3.107	24.097	9.541
35	5.16	4.642	1.196	2.835	1.191	2.225	0.551	1.640	2.645	6.297	3.776
193	7.31	2.245	0.260	2.570	0.250	3.863	0.196	1.101	2.918	29.961	12.412
199	7.24	1.742	0.234	1.414	0.222	3.195	0.362	0.863	5.303	33.766	10.656
201	3.93	1.147	0.100	0.698	0.094	2.927	0.262	1.205	10.748	79.495	14.382
217	0.92	0.213	0.0023	0.023	—	1.313	−1.000	0.608	330.089	—	55.506
233	4.42	1.017	0.076	0.809	0.076	3.367	0.193	0.760	9.268	99.256	15.996
最大值	7.55	4.642	1.196	2.835	1.191	3.863	0.551	1.205	563.610	99.256	62.987
最小值	0.82	0.181	0.0023	0.013	0.076	1.008	0.196	0.608	2.918	6.297	9.541
平均值	4.67	1.671	0.273	1.347	0.357	2.669	0.314	0.969	115.961	45.479	23.157

(四)物性特征

据黄龙1、黄龙4、黄龙5井长兴组生物礁402个岩心样品孔隙度分析资料统计(表2-8、图2-54),生物礁储层主要分布于白云岩中,面孔率一般为2%~10%,局部可达20%,为砂糖状白云岩。孔隙度一般为0.5%~16.68%,其中孔隙度小于2%的样品有182个,占岩心样品总数的45.27%;孔隙度大于6%的样品有31个,占岩心样品总数的7.71%,表明长兴生物礁属低孔隙度储层。

表 2-8 黄龙场地区长兴生物礁气藏孔隙度分布统计表

井号	样品总数/个	<2% 占总数的百分比/%	样品数/个	2%~6% 占总数的百分比/%	样品数/个	6%~12% 占总数的百分比/%	样品数/个	>12% 占总数的百分比/%	样品数/个	最大值	最小值	平均值
黄龙1	129	34.88	45	43.41	56	16.28	21	5.43	7	16.68	1.09	4.14
黄龙2	14	100.00	14							1.74	0.23	0.77
黄龙4	92	70.60	65	21.79	20	7.61	7			9.44	0.5	4.97
黄龙5	167	34.73	58	63.47	106	1.80	3			11.45	0.43	2.69
合计	402	45.27	182	45.27	182	7.71	31	1.74	7			

黄龙场生物礁渗透率大部分低于 $1\times 10^{-1} \mu m^2$,在210个岩心样品中,渗透率小于 $1\times 10^{-5} \mu m^2$ 的样品有95个,占样品总数的45.24%(表2-9、图2-55)。另外,据试井资料解释结果,黄龙1、黄龙4井渗透率分别为 $2.79\times 10^{-3} \mu m^2$ 和 $1.14\times 10^{-3} \mu m^2$。综上表明长兴组生物礁属低渗透性储层。

表 2-9 黄龙场地区长兴生物礁气藏渗透率分布统计表

井号	样品总数/个	$<1\times 10^{-5}$ 占总数的百分比/%	样品数/个	$1\times 10^{-5}\sim 1\times 10^{-4}$ 占总数的百分比/%	样品数/个	$1\times 10^{-4}\sim 1\times 10^{-3}$ 占总数的百分比/%	样品数/个	$1\times 10^{-3}\sim 1\times 10^{-2}$ 占总数的百分比/%	样品数/个	$1\times 10^{-2}\sim 1\times 10^{-1}$ 占总数的百分比/%	样品数/个	$>1\times 10^{-1}$ 占总数的百分比/%	样品数/个
黄龙1	90	71.11	64	3.33	3	5.56	5	8.89	8	11.11	10		
黄龙2	11	90.91	10					9.09	1				
黄龙5	109	19.27	21	28.44	31	30.27	33	18.35	20	2.75	3	0.92	1
合计	210	45.24	95	16.19	34	18.10	38	13.81	29	6.19	13	0.476	1

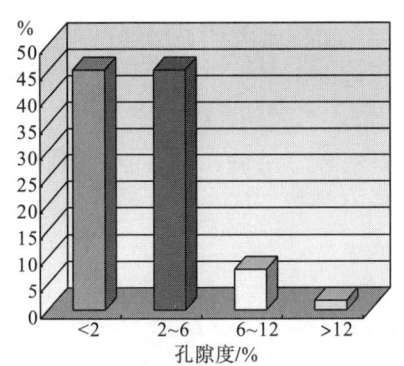

图 2-54 黄龙场长兴组平均孔隙度频率图

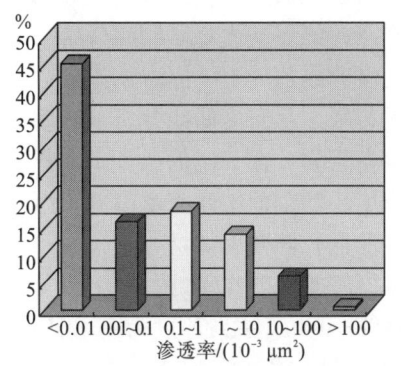

图 2-55 黄龙场长兴组平均渗透率频率图

（五）储层分布特征

1. 储层厚度分布图

通过对生物礁储层测井特征的分析，生物礁储层表现出低伽马的特征，当孔隙较发育时，如黄龙1、黄龙4井区，表现出低速的特征，而孔隙不发育的黄龙5井区则表现为高速度、高密度的特征。因此技术思路为通过伽马反演预测生物礁发育的区带，通过速度反演预测孔隙较发育的生物礁储层，通过密度反演预测孔隙不发育的白云岩体。

1）伽马反演

由于生物礁发育于高能环境，因此表现为低伽马的特征。根据研究区内已钻井测井曲线的统计，位于海槽相的黄龙2井长兴组平均伽马值为30API，而位于陆棚及陆棚边缘相带的其他探井生物礁发育区段伽马均值约为10API。因此在自然伽马反演结果中识别低伽马区段可预测生物礁发育的有利区域。

在长顶向下20~28ms时间范围内，低伽马区域主要分布于黄龙5井和黄龙6井区，向下低伽马范围向南扩大至黄龙1、黄龙4井区，黄龙6井区伽马值逐渐增大，至长顶向下52~60ms时间范围，黄龙6井伽马值均多为30API左右，低伽马区基本集中在黄龙005-C1井一线呈北西—南东向延伸，说明黄龙005-C1井区为生物礁发育的有利区域，且黄龙5井区生物礁距长顶更近。

2）速度反演

速度反演剖面的低速异常为礁储层的反映。在此基础上，对速度反演剖面进行了精细解释。通过研究区内黄龙3、黄龙8井等速度反演，可见有一定厚度的生物礁储层发育层段与上下围岩有明显速度降，速度界限约为6200m/s，因此，将6200m/s的速度定为礁储层的速度上限，即当速度大于6200m/s时，无礁储层发育。

礁储层表现为低速特征，但礁储层上、下还有大套的低速段，又如黄龙1井井段3965~3990m为低速，但对应的伽马均值为40API，黄龙8井井段3543~3554m为低速，对应的伽马均值为35API，因此这些低速均不是生物礁的反映。从对黄龙场构造探井统计，礁储层段伽马值小于26API，而非礁储层段低速异常段对应的伽马值多大于26API。

为此对速度反演剖面进行了再处理，将速度大于6200m/s、伽马值大于26API部分充零，得到了剩余速度反演剖面。

3）密度反演

在测井解释的生物礁储层段中，还有一些层段与上下围岩无明显的速度差异或其本身的速度背景值较上下围岩偏高，因此虽有一定的速度降但与上下围岩相比仍表现为高速度的特征，从密度曲线分析，这些层段的密度值均较高，一般大于2.75g/cm³，其岩性多为白云岩，在一定的条件下，这些白云岩也可具有较好的储、渗性能。因此，可通过对密度反演剖面中高密度段的识别来找寻白云岩的有利发育区，以弥补低速异常识别中漏掉的低孔隙性礁储层[2]。

从厚度平面分布图（图2-56）可见，存在黄龙4、黄龙1井区两个相对高点。有效厚度最厚达49.98m，一般厚度为25~50m。

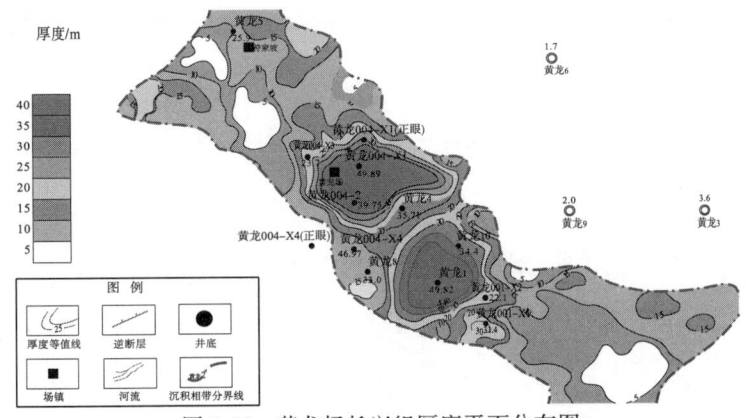

图 2-56 黄龙场长兴组厚度平面分布图

2. 储层孔隙度分布

孔隙度整体偏低,为 2%~6%,平面上存在黄龙 4—黄龙 004-X1 侧—黄龙 004-X1 井区和黄龙 1—黄龙 10 井区南北 2 个高点,孔隙度为 5%~6%(图 2-57)。

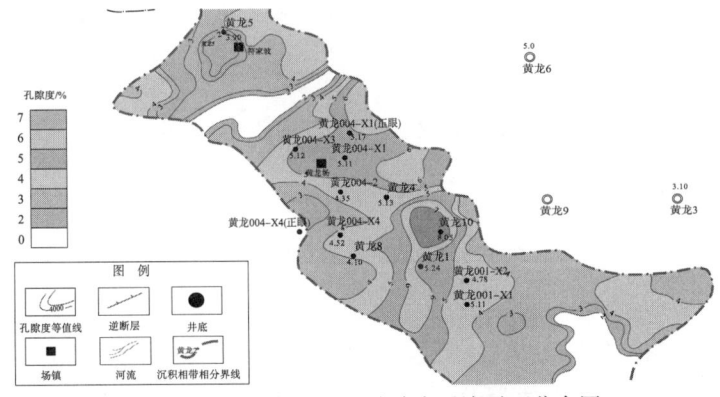

图 2-57 黄龙场长兴组孔隙度反演平面分布图

3. 储能系数分布

储能系数是指储层有效厚度与孔隙度的乘积($H \times \varphi$)。利用长兴组预测厚度及孔隙度结果计算了研究区长兴组储能系数,编制了研究区内储能系数平面分布图(图 2-58)。储

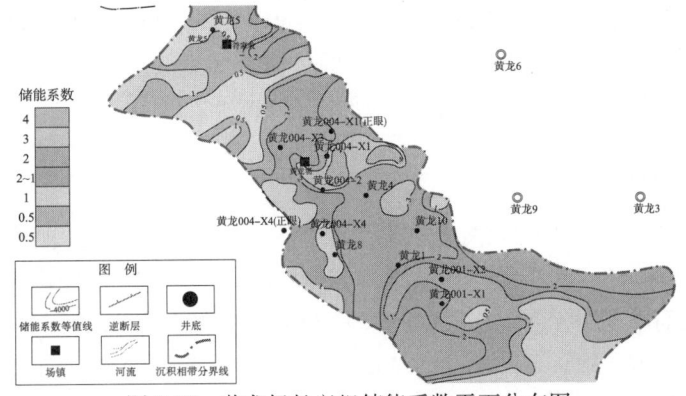

图 2-58 黄龙场长兴组储能系数平面分布图

能系数大于2的主要分布在研究区中部黄龙1－黄龙4－黄龙004-X1井区范围内，并在黄龙004-2－黄龙004-X1井区出现一个相对高点，$H \times \varphi > 3$，黄龙4井与黄龙10井之间有一个次高点。

黄龙场长兴组储层在纵向上主要集中在长兴组中部长二段，储层顶界距长兴组顶界40~120m(图2-59)。

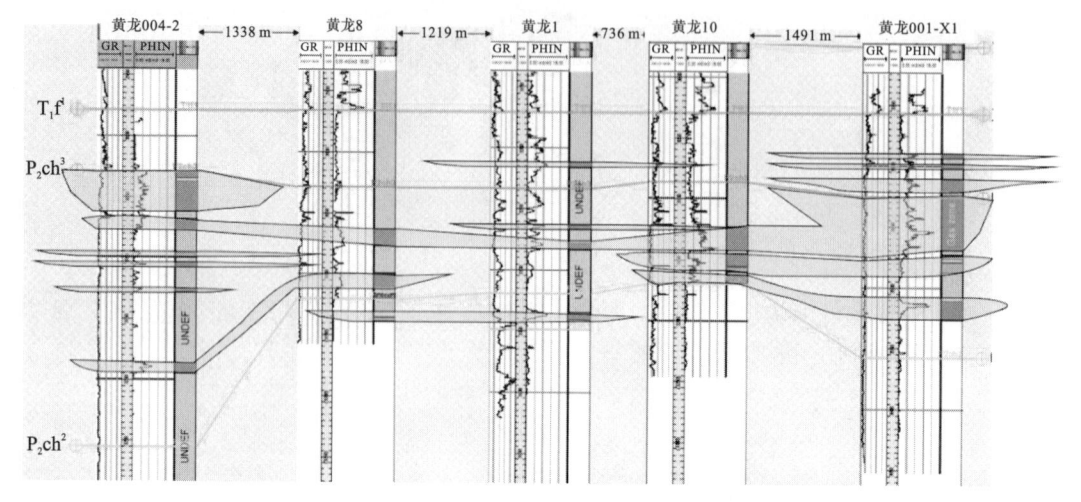

图2-59 黄龙场长兴组储层纵向分布图

(六) 重点井解剖

1. 黄龙001-X1井

该井长兴组储层段岩性为灰色白云岩、浅-深灰褐色白云岩，电测解释7段，其中气层5段，厚度为94.6m，含气层2段，厚度为13.9m(图2-60)，同时附近的黄龙001-X2ST井和黄龙10井厚度均较厚且与之连通，是较好的储层段(图2-61)。该井钻井过程中在长兴组发生井漏，测井解释该段物性较好，在试油过程中获得工业性气流，证实了黄龙场构造生物礁储层较发育；同时邻井黄龙10井井口压力有所下降，说明黄龙场构造长兴组储层连通性较好。

该井长兴组产层在井段4242.00~4366.00m、4392.00~4412.00m，在井口套压11.88MPa、油压9.53MPa、上压5.03MPa的条件下获测试产气$15.64 \times 10^4 m^3/d$，关井套压22.20MPa、关井油压23.00MPa、地层压力30.382MPa。

2. 黄龙004-X4井

该井长兴组储层段岩性为褐灰色灰岩、灰色灰岩，裂缝发育，电测解释7段，其中气层4段，厚度为86.7m，含气层3段，厚度为12.6m；邻井岩心显示储层发育溶孔(洞)，裂缝发育。该井长兴组产层在井段3664.00~3684.00m、3686.00~3742.00m、3825.00~3832.00m、3854.00~3864.00m，在井口套压15.30MPa、油压15.00MPa、上压2.70MPa的条件下获测试产气$10.6 \times 10^4 m^3/d$(图2-62)。

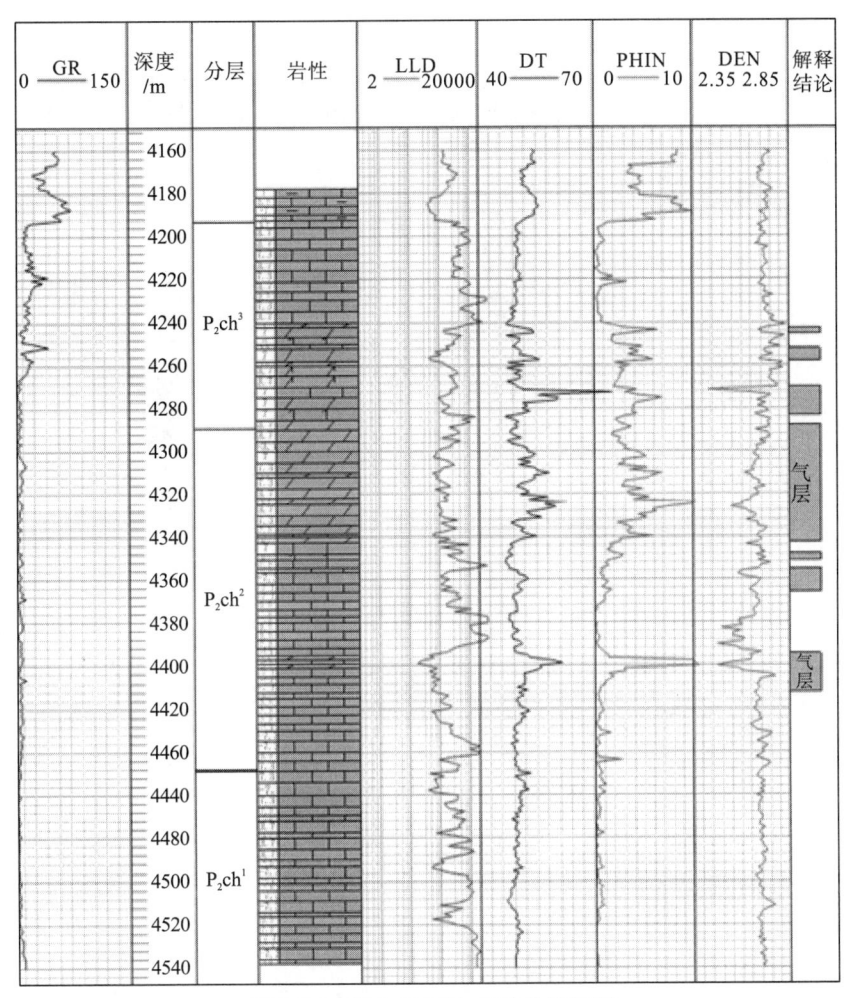

图 2-60　黄龙 001-X1 井单井柱状图

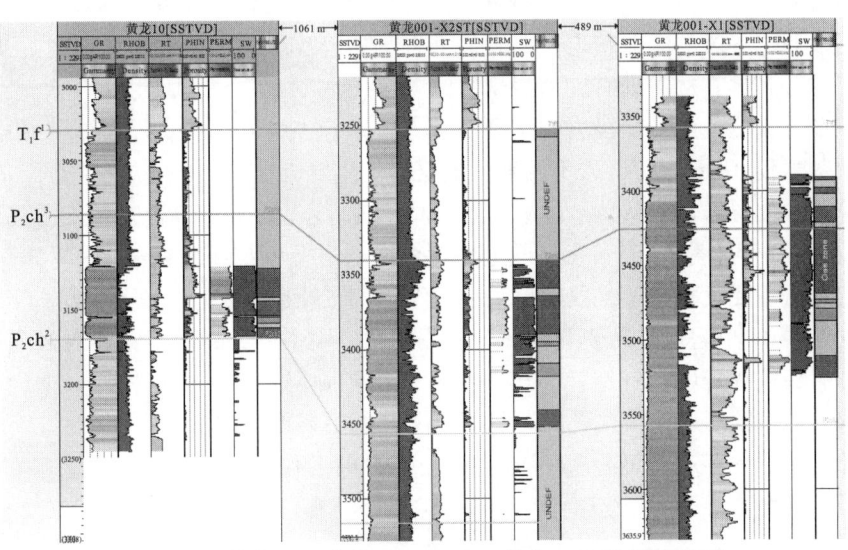

图 2-61　黄龙 10—黄龙 001-X2ST—黄龙 001-X1 测井剖面

[注："黄龙 001-X2ST"代表"黄龙 001-X2 井侧钻部分"]

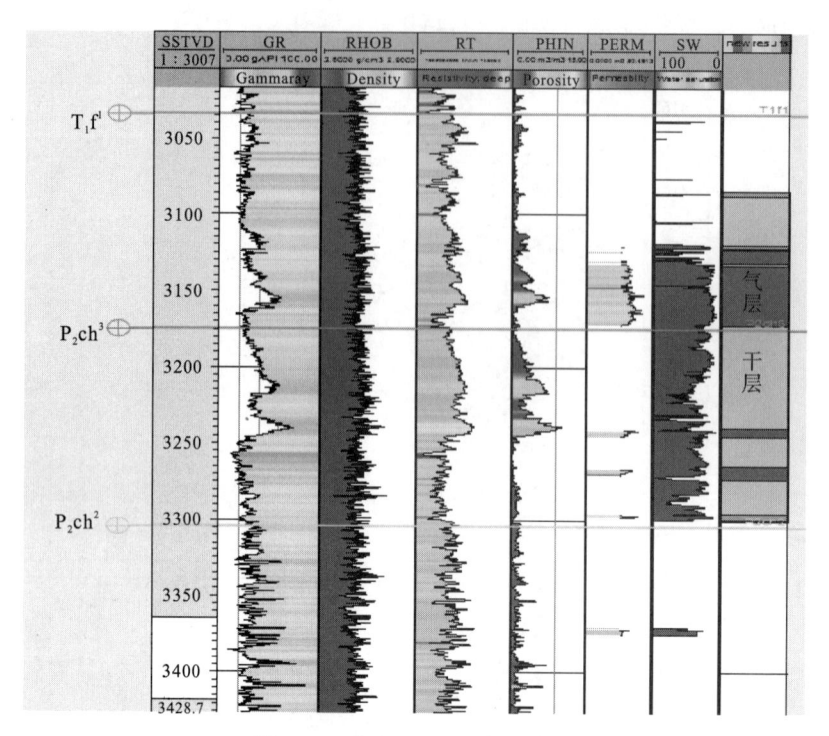

图 2-62　黄龙 004-X4 测井剖面

二、飞仙关组储层特征

(一)岩性特征

根据岩屑描述、薄片鉴定以及录井、测井资料综合分析，本区飞仙关组储层岩性主要是飞三段至飞一段的鲕粒灰岩、白云岩、云质灰岩及灰岩。在黄龙场地区，从西往东，鲕粒灰岩的分布具有从无到有、从少到多的趋势[3]。

黄龙 8 井飞三段至飞一段岩性主要为褐灰－灰色灰岩(图 2-63)，泥晶－粉晶结构为主，鲕粒灰岩仅 0.3m，白云岩不发育；储层岩性主要为褐灰－灰色灰岩(图 2-64)。

黄龙 6 井储层岩性为灰色－褐灰色细粉晶－细晶云岩夹灰褐－褐灰色细粉晶灰岩、云质灰岩及鲕粒灰岩(图 2-65)。飞三段主要发育白云岩及少量鲕粒灰岩(图 2-66)，物性较好；鲕粒灰岩主要发育在飞二段，但三期胶结堵塞了孔道，储层发育不佳。

黄龙 9 井 41 个岩屑样品岩石制片分析表明，岩性主要为亮晶鲕粒灰岩及亮晶生屑鲕粒或含砾屑鲕粒灰岩(图 2-67)，多为中层状。鲕粒圈层发育，分选较好，丰度高，鲕粒云化普遍，见溶蚀形成的次生孔隙，是黄龙 9 井的主要储产层段。

另外黄龙 3 井存在鲕滩沉积，但均被胶结，白云化作用弱，另溶孔、裂缝不发育，导致储层不发育。

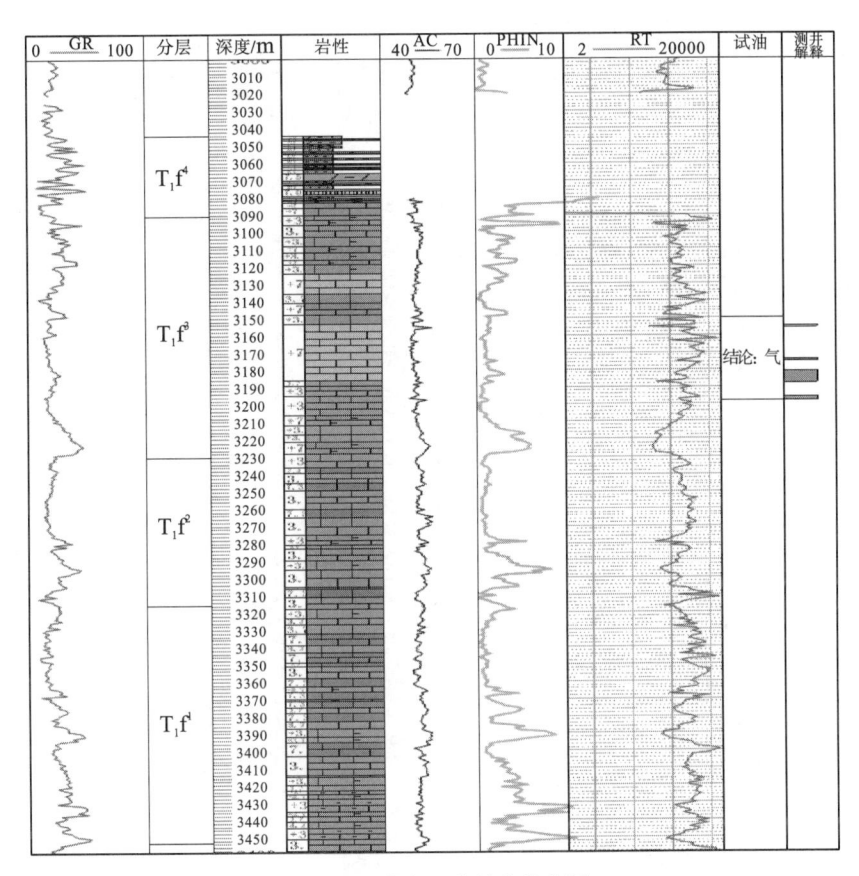

图 2-63　黄龙 8 井单井柱状图

图 2-64　黄龙 8 井飞仙关段浅灰色灰岩

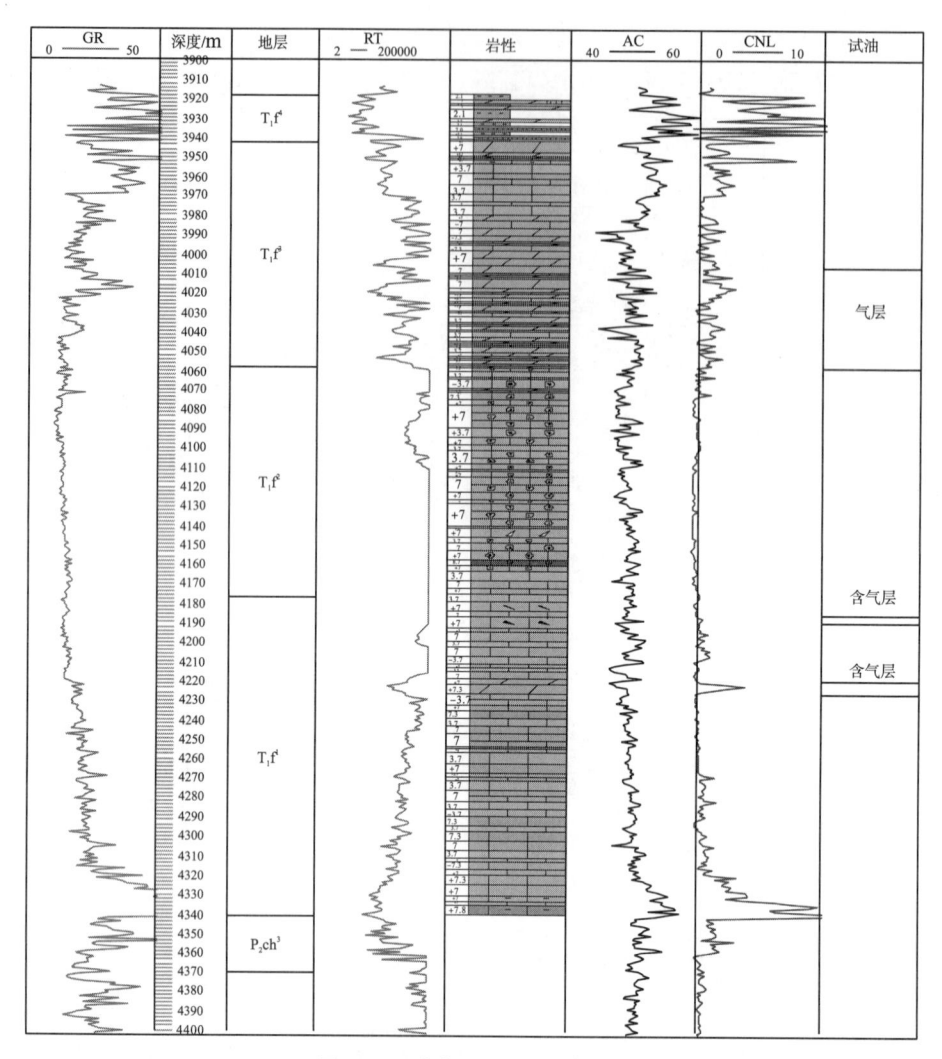

图 2-65 黄龙 6 井单井柱状图

图 2-66 黄龙 6 井飞三段岩性照片

第二章 气藏地质特征研究

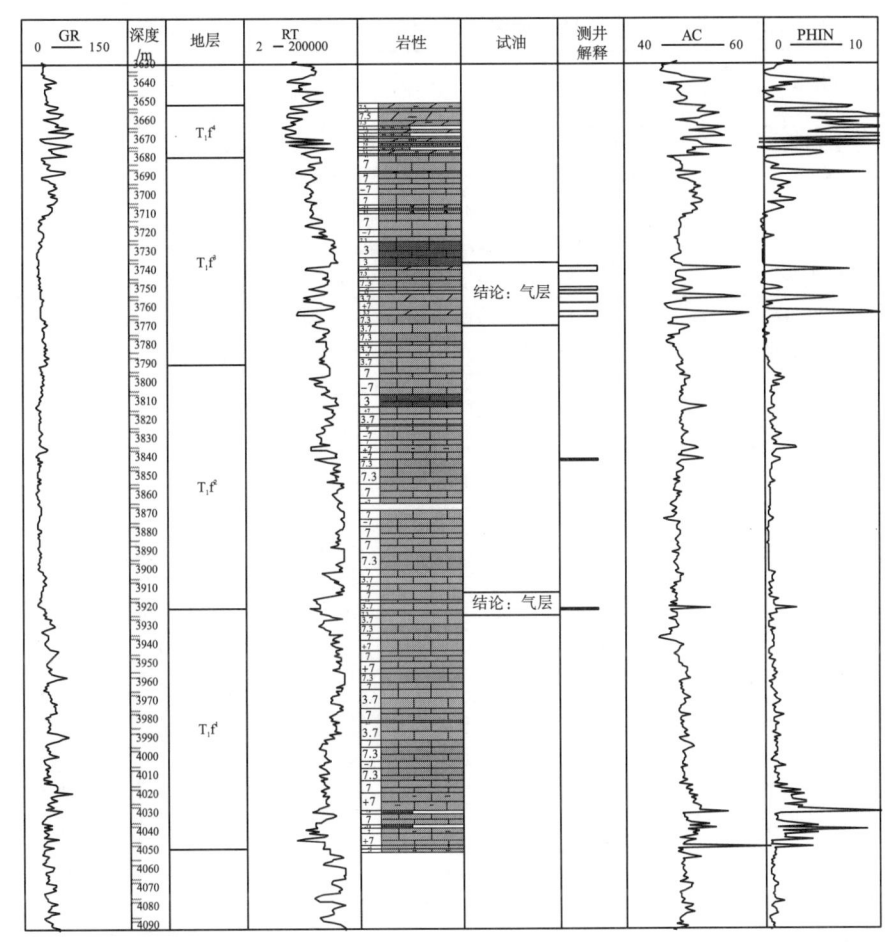

图 2-67 黄龙 9 井单井柱状图

(二)储集空间类型与特征

根据岩心描述及薄片鉴定分析，包括黄龙场构造在内的川东北部地区飞仙关组储层储集空间可分为孔隙、洞穴、裂缝三类(表 2-10)。各种储集空间特征如下[3]。

粒间溶孔：分布于鲕粒、砂屑云岩的颗粒之间，粒缘及胶结物被溶蚀而成，呈不规则港湾状，溶孔大小一般为 0.5~2.0mm，面孔率一般可达 2.0%~18.0%，连通性好，可形成Ⅰ、Ⅱ类储层。

粒内溶孔：鲕粒内选择性溶蚀而成，发育十分普遍，连通性较好，溶孔大小一般为 0.5~1.0mm，镜下面孔率一般可达 3.0%~10.0%，一般可形成Ⅰ、Ⅱ类储层。

粒间孔：颗粒间未胶结的原生空间，呈不规则楔形。在鲕粒云岩及灰质云岩中有分布，连通性较好，可形成Ⅱ、Ⅲ类储层。

晶间孔：分布于方解石、白云石结晶颗粒之间，孔喉细小但数量众多，占总孔隙空间的比例较小。

铸模孔：鲕粒颗粒及矿物晶体全部被溶蚀所形成的孔隙空间，呈零星分布。

裂缝：飞仙关组储层段储集空间以粒间孔为主，高角度张裂缝次之，溶孔欠发育，测试压力恢复慢(图 2-68)。

表 2-10 川东北地区飞仙关组鲕滩储层主要储集空间及特征表

成因类型		特征	形成阶段
类	亚类		
孔隙	粒间孔	颗粒间未被胶结的原生孔隙空间,连通性较好	同生及表生期为主,成岩期为辅
	晶间孔	分布于结晶颗粒之间,孔喉细小,呈片状,连通性好	
	粒间溶孔	颗粒边缘及胶结物遭反复溶蚀而成,连通性好	
	粒内溶孔	鲕粒内部被选择性溶蚀而成,连通性较好	
	铸模孔	矿物晶体全部被溶蚀所形成的晶形孔隙空间	
溶洞	孔隙性溶洞	溶孔的继续溶蚀扩大而成,连通性较差	同生期
	裂缝性溶洞	沿裂缝局部溶蚀扩大,呈串珠状	成岩后期
裂缝	成岩缝	成岩过程中干裂压实(溶)形成,呈网状	同生期
	构造缝	受构造作用形成,多以高角度缝出现	成岩后期

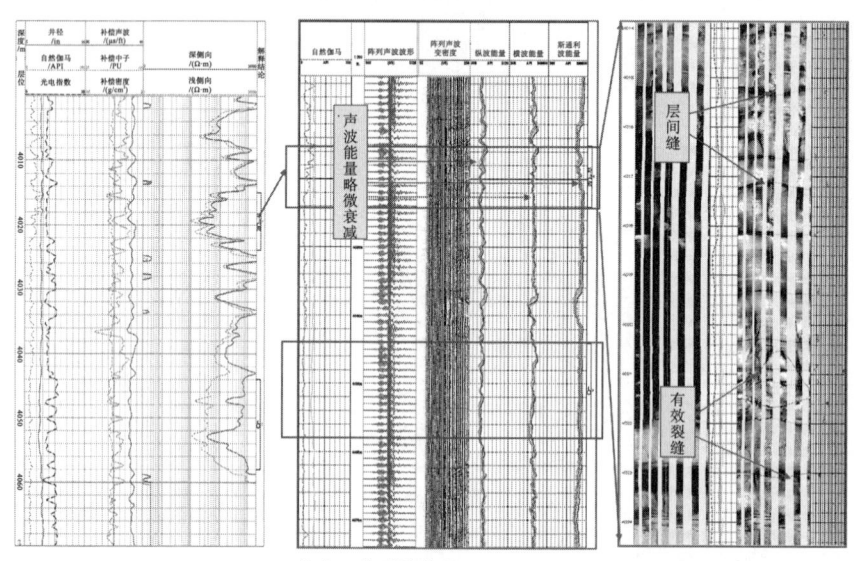

(a) 黄龙 6 井裂缝特征(4015～4024m)

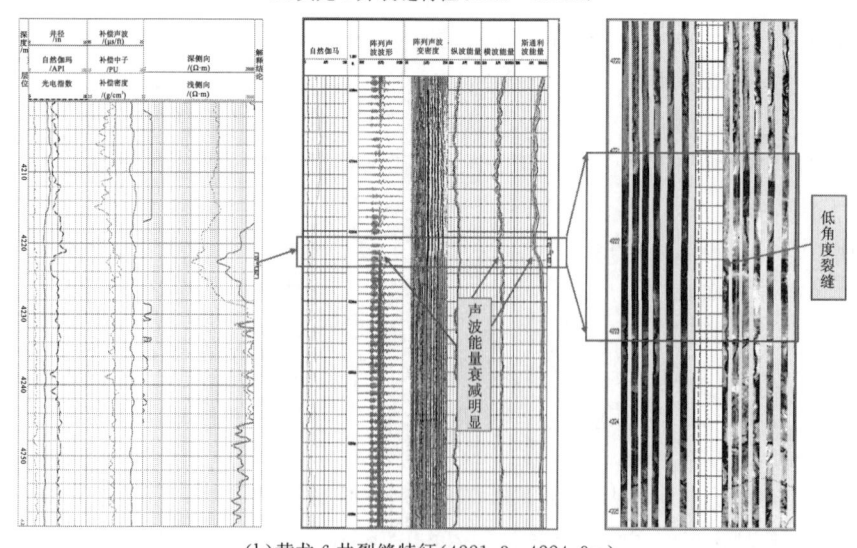

(b) 黄龙 6 井裂缝特征(4221.3～4224.9m)

图 2-68 黄龙 6 井裂缝特征

（三）物性特征

黄龙场构造飞仙关组测井数字处理解释结果表明，以黄龙 9 井飞仙关组孔隙发育最好，孔隙度最高达 13.96%，黄龙 009-H1 井最高孔隙度为 12.56%，黄龙 6 井最高孔隙度为 5.86%，黄龙 3 井最高孔隙度为 7.13%。

黄龙场飞仙关组渗透率为 0.022~9.363mD，飞仙关组获气井渗透率变化范围为 0.113~9.363mD。

（四）储层分布特征

1. 储层厚度分布图

在前面地质、地震、钻井、测井资料的基础上，结合速度反演与孔隙度反演结果，建立鲕滩储层的地震响应模式：鲕滩储层速度≤6000m/s，孔隙度≥2%。时窗为鲕滩储层的顶底界面。

根据上述地震响应模式，在飞仙关组鲕滩分布有利区预测结果基础上，利用飞仙关组反演数据体，提取鲕滩顶界—鲕滩底界范围内，速度≤6000m/s 且孔隙度≥2%的有效值，乘以对应点速度累加得到飞仙关组鲕滩有效储层厚度分布（见图 2-69）。

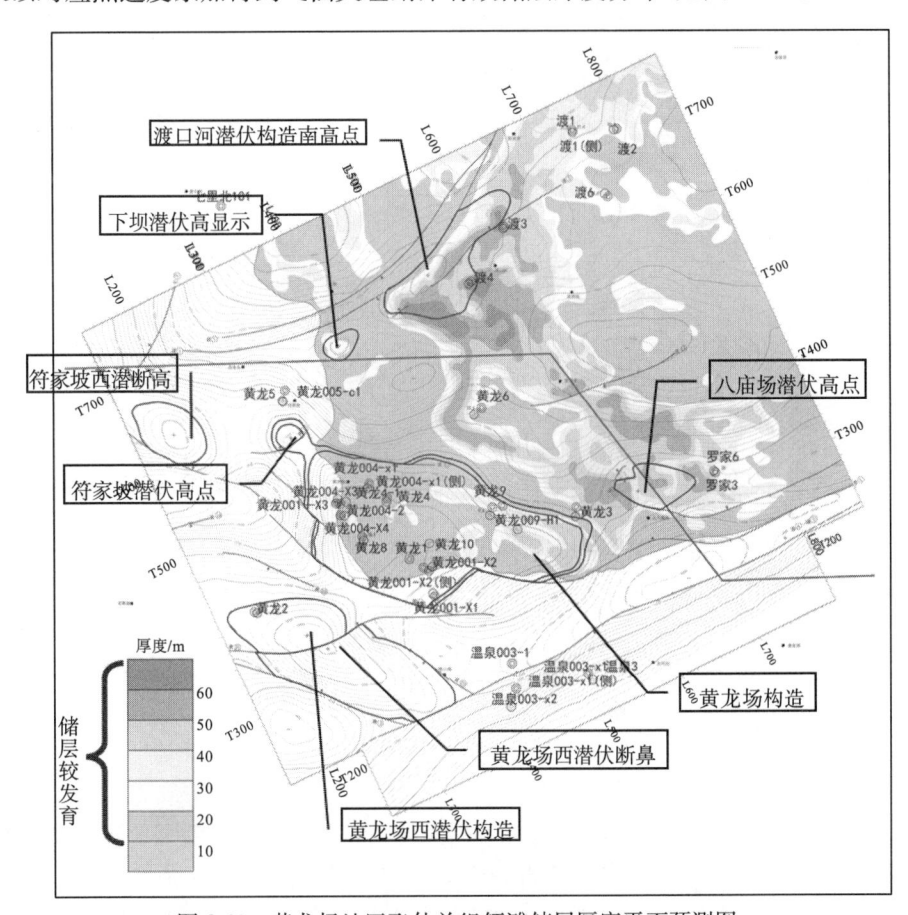

图 2-69 黄龙场地区飞仙关组鲕滩储层厚度平面预测图

从图 2-69 可以看出，研究区内的鲕滩储层在横向上发育分布是不均匀的。从平面图上也可以看出，黄龙场构造鲕滩储层在研究区东部较厚，向渡口河方向，鲕滩储层厚度可达 40m 以上，往研究区西部，鲕滩储层厚度逐渐减薄直至消失。黄龙场构造表现出东、北段好于西段的特征，但鲕滩储层基本成团块状连片分布，只是储层发育的程度存在一定差异。研究区涉及罗家寨构造的西段，根据老资料分析认为东段好于西段。渡口河构造的鲕滩储层较黄龙场更发育[3]。

2. 孔隙度分布图

利用孔隙度反演数据体对区内孔隙度进行了计算，对≥2%以上孔隙度求平均值，编制出飞仙关组储层孔隙度平面分布预测图（见图 2-70）。从图上可以看出，研究区鲕滩储层平均孔隙度大多集中在 2%～7%。渡口河区块孔隙度最发育，平均孔隙度在 5%以上；黄龙场及罗家寨区块孔隙度较发育。

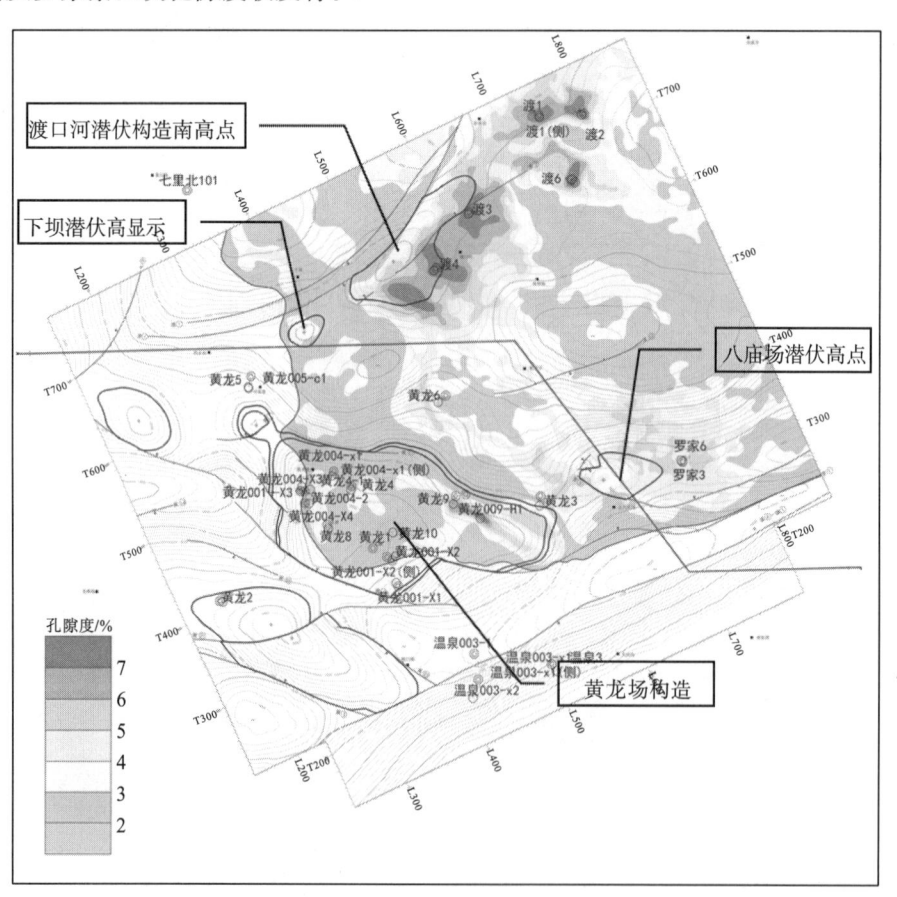

图 2-70 黄龙场地区飞仙关组鲕滩储层孔隙度平面分布预测图

3. 飞仙关组鲕滩储层储能系数平面分布预测

储能系数是指储层有效厚度与孔隙度的乘积（$H \times \varphi$）。通过计算研究区有效储层厚度和平均孔隙度的乘积，得到了该区飞仙关组鲕滩储层储能系数平面预测图（图 2-71）。储层平均孔隙度和储能系数与有效储层厚度的分布趋势基本一致。从预测成果平面图分析，

第二章 气藏地质特征研究

罗家寨及渡口河连成的带状区域及黄龙 9 井附近的储能系数较高，其他区域较低，在 0.5 以下。

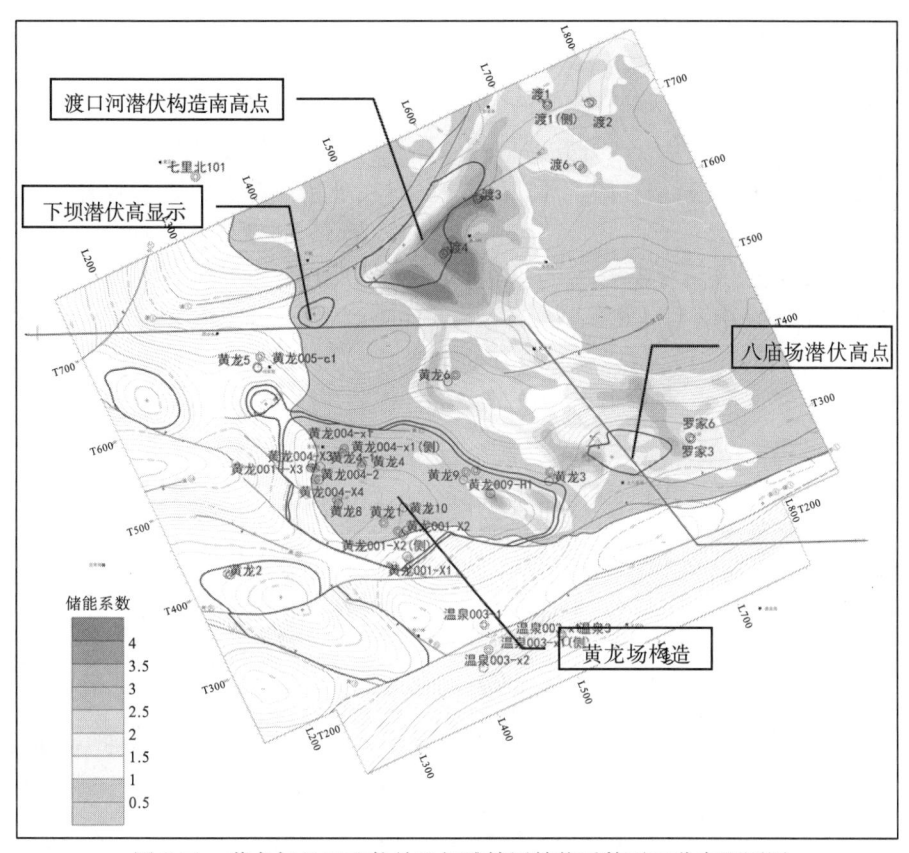

图 2-71 黄龙场地区飞仙关组鲕滩储层储能系数平面分布预测图

自台地边缘向台地方向储层有变厚的趋势；黄龙 8、黄龙 9、黄龙 009-H2 井区储层横向不连续；越靠近海槽方向，储层由飞二段过渡到飞三段（图 2-72）。

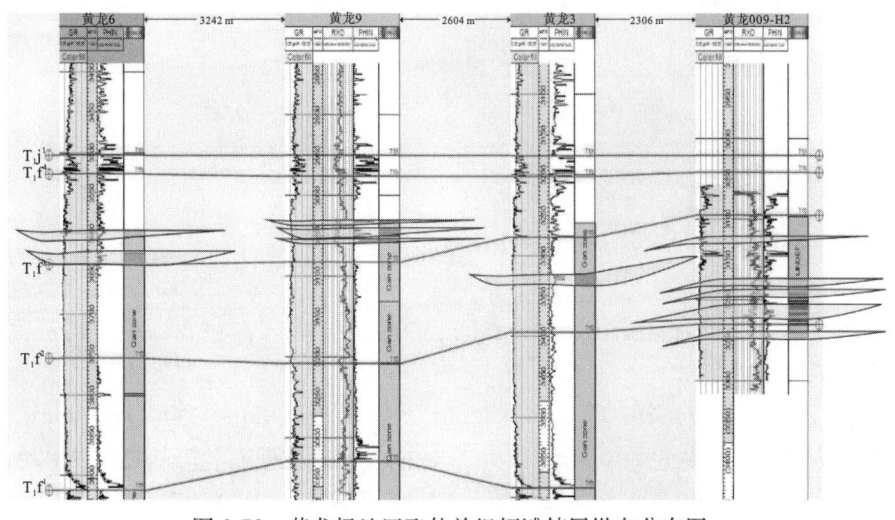

图 2-72 黄龙场地区飞仙关组鲕滩储层纵向分布图

(五) 重点井位解剖

1. 黄龙 009-H2 井

该井位于黄龙场构造上八庙潜伏高点,储层段岩性以灰色-褐灰色灰岩、灰色白云岩为主,层位上与罗家 6 井有较好的对应性。飞三段至飞一段钻井过程中见气测异常显示 4 段,厚 25.00m,见气侵 2 段,厚 11.50m。运用现场录井资料进行解释,正眼共解释 19 段,其中气层 6 段、差气层 13 段,储层厚度 180m、储层有效厚度 99.35m,平均孔隙度 3.79%;侧眼共解释 5 段,其中气层 1 段、差气层 4 段,储层厚度 47.9m、储层有效厚度 23.5m,平均孔隙度 3.67%。该井处于潜伏构造高点,与罗家 6 井储层具有可对比性,结合储能系数分布图,具有较好的生产潜力(图 2-73)。本井飞三段至飞一段,井段 3762.00~3824.00m、3904.00~4254.00m,经酸化后测试,获气 $88.17×10^4 m^3/d$。

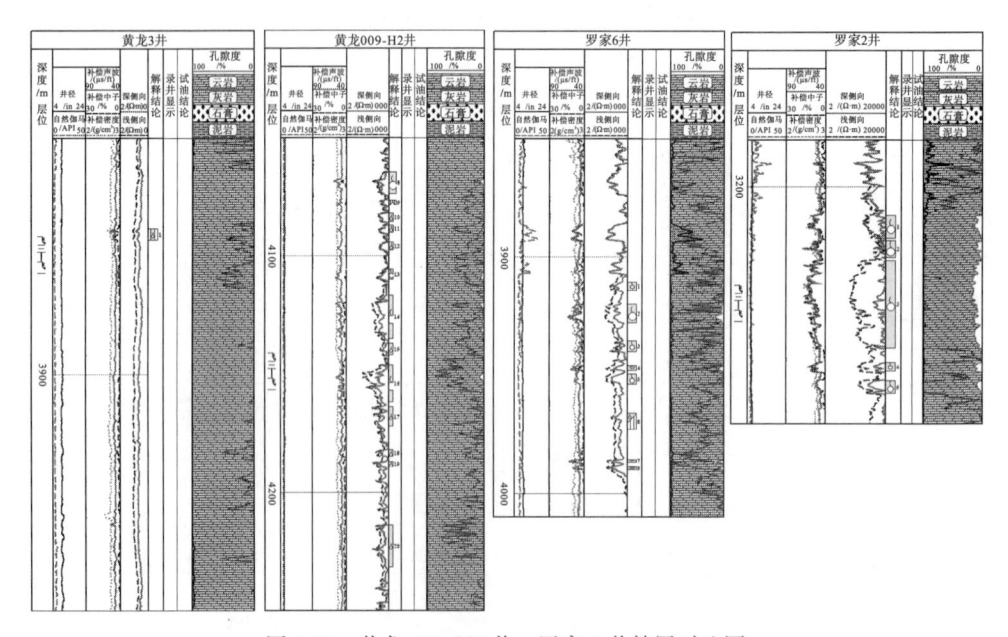

图 2-73 黄龙 009-H2 井—罗家 6 井储层对比图

2. 黄龙 009-H1 井

黄龙 009-H1 井构造位置位于黄龙场构造主高点东端近轴部。

(1)飞四段:3866.00~3910.50m,钻厚 44.50m,垂厚 24.12m。岩性以紫红色泥岩为特征,顶底部为褐灰色泥质白云岩,其间紫红色泥岩夹灰白色、白色、褐灰色石膏及灰色膏质白云岩。

(2)飞三段至飞一段:3910.50~4746.43m,钻厚 835.93m,垂厚 150.63m。岩性上部以灰色、深灰色、褐灰色、灰褐色石灰岩为主,下部以灰色、褐灰色、灰褐色云岩为主夹灰褐色、褐灰色云质灰岩与灰质云岩。少见鲕粒灰岩。

飞仙关鲕滩储层"亮点"地震异常反射特征明显(图 2-74)。

黄龙场飞仙关鲕滩气藏的储层在纵向上受沉积微相控制明显，连续性较差，厚薄不一。本井飞仙关储集层测井解释气层厚 303.00m，差气层厚 48.00m，共厚 351.00m，孔隙度 2.71%～12.56%，含水饱和度 6.00%～52.00%。

本井飞三段至飞一段，井段 4148.0～4746.43m，经酸化后测试，获气 $114.32\times10^4\mathrm{m}^3/\mathrm{d}$。

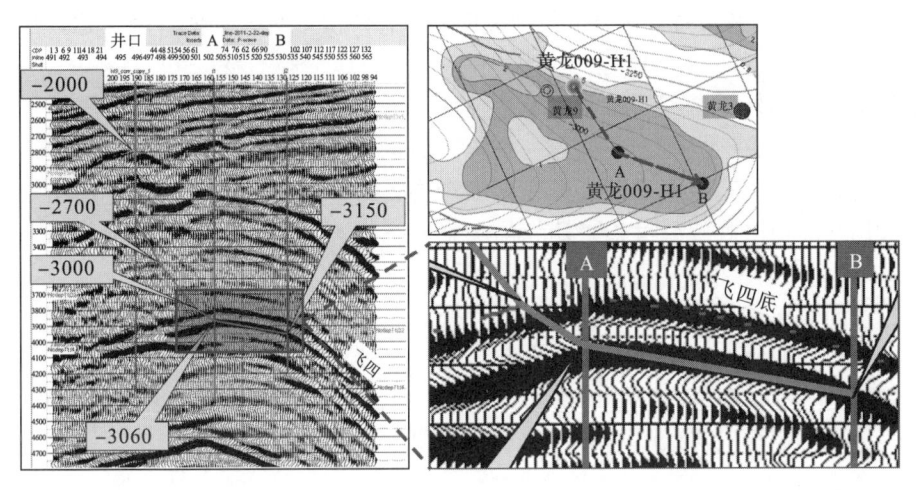

图 2-74　黄龙 009-H1 井水平段鲕滩储层"亮点"

第五节　储层主控因素研究

一、长兴组礁滩体发育受控因素及发育模式

碳酸盐礁滩体的发育需要较为苛刻的条件，如适合的气候条件、古地貌基础、水动力条件以及水体的深度和盐度条件等。晚二叠世长兴期上扬子区具有相似的古气候条件，控制礁滩体发育的多种地质因素中，基底断裂同沉积活动控制下的古地理格局和古地貌、古海平面升降是控制川东北地区长兴组礁、滩发育的主要因素。控制海槽东西两侧黄龙场、铁山长兴礁、滩发育分布的古气候和古海平面变化等因素相同，不同的是海槽东西两侧古地理背景的差异[14]。

（一）古海平面相对变化决定了黄龙场长兴礁体均为海退并进型生物礁

对我国南方晚二叠世海平面变化及对其礁滩体发育控制作用的研究一直是国内外学者研究的热点之一。众多学者对该期海平面变化的级别、数量和持续时间以及礁滩体沉积模式等进行了较为深入的研究。但鉴于不同学者对海平面变化级别的理解、所掌握资料、研究地区和研究目的的差异，所产生的认识有着较大的不同。主要存在以下两种截然不同的观点：①认为上二叠统—飞仙关组归为一次三级海平面升降的产物，长兴末期为最大海侵期，飞仙关期处于该海平面的下降阶段；长兴生物礁的形成与海侵有关；②认为晚二叠世长兴期和早三叠世飞仙关期各发育两次三级海平面升降变化，长兴末期发育一次较大的海退；长兴生物礁的形成与长兴期海退有关。

由于礁滩体类型以及发育分布与海平面升降变化关系密切，对晚二叠世—早三叠世海平面变化特征认识上的分歧给长兴组生物礁、滩特征和分布规律以及礁、滩相储层预测研究带来了较大困难。鉴于此，本次研究在沉积学研究的基础上，对晚二叠世至早三叠世飞仙关期所形成的礁、滩特征和主要海平面变化进行了研究，探讨了二者之间的关系。

(1)晚二叠世长兴期和早三叠世飞仙关期各发育两次三级海平面升降变化，长兴末期发育一次较大的海退。

多年来，国内外学者对四川盆地晚二叠世—早三叠世海平面变化特征进行了大量的研究，部分学者观点迥异，至今没有一个统一的认识。存在的主要争论是：①长兴组和飞仙关组是否为一次三级海平面升降变化的产物；②长兴末期为一次大海侵还是一次大海退；③川东北地区晚二叠世长兴期和早三叠世飞仙关期海平面变化与全球海平面变化是否一致。

通过对研究区长兴组、飞仙关组沉积特征的研究，结合区域资料调研，认为晚二叠世长兴期—早三叠世飞仙关期大致形成于 $257.5\sim245$Ma，时间跨度 7.5Ma。有前人对三级层序(受控于三级海平面变化)的阐述，全球三级海平面变化周期为 $0.5\sim5$Ma，而晚二叠世长兴期—早三叠世飞仙关期历时 7.5Ma，似乎将其解释为一次三级海平面变化的产物不太合适。

四川盆地长兴组以发育生屑灰岩、生物礁灰岩、泥晶灰岩为主，川东、川东北部分地区发育白云岩，且云岩多发育在长兴组上部，出现在礁顶、礁坪微相或生屑滩、藻屑滩上部；岩石组合类型具有向上变浅的特征；另外在蜀南地区泸州古隆起区长兴组上部岩心中见到古岩溶系统(图 2-75、图 2-76)，表明长兴末期四川盆地区内或出现了一次较大规模的海平面下降，并引起古隆起区高部位出现暴露溶蚀。有前人对贵州紫云长兴期生物礁礁前礁后和礁核顶部白云岩的研究，认为二叠纪末曾经发生全球性的海平面下降，这种大规模的海平面下降可能是引起二叠纪末生物礁集群绝灭的机制的表现之一；另有前人在华蓥山地区二叠纪生物礁顶部发现钙结壳，礁顶部的潮坪沉积与土壤化是交替进行的，并认为钙结壳是碳酸盐岩近地表暴露环境中的一种端元产物。

图 2-75　溶沟，黑色碳质泥充填、生屑充填
丹 18 井，长兴组，$2689.03\sim2689.20$m

图 2-76　溶缝、溶沟，黑色碳质泥、砂屑充填
包 11 井，长兴组，$2851.10\sim2851.31$m

第二章 气藏地质特征研究

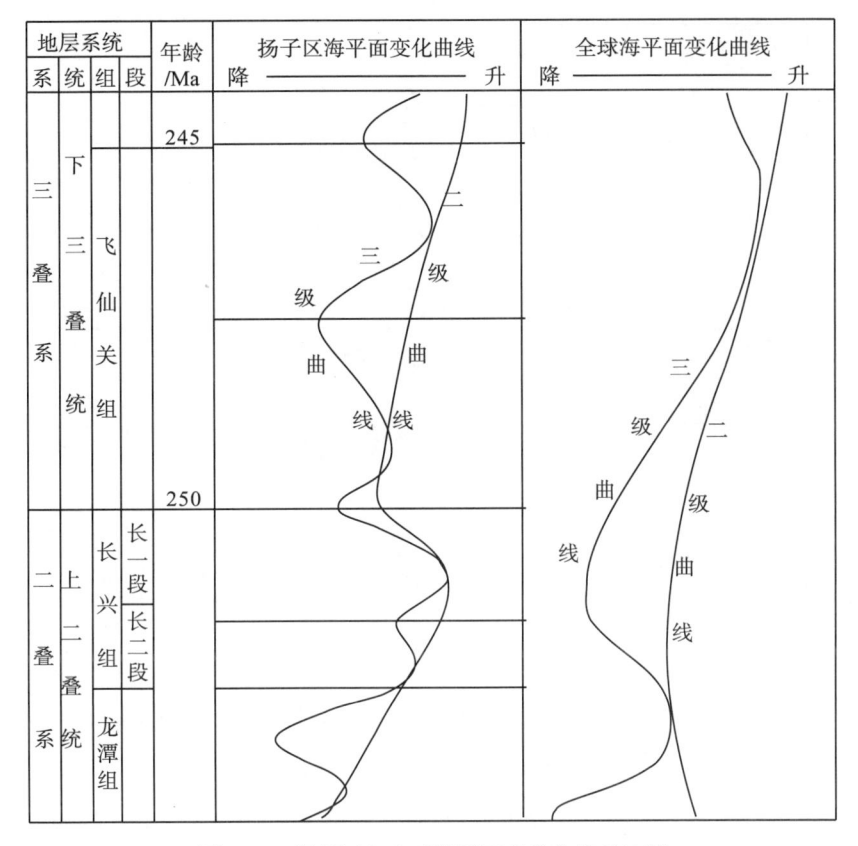

图 2-77 扬子区与全球海平面变化曲线对比图

鉴于以上的发现和认识，结合前人对扬子区晚二叠世—中三叠世海平面变化的研究，认为晚二叠世长兴期—早三叠世飞仙关期扬子区海平面变化与全球海平面变化并不一致（图 2-77），扬子区三级海平面升降频繁，晚二叠世长兴期和早三叠世飞仙关期各发育两次三级海平面升降变化，长兴末期为一次较大的海退。扬子区晚二叠世长兴期—早三叠世飞仙关期海平面变化的特殊性可能与该期扬子地台的受力变化以及其引起的相应构造变化相关。

(2) 晚二叠世长兴组生物礁生长于海侵阶段，发育于海侵中晚期；生物礁衰亡于海退阶段，表现为"干死"特征。黄龙场为海退并进型生物礁。

根据古代和现代生物礁的研究，前人认为长期的海侵是生物礁形成的先决条件之一。这主要是由于生物礁的形成需要适宜的水深，较快的礁生长可抵消因海平面上升而增加的水深，使生物礁生长基底保持在一定的水深条件之中。但较快的海平面上升可使生物礁的生长不能赶上海平面的上升速度而淹死，形成海侵追补型生物礁，即该类生物礁是在相对海平面上升而增加的可容纳空间速度超过生物礁自身的生长速度下形成的；而过缓的海平面上升也不利于生物礁的发育，可导致生物礁出露于水面而干死，形成海侵并进型生物礁，即该类型生物礁是在相对海平面上升而增加的可容空间速度小于生物礁自身生长的速度下形成的。

通过对川东北地区长兴组生物礁岩石特征、组合规律、发育期次以及环境的分析，本次研究建立了川东北长兴成礁期岩类组合及能量环境分析示意图（图 2-78）。

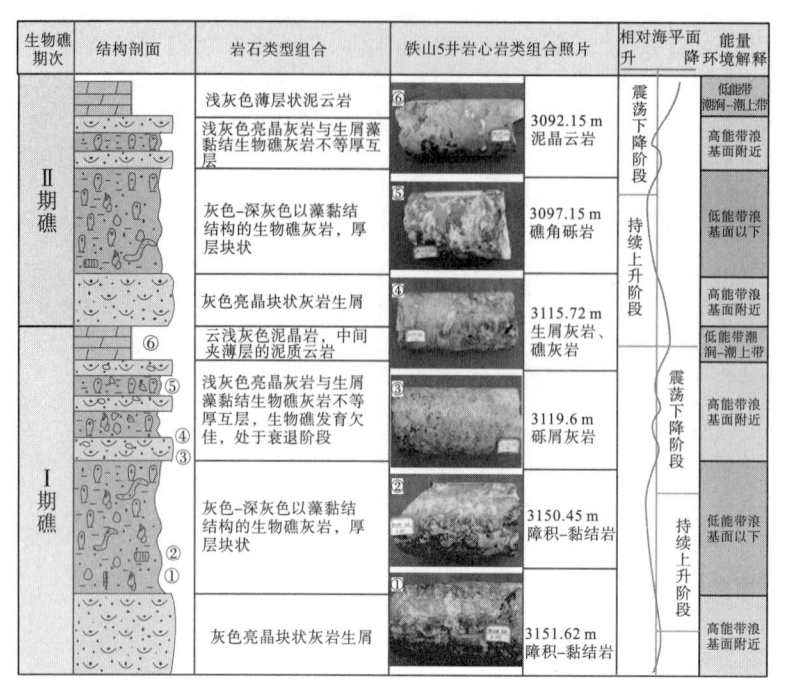

图 2-78 川东北地区长兴成礁期岩类组合及能量环境分析示意图

川东北长兴组生物礁是在颗粒滩，特别是在生屑滩的基础上发育起来的，主要发育低能障积礁。从生物礁的奠基→生长发育→衰亡→终止，成礁期的能量环境总体表现出"高→低→高→低"次序变化的特征。

早期高能生屑滩的发育为生物礁发育提供了正向地貌基础，但由于此时区内造礁生物抗浪作用不强，而地貌高地处于浪基面附近的高能环境，造礁生物多被打碎成滩，难以形成生物礁的规模生长；随着海平面的上升，能量环境逐渐变为浪基面之下的低能环境，造礁生物、附礁生物等开始繁盛，各类障积-黏结岩大量发育，低能环境的障积礁体逐步形成，生物礁的生长速率与相对海平面的上升速率基本持平；随着达到最高点后开始震荡下降，海平面的震荡变化礁体顶部在浪基面附近高能带频繁震荡，生物礁发育受到限制并开始衰亡，垂向上常常形成低能生物礁和高能生屑滩的旋回交互，横向上，生物礁随海平面下降向海底地貌高地两侧迁移（图2-79）；后期随着海平面的下降，生物礁滩体逐步向过渡为潮间-潮上带泥晶云岩，生物礁发育终止。

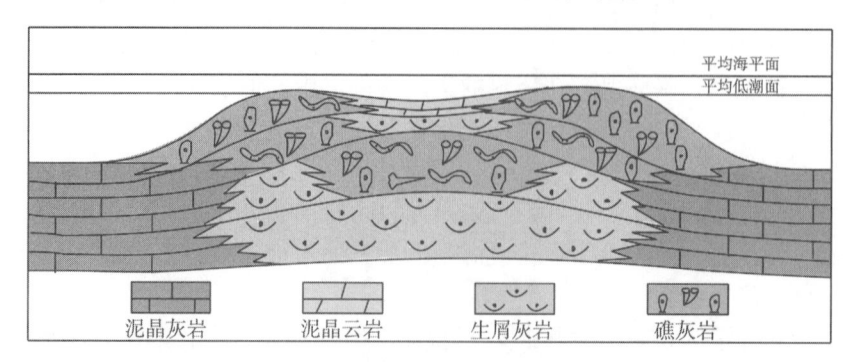

图 2-79 川东北地区长兴组海退并进型生物礁侧向迁移模式示意图

可以看出，区内长兴组生物礁为海退并进型障积礁，生物礁成长、发育于海侵期的低能环境，衰亡在海平面震荡海退期的高能环境，生物礁的死亡为海退"干死"型。

(二)基底断裂同沉积活动与古地理格局的差异决定了黄龙场长兴组礁滩体发育分布的不同

从大地构造位置上看，川东北地区位于扬子板块的西北部边缘，构造活动频繁，其中与南秦岭洋扩张和收缩有关的基底断裂的同沉积活动对晚二叠世长兴期古地理格局有着极为重要的控制作用。

前人认为四川盆地是上扬子台地内晚期形成的一个菱形沉积盆地，不同方向延伸基底断裂将盆地切割成棋盘格状。川东及川东北地区以发育北东—南西、北西—南东向的深大断裂为主(图2-80)，这些深大断裂形成时间较早，多数可以追溯到加里东期并具有长期继承性活动特征。受张性应力的影响，晚二叠世长兴期区内基底断裂以张性正断活动为主，北东—南西向、北西—南东向正断裂的活动性有所差异并对长兴期古地理格局以及礁滩体的发育起到不同的控制作用。

(1)北西—南东向基底断裂的同沉积张裂活动形成"开江—梁平"拉伸海槽，决定了研究区台、槽分异的沉积构造格局，控制了黄龙场长兴组礁滩体的发育区带展布。

川东北地区北西—南东向基底断裂主要有大竹—梁平断裂、达县—梁平断裂、云安—黄龙断裂、万源—巫溪断裂等(图2-80)，这些构造基本形成于海西期前，为继承性张性活动断裂，在早三叠世飞仙关期前仍处于活跃阶段。

晚二叠世—早三叠世早期在扬子板块北缘存在一个南秦岭洋。晚二叠世以峨眉山玄武岩大规模喷溢为标志的"地裂运动"表明晚二叠世为扬子区为拉张作用的最剧烈期，此时大足—梁平断裂、达县—梁平断裂、云安—黄龙断裂拉张，处于三条断裂带之间的开江—梁平断块下沉，南秦岭洋盆北部边界裂陷，海槽向南延伸至川东北地区，从而形成由北向南推进的拉伸型开江—梁平海槽。

开江—梁平海槽形成使得四川盆地东北部呈现台地、海槽分异的沉积格局。大足—梁平断裂和达县—梁平断裂带控制着开江—梁平海槽的西南边界，云安—黄龙场断裂控制了海槽的东北边界，断层的下降盘形成深水区，构成海槽；断层的上升盘形成浅水区，构成台地。海槽边界断裂的上升盘边缘为相对海底地貌高地，处于浅水高能带，沿海槽两侧带状展布，称为台地边缘，往往是礁滩体发育的有利区带，海槽东西两侧黄龙场、铁山长兴生物礁的发育也证明这一点[14]。

(2)北东—南西向基底断裂的同沉积正断活动使海槽西侧台内断块东西向呈叠瓦状排列，加剧了地貌的分异；上升盘断阶处为地貌高地，远离断阶处为相对洼地，礁、滩发育受断裂上盘地貌高地控制。

川东北地区除发育北西—南东向基底断裂以外，还发育大量北东—南西向张性基底断裂，这些断裂近平行状呈排分布(图2-80)，自西向东依次主要有华蓥山深大断裂、铜锣峡基底断裂、明月峡基底断裂、黄泥堂基底断裂等。

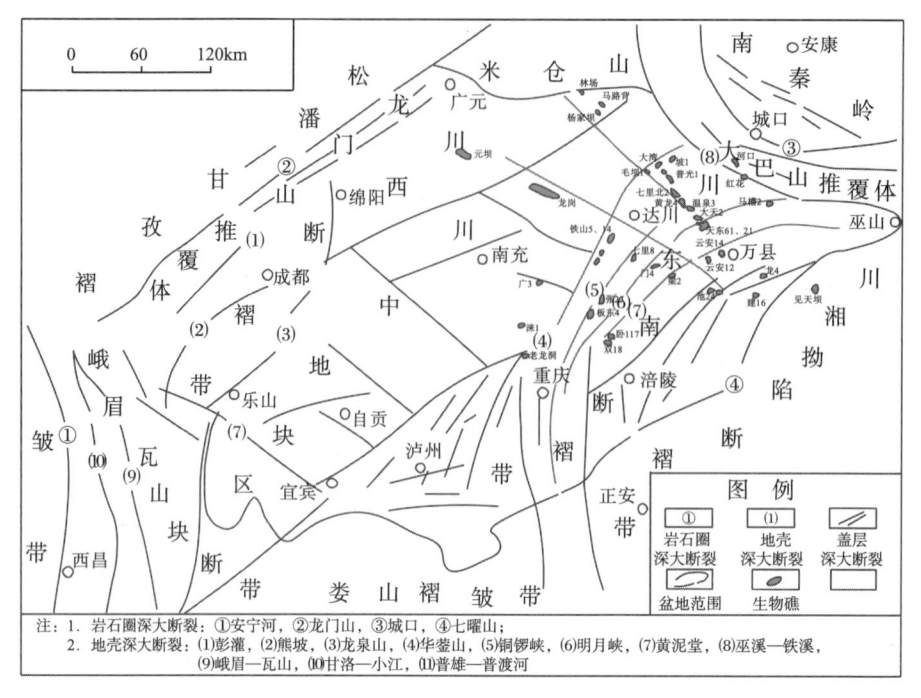

图 2-80　四川盆地深大断裂分布图

晚二叠世是拉张作用的高潮期，正断活动强烈，北东向正断断层面倾向一致，北西向倾斜，断层倾角较大，断层下盘（断面东侧）抬升。与断面相向倾斜北西—南东向基底正断裂形成海槽不同，性质类似的北东—南东向正断裂平行排列构成了区域性叠瓦状断裂带。从图 2-81 可以看出，研究区东西向被四条基底断裂切割成条块状，断裂带右侧靠近断面处上二叠统—下三叠统飞仙关组地层厚度明显减薄，而在远离断面处地层明显增厚。飞仙关期区内整体处于填平补齐阶段，飞仙关组地层厚度的差异说明早三叠世飞仙关期以前，区内基底断裂处于正断活动期，飞仙关组厚度较薄的地区为古地貌高地，处于断裂带上升盘，厚度增厚地区处于断裂带的下降盘。

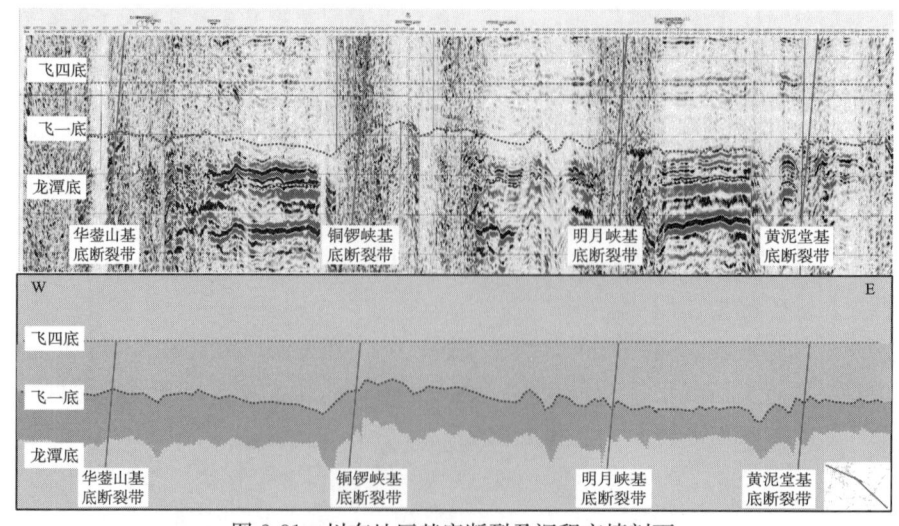

图 2-81　川东地区基底断裂及沉积充填剖面

正断上盘断阶处的地貌高地则为长兴组礁滩体发育提供了地貌基础，而正断上升盘远离断面一侧则作为相邻正断的下降盘，形成相对地貌洼地，不利于礁滩体发育。

川东北地区北东—南西向基底断裂与北西—南东向基底断裂相互交切，两种方向的同沉积活动共同控制了沉积期古地貌。由于北西—南东向基底断裂在晚二叠世的活动性强于北东—南西向正断活动，对古地貌的影响主要变现为北东—南西向的正断活动对北西—南东向正断活动形成的台、槽格局，特别是对台地边缘高地貌的分异改造。受北西—南东向正断活动控制的台地边缘高地控制了边缘礁滩体发育分布的区带，而北东—南西向正断活动对台地边缘微地貌改造分异，形成台地边缘叠瓦状隆坳相间地貌格局，礁、滩发育受北东—南西向正断断阶附近的地貌高地控制。

(3)基底断裂带的活动具有阶段性分段活动特征，同一断裂带的不同区段活动性存在差异，礁滩体沿断裂带呈断续分布。

晚二叠世长兴期区内基底断裂呈带状分布，断裂带延伸较远，断裂带往往是多条连续的基底断裂拼接而成。基底断裂带的活动具有阶段性分段活动特征，同一断裂带的不同区段活动性存在差异，这种活动性特征必然造成对古地貌改造的差异，在活动性强的地区，沿断裂带上升盘形成微地貌高地，而同期活动性较弱的地区地貌差异较小，最终形成沿断裂带带状断续分布的地貌高地，并为礁、滩的发育形成提供地貌基础。

断裂带阶段性分段活动的特征决定了受断裂带控制的地貌高地呈带状断续分布。因此，受地貌高地控制的长兴期礁滩体可能沿断裂带带状断续分布。

(三)黄龙场长兴组礁滩体发育模式与邻区的比较

在礁滩体发育分布控制因素分析及展布规律研究的基础上，总结了海槽东西两侧礁滩发育规律，编制了黄龙场长兴组礁滩体发育模式图(图 2-82、图 2-83)。

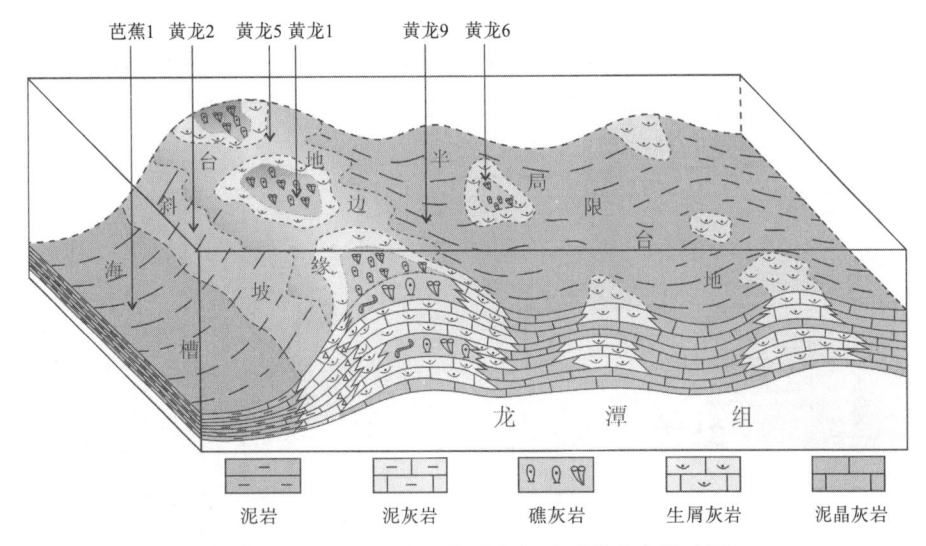

图 2-82 晚二叠世长兴期黄龙场礁滩体发育模式图

晚二叠世扬子区受张应力作用，区内发育不同方向的张性正断裂，并切割基底。晚二叠世长兴期，这些基底断裂拉张作用达到最大，并在北西—南东向大足—梁平断裂、达县—梁平断裂、云安—黄龙断裂拉张性基底断裂的控制下，开江—梁平断块逐步下陷，形成"开江—梁平"海槽，川东北地区台-槽相间的沉积格局由此开始[14]。

1. 海槽东侧黄龙场长兴生物礁滩发育模式

长兴期，黄龙场主体处于台地边缘高能带，水体能量强、循环好，营养物质充足，有利于生物生长，是礁滩体发育的有利区。黄龙场构造西侧是开江—梁平海槽，水体深、能量低，礁、滩不发育；东侧是半局限台地环境，局部海底高地发育的台内礁、滩，但礁滩体的发育规模较小。

黄龙场长兴期礁滩体发育受该期区域台-槽相间的区域地理格局控制，礁滩体的发育分布及分异主要受同期北西向基底断裂的同沉积正断活动控制。台-槽相间的古地理格局决定了台地边缘高地为礁、滩发育区，而北西—南东向基底断裂的分段活动使得台地边缘古地貌出现分异，相对高地成为礁、滩发育的有利区。礁滩体分布于台地边缘的相对海底地貌高地，呈北西—南东向带状展布。

2. 海槽西侧铁山—黄泥堂长兴生物礁滩发育模式

晚二叠世长兴期海槽西侧铁山—黄泥堂地区处于台地边缘高能带，有利于生物生长，是长兴期礁滩体发育的有利区。台地边缘远离海槽一侧为开阔台地环境，局部海底高地发育的台内礁、滩，其发育规模较台缘礁、滩差。

长兴期铁山南礁滩体发育除受该期区域台-槽相间的区域地理格局控制以外，礁滩体的发育分布及台缘礁、滩带礁滩体的分异主要受同期基底断裂的同沉积正断活动控制。海槽西侧性质类似的北东—南东向正断裂平行排列构成了区域性叠瓦状断裂带，同沉积正断活动使正断上盘断阶始终处于地貌高地，为长兴—飞仙关组礁滩体发育提供了地貌基础，有利于礁滩体的发育，而正断上升盘远离断面一侧则作为相邻正断的下降盘，形成相对地貌洼地，不利于礁滩体发育。长兴期礁、滩相主要发育于台地边缘相带，礁滩体的展布受北东—南西向基底断裂上升盘断阶高地貌的控制，呈北东—南西向带状展布（图2-83），北西—南东向与非礁、滩相间互成排。

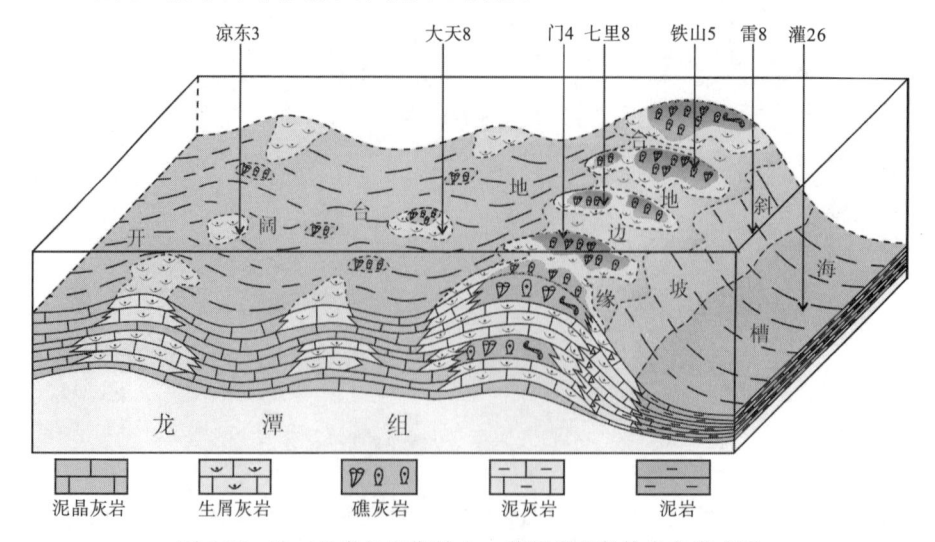

图2-83 晚二叠世长兴期铁山—黄泥堂礁滩体发育模式图

二、礁、滩型储层主控因素及成因

关于四川盆地碳酸盐岩礁、滩型储层的成因问题，目前存在埋藏溶蚀成因与早期岩溶和原生孔隙保存成因之争，多数学者认为与烃源岩成油期产生的有机酸有关的埋藏溶蚀作用以及与热化学硫酸盐还原作用有关的埋藏溶蚀作用是形成储层的关键。但是，埋藏溶蚀成因不能很好地解释以下几个问题：①埋藏溶蚀是非选择性溶蚀，应该是受断裂－裂缝系统控制，但勘探表明，稳定层状分布的礁、滩相储层则主要受相控制，说明埋藏溶蚀仅能优化改造储层，使储集空间再调整，而不能改变储渗体的空间分布。②早期胶结致密化的颗粒岩经历构造－破裂埋藏溶蚀改造后仅能出现沿裂缝的扩溶现象，而不能出现溶孔型储层，说明构造破裂－埋藏溶蚀前的孔隙层是优质储层形成的关键，而埋藏溶蚀并不是储层形成的关键。③如果埋藏溶蚀是储层形成的主要动力，那么与烃源岩成油期产生的与有机酸有关的埋藏溶蚀作用应该相当发育，为什么紧邻寒武系的龙王庙组优质粒间孔储层却少见液态烃充注的痕迹？④镜下观察表明，很多粒间孔壁胶结物晶面平直，未有埋藏溶蚀的特征，这也用埋藏溶蚀成因无法解释。综上所述，埋藏溶蚀并不是大规模、稳定分布的优质储层形成的关键。⑤如果埋藏溶蚀是碳酸盐岩储层形成的主要动力，则是在碳酸盐稳定化后进行，储集空间应以非选择性溶孔为主，但实际上滩相储层则主要以足够选择性的粒内溶蚀和粒间孔隙为主体。⑥稳定、层状分布的滩相储层不仅受相控制，而且受向上变浅序列的控制，储层主要发育于向上变浅序列的晚期，常见一些干裂等暴露标志。

综上所述，把埋藏溶蚀作为滩相储层的主要成因，不仅无法解释上述的各种现象，而且据此提出的预测模型——断裂－裂缝系统布井方式与实际的四川盆地勘探生产吻合很差，无法指导勘探、开发实践。本次研究认为礁、滩相储层的根本成因为同生岩溶型和原生孔保存型两种，储渗体形成后在漫长的成岩过程中会经历构造破裂－埋藏溶蚀的叠加改造，虽然这种改造作用可以很强，甚至使储集面貌完全显示埋藏溶蚀的特征，但是不会改变早期成因的储渗体分布特征。先期孔隙层的存在是埋藏流体横向运移的通道和基础[14]。

(一)沉积环境决定了礁、滩型储层早期孔、渗层的时空分布规律

川东北地区上二叠统长兴组储层主要发育在礁、滩亚相中，储层发育分布受礁滩体制约，受控于晚二叠世长兴期沉积环境变迁。

1. 礁、滩相的高能颗粒岩为储层早期孔、渗层的发育提供了物质基础

川东北长兴组不同岩类储集性能统计和对比表明，储层发育在礁、滩相中，为典型的礁、滩相控型储层。储层的发育与生物礁及颗粒岩关系密切，礁云岩、生屑云岩、生物云岩等颗粒云岩是主要的储集岩类。礁、滩相高能颗粒岩由于颗粒的支撑作用，压实作用相对较弱，压实率较小，加上早期胶结使渗滤通道堵塞，阻碍了胶结充填作用的进一步进行，常常使原生孔得以保存。这种保有原始孔隙系统的颗粒岩更易接受后期成岩作用的改造，为储层的发育演化提供物质基础[15]。

2. 海平面相对升降变化决定了礁、滩型储层的发育层位，控制了储层发育规模

受晚二叠世长兴期海平面相对变化的控制，长兴组礁滩体的发育具有一定的层位性。长兴组生物礁形成于海侵期，衰亡在海退期，礁盖生屑滩发育在海退后期的高能环境。

受次级海平面频繁变化的影响，长兴组礁、滩相往往表现为多个具有向上变浅的单个小型滩体构成，单滩体厚度较小，一般小于10m。礁滩体在海退后期易暴露于大气下，发生溶蚀和白云石化作用的改造，形成滩体中上部的早期储层，这为后期储层的改造提供了基础和条件（图2-84）。海平面相对升降幅度、频率及持续时间决定了礁、滩发育规模以及早期储层的发育程度及规模。

3. 晚二叠世长兴期川东北地区台—槽相间的沉积格局决定了礁滩体发育有利区，控制了储层发育的区带展布

晚二叠世开江—梁平海槽发育形成使得四川盆地东北部呈现台地、海槽分异的沉积格局。受基底断裂控制，晚二叠世长兴期海槽两侧台地边缘带，海水循环通畅，处于浅水高能带，往往是礁滩体发育的有利区带（图2-82、图2-83）。

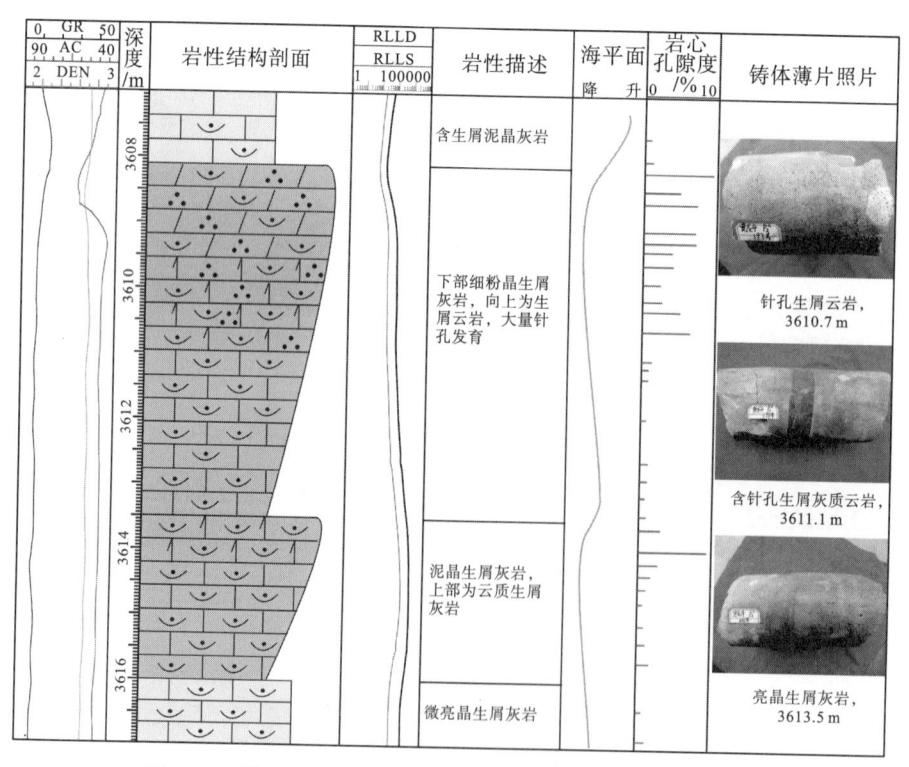

图2-84 黄龙4井长兴组生屑滩沉积序列与储层发育关系图

由于礁、滩相颗粒岩类是储层发育的基础，区内长兴组储层发育区受控于礁、滩发育区带，礁、滩型储层主要发育在台地边缘带，储层的发育分布总体受到晚二叠世长兴期沉积格局的控制。

4. 海底次级微地貌起伏控制了礁滩体发育规模的平面变化，决定了礁、滩储层发育的强平面非均质性

受区内基底断裂棋盘状分布及断裂阶段性分段活动的影响，研究区古地貌高地也存在次级微地貌分异，如台地边缘带为隆洼相间的特征，既有能量较高、有利于礁、滩发育的微地貌高地，又有能量较低、以细粒沉积为主的滩间洼地等微地貌低地。这种地貌的分异使得礁、滩发育区内礁、滩平面分布出现变化，礁滩体厚度及规模存在显著差异。

由于礁、滩的堆积不同程度的加剧了这种地貌的分异，在海退期不同礁、滩暴露程度不同，礁、滩型储层的早期改造出现差异，进而决定了储层发育的强平面非均质性。

(二)白云岩化和岩溶作用是礁、滩型储层发育的关键

川东地区长兴组礁、滩型储层埋藏较深，经历了长期持续的埋藏，成岩作用复杂。根据岩心观察、薄片、铸体薄片、扫描电镜等资料的综合研究，区内长兴组主要发育胶结充填、溶蚀、压实与压溶、白云石化等成岩作用类型。这些成岩作用对礁、滩型储层储渗性能的影响具有双重性，既有充填和破坏孔隙降低储渗性的一面，如胶结充填作用、压实作用等；又有改善原有孔隙或形成新孔隙提高储渗性的一面，如溶蚀作用、白云石化作用、压溶作用等[16]。现将各类成岩作用的机理、产物、期次及其对储层发育的影响简述如下。

1. 胶结充填作用是破坏和降低孔隙度的最主要因素之一

一方面，胶结充填作用是破坏和降低孔隙度的最主要因素之一；另一方面，早期胶结物的存在可使颗粒碳酸盐岩形成坚固的骨架，阻碍压实作用的进行，有利于原生孔隙的保存，如长兴组棘屑云岩储层，早期压实、胶结使渗滤通道堵塞，阻碍了胶结充填作用的进一步进行，使原生孔得以保存(图2-85)。本区碳酸盐岩储层主要胶结充填物为白云石，其次为方解石。

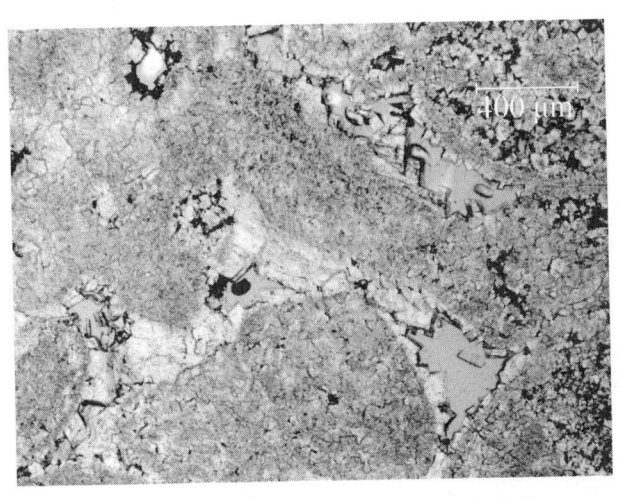

图2-85 生屑云岩，残余粒间孔，粒间溶孔
黄龙004-2井，3510.4m，长兴组

根据胶结物的特征和生成环境，可初步识别出三期胶结物（图 2-86）。第一期大气淡水胶结作用出现于大气淡水潜流环境，形成以等轴环边状或等厚的叶片状、刃状方解石，后期被白云石交代，阴极发光照片不发光或发暗红光，此期胶结物充填原生孔隙为 5%～10%；第二期胶结物晶体较粗大明亮，一般呈细晶－粉晶粒状，充填于孔隙或孔洞的边缘或全部充填孔隙或孔洞，阴极发光照片多发暗红光。这一期胶结物多见于中高能颗粒滩中，含量高，是颗粒滩储集空间减小的主要原因，一般充填孔隙为 10%～30%，从胶结物形成时的颗粒接触关系来看（点接触为主），多形成于浅埋藏早期环境；第三期胶结物以白云石为主，其共同特征是晶体粗大明亮，自形程度高，阴极发光照片多发红光。这期胶结物常以单晶或嵌晶形式充填于溶蚀孔隙或孔洞的中心部位，形成于晚期溶蚀作用之后，是深埋环境较晚期的胶结充填物。这一期充填物虽然含量不高，但往往导致溶蚀孔隙储集性能的降低。

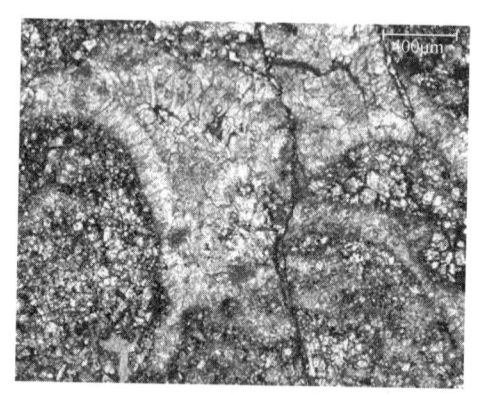

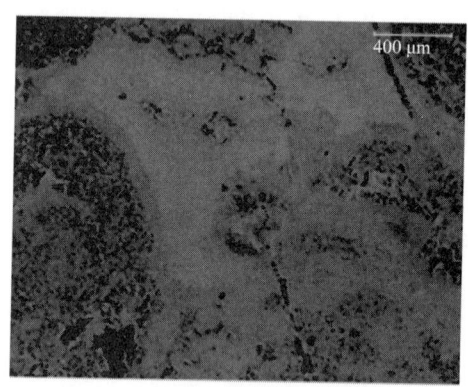

图 2-86 具藻黏结残余生屑云岩，三期白云石胶结，一期砂屑及环边状白云石及三期孔内充填晚期白云石发暗红光，第二期发红光
黄龙 004-2 井，3486.3m，长兴组（左：单偏光；右：阴极发光）

2. 压实、压溶作用对储层具有双重影响

（1）压实作用使原始储集空间减少，甚至消失。随压实强度的增大，颗粒从漂浮状逐渐过渡为点接触、点线接触、线接触，使得原始储集空间减少，甚至消失。

（2）压溶缝可以作为流体运移通道，有利于酸性成岩流体和烃类运移。压溶作用产生的压溶缝可以作为流体的运移通道，形成于第二期胶结物形成之后，缝合线呈水平状或斜穿层面，缝中常充填泥质、沥青，有利于酸性成岩流体和烃类运移，并沿压溶缝扩溶形成新的储集空间。

（3）早期压实作用使渗滤通道堵塞，有利于原生孔的保存。颗粒岩在沉积期及沉积后一段时间内，以塑性为主，由于上覆沉积物引起的初期压实和胶结作用，颗粒呈点－线接触，甚至是凹凸接触，从而使孔隙呈孤立状（图 2-85），阻碍了成岩作用的进一步进行，有利于原生孔的保存。

3. 白云石化作用形成的晶间隙一定程度上增加了储层的储集空间，更重要的是晶间隙为储层的溶蚀改造提供了优越的溶蚀通道

川东北地区长兴组白云岩的发育良好，种类繁多，分布广泛。前人对川东北长兴组生物礁云岩研究认为，长兴组存在多种成因的白云岩，现今白云岩为是多种环境形成的白云岩混合体，其中埋藏白云岩和混合水白云岩为主体，礁、滩储集岩绝大多数是具有溶解孔隙的晶粒白云岩，这些白云岩是在埋藏成岩阶段形成的。

笔者通过对川东地区长兴组白云岩的特征研究，发现区内长兴组白云岩有多种，白云石晶体以他形、自形－半自形晶为主，他形白云石阴极射线照射不发光，自形－半自形晶具有多结构的阴极发光环带（图 2-87）。表明长兴组经历多次的离子交换，白云岩的形成可能以海水与淡水混合作用而成的白云石化为主导因素，但它们在深埋阶段以后，又遭受后期白云石化的叠加，因此表现出许多深埋白云石化的地化特征。

虽然有关白云岩化作用和白云石生成机理，"仁者见仁，智者见智"，但有一点已取得共识，即地质历史时期中绝大多数的块状白云岩是交代成因的，而充填孔洞缝的白云石则可以从地层流体中直接沉淀生成。白云岩化能有效地改善储层储集性能并能促使溶蚀改造加强。

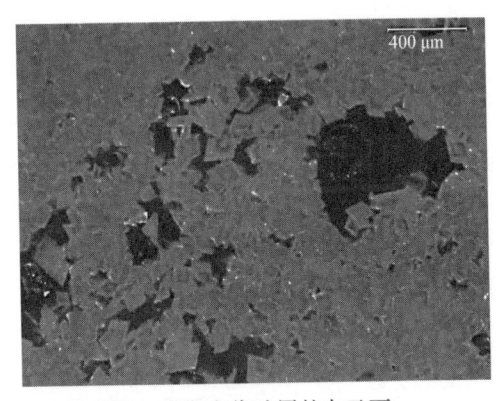

图 2-87　残余砂屑粉晶云岩，白云石自形－半自形晶，早期交代砂屑的白云石
发暗红光，充填空洞的晚期白云石，边缘具红色发光环带
天东 10 井，3783.88m，长兴组（左：单偏光；右：阴极发光）

对研究区长兴组孔渗样品的分类统计（图 2-88）表明，川东北地区长兴组白云岩平均孔隙度明显高于灰岩类，说明白云岩化作用对区内长兴组碳酸盐岩储层的改造作用明显，云化作用是储层形成的关键作用之一。

白云岩化作用对区内长兴组储层的影响主要体现在两个方面：白云岩化作用一方面形成一定量的晶间孔隙，虽然微细的晶间孔隙不能对孔隙度改善多少，但却能极大地改善储层的渗透性能；另一方面，晶间孔隙的形成为后期溶蚀流体的运移提供通道条件，有利于溶蚀作用发育，为储层的进一步改造奠定了基础。

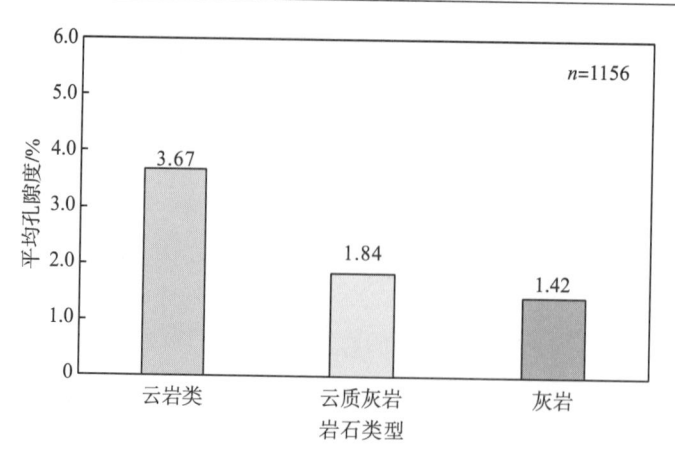

图 2-88　川东北地区长兴组云岩、灰岩类平均孔隙度分布

4. 溶蚀作用是储层最重要的假设性成岩作用之一，是长兴组礁、滩储层形成的关键

溶蚀作用对碳酸盐储层来说，无疑是一种提高孔隙性和渗透性的重要的建设性成岩作用。通过岩心和镜下薄片观察，发现研究区长兴组礁、滩储层主要发育各种溶蚀孔洞，储层的最终形成与溶蚀作用的参与密不可分。

根据沉积特征、孔隙类型及孔隙充填物特征分析，认为研究区长兴组礁、滩储层发育多期溶蚀作用，主要有同生期或准同生期溶蚀作用和埋藏期溶蚀作用(包括第一期埋藏溶蚀和第二期埋藏溶蚀)。

(1) 同生期或准同生期溶蚀作用发生于同生期大气成岩环境中。受次级沉积旋回的控制，长兴期区内浅水环境发育的礁滩体伴随海平面的暂时性相对下降而出露海面或处于淡水透镜体内形成"滩岛"。由于当时四川盆地在赤道附近，大气降水充足，在"表生"淋滤作用下"滩岛"内形成淡水渗流带和淡水潜流带，发生选择性和非选择性溶蚀，形成大小不一、形态各异的各种孔隙和溶洞。它既可以选择性溶蚀由准稳定矿物组成的颗粒或第一期方解石胶结物，形成粒内溶孔、铸模孔和粒间溶孔，又可发生非选择性溶蚀作用，形成溶缝和溶洞。粒内溶孔中常具有渗流粉砂充填，形成示顶底构造(图 2-89、图 2-90)，表明其形成后经历了渗流成岩环境；发育粒内溶孔的颗粒岩往往压实作用不强，颗粒呈漂浮状-点接触，表明其形成时间早。

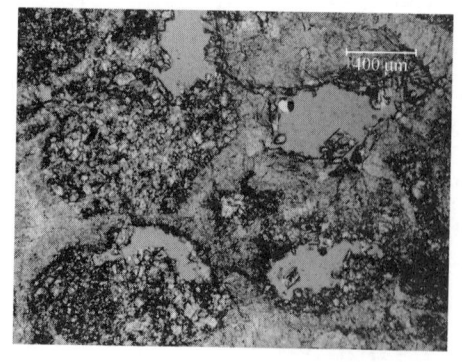

图 2-89　粒内溶孔，具渗流粉砂
黄龙 004-2 井，3486.3m，长兴组

图 2-90　棘屑云岩，粒间溶孔
黄龙 004-2 井，3470.2m，长兴组，×250

同生期或准同生期溶蚀作用形成的溶蚀孔隙经历埋藏期的成岩改造及油气侵入的影响，部分被胶结或沥青充填。同生期或准同生期溶蚀作用可增加2%~20%的孔隙，但最终保存下的孔隙相对较少，为1%~5%。

(2) 埋藏期溶蚀作用主要有两期，第一期埋藏作用与上二叠统烃源岩成油期产生的有机酸有关，时间大致在三叠纪末—中侏罗世末，埋深2000~4500m。该期溶蚀作用较强烈，形成大量的粒间溶孔和白云石晶间溶孔。据铸体薄片观察统计，该期溶蚀作用形成的孔隙度为5%~6%。溶孔中普遍见沥青充填物(图2-91)，表明它们形成于沥青侵位之前，是液烃的主要储渗空间；第二期埋藏溶蚀作用与热化学硫酸盐还原作用有关，它产生的硫化氢是碳酸盐岩溶蚀作用的一种重要应力。第二期埋藏溶蚀作用时间大致在中侏罗世以后，地层埋深在4500m以上。第二期埋藏溶蚀作用改造第一期埋藏溶蚀作用形成的粒间溶孔和白云石晶间溶孔，这些孔隙中充填有沥青，但沥青并不是分布在孔隙边部，而是呈圆环形分布于孔隙中央(图2-92)，沥青圆环以内的孔隙是由第一期埋藏溶蚀作用形成，沥青圆环以外的孔隙是由第二期埋藏溶蚀作用形成。通过大量铸体薄片观察统计，第二期埋藏溶蚀作用形成的孔隙度为5%~6%，略高于第一期埋藏溶蚀作用。

图2-91 中晶云岩，晶间溶孔，沥青半充填
黄龙4井，3588.4m，长兴组

图2-92 残余棘屑云岩，晶间溶孔，沥青侵染
天东10井，3872.15m，长兴组

依据薄片观察，后期埋藏溶蚀孔隙是研究区现今长兴组礁、滩储层中的主要储集孔隙，残余粒间孔和早期或同生期溶蚀孔隙表现不清楚。考虑到埋藏溶蚀作用是在相对封闭的环境下进行的，持续的未饱和溶蚀流体供给是溶蚀作用发育的保证，因此，埋藏溶蚀往往需要先期的孔隙或裂缝作为溶蚀流体的运移通道，对于川东北长兴组礁、滩储层，原生粒间孔和早期溶蚀及云化作用形成的早期孔隙为埋藏期溶蚀奠定了基础，是现今储层储集空间的雏形。

(三) 构造破裂对储层具有优化改造的作用

黄龙场地区长兴组礁滩体中构造破裂发育，裂缝、微裂缝在岩心及薄片中常见。构造破裂对储层具有两个方面的影响：直接影响是网状裂缝沟通相对孤立的孔隙，形成相对连通的储渗体统，进而改造储层；间接影响是裂缝为埋藏溶蚀提供溶蚀通道，沿裂缝发育溶蚀，形成扩溶的裂缝孔洞系统(图2-93、图2-94)，进而起到改善储层的作用。

对于黄龙场长兴组礁、滩型储层，构造破裂对储层的最大影响是与埋藏溶蚀作用的共生。表现为两种形式：一种是储集岩是低孔隙度的灰岩，先期孔隙层不发育，由于断裂-裂缝系统的发育，酸性流体仅能在直接的裂缝系统附近产生扩溶，形成孔洞-裂缝型储层，这类储层单个储渗体系规模较小，虽然可以短暂获得高产，但是产能衰减快，勘探效益低下；另一种是具有先期保存孔隙的礁、滩储层，由于断裂-裂缝系统的沟通，使礁、滩储层得到优化，加上沿裂缝的溶蚀作用的进一步叠加改造，形成优质储层。

图 2-93　棘屑云岩，沿裂缝扩溶
黄龙 4 井，3588.5m，长兴组

图 2-94　生物云岩，沿裂缝扩溶，沥青侵染
黄龙 004-2 井，3510.4m，长兴组

（四）礁、滩型储层成因研究

黄龙场地区长兴组为受礁滩复合体控制的储层，储层按类型可划分为两大类：一类是生物礁储层，另一类是颗粒滩储层。这两类储层形成的共同点都是受沉积环境、微地貌控制，以先期保存孔隙为基础，叠合构造破裂-埋藏溶蚀改造，形成裂缝-孔隙型储层。储层孔隙的形成与演化可分为如下几个阶段（图 2-95）。

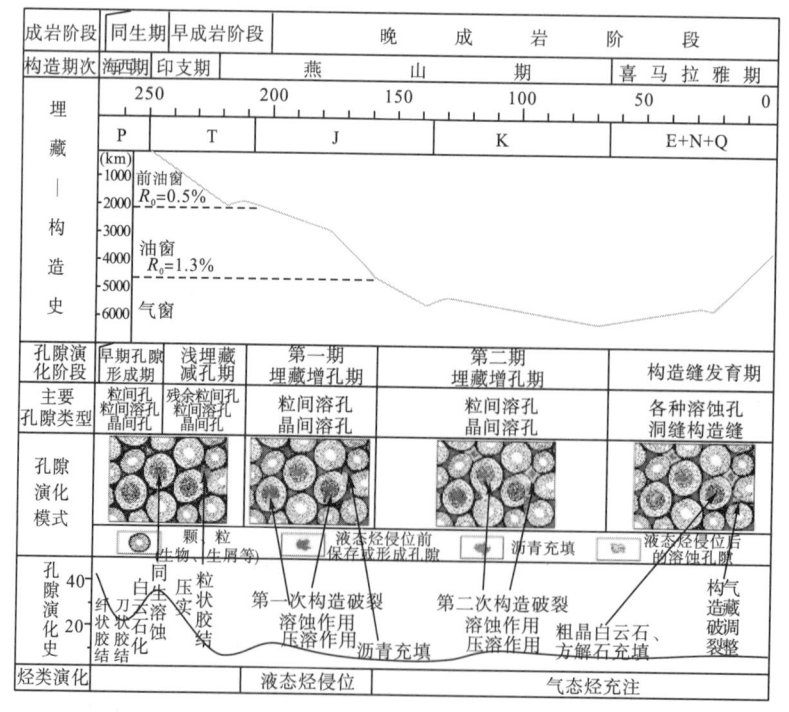

图 2-95　黄龙场地区长兴组礁、滩储层成岩及孔隙演化模式图

1. 准同生期早期孔隙形成阶段

礁滩体形成过程中由于颗粒骨架的支撑作用，常常形成大量的粒间孔隙，颗粒纯净时，原生粒间孔隙可达 40% 以上，经初始压实仍能保持 20% 左右的孔隙；准同生期，处于微地貌高地的礁、滩顶部在海平面下降时期容易接近和出露水面，受大气淡水的影响，极易发生白云石化作用和早期淡水的选择性溶蚀，形成粒间溶孔、粒内溶孔和晶间孔，这一阶段孔隙可增加 5%~20%。但是大气淡水的淋溶作用仅局限于礁、滩顶部，受后期胶结充填作用的影响，早期白云石化和溶蚀孔隙仅能保存 2%~5%，该阶段作用和影响范围有限。

2. 浅埋藏压实、胶结孔隙缩减阶段

随上覆地层的沉积，礁、滩进入浅埋藏阶段，受压实作用影响，颗粒发生重新排列并使原始孔隙度损失 25%~30%。由于浅埋藏期压实成岩流体的胶结，导致礁滩体不同部位出现了较大的分异，核部位由于礁滩体较厚，胶结作用使顶、底部的储集空间消失殆尽，而中部胶结充填大部分储集空间，第二期晶粒状白云石胶结物损孔 10%~30%，并使喉道堵塞，保留了 2%~5% 孤立的残余粒间孔和晶间隙；礁翼、滩缘部分由于厚度较薄，成岩流体影响很大，残余粒间孔保存概率很小，储集岩变得致密。

3. 第一期深埋藏溶蚀孔隙增加阶段

第一期埋藏作用发生在浅埋藏压实、胶结孔隙缩减阶段之后，与上二叠统烃源岩成油期产生的有机酸有关，时间大致在三叠纪末—中侏罗世末。该期溶蚀作用较强烈，形成大量的粒间溶孔和白云石晶间溶孔。据铸体薄片观察统计，该期溶蚀作用形成的孔隙度为 5%~6%。薄片中溶孔中普遍见沥青充填物，表明它们形成于沥青侵位之前，溶蚀孔隙形成以后发生了一次液态烃充注，该期形成的溶蚀孔隙是液烃的主要储渗空间。

4. 第二期深埋藏溶蚀孔隙增加及构造缝发育阶段

第二期埋藏溶蚀作用发生在沥青侵位以后，与热化学硫酸盐还原作用有关。热化学硫酸盐还原作用是在深埋高温环境下进行的，主要变现为改造第一期埋藏溶蚀作用形成的粒间溶孔和白云石晶间溶孔，通过大量铸体薄片观察统计，第二期埋藏溶蚀作用形成的孔隙度为 6%~7%，略高于第一期埋藏溶蚀作用。在埋藏溶蚀作用发生的同时，溶蚀孔隙部分被石英、白色白云石和粗晶方解石充填，使得溶蚀孔隙部分损耗。白垩纪末期以后，随着喜马拉雅构造幕的开始，强烈的构造运动和大量构造裂缝发育对先期储层有明显的改造作用，并使气藏圈闭形态改变、高点迁移，从而造成气藏的调整、改造，最终定型为现今的礁滩气藏。

可以看出，黄龙场地区长兴组礁、滩相储层为早期孔保存叠合构造破裂-埋藏溶蚀成因。原生粒间孔和早期溶蚀及云化作用形成的早期孔隙是礁、滩储层储集空间的雏形，构造破裂-埋藏溶蚀对礁、滩储层形成起到关键性的优化调整作用，决定了现今储层的面貌。

第六节　礁滩气藏成藏条件和模式

一、烃源岩评价

按照含油气系统的定义，即包括有效烃源岩，以及与该烃源岩所生成的油气到油气聚集成藏所必需的一切地质要素和过程的天然系统，其重点是研究烃源岩与油气藏形成之间的关系。成藏组合是指某一地层内的生、储、盖、圈关系以及上述要素形成时间上的匹配和油气运移相结合的组合。

（一）长兴组气藏

1. 天然气干燥系数较高，已达过成熟阶段

天然气干燥系数指天然气中烃类组分的甲烷与重烃（即 C_2^+）的比值（本区该比值大于99.7%），为了降低由于分析仪器和不同年份分析数据的差异，本书对其做了求取对数值的处理。一般来说，随着热演化程度升高，天然气中甲烷含量增加，重烃组分减少，干燥系数变大，因此，一般干燥系数主要反映天然气的成熟度，天然气的干燥系数与甲烷含量成正比。但是，川东北地区无论长兴组生物礁气藏还是飞仙关组鲕滩气藏天然气的甲烷含量与干燥系数却呈负相关关系（图 2-96），其甲烷含量低不是因为其成熟度低，而是因为硫酸盐被烃类还原，在生成硫化氢的同时一部分甲烷被消耗掉了，导致天然气中甲烷含量低而硫化氢高，如七里北气田长兴组生物礁气藏天然气为低甲烷高硫化氢，川东北地区飞仙关组鲕滩气藏低甲烷高硫化氢特征更明显（表 2-11）。而黄龙场、铁山气田长兴组生物礁气藏天然气具有高甲烷低硫化氢特征（黄龙 9、黄龙 10、黄龙 004-2 井和铁山 5、铁山 14、铁山 21 井），在相同条件下对比，可能海槽西侧的黄龙场地区天然气演化程度比海槽东侧的铁山气田高。

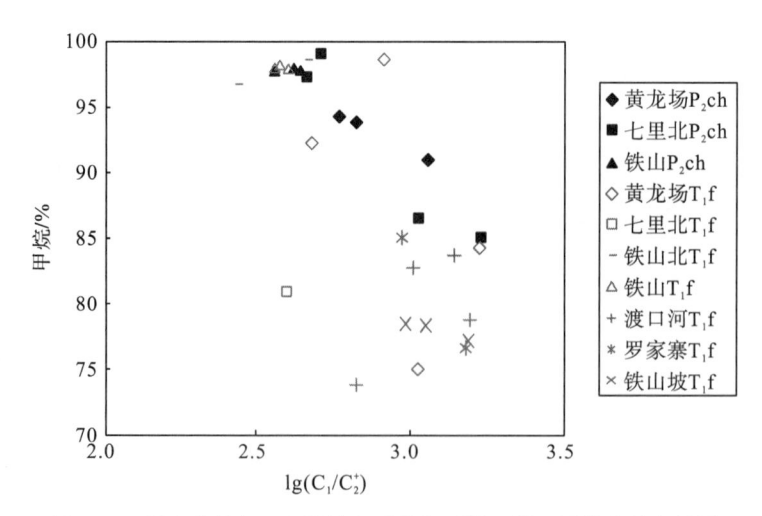

图 2-96　川东北长兴-飞仙关组天然气干燥系数-甲烷含量相关图

从干燥系数和烃类组分的 C_2/C_3 关系可看到类似的特征。按照热演化的进程，天然气最终是从大分子向小分子演化，即 C_2/C_3 与干燥系数之间应该是正相关关系，但是川东北地区无论长兴组生物礁气藏还是飞仙关组鲕滩气藏天然气两者之间呈现负相关关系(图 2-97)，这进一步说明天然气中烃类组分含量高低仍然与热硫酸盐还原作用有关[14]。

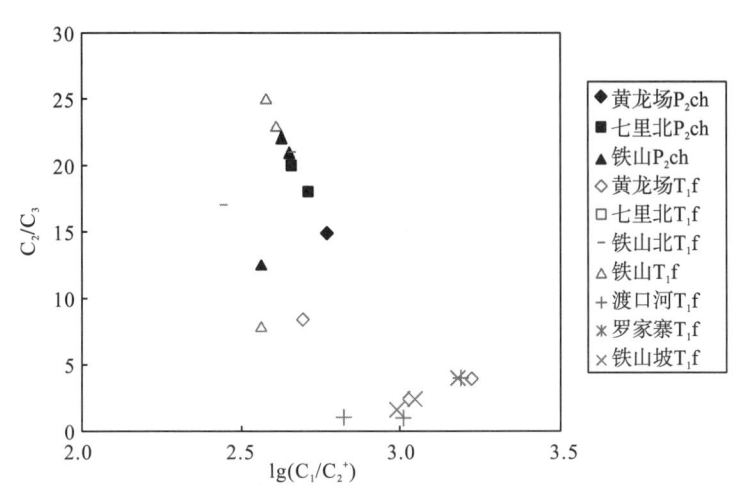

图 2-97　长兴-飞仙关组气藏天然气干燥系数和 C_2/C_3 的关系图

2. 高含硫与热硫酸盐还原作用(TSR)密切相关

川东北地区长兴组生物礁气藏和飞仙关组鲕滩气藏天然气中，烃类组分的重烃含量都较低，甲烷和非烃组分含量变化较大，非烃中氮气、氦气、氢气等常规组分含量正常，其中氦气和氢气含量很低，多小于 0.05%，氮气含量多为 0.42%~2.48%，而非烃中的酸性气体组分硫化氢和二氧化碳含量变化较大，硫化氢为 0~17.06%。海槽东侧的铁山坡、渡口河、罗家寨气田飞仙关组鲕滩气藏和七里北长兴组生物礁、飞仙关组鲕滩气藏硫化氢含量高，分布在 8.28%~17.06%，二氧化碳含量也高，介于 2.88%~8.93%；而海槽西侧的铁山气田长兴组生物礁、飞仙关组鲕滩气藏硫化氢含量低，分布在 0.12%~1.9%，二氧化碳含量也低，介于 0.43%~0.73%(表 2-11)。黄龙场地区长兴组生物礁、飞仙关组鲕滩气藏的硫化氢、二氧化碳含量介于二者之间(表 2-11)。

川东北地区礁、滩天然气相对密度及组分的差异主要与硫化氢含量的高低有关。硫化氢与相对密度呈较好的正相关关系(图 2-98)、与甲烷含量呈负相关关系(图 2-99)，已有研究指出川东北地区飞仙关组鲕滩储层中有大量的石膏存在(图 2-100)，有学者指出硫化氢的形成与热硫酸盐还原作用密切相关，这些表明硫化氢含量高与地层中石膏的分布有明显的关系。而石膏的形成主要受岩性、沉积环境及相带等因素控制。黄龙场、铁山气田长兴组生物礁气藏生物礁储层处于台缘边缘相带，石膏不发育，为低含硫天然气；而七里北气田生物礁下部储层(七北 101 井中储层)临近于局限潟湖相，石膏发育，为高含硫天然气，上部储层处于陆棚边缘相，石膏不发育，为低含硫天然气[14]。

表 2-11　川东北地区长兴组生物礁和飞仙关组鲕滩气藏天然气组分表

井号	层位	相对密度	甲烷	乙烷	丙烷	H_2	He	N_2	CO_2	H_2S	CO_2 重量/(g/m³)	H_2S 重量/(g/m³)	备注
黄龙 004-2		0.6	93.95	0.14	0	0.003	0.025	0.47	2.73	2.68	53.64	38.42	
黄龙 9		0.628	91	0.08	0	0.015	0.026	1.42	5.87	1.59	115.33	22.69	
黄龙 10		0.6	94.24	0.15	0.01	0.286	0.027	0.47	3.92	0.9	77.02	12.94	
七北 101		0.561	98.98	0.18	0.01	0.03	0.022	0.45	0.33	0	6.48	0.012	上储层
七北 101	P_2ch	0.647	86.45	0.08	0	0.032	0.028	0.46	2.88	10.07	56.58	144.02	中储层
七里北 2		0.664	85.07	0.05	0	0.033	0.027	0.21	5.25	9.33	103.15	133.44	
铁山 5		0.569	97.78	0.21	0.01	0.002	0.027	0.46	0.72	0.79	13.32	11.36	
铁山 14		0.570	97.68	0.25	0.02	0	0.026	0.45	0.78	0.79	14.45	11.34	
铁山 21		0.568	97.88	0.22	0.01	0	0.025	0.45	0.67	0.74	12.42	10.63	
黄龙 6		0.669	84.28	0.04	0.01	0.116	0.012	0.89	5.81	8.84	114.15	126.489	酸后
黄龙 8		0.564	98.62	0.12	0	0	0.026	0.61	0.6	0.02	11.788	0.235	APR
黄龙 9		0.603	92.22	0.17	0.02	0.353	0.02	2.48	2.63	2.11	51.672	30.185	酸后
七里北 1		0.701	77.87	1.5	0	0.141	0.011	0.5	3.73	16.25	73.285	232.434	
铁山北 1		0.565	98.53	0.26	0.01	0	0.024	0.55	0.36	0.27	6.629	3.855	
铁北 101		0.565	98.37	0.21	0.01	0.001	0.030	0.70	0.43	0.25	8.448	3.574	
铁山 11		0.566	97.99	0.23	0.01	0	0.025	0.86	0.73	0.12	14.314	1.351	
铁山 13		0.564	98.23	0.25	0.01	0	0.03	0.5	0.47	0.5	9.216	7.622	
铁山 21	T_1f^{3-1}	0.567	98.01	0.24	0.03	0	0.028	0.49	0.56	0.63	10.334	9.062	
渡 1		0.661	82.7	0.04	0.04	0.116	0.014	0.42	0.46	16.21	9.02	231.93	
渡 2		0.694	78.74	0.04	0.01	0.06	0.02	1.6	3.29	16.24	60.64	232.31	
渡 3		0.743	73.71	0.06	0.05	0.048	0.014	0.74	8.27	17.06	162.16	244.05	
渡 4		0.664	83.73	0.06	0	0.703	0.015	0.65	5.03	9.81	98.83	140.3	
罗家 5		0.729	76.66	0.05	0	0.008	0.023	0.59	8.93	13.74	175.45	196.57	
罗家 6		0.669	84.95	0.09	0	0.002	0.018	0.45	6.21	8.28	122.01	118.52	
坡 1		0.708	78.38	0.05	0.02	0.046	0.03	0.92	6.36	14.19	124.96	203.06	
坡 2		0.706	78.52	0.05	0.03	0.017	0.023	0.98	5.87	14.51	115.33	207.53	
坡 4		0.713	77.17	0.04	0.01	0.13	0	0.82	5.78	16.05	113.56	230.20	酸后

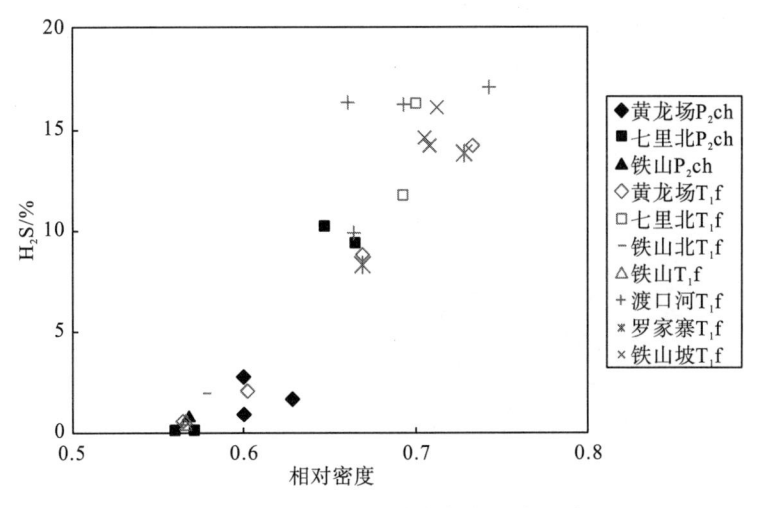

图 2-98 相对密度和硫化氢含量关系图

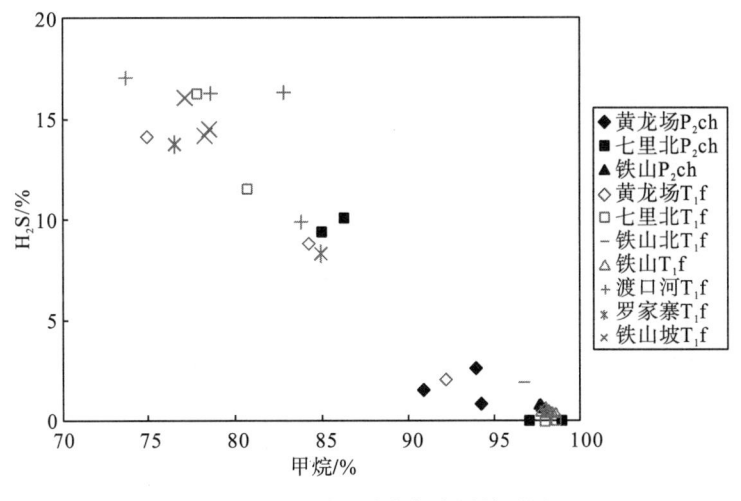

图 2-99 甲烷和硫化氢含量关系图

3. 长兴组生物礁气藏天然气甲烷、乙烷碳同位素发生倒转、碳同位素偏轻，主要为原油裂解气

天然气的碳同位素组成主要决定于气源岩的母质组成，其次是受成熟度的影响。早期学者研究提出天然气中 $\delta^{13}C_2<-28.8‰$、$\delta^{13}C_3<-25.5‰$ 为油型气，$\delta^{13}C_2>-25.1‰$、$\delta^{13}C_3>-23.2‰$ 为煤型气。在成熟和高成熟阶段，受演化程度影响较小的情况下乙烷碳同位素的组成与母质有关，可以 $\delta^{13}C_2$ 为 $-28‰+1.5‰$ 作为腐泥气和腐殖气的粗略界线。

根据"八五"期间利用甲烷、乙烷碳同位素判定天然气的成因类型的成果，甲烷、乙烷碳同位素富集系数 ΔC_2-C_1 随干燥系数增加由大变小，由正变负，说明甲烷、乙烷碳同位素的倒转与成熟度有关。依据甲烷、乙烷碳同位素富集系数 ΔC_2-C_1 为 0 和 8.5

以及 $\delta^{13}C_2$ 为 $-27‰$ 和 $-29‰$ 为界分别划分出代表不同成熟度和母质来源的天然气类型（图 2-101）。

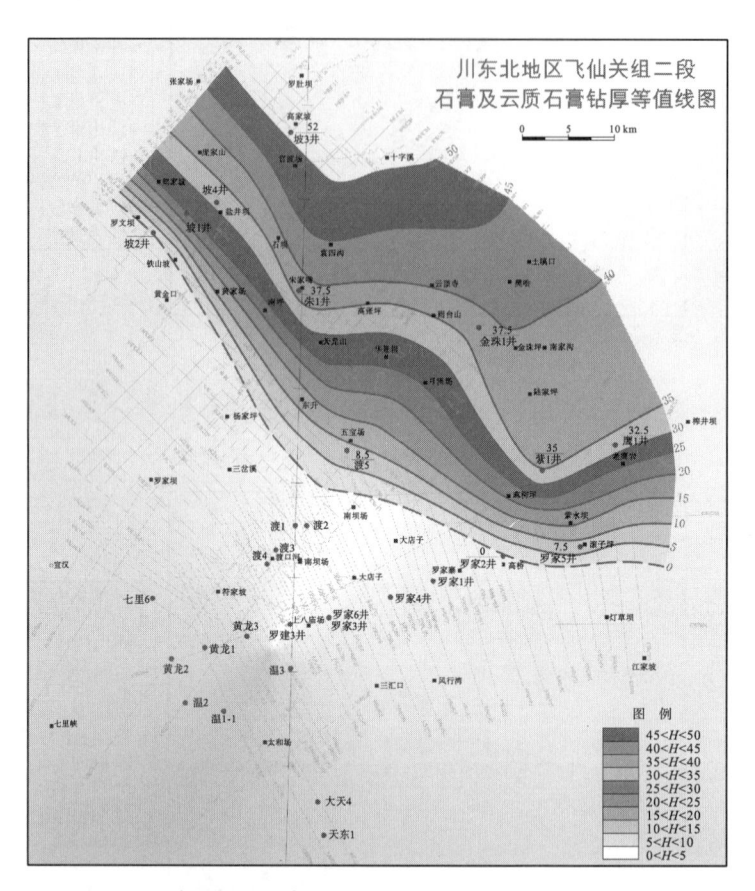

图 2-100　川东北地区飞仙关组二段石膏及云质石膏钻厚等值线图

渡口河气田渡 4 井作为海槽东侧高含硫、低甲烷天然气的代表，其甲烷、乙烷碳同位素发生了倒转，属于过成熟油型气（图 2-101），渡 4 井甲烷的碳同位素组成比铁山 11、铁山 21 井天然气甲烷碳同位素还略偏重（表 2-12），表明其受到了热硫酸盐还原作用影响。黄龙场地区没有天然气碳同位素数据，但从黄龙场地区长兴组生物礁储层所处沉积相带分析，生物礁储层主要处于台缘斜坡-陆棚边缘相，与海槽西侧的铁山气田类似，均为低含硫高甲烷天然气（表 2-11）；而七里北气田长兴组生物礁气藏储层上部处于陆棚边缘相，下部临近局限潟湖相，与海槽东侧的渡口河、铁山坡、罗家寨气田飞仙关组鲕滩气藏类似，为高含硫低甲烷天然气（表 2-11），但它们均为过成熟油型气。

4. 长兴组生物礁气藏天然气主要来源于上二叠统腐泥型烃源岩

川东北地区长兴组生物礁气藏天然气乙烷碳同位素值较轻，$\delta^{13}C_2$ 值介于 $-34‰$ ～ $-30‰$，甲烷、乙烷碳同位素发生了倒转，表明长兴组生物礁气藏天然气主要为油型气。川东北地区礁滩气藏天然气主要来自于二叠系的碳酸盐岩。

第二章 气藏地质特征研究

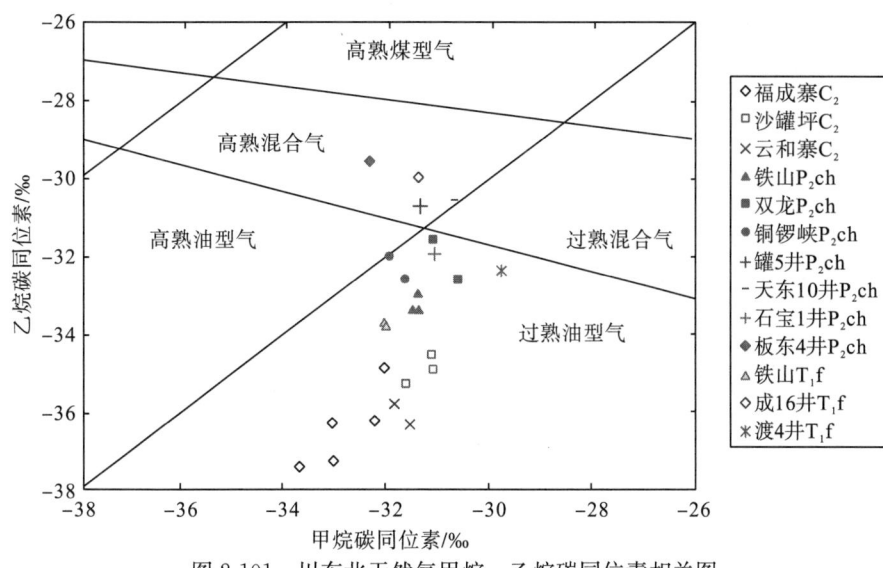

图 2-101 川东北天然气甲烷、乙烷碳同位素相关图

表 2-12 川东北长兴组与石炭系黄龙组、三叠系飞仙关组天然气甲烷、乙烷碳同位素对比表

气田	井号	层位	中深/m	$\delta^{13}C_1$/‰	$\delta^{13}C_2$/‰	ΔC_2-C_1/‰	甲烷/%	H_2S/%
福成寨	成 13		3802	−33.76	−37.41	−3.65	95.68	0.27
	成 20		3703	−33.09	−37.25	−4.16	96.37	0.22
	成 28		4150	−32.11	−34.88	−2.77	95.76	0.44
	成 33		4005.5	−32.27	−36.26	−3.99	95.75	0.41
沙罐坪	罐 2	C_2hl	4320	−31.14	−34.94	−3.80	97.62	0.45
	罐 10		4774	−31.67	−35.27	−3.60	96.48	0.33
	罐 28		4740	−31.18	−34.55	−3.37	97.18	0.47
云和寨	云和 2		4914.79	−31.91	−35.79	−3.88	96.86	0.34
	云和 4		4804.3	−31.61	−36.33	−4.72	95.74	0.31
铁山	铁山 5		3300	−31.44	−32.97	−1.53	97.78	0.79
	铁山 14		3178	−31.55	−33.38	−1.83	97.68	0.79
	铁山 21		3029	−31.43	−33.37	−1.94	97.88	0.74
板东	板东 4		3520	−32.39	−29.56	2.83	96.67	0.29
石宝寨	宝 1			−31.10	−31.95	−0.85		
沙罐坪	罐 5	P_2ch	4675	−31.39	−30.73	0.66	95.59	0.03
双龙	双 14		4154	−30.64	−32.64	−1.99	98.95	0
	双 15		3898	−31.14	−31.64	−0.49	98.31	0.01
五百梯	天东 10		3790	−30.78	−30.60	0.18	94.64	1.36
铜锣峡	铜 4		2625	−32.05	−32.02	0.03	98.91	0
	铜 6		2772	−31.70	−32.60	−0.90	98.97	0.02
铁山	铁山 5		2883	−32.09	−33.70	−1.61		
	铁山 11		2890	−32.05	−33.80	−1.75	97.68	0.74
福成寨	成 16	T_1f^{3-1}	2616	−31.43	−30.00	1.43	98.53	0.11
	成 22		3032	−32.03			98.84	0.13
渡口河	渡 4			−29.83	−32.39	−2.56	83.73	9.81

(1)长兴组生物礁气藏天然气主要来源于上二叠统腐泥型烃源岩。

川东北地区上二叠统烃源岩主要有龙潭组的煤系泥岩和长兴组的泥质碳酸盐岩。

上二叠统龙潭组烃源岩分为泥岩和煤岩,整个川东地区煤层厚度由南西向北东减薄,在綦江较厚,达10~25m,在川东北地区一般仅厚2~3m(图2-102);暗色泥岩在綦江、万县和达县以北分布较厚,分别达110m、80m和60m,而在川东北地区较薄,厚仅20~40m(图2-103)。

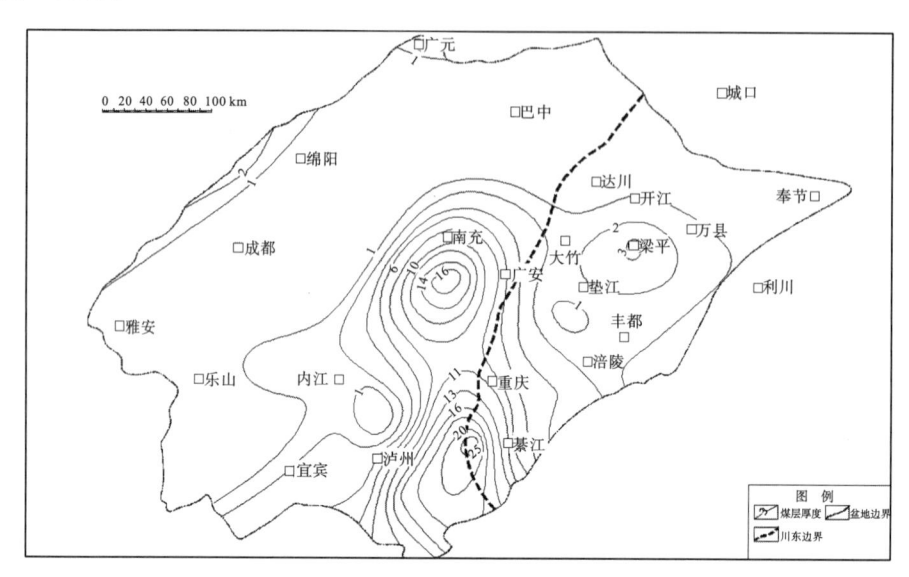

图 2-102 四川盆地上二叠统煤层分布图

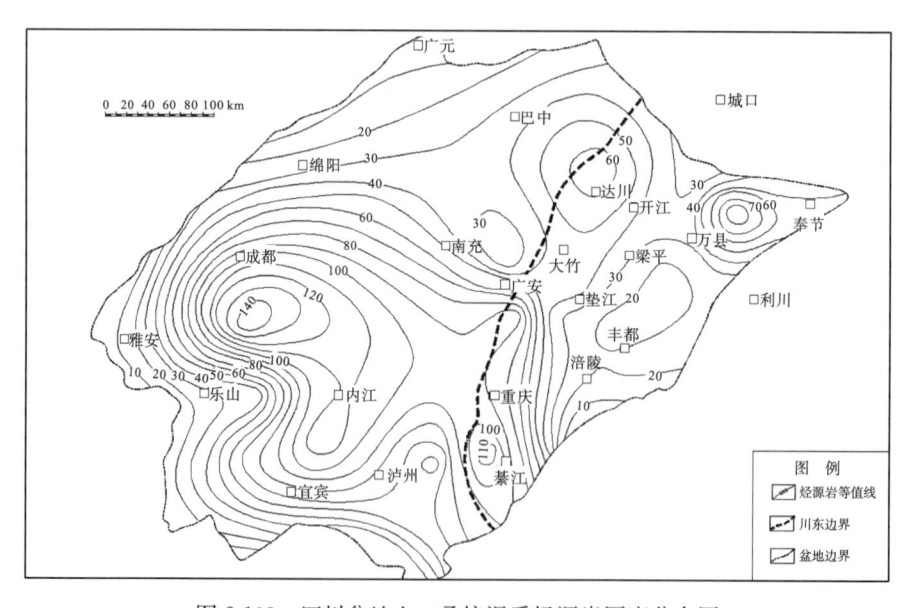

图 2-103 四川盆地上二叠统泥质烃源岩厚度分布图

川东北地区长兴组为一套快速沉积的生物碎屑泥晶灰岩及礁灰岩,其主要发育在开江—梁平海槽区,累积厚度为120~320m,其次在宣汉—云阳之间,累积厚度为100~300m(图2-104),烃源岩有机质较丰富,有机碳含量为0.4%~1.1%(图2-105)。

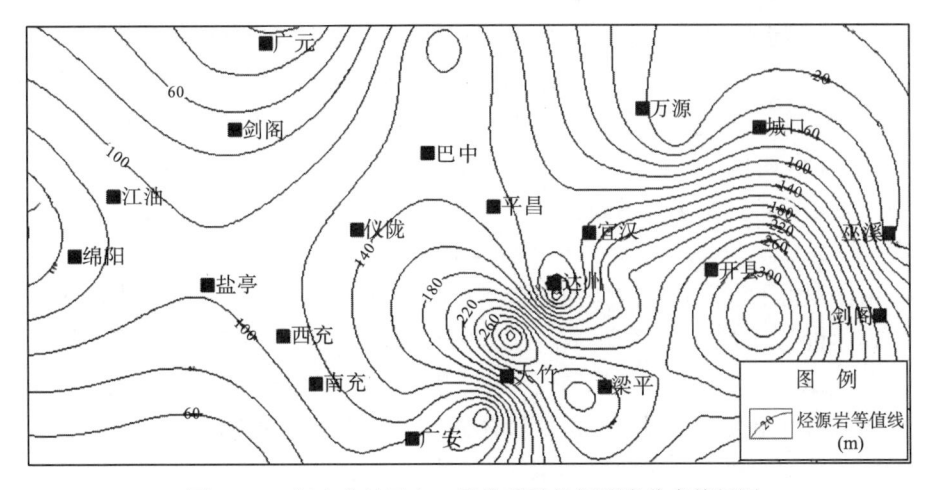

图 2-104 川东北地区上二叠统碳酸盐烃源岩分布特征图

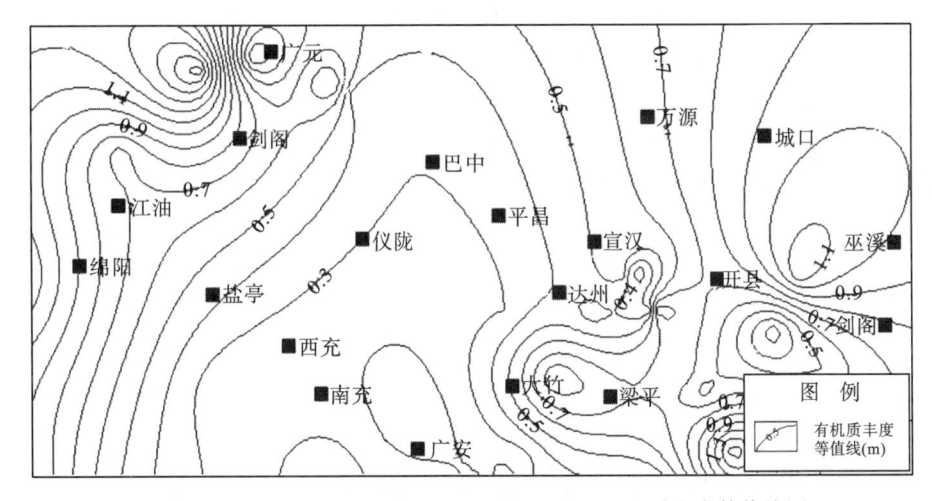

图 2-105 川东北地区上二叠统碳酸盐烃源岩有机质丰度等值线图

上二叠统烃源岩中暗色泥岩有机碳分布在 3%～7%；泥质碳酸盐岩烃源岩有机碳则分布在 0.4%～1.1%，平均有机碳含量达 0.5%左右，均具较强的生烃能力；其次，上二叠统源岩干酪根富氢，壳质组相对富集，干酪根 $\delta^{13}C$ 值分布在 $-29.55‰～-27.73‰$，有机质类型以 II_1 型为主，为偏腐泥型有机质。

就整个川东地区而言，川东南地区龙潭组煤系较发育，因此在开江—梁平海槽以南的板东、沙罐坪、五百梯的天东 10 井长兴组生物礁气藏以及福成寨气田个别井（如成 22 井）飞仙关组天然气还可以见到煤型气混入的痕迹，其乙烷碳同位素较重（表 2-12）；而川东北地区煤系烃源岩不发育，烃源岩主要为海槽相及深缓坡外带的长兴组泥质碳酸盐岩，因此目前在海槽东、西两侧的渡口河、黄龙场、铁山气田的长兴组生物礁气藏还是飞仙关组鲕滩气藏全是油系气。综上所述，川东北地区长兴组生物礁气藏天然气主要来自上二叠统泥质碳酸盐烃源层。

(2) 上二叠统烃源岩为高-过成熟的有效气源灶。

前人在"九五"期间实测上二叠统泥晶灰岩 R_o 为 1.91%～1.96%，实测五百梯五科

1井上二叠统龙潭组煤岩R_o为2.42%～2.58%，川东北地区长兴组烃源岩和飞仙关组储层沥青实测R_o为1.69%～2.07%，对应的T_{max}达到488～590℃。并根据盆地模拟R_o值已达2.7%～3.2%。这些表明川东北地区上二叠统烃源岩目前已达到生成气态烃的高－过成熟热演化阶段。

模拟结果表明，黄龙场气田烃源岩从中三叠世早期开始进入低熟阶段，持续到晚三叠世末期(R_o为0.5%～0.7%)；早－中侏罗世下沙溪庙期处于成熟阶段(R_o为0.7%～1.0%)；中侏罗世上沙溪庙期因快速沉降－沉积，其热演化进程明显加快，在晚侏罗世遂宁早期迅速经历了成油高峰期(R_o为1.0%～1.3%)；紧接着在晚侏罗世进入凝析油－湿气阶段(R_o为1.3%～2.0%)；白垩纪进入干气演化阶段(R_o>2.0%)，并直至早中新世；从上新世至今，尽管四川盆地整体持续隆升剥蚀而埋深不断变浅，地温逐渐降低，但因该区处于冲断带下盘而埋深很大、地温很高。例如，二叠系顶的现今埋深可达6500m，地温195℃，因而该烃源岩现今仍可以生排天然气而为有效气源灶。

上二叠统烃源岩从早侏罗世开始进入成熟阶段，并持续到早白垩世末，从晚白垩世到第三纪期间处于高成熟阶段，从第四纪开始到现今处于过成熟阶段。上二叠统烃源岩生、排油高峰期出现在燕山运动早期至中期，其时开江古隆起持续隆起，是有利的油气聚集区，燕山运动晚期油开始裂解成气，喜马拉雅运动时期随着四川盆地形成，川东北地区褶皱定型，天然气再分配成藏。

(二)飞仙关组气藏

1. 黄龙场飞仙关组鲕滩气藏天然气为过成熟油型气

(1)飞仙关组鲕滩气藏天然气甲烷、乙烷碳同位素发生倒转、碳同位素偏重，主要为原油裂解气，而非煤成气。

天然气的碳同位素组成主要决定于气源岩的母质组成，其次是受成熟度的影响。前人提出天然气中$\delta^{13}C_2$<－28.8‰、$\delta^{13}C_3$<－25.5‰为油型气，$\delta^{13}C_2$>－25.1‰、$\delta^{13}C_3$>－23.2‰为煤型气。在成熟和高成熟阶段、受演化程度影响较小的情况下乙烷碳同位素组成与母质有关，可以$\delta^{13}C_2$为－28‰+1.5‰作为腐泥气和腐殖气的粗略界线。

川东北地区飞仙关组天然气乙烷碳同位素较轻，均在－30‰以下，并且甲烷、乙烷碳同位素发生了倒转，表现为过成熟油型气特征(表2-13)。

表 2-13 川东北飞仙关组天然气甲烷、乙烷碳同位素组成表

构造	井号	层位	$\delta^{13}C_1$/‰	$\delta^{13}C_2$/‰	ΔC_2-C_1/‰	甲烷/%	H_2S/%
铁山坡	坡1	T_1f^{3-1}	－30.12			78.38	14.19
	坡2	T_1f^{3-1}	－30.31			78.52	14.51
	坡4	T_1f^{3-1}	－32.26			77.22	16.05
渡口河	渡4	T_1f^{3-1}	－29.83	－32.39	－2.56	83.73	9.81
罗家寨	罗家6	T_1f^{3-1}	－30.43			84.95	8.28
	罗家7	T_1f^{3-1}	－30.33			81.37	

第二章 气藏地质特征研究

续表

构造	井号	层位	$\delta^{13}C_1$/‰	$\delta^{13}C_2$/‰	ΔC_2-C_1/‰	甲烷/%	H_2S/%
菩萨殿	菩萨1	T_1f^{3-1}	−31.01				
	菩萨2	T_1f^{3-1}	−30.04			91.18	4.48
福成寨	成16	T_1f^{3-1}	−31.43	−30	1.43	98.75	0.15
	成22	T_1f^{3-1}	−32.03			98.78	0.14
铁山	铁山5	T_1f^{3-1}	−32.09	−33.7	−1.61	98.6	0.02
	铁山11	T_1f^{3-1}	−32.05	−33.8	−1.75	97.97	0.71
	铁山21	T_1f^{3-1}	−31.63			97.69	0.83

根据"八五"期间利用甲烷、乙烷碳同位素判定天然气的成因类型的成果，甲烷、乙烷碳同位素富集系数 ΔC_2-C_1 随干燥系数增加由大变小，由正变负，说明甲烷、乙烷碳同位素的倒转与成熟度有关。依据甲烷、乙烷碳同位素富集系数 ΔC_2-C_1 为0和8.5，以及以 $\delta^{13}C_2$ 分别为−27‰和−29‰为界划分出分别代表不同成熟度和母质类型的天然气。

比较发现，川东北飞仙关组鲕滩气藏天然气甲烷、乙烷碳同位素发生了倒转，碳同位素偏轻，主要为过成熟油型气（图2-106）。渡口河构造渡4井作为海槽东侧高含硫、低甲烷含量天然气的代表，其甲烷、乙烷碳同位素发生了倒转，碳同位素比甲烷含量高（如铁山11、铁山21井）的过成熟干气还略偏重（表2-13、图2-106），表明其成熟度更高，但是它们都属于过成熟油型气。黄龙场地区飞仙关组鲕滩气藏没有天然气碳同位素数据，但从黄龙场地区所处沉积相带分析，其黄龙8、黄龙9井飞仙关组鲕滩气藏储层下部处于台缘斜坡-陆棚相，上部处于半局限潟湖相，与海槽西侧的铁山类似，为低含硫高甲烷天然气（表2-14）；而黄龙6井气藏储层下部处于台缘滩核相，上部临近局限潟湖相，与海槽东侧的渡口河构造类似，为高含硫低甲烷天然气（表2-14），但二者均为过成熟油型气。

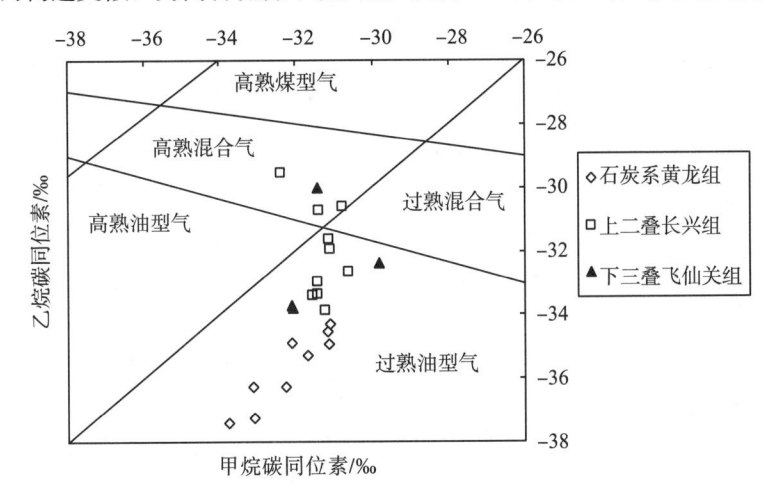

图2-106 川东北飞仙关组天然气甲烷、乙烷碳同位素相关图

(2) 天然气干燥系数较高，已达过成熟阶段。

天然气干燥系数指天然气中甲烷与重烃（即C_2^+）的比值，为了降低由于分析仪器和不同年份分析数据的差异，对其做了求取对数值的处理。一般来说，随着热演化程度升高，天然气中甲烷含量增加，重烃组分减少，干燥系数变大，因此干燥系数主要反映天然气的成熟度。通常，天然气的干燥系数与甲烷含量成正比，而川东北飞仙关组鲕滩气藏天然气却相反，甲烷含量与干燥系数呈负相关关系(图 2-107)，其甲烷含量低不是因为其成熟度低，而是因为硫酸盐被烃类还原，在生成硫化氢的同时消耗掉了一部分甲烷的缘故，导致天然气中甲烷含量低而硫化氢高(表 2-14)。黄龙场地区黄龙 8、黄龙 9 井甲烷含量较高硫化氢低，而黄龙 6 井甲烷相对较低硫化氢高，与硫酸盐被烃类还原程度有关。

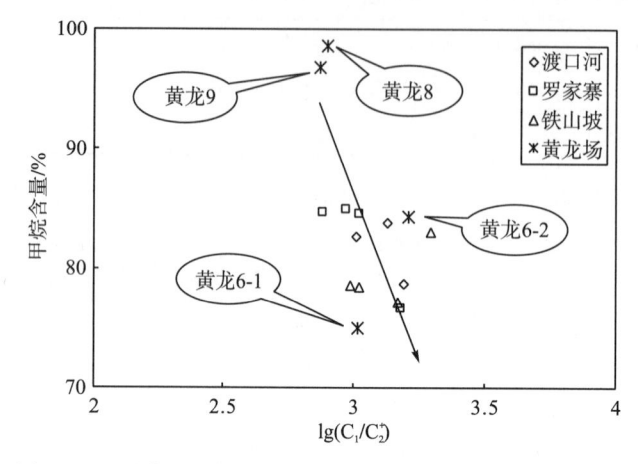

图 2-107　川东北飞仙关组天然气干燥系数－甲烷含量相关图

表 2-14　川东北飞仙关组鲕滩气藏天然气组分表

井号	相对密度	甲烷	乙烷	丙烷	He	H_2	N_2	CO_2	H_2S	CO_2/(g/m³)	H_2S/(g/m³)	备注
渡 1	0.661	82.7	0.04	0.04	0.014	0.116	0.42	0.46	16.21	9.02	231.93	
渡 2	0.694	78.74	0.04	0.01	0.02	0.06	1.6	3.29	16.24	60.64	232.31	
渡 3	0.743	73.71	0.06	0.05	0.014	0.048	0.74	8.27	17.06	162.16	244.05	
渡 4	0.664	83.73	0.06	0	0.703		0.65	5.03	9.81	98.83	140.3	
罗家 5	0.729	76.66	0.05	0	0.023	0.008	0.59	8.93	13.74	175.45	196.57	
罗家 6	0.669	84.95	0.09		0.018	0.002	0.45	6.21	8.28		118.52	
坡 1	0.708	78.38	0.05	0.02	0.03	0.046	0.92	6.36	14.19	124.96	203.06	
坡 2	0.706	78.52	0.05	0.03	0.023	0.017	0.98	5.87	14.51	115.33	207.53	
坡 4	0.713	77.17	0.04	0.01		0.13	0.82	5.78	16.05		230.20	酸后
黄龙 6	0.669	84.28	0.05	0.01	0.012	0.116	0.89	5.81	8.84	114.15	126.49	酸后
	0.734	74.98	0.05	0.02	0.01	0.838	0.23	9.78	14.09	192.15	201.52	酸后
黄龙 8	0.564	98.62	0.12	0	0.026	0	0.61	0.60	0.02	11.79	0.24	APR
黄龙 9	0.570	96.79	0.13		0.036	0.026	2.67	0.35	0.00	6.877	0.00	MDT
	0.603	92.22	0.17	0.020	0.02	0.353	2.48	2.63	2.11	51.67	30.19	酸后

从干燥系数和 lgC_2/lgC_3 的关系图(图 2-108)可以进一步看到，川东不同构造飞仙关组天然气在组成上也存在差异，黄草峡构造天然气干燥系数最小，新市次之，再其次是

第二章 气藏地质特征研究

福成寨和铁山，干燥系数最大的是川东北地区的高含硫鲕滩气藏天然气。这些表明川东北地区海槽东侧飞仙关组鲕滩气藏天然气热演化程度比海槽西侧略高，与甲烷含量高低没有必然联系。同时说明天然气中甲烷、硫化氢含量高低与热硫酸盐还原作用有关。

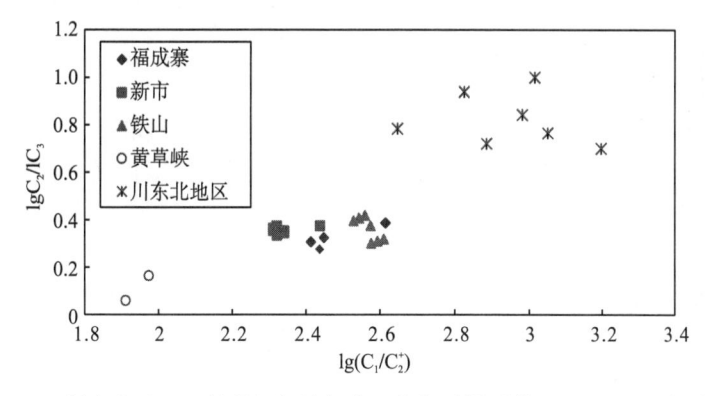

图 2-108　川东北地区飞仙关组鲕滩气藏天然气干燥系数和 lgC_2/lgC_3 的关系图

(3)高含硫与热硫酸盐还原作用密切相关。

川东北地区飞仙关组鲕滩天然气密度较大，重烃含量较少，非烃含量较大，非烃组分主要由硫化氢、二氧化碳、氮气、氦气和氢气组成，其中氦气和氢气含量很少，大多数低于 0.05%，氮气含量为 0.23%~2.67%，硫化氢和二氧化碳含量变化较大，以硫化氢为主。铁山坡、渡口河和罗家寨硫化氢含量高，为 8.28%~17.06%，二氧化碳含量也高，多介于 3.29%~8.93%（表 2-14）。

川东北地区飞仙关组鲕滩天然气干燥系数较大，热演化程度高，变化范围小，与硫化氢含量变化大的相关性不强（图 2-109）。天然气组分的差异主要与硫化氢含量的差异有关。硫化氢和甲烷含量有较好的负相关关系（图 2-110），在川东北地区飞仙关储层中发现有大量的石膏存在（图 2-100），表明硫化氢含量高低和地层中石膏分布有明显的关系，有学者指出硫化氢的形成与热硫酸盐还原作用密切相关。这些反映天然气中硫化氢的形成主要受岩性、沉积环境等因素控制。黄龙场地区黄龙 8、黄龙 9 井飞仙关组鲕滩气藏储层下部处于台缘斜坡－陆棚相，上部处于半局限潟湖相，为低含硫高甲烷天然气；而黄龙 6 井气藏储层下部处于台缘滩核相，上部临近于局限潟湖相，为高含硫低甲烷天然气。

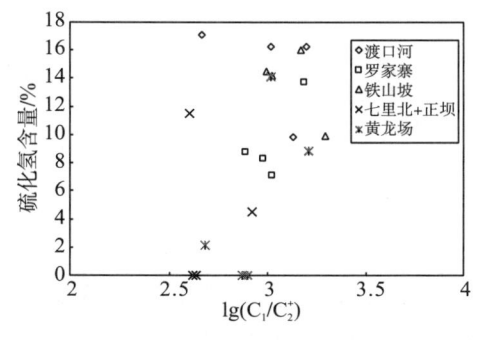

图 2-109　川东北地区干燥系数和硫化氢含量的关系图

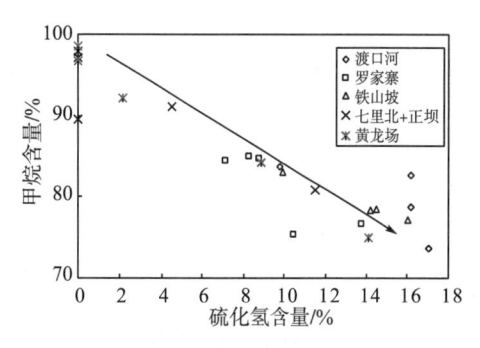

图 2-110　川东北地区甲烷和硫化氢含量关系图

2. 气源对比

前人已对川东北地区飞仙关组天然气气源进行过大量的工作，研究认为川东地区飞仙关组天然气并非来自于飞仙关组本身的海相烃源岩，而是来自于下伏的上二叠统龙潭组（或吴家坪组），其运移以垂向运移为主。

1) 飞仙关组天然气主要来源于上二叠统腐泥型烃源岩

(1) 飞仙关组气藏天然气与长兴组天然气碳同位素组成特征相似，乙烷碳同位素值较轻，$\delta^{13}C_2$ 值介于 $-34‰\sim-30‰$，甲烷、乙烷碳同位素发生了倒转，表明飞仙关天然气与长兴组天然气主要均为过成熟油型气。而长兴组气藏天然气与上二叠统腐泥型烃源岩关系密切。

(2) 飞仙关组储层沥青族组成与长兴组储层沥青的族组成特征非常相似，都以胶质、沥青质为主，饱和烃、芳烃含量较少，说明飞仙关组和长兴组储层沥青母质来源相同。

(3) 储层沥青饱和烃色质分析结果表明，C_{27}、C_{28} 和 C_{29} 规则甾烷分布呈"V"形（图 2-111），具 Ⅱ 型干酪根的特征，有机质偏腐泥型。飞仙关组与长兴组储层沥青具有非常相似的甾烷、萜烷分布特征（图 2-112），并且规则甾烷组成三角图揭示它们具有相同来源（图 2-113）。

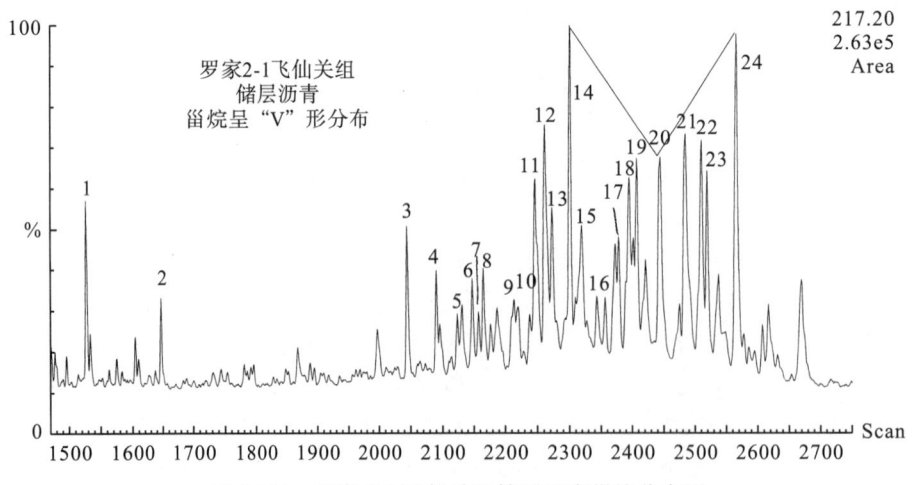

图 2-111 罗家 2-1 飞仙关组储层沥青甾烷分布图

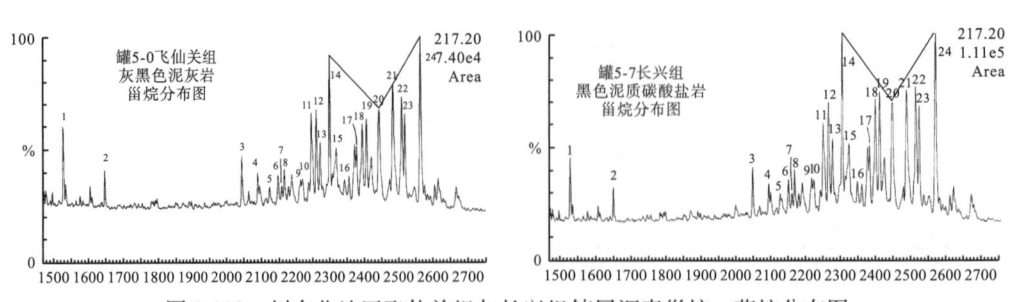

图 2-112 川东北地区飞仙关组与长兴组储层沥青甾烷、萜烷分布图

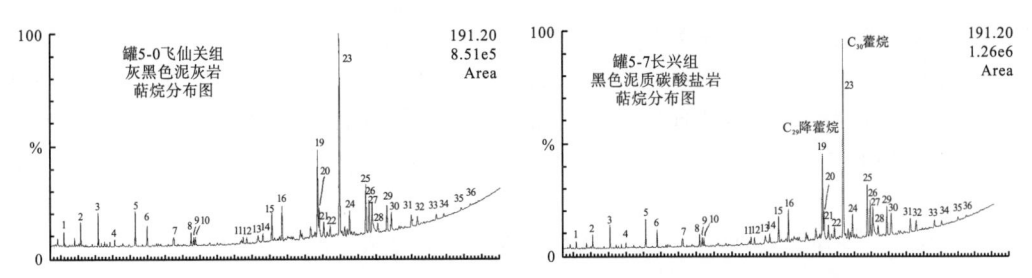

图 2-112　川东北地区飞仙关组与长兴组储层沥青甾烷、萜烷分布图（续）

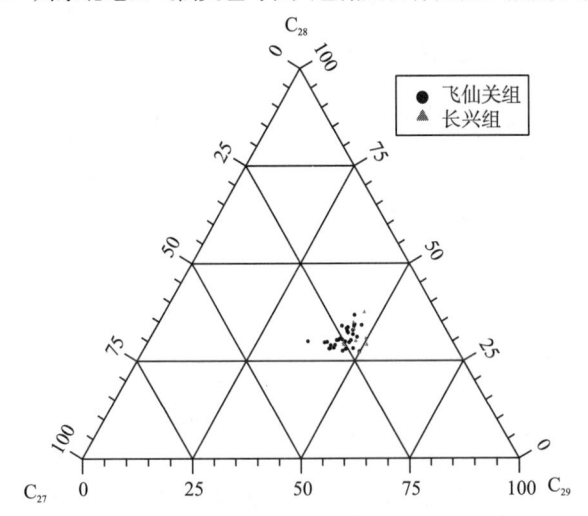

图 2-113　川东北地区飞仙关组和长兴组储层沥青规则甾烷分布三角图

2）飞仙关组储层沥青与海槽相长兴组烃源岩有明显的亲缘关系

从甾烷、萜烷分布看，飞仙关组的储层沥青与海槽相长兴组烃源岩的甾烷和萜烷有较好的可比性，反映出两者的亲缘关系（图 2-114）。

需要指出的是，渡 5 井和坡 2 井的储层沥青具有异常高的孕甾烷和升孕甾烷，且与本地飞仙关组的甾烷组成有较大差异，可能有来自潟湖相的飞仙关组泥质灰岩的贡献[11]。

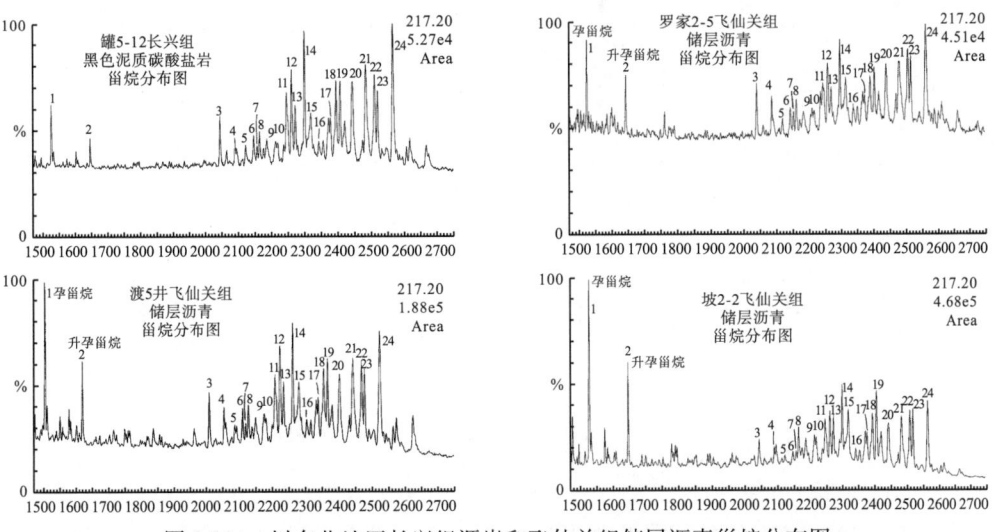

图 2-114　川东北地区长兴组源岩和飞仙关组储层沥青甾烷分布图

3) 川东北地区上二叠统龙潭组煤系不发育，天然气为油系气

川东南部上二叠统龙潭组煤系发育，而川东北地区不发育，川东南部上二叠统龙潭组煤系生成的油气距离川东北地区较远且缺乏横向运移的有效通道，因此在海槽西侧的福成寨气田的成22井飞仙关组天然气还可以见到煤型气混入的痕迹，而到了川东北地区全是油系气。

综上所述，飞仙关组天然气与上二叠统烃源岩具有较好的亲缘关系，川东北地区飞仙关组天然气主要来自上二叠统烃源层。

3. 烃源岩地化特征及热演化史

源岩对比表明，川东北地区飞仙关组的天然气主要来自上二叠统，其次为飞仙关组自身。烃源岩主要为海槽相及深缓坡外带的长兴组、海槽及潟湖相的飞仙关组泥质碳酸盐岩，其次为龙潭及飞仙关组底部泥岩。川东北地区及其邻区上二叠统烃源岩分布面积广，厚度大，有机质丰度高，是飞仙关组最主要的烃源。

1) 烃源岩展布特征

上二叠统龙潭组烃源岩分为泥岩和煤岩，川东地区煤层由南西向北东减薄，在綦江较厚，达10～25m，在川东北地区(梁平—大竹—垫江附近)一般厚2～3m(图2-102)；暗色泥岩厚10～110m，在綦江、万县和达县以北分布较厚，分别达110m、80m和60m，而在川东北地区泥岩分布较薄，厚仅20～40m(图2-103)。

龙潭组之上的长兴组为一套快速沉积的生物灰岩及礁灰岩(图2-104)，生物及有机质含量丰富(图2-105)；川东地区上二叠统烃源岩累积平均厚度约220m，其厚度变化为100～300m(图2-115)，以梁平—万县一带源岩厚度最大。

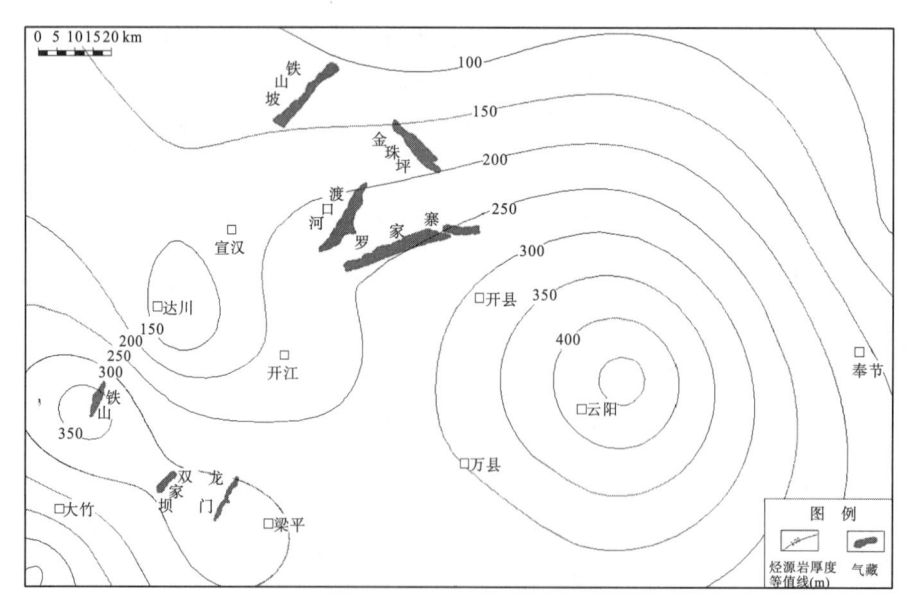

图2-115 川东北地区上二叠统烃源岩等厚图

2) 烃源岩地化特征

上二叠统烃源岩残余有机质丰度普遍较高，暗色泥岩有机碳含量为3%～7%；最高

值为 12.55%，泥质碳酸盐岩烃源岩有机碳含量为 0.4%～1.1%，平均有机碳含量达 0.5%左右，具较强的生烃能力。

上二叠统源岩干酪根富氢，壳质组相对富集，干酪根 $\delta^{13}C$ 值为 $-29.55‰$～$-27.73‰$，有机质类型以 II_1 型为主，母质类型为腐殖偏腐泥型（表 2-15）。

表 2-15 川东北地区长兴组烃源岩干酪根和飞仙关组储层沥青显微组分及有机质类型

井号	层位	腐泥组/%	壳质组/%	沥青组/%	镜质组/%	惰质组/%	类型/样品数/个
坡 1 井	T_1f^{3-1}	52～74	0～4	0～8	7～25	15～23	II_1/9
坡 2 井	T_1f^{3-1}	55～79	0～2	0～30	4～10	9～16	II_1/8
渡 1 井	T_1f^{3-1}	64～78	0～2	0	6～12	14～22	II_1/4
渡 2 井	T_1f^{3-1}	50～74	0～1	0～25	4～11	14～20	II_1/5
罗家 1 井	T_1f^{3-1}	68～79	0～3	0～14	3～10	11～17	II_1/8
温泉 3 井	P_2ch	71～74	0	0～9	8～9	16～18	II_1/2

"九五"期间研究实测上二叠统泥晶灰岩 R_o 为 1.91%～1.96%。实测五科 1 井上二叠统龙潭组煤样 R_o 为 2.42%～2.58%，根据盆地模拟 R_o 值已达 2.7%～3.2%。川东北地区长兴组烃源岩和飞仙关组储层沥青成熟度 R_o 为 1.69%～2.07%，对应的 T_{max} 达到 488～590℃。这些表明川东北地区上二叠统烃源岩目前已达到生成气态烃的高-过成熟热演化阶段。

3）烃源岩的热演化史

模拟结果表明，晚二叠世处于海槽区的罐 5 井与处于台地区的罗家 2 井，其沉积埋藏史与热演化进程相近（图 2-116、图 2-117）。它们大致均从中三叠世早期开始进入低熟阶段，持续到晚三叠世末期（R_o 为 0.5%～0.7%）；早侏罗世—中侏罗世下沙溪庙期处于成熟阶段（R_o 为 0.7%～1.0%）；中侏罗世上沙溪庙期因快速沉降-沉积，其热演化进程明显加快，在上沙溪庙期—晚侏罗世遂宁早期迅速经历了成油高峰期（R_o 为 1.0%～1.3%）的短暂演化；紧接着在晚侏罗世遂宁晚期-蓬莱镇期进入凝析油-湿气阶段（R_o 为

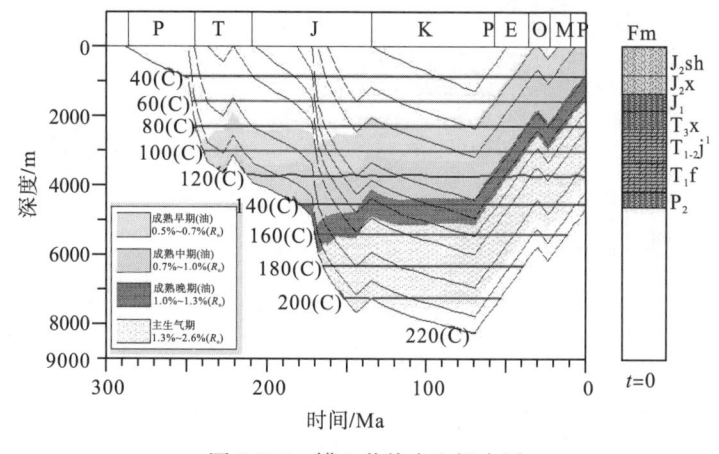

图 2-116 罐 5 井热史生烃史图

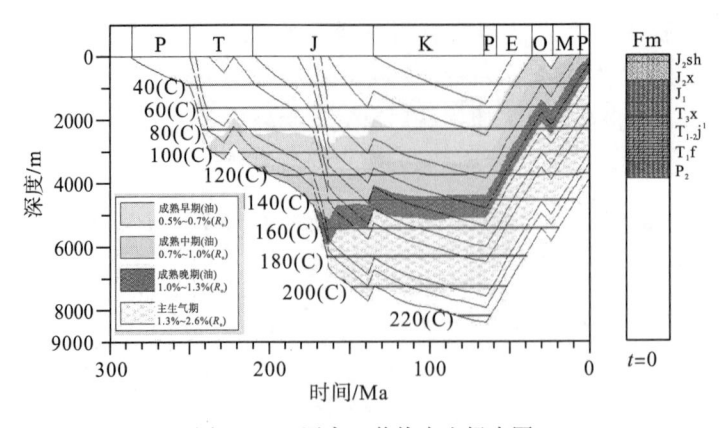

图 2-117 罗家 2 井热史生烃史图

1.3%~2.0%);白垩纪进入干气演化阶段($R_o>2.0\%$),并直至早中新世;上新世至今,因埋深浅于 6000m,地温低于 170℃而终止生排天然气[11]。

黄龙场的沉积埋藏史与热演化进程,在早第三纪前基本类似于罐 5、罗家 2 井;但在晚第三纪,特别是上新世至今,尽管四川盆地整体持续隆升剥蚀而埋深不断变浅,地温逐渐降低,但因该人工井处于冲断带下盘而埋深很大、地温很高。例如,二叠系顶的现今埋深可达 6500m,地温 195℃(图 2-118),因而现今仍可以生排天然气而为有效气源灶。

上二叠统烃源岩从早侏罗世开始进入成熟阶段,并持续到早白垩世末,从晚白垩世到第三纪期间处于高成熟阶段,从第四纪开始到现今处于过成熟阶段。其中在川东南边的綦江和万县地区为生烃高值区。上二叠统烃源岩生、排油高峰期出现在燕山运动早期至中期,其时开江古隆起持续隆起,是有利的油气聚集区,燕山运动晚期油开始裂解成气,在川东南部与煤系气排运混源。

喜马拉雅运动时期随着四川盆地形成,川东北地区褶皱成藏,天然气再分配。

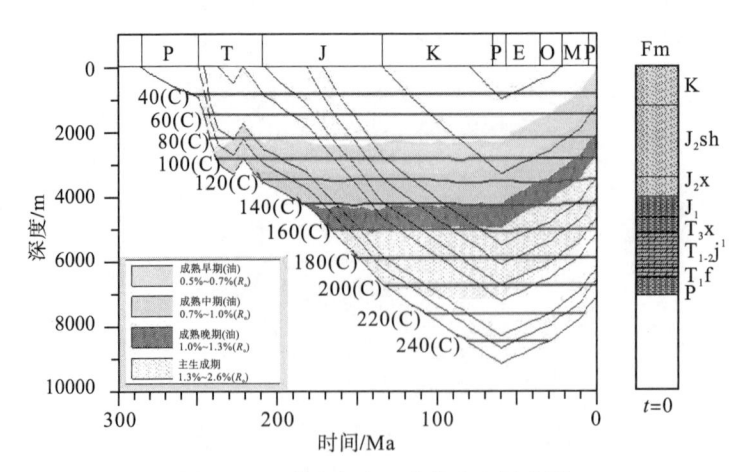

图 2-118 黄龙场人工井热史生烃史图

4)飞仙关组烃源特征

飞仙关组烃源岩是川东北地区的次要烃源,主要是开江—梁平海槽相区内的泥质碳酸盐岩,其次为潟湖相区(主要分布在坡3—金珠坪—老鹰岩一线)的泥质碳酸盐岩。取样分析表明,飞仙关组海槽相泥质碳酸盐岩有机碳含量为0.42%~0.51%,潟湖相泥质碳酸盐岩有机碳含量为0.40%~0.48%,为有效烃源岩。

海槽相长兴组与飞仙关组烃源岩的地化分析表明,两者甾烷和萜烷分布十分相似,反映了它们具有相似的沉积环境与生物来源。两者烃源岩的热演化进程也基本一致。因此可以明确,在飞仙关组气藏的形成过程中,飞仙关组烃源岩也具备一定的生排烃潜力。至于贡献的大小,可能因沉积相带的不同而异,海槽相飞仙关组烃源岩贡献可能最大。

二、长兴组生物礁气藏成藏条件分析

按照含油气系统的定义,即包括有效烃源岩,以及与该烃源岩所生成的油气到油气聚集成藏所必需的一切地质要素和过程的天然系统,其重点是研究烃源岩与油气藏形成之间的关系。成藏组合是指某一地层内的生、储、盖、圈关系以及上述要素形成时间上的匹配和油气运移相结合的组合。川东北地区长兴组生物礁气藏烃源主要来自上二叠统,其储集岩是长兴组中上部一套礁相的灰岩或云岩,因此与生物礁气藏有关的生、储、盖要素以及与油气运移的相互匹配关系可以称之为长兴组生物礁成藏组合,它属于上二叠统—雷口坡含油气系统的一部分。

(一)靠近优质烃源区,烃源条件良好,但是只有断裂—裂缝系统与透镜状储渗体的有效匹配才有利于天然气成藏

川东北地区长兴组生物礁气藏天然气主要来自上二叠统长兴组海槽相泥质碳酸盐岩以及龙潭组泥岩。由于烃类的运移方向主要是从海槽向台地边缘,因此靠近海槽的台地边缘地区具有优先捕获烃类的有利条件,槽台之间的早期边界断裂及其伴生的裂缝为烃类的运移提供了最初的通道,与现今生物礁气藏的气井分布吻合。

但是由于区内长兴组储层为透镜状的生物礁、滩型储层,在构造破裂和埋藏溶蚀改造前储集空间多为相对孤立的残余粒间孔,渗透性较差,因此,在烃类的运聚成藏期,必须要有断裂-裂缝系统的有效匹配,一方面可以优化改造储层,另一方面有深部烃源运聚的直接通道,有利于储层的形成和成藏。

(二)长兴组礁滩储层发育,储层非均质性强

前面已经详细介绍,在此不再复述。

(三)具有较好的盖层条件

川东北地区长兴组生物礁气藏的直接盖层为飞仙关组底部的致密泥质灰岩,除此之外,区域的间接盖层还有中下三叠统的膏岩、致密灰岩及泥岩,尤其是嘉二段的膏岩层横向分布稳定,据整个川东地区的勘探实践表明,当嘉二段膏岩层未遭受剥蚀破坏,其下往往保存有飞仙关组、长兴组以至石炭系气藏。因此,总体上川东北地区长兴组生物

礁气藏的盖层封堵性能好，有利于气藏的保存。

（四）黄龙场长兴气藏为构造－岩性复合圈闭，现今圈闭条件良好

圈闭是油气储集的场所，直接控制着油气藏的形成和成藏规模。川东北地区长兴组生物礁气藏天然气主要为原油裂解气，印支晚幕—燕山早幕期间区域构造已有明显的隆凹之分，与周边地区相比，川东北地区隆起较高的黄龙场为古油藏的形成提供了有利条件，即成藏具有早期古隆起的背景。

川东北长兴组生物礁气藏主要为构造－岩性复合圈闭气藏。在长兴组生物礁气藏区域盖层（中下三叠统的膏盐岩系、石灰岩及泥质岩）未遭剥蚀以及无通天断层破坏的情况下，天然气一般都能聚集成藏。从目前的钻探情况看，局部构造圈闭与生物礁储层叠合的区域是长兴组生物礁气藏形成的主要因素。

三、飞仙关组鲕滩气藏成藏条件分析

按照含油气系统的定义，即包括有效烃源岩，以及与该烃源岩所生成的油气到油气聚集成藏所必需的一切地质要素和过程的天然系统，其重点是研究烃源岩与油气藏形成之间的关系。成藏组合是指某一地层内的生、储、盖、圈关系以及上述要素形成时间上的匹配和油气运移相结合的组合。黄龙场地区飞仙关组鲕滩气藏烃源主要来自上二叠统，其储集岩是飞仙关组内部一套滩相的鲕粒岩，因此与飞仙关组鲕滩气藏有关的生、储、盖要素以及与油气运移的相互匹配关系可以称之为飞仙关组鲕滩成藏组合，它属于上二叠统—雷口坡含油气系统的一部分。

（一）储层发育具有明显的东西分异，东部的鲕滩储层为典型的相控型储层、呈透镜状断续分布；而西部的储层发育受控于构造破裂作用

黄龙场地区东部台缘鲕粒滩是有利的沉积相带，由于这一地区沉积时海水要深于东部的渡口河和罗家寨地区，因此，同生溶蚀在这一区域并不发育，黄龙场东部的鲕粒岩储层的根本成因为保存的残余原生粒间孔叠合埋藏溶蚀的叠加改造，从而导致储层的发育展布受控于鲕滩的发育展布，从三维滩体精细刻画可知，这一区域的鲕滩呈点状断续分布，因此，保存成因的鲕滩储层在平面上具有透镜状分布的特征，虽然后期经历构造破裂和埋藏溶蚀的叠加改造，但是并不改变早期储层的空间分布特征；而在西部，鲕滩不发育，储集岩主要为各类泥晶灰岩，缺乏早期相控型储层形成的条件，储层形成主要受控于构造破裂和埋藏溶蚀，具有明显的裂缝型储层的特征。

勘探表明，在海槽东侧的黄龙场地区东部鲕滩储层主要分布在飞仙关组中上部的台缘鲕粒滩之中。平面上，黄龙场地区东部为台缘鲕粒滩发育区，地震预测鲕滩储层分布呈透镜状，主要集中分布在黄龙6井区和黄龙9－黄龙3井区，与已有的钻探结果一致，储层平均孔隙度为2%～7%，主要为Ⅱ、Ⅲ类储层；西部的黄龙8井区则表现为典型的裂缝型储层特征。

对于研究区东部而言，透镜状的储层分布特征可以导致不同的储渗体呈现不同的成藏特征。

（二）靠近优质烃源区、有良好的烃源通道，但是只有断裂－裂缝系统与透镜状储渗体的有效匹配才有利于天然气成藏

烃源对比表明，黄龙场飞仙关组天然气主要来自上二叠统，其次为飞仙关组。主要烃源岩为海槽相长兴组、海槽及潟湖相的飞仙关组泥质碳酸盐岩，其次为飞仙关组底部泥岩。由于烃类的运移方向主要是从海槽向台地边缘，因此靠近海槽的台地边缘地区具有优先捕获烃类的有利条件，槽台之间的早期边界断裂及其伴生的裂缝为烃类的运移提供了最初的通道，综合曲率法预测的裂缝发育带集中分布在黄龙8－黄龙9－黄龙3井区和黄龙5北－黄龙6井区，与现今气藏的气井分布吻合。

但是由于研究区东部储层为透镜状的鲕粒灰岩储层，在构造破裂和埋藏溶蚀改造前储集空间多为孤立的残余粒间孔，渗透性较差，因此，在烃类的运聚成藏期，必须要有断裂－裂缝系统的有效匹配，一方面可以优化改造储层；另一方面有深部烃源运聚的直接通道，推测黄龙3井的失利是由于该透镜状储渗体处于裂缝发育区的边缘、通道不发育，导致储渗体在埋藏期的优化改造欠佳和烃源运移通道不畅所致。而在东部的黄龙8井区，虽然早期的孔隙型储层不发育，但是处于断裂－裂缝发育区，有利于裂缝型储层的形成和成藏。据此建议在这一地区做进一步的裂缝预测研究，为下一步勘探提供依据。

（三）具有古隆起的背景以及现今圈闭条件良好

圈闭是油气储集的场所，直接控制着油气藏的形成和成藏规模。黄龙场地区飞仙关组鲕滩气藏的天然气主要为原油裂解气，印支晚幕—燕山早幕期间，区域构造已有明显的隆凹之分，与周边地区相比，黄龙场地区隆起的幅度可达900m左右，为古油藏的形成提供了有利条件，目前已知的区域储层沥青分布与古隆起的展布也基本一致，勘探所发现的罗家寨、渡口河大中型的鲕滩气藏以及黄龙场气藏都位于古油藏的范围内，都具有早期古隆起的背景。

川东北飞仙关组鲕滩气藏主要是岩性－构造复合圈闭气藏，但是也不排除存在构造－岩性复合圈闭气藏。在飞仙关组气藏区域盖层（中下三叠统的膏盐岩系、石灰岩及泥质岩）未遭剥蚀以及无通天断层破坏的情况下，天然气一般都能聚集成藏。从目前的钻探情况看，在鲕滩储层分散分布黄龙场地区，局部构造圈闭与鲕滩储层叠合的大小仍然是影响鲕滩气藏成藏的主要因素。

（四）具有较好的盖层条件

黄龙场地区飞仙关组鲕滩气藏的直接盖层为飞仙关组内的致密泥灰岩、泥岩、泥质云岩和膏质云岩，区域上飞四段紫红色泥岩厚度横向分布稳定，一般为23.5～47.5m，对飞仙关组鲕滩气藏构成垂向和侧向封堵，有利于气藏保存。

直接盖层封堵储层的机理为毛管阻力差，即盖层与储层之间存在排替压力差，封闭的气柱高度与排替压力差呈正相关关系，也就是说排替压力差越大，封闭的气柱高度越大。据川东钻探公司资料，飞仙关组泥晶、亮晶灰岩物性极差，岩性致密，为非渗透层，其排替压力为87.17MPa，鲕滩储层的排替压力为0.06～1.14MPa，两者比较，前者具有很强的封闭能力。

除此之外，飞仙关组鲕滩气藏的区域间接盖层还有中下三叠统的膏岩、致密灰岩及泥岩，尤其是嘉二段的膏岩层横向分布稳定，据川东地区的勘探实践表明，当嘉二段膏岩层未遭受剥蚀破坏，其下往往保存有嘉一段、飞仙关组、长兴组以至石炭系气藏。因此，总体上黄龙场地区飞仙关组鲕滩气藏的盖层封堵性能好，气藏的保存条件好。

四、长兴组生物礁气藏成藏模式及成藏过程

（一）油气运聚期次

1. 初次运移的动力和方向

初次运移是指油气自烃源岩向储层的运移。作为长兴组生物礁气藏主要烃源岩的上二叠统泥质碳酸盐岩及泥岩在埋藏过程中，经历了向储层排出液烃（下侏罗世—中侏罗世）和向储层排出气烃（白垩纪—早中新世）两个阶段。因此，油气自烃源层向储层的初次运移实际上是一个持续不断的过程[14]。

1）初次运移的动力主要是烃源层生烃的超压

上二叠统烃源层在早侏罗世进入成熟阶段并开始向外排出液烃，印支期川东北地区埋深最大是海槽相区的达川—宣汉一带，开江古隆起仍然是较高部位，埋藏最浅的地区主要分布在大巴山前的通江—万源—铁山坡—温泉井—开县新源一线。此时的构造运动主要为区域性隆升。因此，压实作用导致的烃源层生烃超压应该是此时最重要的排烃动力。

从白垩纪以来直到现今，上二叠统烃源层都在源源不断地向外排出气态烃。前人从长兴组和龙潭泥浆密度等值线图分析开江—梁平海槽区为超压区，上二叠统泥浆密度明显增大，而包括黄龙场地区在内的川东北地区海槽东侧上二叠统泥浆密度明显小于海槽区。由此可见，压实作用导致的烃源层生烃超压仍然是主要的排烃动力。

2）初次运移的主要时期是燕山早幕—中幕

川东北地区长兴组生物礁气藏的天然气主要是原油裂解气，因此烃类初次运移的时期主要是液态烃生成的时期。烃源岩热演化研究表明，上二叠统烃源岩在早侏罗世开始进入成熟阶段，上沙溪庙-遂宁期经历了成油高峰，因此燕山早幕—中幕是液烃生成的主要时期，也是初次运移的主要时期。

3）初次运移的方向主要是从海槽向台地边缘运移

上二叠统烃源所排出的烃类，必然会在地静压力或构造应力的作用下垂向或侧向运移进入长兴组生物礁储层。勘探表明，开江—梁平海槽相基本无生物礁储层发育，而靠近海槽的台地边缘恰恰是生物礁储层最发育的区块，也是地静压力较低的区域，因此烃类初次运移的主要方向是从海槽向台地边缘运移。

2. 二次运移的动力和方向

对川东北长兴组生物礁气藏而言，烃类进入储层后总体可分为两次不同阶段、不同类型的运移，一是海槽相烃源岩所生成液烃经过运聚形成古油藏；二是古油藏裂解为天然气后的再运聚形成今气藏。

1)二次运移的动力主要是浮力

浮力作用的大小取决于储集层倾斜的坡度,储集层的坡度越大,浮力作用越大,油、气、水分异越快,当地层倾向为零时,油气将平行于储层顶分布。古构造分析表明,川东北地区在印支运动后已产生较为明显的隆凹格局,储层的坡度每千米下降一般为数十米左右。因此对液态烃而言,浮力是二次运移的主要动力。

晚侏罗世以来古油藏液态烃裂解成气,直到喜马拉雅期最终定型,这期间川东北地区受到了不同方向构造应力的叠加,形成了现今较为复杂的局部构造形态。因此,天然气运移的动力除浮力外,还有构造应力的影响。

2)二次运移的方向是从台地边缘向台地内部运移

前人利用储层沥青的碳同位素、有机碳、族组成等地化证据表明,当烃类从海槽烃源岩运移至台地边缘的长兴组生物礁储层中之后,液态烃的二次运移方向是由台地边缘向台地内部逐渐运移。

3)气烃的运移是从海槽高势区向台缘礁、滩储层发育的低势区运移

古油藏裂解成天然气后气态烃的运移方向,总的应该是向台地边缘优质生物礁储层发育区内的圈闭运移。前人运用现今流体势的展布指出川东北地区气势存在两个明显的高势区,即开江—梁平海槽区的开江—宣汉高势区与靠近鄂西海槽的云阳高势区,这两个地区正好是烃源岩发育最厚、品质最优的地区,而台地边缘总体是低势区,气烃的运移方向总的仍是从海槽高势区向台缘生物礁储层发育的低势区运移。

川东北地区现今优质生物礁储层发育区的圈闭是古油藏裂解成气后天然气优先运移的方向,如黄龙场构造-岩性圈闭是天然气富集区。

(二)成藏模式及成藏过程分析

通过对川东北烃源岩埋藏热演化史、储层孔隙演化史及油气运移期次的分析,认为黄龙场及铁山长兴组气藏为由早期古油藏深埋热裂解形成的构造-岩性复合型气藏。

1. 成藏模式

1)源岩热演化与成藏匹配

川东北长兴组礁滩气藏气源对比表明,烃源主要来自上二叠统烃源岩。从成烃演化看(图2-119),从中三叠世早期开始进入低熟阶段,持续到晚三叠世末期(R_o为0.5%~0.7%);早—中侏罗世下沙溪庙期处于成熟阶段(R_o为0.7%~1.0%);中侏罗世上沙溪庙期因快速沉降-沉积,其热演化进程明显加快,在晚侏罗世遂宁早期迅速经历了成油高峰期(R_o为1.0%~1.3%);紧接着在晚侏罗世进入凝析油-湿气阶段(R_o为1.3%~2.0%);白垩纪进入干气演化阶段(R_o>2.0%)。由此可见,燕山早期、中晚期(即晚侏罗世—白垩纪)是川东北地区长兴烃源层的油气大量生成期,即油气初次运移和二次运移期,该时期晚于局部构造形成期(印支期)、早于局部构造定形期(喜马拉雅期)。

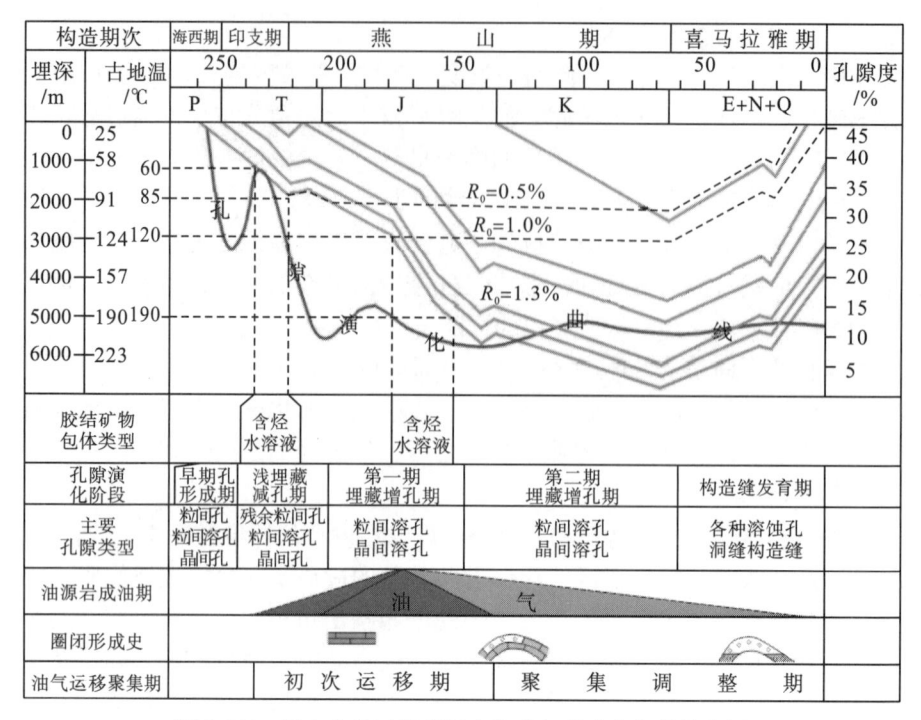

图 2-119　川东北地区长兴组生物礁气藏成藏条件综合图

2) 礁、滩相储层为早期孔保存叠合构造破裂－埋藏溶蚀成因

岩性圈闭的形成过程主要与储层孔隙演化相关，川东北长兴组礁滩气藏为早期孔保存叠合构造破裂－埋藏溶蚀成因。原生粒间孔和早期溶蚀及云化作用形成的早期孔隙是礁、滩储层储集空间的雏形，构造破裂－埋藏溶蚀对礁、滩储层形成起到关键性的优化调整作用，决定了现今储层的面貌。

礁、滩储层孔隙发育过程可以划分为三个阶段，即原生粒间孔阶段、前期埋藏溶解孔阶段和后期埋藏溶解孔阶段。

（1）原生粒间孔阶段主要表现为颗粒间的原生粒间孔，为方解石胶结物全充填或呈孤立状分布，此时尚未发生烃类运聚。

（2）前期埋藏溶解孔阶段，主要表现为晶粒溶孔、粒间溶孔、溶缝等，孔径一般较小，但也有一些较大的超大溶孔，最重要的是这些孔隙中常见到全充填、半充填及微充填的沥青，表明这些孔隙发育时期发生过液烃聚集，而成为古油藏。在黄龙场和铁山长兴礁、滩储层前期埋藏溶解孔中都不同程度地见到焦沥青，推测可能是古油藏的残留物。

（3）后期埋藏溶解孔洞阶段古油藏深埋热解破坏后，在储层内被沥青充填后剩余的孔隙系统的基础上发育了后期埋藏溶解孔洞。后期埋藏溶解孔多分布在焦沥青外围，包含有原前期溶孔内的沥青。后期埋藏溶蚀孔是现今礁滩气藏储层中的重要储集孔隙，其形成时期与区内气态烃成藏期一致，与之相关的圈闭是形成气藏的有效圈闭。从时间上看，以前期埋藏溶蚀孔为主的圈闭存在于早侏罗世晚期—中侏罗世，以后期埋藏溶蚀孔为主的圈闭始于晚侏罗世并一直保存下来，燕山运动和喜马拉雅运动对它们进行改造以致发生破坏,那些非含气层的储层中的孔隙会因此被晚期的方解石或其他矿物充填。

3)多期构造调整与转化、圈闭变位与调整,形成构造-岩性复合型气藏

从长兴礁、滩储层孔隙发展过程及其与烃类运聚演化的关系来看,在礁滩气藏发展过程中,印支运动、燕山运动及喜马拉雅运动都应该对圈闭形成及油气成藏过程有影响。在中三叠世末早印支运动早期开江隆起逐渐形成,并在燕山期、喜马拉雅期继承性发育,从而控制了构造演化,形成有利油气运聚带。黄龙场、铁山长兴气藏的形成经过多次调整与转化,也经历了圈闭变位与调整,从区内礁、滩分布看,长兴礁、滩分布面积往往超过构造圈闭范围,部分构造低部位也发育礁滩体,表明沉积期层位古地貌高部位,这些都说明构造经历的多期调整。加上构造调整过程中,储集体的优化调整匹配,最终形成了现今的岩性-构造复合型圈闭气藏。黄龙场及铁山长兴礁滩气藏钻探已证实气藏除受构造控制外还受岩性控制,表现出岩性-构造复合型气藏特征。

2. 成藏过程

川东北地区黄龙场长兴生物礁气藏的成藏过程,大致可以划分为三个阶段:一是古油藏阶段;二是古气藏阶段;三是古气藏调整最终定型为今气藏阶段。

古油藏阶段是在晚侏罗世以前的油气聚集成藏。从中三叠世早期开始进入低熟阶段,此时,储层孔隙处于急剧较少阶段,早期保存孔隙相对孤立,除印支期区域古隆起以外,局部有效圈闭还未形成,油气处于开始初次运移,还未有效聚集成藏;到晚三叠世末期(R_o为0.5%~0.7%),由于一期埋藏增孔的影响,早期保存孔隙得到有效沟通并被优化改造,有效储集体形成,加上燕山期局部构造圈闭开始形成,尤其开始在构造高部位礁、滩储层聚集;早—中侏罗世下沙溪庙期处于成熟阶段(R_o为0.7%~1.0%),中侏罗世上沙溪庙期因快速沉降-沉积,其热演化进程明显加快,在晚侏罗世遂宁早期迅速经历了成油高峰期(R_o为1.0%~1.3%),此时有效构造圈闭已经形成,加上与生烃高峰匹配,油气开始大规模聚集成藏,古油藏形成。

古气藏阶段开始于晚侏罗世,古油藏进入凝析油-湿气阶段(R_o为1.3%~2.0%),发生古油藏液态烃裂解成气,古油藏开始向古气藏转化,油-气转化过程中生成的酸性流体再次对储层进行二次埋藏改造。白垩纪进入干气演化阶段(R_o>2.0%),古油藏向气藏的转化基本完成,古气藏定型。由此可见,燕山早期、中晚期(即晚侏罗世—白垩纪)是川东北地区长兴烃源层的油气大量生成期,即油气初次运移和二次运移期,该时期晚于局部构造形成期(印支期)、早于局部构造定形期(喜马拉雅期),这就为早期古油气藏的形成提供了匹配条件。

古气藏的调整最终定型为今气藏阶段是指喜马拉雅期以来,由于构造的急剧变动,早期形成的圈闭发生变形、变位,加上断裂系统的发育,使得早期形成的古气藏遭到破坏,油气聚集位置发生变化,气藏发生调整,最终在喜马拉雅期最终定型的现今圈闭重新聚集成藏的过程,并形成今天所见到的圈闭及气藏分布格局。

五、飞仙关组鲕滩气藏成藏模式及成藏过程

（一）油气运聚期次和方向

1. 初次运移的动力和方向

初次运移是指油气自烃源岩向储层的运移。作为飞仙关组气藏主要烃源岩的上二叠统泥质碳酸盐岩及泥岩在埋藏过程中，经历了向储层排出液烃（下侏罗世—中侏罗世）和向储层排出气烃（白垩纪—早中新世）两个阶段。因此，油气自烃源层向储层的初次运移实际上是一个持续不断的过程。

1) 初次运移的动力主要是烃源层生烃的超压

烃类初次运移的动力主要有压实作用、构造应力、水热效应等，其中压实作用导致的烃源层生烃超压是最主要的排烃动力。

上二叠统烃源层在早侏罗世进入成熟阶段并开始向外排出液烃，印支期开江古隆起仍然是较高部位，埋藏最浅的地区主要在大巴山前通江—万源—铁山坡—温泉井—开县新源一线，川东北埋深最大地区是海槽相区的达川—宣汉一带。此时的构造运动主要还是一些区域性隆升。因此，压实作用导致的烃源层生烃超压应该是此时最重要的排烃动力。

从白垩纪以来直到现今，上二叠统烃源层都在源源不断地向外排出气态烃。前人从长兴组和龙潭泥浆密度等值线图分析开江—梁平海槽区为超压区，上二叠统泥浆密度明显增大，而渡口河—罗家寨包括黄龙场构造以东的川东北海槽东侧地区上二叠统泥浆密度明显小于海槽区。由此可见，压实作用导致的烃源层生烃超压仍然是主要的排烃动力。

2) 初次运移的主要时期是燕山早幕—中幕

川东北地区飞仙关组鲕滩气藏的天然气主要是原油裂解气，因此烃类初次运移的时期主要是液态烃生成的时期。烃源岩热演化研究表明，上二叠统烃源岩在早侏罗世开始进入成熟阶段，上沙溪庙—遂宁期经历了成油高峰，因此燕山早幕—中幕是液烃生成的主要时期，也是初次运移的主要时期，飞仙关组鲕滩储层中大量的气液态两相包体（对应的盐水包体均一温度为 130~170℃）也证明了这一点。

3) 初次运移的方向主要是从海槽向台地边缘运移

上二叠统烃源所排出的烃类，必然会在地静压力或构造应力的作用下垂向或侧向运移进入飞仙关组储层。勘探表明，开江—梁平海槽相主要生烃区飞仙关组十分致密，且厚度较大（一般>500m），基本无鲕滩储层发育，而靠近海槽的台地边缘恰恰是鲕滩储层最发育的区块，也是地静压力较低的区域，因此烃类初次运移的主要方向是从海槽向台地边缘运移，罗家2井飞仙关组储层沥青与罐5井长兴组烃源岩甾烷、萜烷分布具有良好可比性也说明了这一点。

2. 二次运移的动力和方向

油气从烃源层进入储层后的一切运移都称之为二次运移。对川东北飞仙关组鲕滩气藏而言，烃类进入储层后总体可分为两次不同阶段、不同类型的运移，一是海槽相烃源

岩所生成液烃进入后,经过运聚形成古油藏;二是古油藏裂解为天然气后,天然气的重新运聚形成今气藏。从裂缝包体的分析来看,二者之间可能有一个短暂的相对平静期,即介于早、中燕山期之间。

1)二次运移的动力主要是浮力

烃类二次运移的动力主要是浮力。浮力作用的大小取决于储集层倾斜的坡度,储集层的坡度越大,浮力作用越大,油、气、水分异越快,当地层倾向为零时,油气将平行于储层顶分布。国外一些油气田烃类二次运移时的储集层坡度并不大,每千米下降几米。而浮力作用的大小,间接是由构造运动引起,因为构造运动引起的隆升,打破了以前的平衡状态。因此对液烃而言,浮力是二次运移的主要动力。古构造分析表明,川东北地区在印支运动后已产生较为明显的隆凹格局,储层的坡度每千米一般下降数十米。

晚侏罗世以来古油藏液态烃裂解成气,直到喜马拉雅期最终定型,这期间川东北地区受到了不同方向构造应力的叠加,形成了现今较为复杂的局部构造形态。因此,天然气运移的动力除浮力外,还有构造应力的影响。

2)二次运移的方向是从台地边缘向台地内部运移

(1)液态烃二次运移的储层地化指标。

储层沥青地化证据表明,当烃类从海槽运移至台地边缘的鲕滩储层中之后,液烃的运移方向是由台地边缘向台地内部逐渐运移。

A. 碳同位素依据:鲕滩储层 δ^{13}C 主要受储集岩中流体类型、含量多少的影响(表2-16),这一点在朱家1井与紫1井表现明显。产水层段 δ^{13}C 值明显降低(小于0.42‰),产气井 δ^{13}C 值明显增高(1.258‰~2.185‰)。而值得注意的是,渡5井虽然产水,但其 δ^{13}C 值却高于产气的金珠1井,这主要是因为渡5井曾经有过大量的液烃充注(渡5井为古油藏),而金珠1井由于远离台地边缘,未经历过大量的液烃充注,或者说到达金珠1井的液烃很少。因此揭示当时液烃在储层内的运移方向是从台地边缘向台地内部运移。

B. 有机碳依据:鲕粒滩中发育的云化鲕滩储层是高能环境的产物,储层有机碳含量的高低主要反映其中运移沥青的多少。从储层有机碳含量的变化(表2-17)看,靠近台地边缘的井(如坡2、罗家2、渡2、渡5井)有机碳含量比台地内部的鹰1、紫1、朱家1井明显要高,有机碳含量从台地边缘(西南)向台地内部(东北)呈逐渐减少的趋势,揭示液烃存在从台地边缘(西南)向台地内部(东北)运移的过程。

表2-16 川东北飞仙关组储层白云石碳同位素分析表

台地边缘井 (细晶白云石)	样品数	δ^{13}C PDB/‰	台地内井 (泥晶白云石)	样品数	δ^{13}C PDB/‰
渡4	2	2.185	金珠1	4	−0.78
渡5	4	1.258	朱家1	3	−1.925
坡2	4	1.760	鹰1	4	0.42
坡1	4	1.663	紫1	2	−0.585
罗家1	5	1.698			
罗家2	6	1.655			

表 2-17 川东北地区飞仙关组储层有机碳含量表

台地边缘井	有机碳/%	平均含量/%	台地内井	有机碳/%	平均含量/%
罗家1	0.09~0.54	0.247	朱家1	0.05~0.06	0.055
罗家2	0.05~1.49	0.772	紫1	0.05~0.23	0.14
罗家6	0.16~0.51	0.378	鹰1	0.03~0.14	0.085
渡2	0.02~2.34	0.506			
渡5	0.05~0.89	0.457			
坡2	0.46~5.09	0.867			
坡4	0.35	0.35			

表 2-18 川东北地区飞仙关组储层沥青族组成特征

部位	井号	饱和烃/%	芳香烃/%	非烃/%	沥青质/%
台地边缘	坡1	30.00~45.19	6.82~16.38	16.82~38.82	3.85~41.82
	坡2	21.57~60.48	5.88~11.15	10.62~50.98	7.31~24.62
	渡1	16.95~43.52	6.78~16.67	21.3~31.25	11.11~45.76
	渡2	1.87~53.76	2.34~17.03	8.88~32.35	7.53~78.5
	罗家1	12.75~52.94	6.64~12.3	19.67~35.84	4.11~34.31
台地内	鹰1	25.51~52.94	3.63~8.16	41.18~64.28	1.96~5.67
	朱家1	30.43~51.92	5.77~8.70	39.03~59.38	0~4.76
	金珠1	12.96~53.84	2.66~30.81	35.56~72.73	1.08~4.76
	紫1	26.32~52.83	5.1~10.00	40.00~68.42	0~4.65

C. 储层沥青族组成依据：台地边缘（如坡2、罗家1、渡1、渡2井）沥青质含量明显比台地内部（鹰1、紫1、朱家1井）高（表2-18），这是由于液烃在运移的过程中因为地质色层效应，即围岩吸附作用会使沥青质含量降低，长距离的运移过程导致沥青质的含量逐渐降低，这也表明液烃存在从台地边缘（西南）向台地内部（东北）的运移过程。

D. 储层沥青气相色谱依据：根据油气差异聚集原理，油藏内原油成熟度最高的部位是最靠近烃源的方向，也就是液烃注入的方向。

从川东北鲕滩储层沥青气相色谱资料（表2-19）看：$\Sigma C_{21-}/\Sigma C_{22+}$ 西南高，东北低；$(C_{21}+C_{22})/(C_{28}+C_{29})$ 西南高，东北低，这些都表明原油的成熟度南西高而向北东成熟度降低。西南方向更靠近油源，原油的注入方向为从台地边缘（南西）向台地内部（北东）注入。

表 2-19 川东北地区飞仙关组储层沥青气相色谱分析数据

台地边缘井	(C_{21-}/C_{22+})/%	$(C_{21}+C_{22})/(C_{28}+C_{29})$/%	样品/个	台地内井	(C_{21-}/C_{22+})/%	$(C_{21}+C_{22})/(C_{28}+C_{29})$/%	样品/个
坡1	0.13~1.69	0.25~6.12	9	鹰1	0.03~0.69	0.15~1.73	8
坡2	0.32~1.42	0.69~6.37	8	金珠1	0.01~0.52	0.01~0.52	15

第二章 气藏地质特征研究

续表

台地边缘井	(C_{21-}/C_{22+})/%	$(C_{21}+C_{22})/(C_{28}+C_{29})$/%	样品/个	台地内井	(C_{21-}/C_{22+})/%	$(C_{21}+C_{22})/(C_{28}+C_{29})$/%	样品/个
渡1	0.49~0.98	0.26~1.89	4	紫1	0.07~1.07	0.24~1.37	7
渡2	0.58~1.12	0.65~2.37	5	朱家1	0.19~0.82	0.19~2.88	11
罗家1	0.11~1.46	0.24~4.1	8				

(2) 气烃的运移是从海槽高势区向台缘鲕滩储层发育的低势区运移。

关于古油藏裂解成天然气后气的运移方向，总的应该是向台地边缘优质鲕滩储层发育区内的圈闭运移。但由于后期的热硫酸盐还原作用消耗了烃类物质，导致现今天然气烃类组分单一（一般只有丙烷以前的组分，不含丁烷以后的重组分），烃类比例发生变化，干燥系数变大，因此有关天然气的运移方向的具体地化指标很难应用。前人运用现今流体势的展布探讨了川东北地区气态烃总的运移趋势。

川东北地区水(气)势(图2-120、图2-121)存在两个明显的高势区，即开江—梁平海槽区的开江—宣汉高势区与靠近鄂西海槽的云阳高势区，这两个地区正好是烃源岩发育最厚、品质最优的地区，而台地边缘总体是低势区，气烃的运移趋势总的仍是从海槽高势区向台缘鲕滩储层发育的低势区运移。

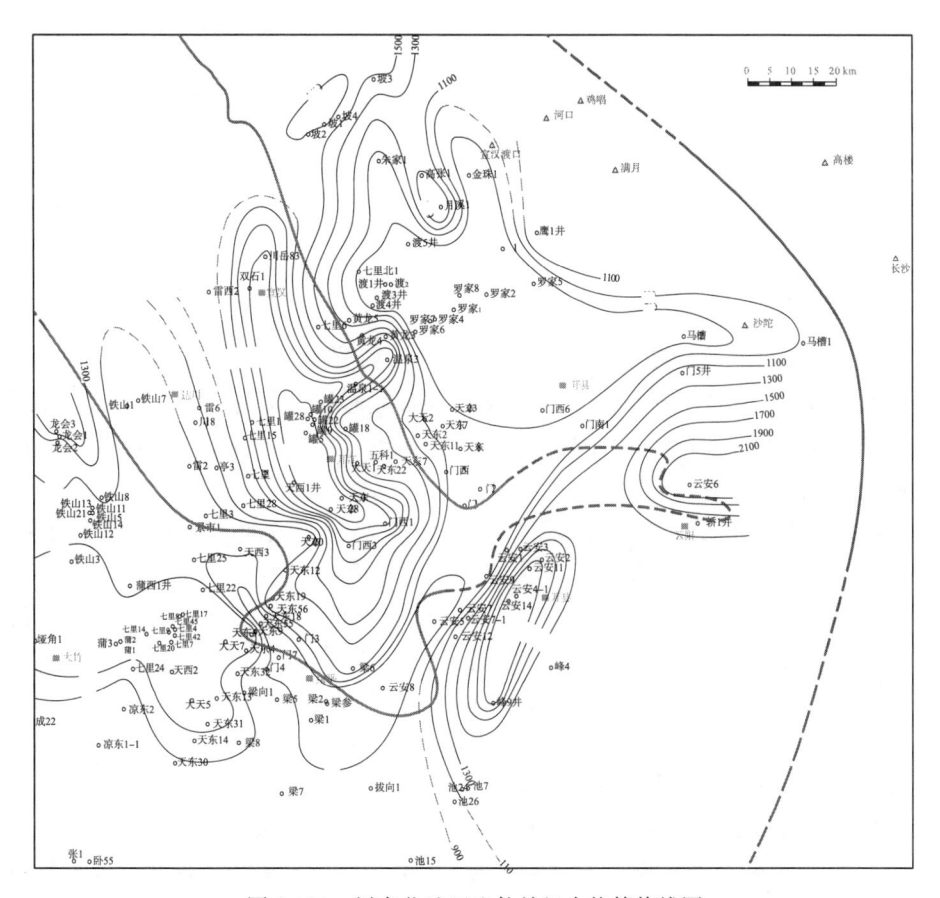

图 2-120 川东北地区飞仙关组水势等值线图

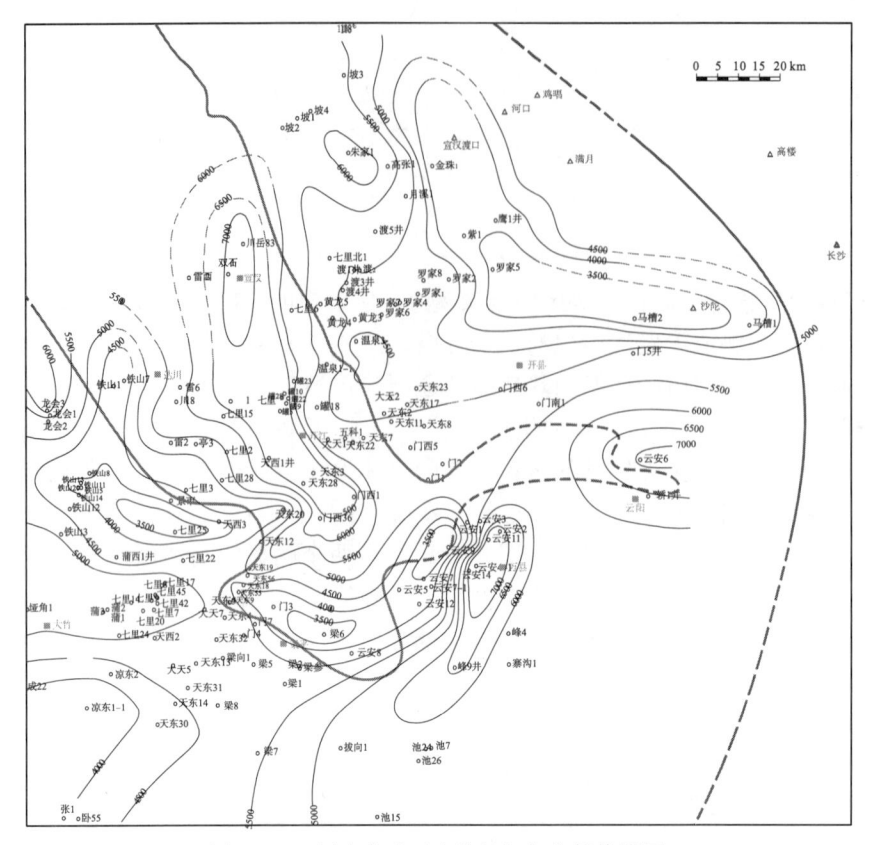

图 2-121 川东北地区飞仙关组气势等值线图

川东北地区现今优质鲕滩储层发育区的圈闭是油藏裂解成气后天然气优先运移的方向，如黄龙场局部构造-岩性圈闭是天然气富集的区域。

六、成藏过程综合分析

川东北飞仙关组鲕滩气藏的成藏过程大致可以划分为三个阶段：一是古油藏阶段；二是古气藏阶段；三是古气藏调整最终定型为今气藏阶段。通过对构造演化、储层沥青分布及孔隙发育史、烃源排烃史的研究，结合流体包裹体测温资料，对川东北飞仙关组鲕滩气藏的成藏过程分析如下。

印支末期—燕山早期：上二叠统烃源岩经历了从低熟到成油高峰阶段（R_o 为 0.5%～1.3%），而此阶段台缘鲕滩储层在早期混合水云化的基础上叠加了多期的埋藏云化，同时烃源岩在大量生油前所排出的有机酸，从海槽区向台地边缘运移，并沿早期的边界断裂及其伴生的裂缝系统进入台缘的鲕滩储层，并从台缘向台内潟湖区发生二次运移，有机酸在鲕滩储层运移过程中，溶蚀其中的方解石或白云石并形成次生溶孔。台缘早期混合水云化的鲕滩储层在经历埋藏云化的同时叠加上了有机酸溶蚀作用，孔隙得到了明显增加（可达 15% 左右），为其后液烃的运聚提供了通道。烃源岩在排出有机酸后随即生成大量的液烃，并沿已形成的通道运移进入鲕滩储层，由于此时川东北地区已具有较明显的构造超覆，加之鲕滩储层向北东潟湖区的侧向尖灭封堵，液烃就在台缘鲕滩储层发育区内的高部位聚集形成古油藏。从储层沥青平面分布分析，总体上铁山坡—渡口河—黄龙场—罗家寨地区这一个古高带上是储层沥青发育的区块，其大的走向基本顺台缘呈北西走向，从储层沥青的丰度分布与总量情况来看，古油藏形成时，铁山坡、罗家寨、渡口河、黄龙场可能是液烃最为富集的地区，而台内潟湖区液烃充注很弱。同时还反映出当时的构造有明显的起伏，如渡2、坡1井就明显位于古油藏的低部位，而黄龙6、渡4、罗家5井都位于古油藏边部。这些与流体包裹体分析结果有较好的一致性，目前在鲕滩气藏储层中见到了大量气液或液态包裹体均一温度主要集中在130~170℃（图2-122）。相比之下，坡2、渡5、罗家2井中以小于170℃的包裹体占优，这与它们处于古油藏最富集的部位是一致的[11]。

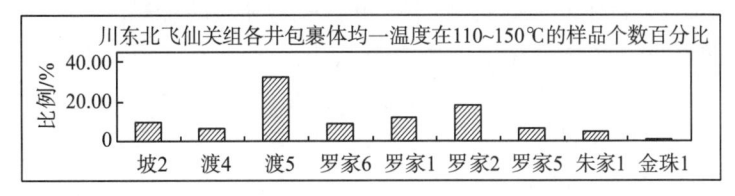

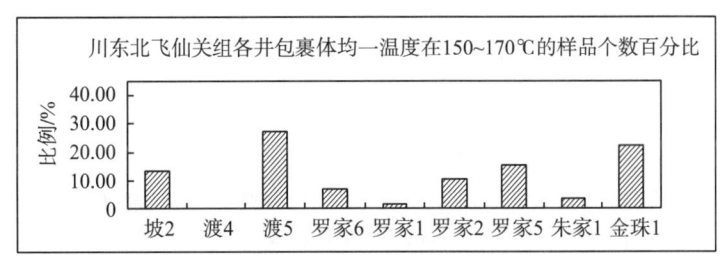

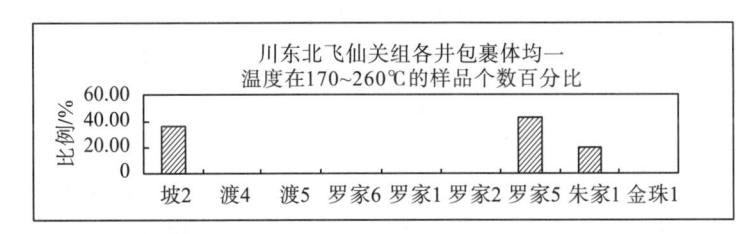

图 2-122　川东北地区飞仙关组鲕滩储层各温度区间内包裹体均一温度直方图

燕山中晚期—喜马拉雅期：上二叠统烃源岩经历了湿气-干气阶段（R_o为1.3%~2.0%以上），这一阶段烃源岩以大量生气为主，同时古油藏中的液烃裂解成天然气并聚集成气藏。鲕滩储层本阶段建设性的成岩作用主要表现为热硫酸盐还原作用和有机质的热裂解作用。一方面热硫酸盐还原作用产生H_2SO_4，一方面伴随热硫酸盐还原作用与有机质热裂解过程的埋藏升温导致碳酸盐分解作用，均会产生H_2CO_3，在早期有机酸溶蚀的基础上，这两方面的因素导致混合酸对鲕滩储层又产生了强烈的溶蚀，从而进一步增加了孔隙空间，为气烃的运移、聚集提供了通道和储集空间。同时古油藏靠潟湖一侧由于方解石的沉淀以及储层的尖灭，形成一个致密带，气烃难于在其中运聚。

对于黄龙场地区液烃裂解为古气藏以及古气藏调整最终定型为今气藏这两个阶段，从区域构造运动以及断层的早晚关系上，大致分析其演化过程。

黄龙场在经历了中燕山运动后，由于黄龙场两翼古断裂的继续活动，古油藏已基本解体，古气藏的展布趋势与今藏已较为接近，黄龙场气藏开始形成。此时，由于大量的液烃裂解为天然气，占据了岩石孔隙并抑制了成岩作用的持续进行，胶结作用近于停滞，只有少量包裹体形成，邻区坡2、罗家5井中较多的高温包体，均一温度多在180~

220℃(图 2-122)，说明此时天然气已聚集。

喜马拉雅期区内断层大量形成，圈闭最终定型，气藏分布也随之确定，形成今天所见到的圈闭及气藏分布格局。一些成岩晚期中(如铁白云石)发育的与低温盐水包裹体伴生的气相以及沥青包裹体可能是这一时期的产物。

纵观整个古油藏到现今气藏这一复杂的演化，就现有资料而言，较为确切的认识有以下几点。

(1)燕山早期：铁山坡—渡口河—黄龙场—罗家寨地区的确存在一个分布面积较广的古油藏，其中黄龙 3、黄龙 6、渡 4、罗家 5 井位于古油藏的边部。

(2)罗家寨和黄龙场主体古油藏与气藏分布基本一致。

(3)局限海区大部分地区油气充注很弱。古油藏裂解后气烃一定优先向古油藏分布区(也是鲕滩储层最发育区)内的圈闭运聚，因此，台缘优质鲕滩储层发育区的圈闭，是油藏裂解后气烃最可能聚集的部位。

七、天然气成藏富集规律与模式

(一)成藏富集规律

鲕滩气藏成藏过程中同时受有利相带和构造的影响。由于鲕滩分布连片程度受鲕滩迁移影响，有利相带是靠近海槽的台地高能相带，又与构造条件有关，因此部分鲕滩气藏形成构造-岩性复合圈闭气藏。勘探实践表明，鲕滩气藏的形成无一不是具备上述的各项成藏有利条件。同时，由于鲕滩呈点状分布的特征，导致储渗体呈透镜状，只有透镜状储渗体与断裂-裂缝系统的有效匹配才是本区鲕滩储层的成藏关键。

从目前的勘探看，影响川东地区飞仙关组鲕滩气藏成藏的主要因素可以简单地总结为两条：一是有利的储集相带，二是局部构造发育程度，它们是影响飞仙关组勘探成效的主要因素。有利的储集相带与强生烃区其实是相互关联的，有利的储集相带(台地边缘鲕粒滩)总是靠近好的烃源区，对于寻找大中型气藏而言，勘探有利的储集相带是关键，因为只有在有利的储集相带内才可能有优质的鲕滩储层发育，工业气井均分布在有利的储集相带内。有的地区虽然圈闭形态完整，埋深适中，但其相带不利，储层发育差，随有裂缝型气藏发现，但是其单井控制储量小，勘探效益差。现今局部圈闭与古隆起实际上都是属于构造因素。在有利的储集相带内发育较大的局部构造圈闭是形成飞仙关组大中型气藏的另一个关键因素。较大的飞仙关组鲕滩气藏主要是构造-岩性复合圈闭气藏，除了要有良好的储集条件外，规模较大、形态完整的局部构造与有利的储集相带叠合也是形成大中型气藏的关键。

综上所述，在研究区东部的鲕滩发育区，富集成藏的关键是透镜状的鲕滩储层与断裂-裂缝系统的有效匹配；而在研究区西部，则是断裂-裂缝系统影响的埋藏溶蚀成因的裂缝型储层存在与否，但是由于埋藏溶蚀处于一封闭系统，不可能大规模形成有效的储集空间，因此单一裂缝系统控制的储量规模小，产能衰减快，勘探风险较大。

(二)成藏过程与成藏模式

黄龙场地区飞仙关组储集岩主要为台地边缘鲕粒滩，而鲕滩气藏并非单一的岩性气藏，从圈闭类型上看，黄龙场地区飞仙关组鲕滩气藏主要是与局部构造相复合的构造-

岩性气藏[11]。

流体包裹体研究气藏的形成期次结果揭示，黄龙场地区飞仙关组鲕滩气藏的天然气主要聚集成藏期应该在晚侏罗世—早白垩世及其以后的时期，相应的构造运动为燕山中幕及喜马拉雅期。其成藏模式为早期为古隆起古油藏，现今为古气藏调整定型为今气藏（图 2-123），成藏模式如图 2-124 所示。

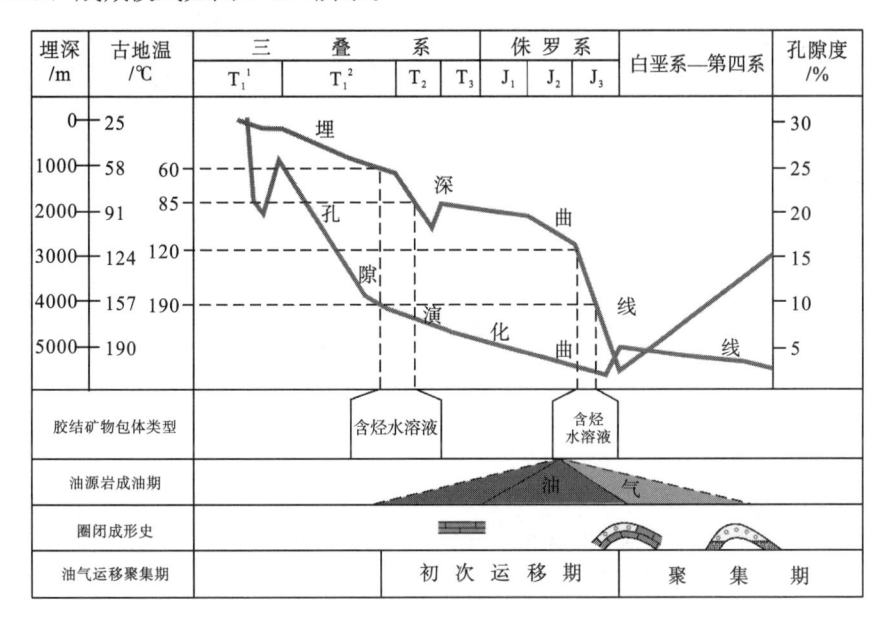

图 2-123 黄龙场地区飞仙关组鲕滩气藏的成藏过程

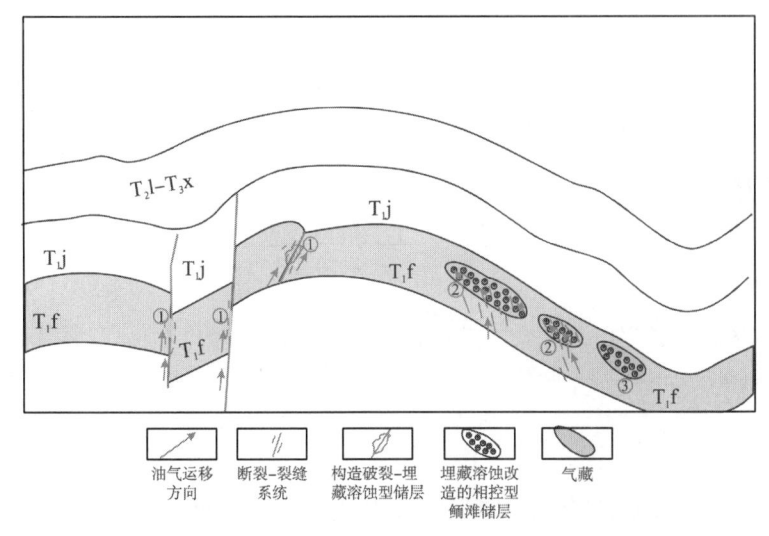

①在没有早期孔隙层存在的情况下，由于断裂-裂缝的发育，酸性流体沿裂缝扩溶形成孔洞，并且断裂-裂缝系统可以作为烃源的垂向运移通道，形成裂缝型气藏，黄龙 8 气藏属于此种类型；
②在具有早期孔隙层透镜状鲕滩储层中，如果断裂-裂缝的发育，酸性流体沿裂缝对先期透镜状储渗体优化改造，形成裂缝-孔隙型储层扩溶形成孔洞，并且断裂-裂缝系统可以作为烃源的垂向运移通道，形成裂缝-孔隙型气藏，黄龙 6、黄龙 9 气藏属于此种类型；
③在具有早期孔隙层透镜状鲕滩储层中，如果断裂-裂缝的不发育，储层难以优化改造，并且缺乏烃源的垂向运移通道，很难形成工业气藏，黄龙 3 气藏属于此种类型

图 2-124 黄龙场地区飞仙关组成藏模式示意图

第三章　气藏温度、压力系统及驱动类型

第一节　长兴组气藏温度、压力系统及驱动类型

一、流体性质

(一)天然气性质

黄龙场主体构造长兴组气藏天然气分析数据统计表明(表 3-1)，气井天然气成分主要为甲烷，其含量为 93.95%~97.41%；重烃及非烃含量低，非烃组分中硫化氢含量为 0.82%~2.68%(11.734~38.424g/m³)，二氧化碳含量为 1.77%~3.82%(34.706~70.345g/m³)。

符家坡潜高长兴组气藏仅完钻两口井(黄龙 5、黄龙 005-C1 井)，其中黄龙 5 井天然气成分主要为甲烷，其含量为 92.86%；重烃及非烃含量低，非烃组分中硫化氢含量为 4.54%(64.947g/m³)，二氧化碳含量为 1.97%(38.705g/m³)。

(二)气田水性质

目前黄龙场主体构造生产井中，黄龙 001-X1、黄龙 004-X3 井产地层水，出水时间分别为 2010 年 2 月、2011 年 2 月，水型均为氯化钙；其余生产井均未见地层水，水性为残酸水或凝析水，水型以碳酸氢钠为主(表 3-2)。

二、温度与压力系统

(一)地层温度

黄龙场主体构造长兴组气藏含气范围内的 10 口井均实测了地温资料，将早期完钻井黄龙 4 井实测的 7 个温度测点数据进行回归(图 3-1)，得到气藏地温方程如下：

$$T = 28.849055 - 0.020732H \tag{3-1}$$
$$R^2 = 0.995024$$

由此，计算出黄龙场主体构造长兴组气藏中部(−3450m)温度为 373.52K(100.38℃)。

(二)地层压力

黄龙场主体构造长兴组气藏试采前有气井两口(黄龙 1、黄龙 4 井)，将早期完钻井黄龙 4 井投产前实测的 7 个压力测点数据进行回归(图 3-2)，得到气藏气柱方程如下：

$$P = 35.516573 - 0.002243H \tag{3-2}$$
$$R^2 = 0.999660$$

第三章 气藏温度、压力系统及驱动类型

表 3-1 黄龙场构造及渡口河构造气藏天然气组分对比表

井号	层位	相对密度	临界压力/MPa	临界温度/K	甲烷	乙烷	丙烷	正丁烷	异丁烷	CO_2	H_2S	N_2	H_2	He	Ar	H_2S/(g/m³)	CO_2/(g/m³)
黄龙 3	T_1f^{3-1}	0.558	4.599	190.4	99.10	0.12	0.01	0.00	0.00	0.13	微	0.63	0	0.025	0.00	0.001	2.549
黄龙 6	T_1f^{3-1}	0.721	5.456	224.9	78.05	0.02	0.01	0.00	0.00	8.55	13.35	0.01	0.003	0.012	0.00	191.016	167.985
黄龙 8(套)	T_1f^{3-1}	0.564	4.648	191.1	98.62	0.12	0.00	0.00	0.00	0.6	0.02	0.61	0.000	0.026	0.00	0.235	11.788
黄龙 9	T_1f^{3-1}	0.603	4.760	195.6	92.22	0.17	0.02	0.00	0.00	2.63	2.11	2.48	0.353	0.020	0.00	30.185	51.672
黄龙 009-H1	T_1f^{3-1}	0.6360	4.998	205.7	89.23	0.10	0.00	0.00	0.00	4.51	5.57	0.55	0.02	0.02	0.00	79.865	88.61
黄龙 009-H2	T_1f^{3-1}	0.647	5.027	206.9	88.10	0.08	0.00	0.00	0.00	5.73	5.46	0.61	0.00	0.018		78.320	112.579
黄龙 1	P_2ch	0.587	4.804	195.0	95.69	0.16	0.00	0.00	0.00	2.57	0.98	0.58	0.00	0.024	0.00	14.05	50.392
黄龙 2	P_2ch	0.574	4.650	192.5	97.41	0.27	0.01	0.00	0.00	1.77	0.00	0.49	0.015	0.021	0.002	0.008	34.706
黄龙 4	P_2ch	0.585	4.701	194.6	96.03	0.17	0.01	0.00	0.00	2.42	0.85	0.46	0.038	0.028	0.00	12.106	47.451
黄龙 5	P_2ch	0.604	4.885	200.9	92.86	0.10	0.00	0.00	0.00	1.97	4.54	0.46	0.047	0.024	0.00	64.947	38.705
黄龙 8(油)	P_2ch	0.5885	4.709	195	95.85	0.15	0.00	0.00	0.00	2.68	0.82	0.48	0.00	0.024	0.00	11.734	49.355
黄龙 10	P_2ch	0.5948	4.732	195.9	95.11	0.15	0.01	0.00	0.00	3.19	1.04	0.48	0.00	0.026	0.00	14.872	58.747
黄龙 001-X1	P_2ch	0.6018	4.767	197.4	94.16	0.14	0.01	0.00	0.00	3.55	1.62	0.47	0.00	0.047	0.00	23.233	65.377
黄龙 001-X2	P_2ch	0.6024	4.762	197.1	94.18	0.14	0.01	0.00	0.00	3.82	1.35	0.44	0.00	0.066		19.335	70.345
黄龙 004-X1	P_2ch	0.594	4.761	195.8	95.20	0.13	0.00	0.00	0.00	3.11	1.0	0.53	0.09	0.024	0.00	14.406	61.103
黄龙 004-2	P_2ch	0.600	4.824	198.5	93.95	0.14	0.01	0.00	0.00	2.73	2.68	0.47	0.01	0.025	0.00	38.424	53.637
黄龙 004-X3	P_2ch	0.5955	4.746	196.4	94.83	0.12	0.00	0.00	0.00	3.00	1.51	0.47	0.003	0.070		21.636	55.248
黄龙 004-X4	P_2ch	0.5887	4.709	195.0	95.80	0.14	0.01	0.00	0.00	2.69	0.85	0.48	0.005	0.040		12.206	49.539
渡 1	T_1f	0.661	5.322	220.4	76.7	0.04	0.04			6.46	16.21	0.42	0.003	0.014		231.925	126
渡 2	T_1f	0.694	5.417	223	78.74	0.03	0.01			3.29	16.24	1.6	0.116	0.035		232.312	64.64
渡 3	T_1f	0.743	5.573	230.7	73.7	0.06	0.05			8.27	17.06	0.79	0.03	0.014		244.051	162.157
渡 4	T_1f	0.638	5.015	206.2	88.42	0.03	0.01			4	6.4	1.12	0.048			140.303	98.826

表 3-2 黄龙场构造气田水分析对比表

井号	取样时间（年-月-日）	K⁺+Na⁺	Ca²⁺	Mg²⁺	Cl⁻	SO₄²⁻	HCO₃⁻	Li⁺	I⁻	Br⁻	B	水型	矿化度/(g/L)
黄龙1	2016-05-13	3895	1	1	4125	242	842	<1	<1	26	<1	NaHCO₃	9.64
黄龙001-X1	2011-09-02	13419	1590	224	22600	219	1700	19	32	131	101	CaCl₂	40.4
黄龙001-X2	2016-05-13	1051	45	5	53	17	433	<1	<1	<1	<1	NaHCO₃	2.24
黄龙4	2015-06-16	454	4	1	6	29	17	<1	<1	<1	<1	NaHCO₃	0.82
黄龙004-X1	2016-05-13	874	1	1	3	21	72	<1	<1	<1	<1	NaHCO₃	1.56
黄龙004-2	2016-10-02	530	157	128	1070	20	39	<1	<1	<1	<1	MgCl₂	2.11
黄龙004-X3	2016-04-21	18223	707	190	25286	961	2009	28	31	195	121	NaHCO₃	48.88
黄龙004-X4	2011-09-03	9520	1130	216	16000	694	807	17	28	125	68	CaCl₂	28.7
黄龙8(油)	2011-09-03	9586	1180	187	16300	707	667	15	29	129	68	CaCl₂	28.9
黄龙10	2016-05-13	625	1	1	3	33	104	<1	<1	<1	<1	NaHCO₃	1.17
黄龙009-H1	2016-05-11	273	1	1	2	32	1	<1	<1	<1	<1	NaHCO₃	0.49

由此，计算出黄龙场主体构造长兴组气藏中部（-3450m）原始地层压力为43.255MPa。

黄龙4井气柱温度曲线

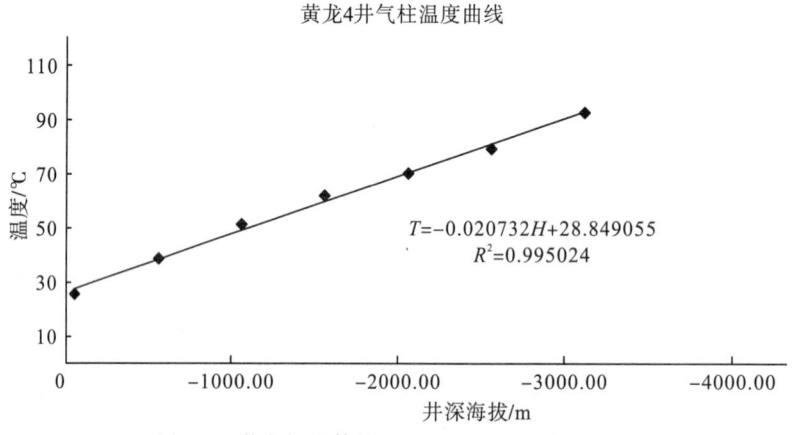

$T=-0.020732H+28.849055$
$R^2=0.995024$

图 3-1 黄龙场主体构造长兴组实测地温曲线图

黄龙4井气柱压力曲线

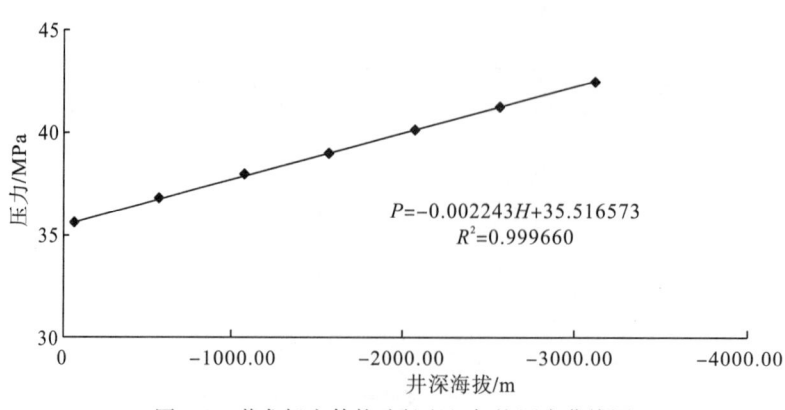

$P=-0.002243H+35.516573$
$R^2=0.999660$

图 3-2 黄龙场主体构造长兴组气柱压力曲线图

(三)压力系统

黄龙场主体构造长兴组气藏含气范围内,储层在横向上可连续追踪,各气井间无断层横向切割,气藏具备横向连通的地质基础。同时各气井所产流体性质基本一致,两口试采井原始地层折算压力相同,补充开发井具有明显的先期压降,多井次的干扰试井表明各生产井相互干扰,均表明了黄龙场主体构造长兴组气藏为同一压力系统,各气井间相互连通[17]。主要依据如下。

(1)具备成为一个压力系统的地质基础。黄龙场主体构造长兴组气藏含气范围内,储层在横向上可连续追踪,各气井间无断层横向切割,气藏具备横向连通的地质基础。

(2)早期完钻井原始压力相差甚小。黄龙场长兴组气藏黄龙1、黄龙4井投产前分别下压力计实测了气井地层压力。黄龙1井投产前的2002年7月13日,关井油压为28.6791MPa,关井套压为33.718MPa,测试产层中部地层压力为42.599MPa。黄龙4井投产前的2003年3月15日,关井油压为34.255MPa,测试产层中部地层压力为42.548MPa,折算到黄龙1井产层中部折算地层压力为42.736MPa。黄龙1、黄龙4井通过井口折算的原始地层压力仅差0.137MPa,非常接近,表明黄龙场长兴组气藏原始状态属于同一个压力系统。

(3)后期完钻井先期压降明显,生产期间各井压力同步下降。黄龙1、黄龙4井投产后分别进行了多次全气藏关井,测试黄龙1、黄龙4井地层压力接近,且同步下降(表3-3)。

表3-3 黄龙场长兴组气藏单井压力测试结果表

井号	测压时间(年-月-日)	产层中深/m	地层压力/MPa	折算压力/MPa
黄龙1	2002-07-13	4004	42.599	42.599
	2003-10-31		41.757	41.757
	2004-07-29		40.669	40.669
	2004-09-19		40.345	40.345
黄龙4	2003-03-15	3613	42.548	42.736
	2003-11-08		42.097	42.285
	2004-07-29		40.955	41.143
	2004-09-19		40.686	40.874
	2005-08-26		38.985	39.173
黄龙10	2005-08-11	4102	38.792	39.061
黄龙001-X1	2007-09-25	4327	30.593	30.080
黄龙004-2	2007-07-24	3552	34.831	35.135
黄龙004-X1	2008-03-13	3797.75	32.056	32.296

备注:统一折算至黄龙1井中深-3270.7m。

2005年8月钻开黄龙10井测试产层中部地层压力38.792MPa,折算至黄龙1井产层中部海拔-3270.7m后地层压力为39.061MPa,先期压降明显。同时,黄龙10井折算压力与黄龙4井同期关井测试地层压力折算至同一海拔相差0.11MPa,非常接近

（图3-3）。2007年6月至2008年1月，相继完钻了三口气井：黄龙001-X1、黄龙004-2及黄龙004-X1井。黄龙004-2井于2007年7月24日下压力计测试产层中部地层压力34.831MPa，折算至黄龙1井产层中部海拔－3270.7m后地层压力为35.135MPa。2007年9月25日黄龙001-X1井下压力计测试产层中部地层压力30.593MPa，折算至黄龙1井产层中部海拔－3270.7m后地层压力为30.080MPa。2008年3月13日黄龙004-X1井下压力计测试产层中部地层压力为32.056MPa，折算至黄龙1井产层中部海拔－3270.7m后地层压力为32.296MPa。这三口新井的地层压力都表现出先期压降明显的特征。

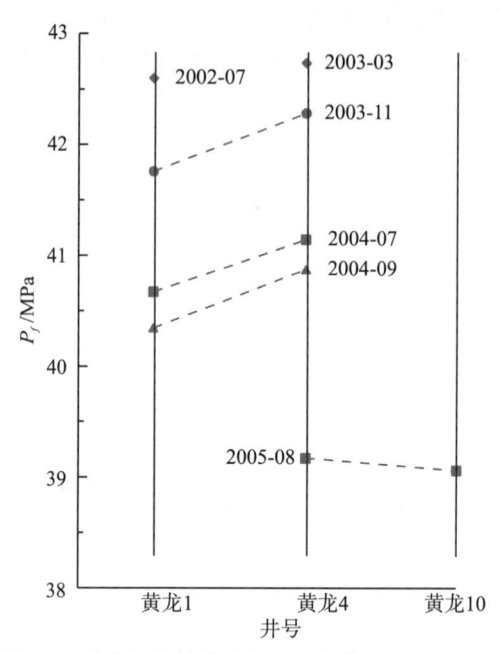

图3-3 黄龙场主体构造长兴组气藏历史压力剖面

（4）干扰测试表明，各井连通性好。2005年、2007年先后对黄龙1、黄龙4、黄龙10、黄龙004-2、黄龙004-X1井进行了干扰试井，各井间具有明显的干扰现象（图3-4）。

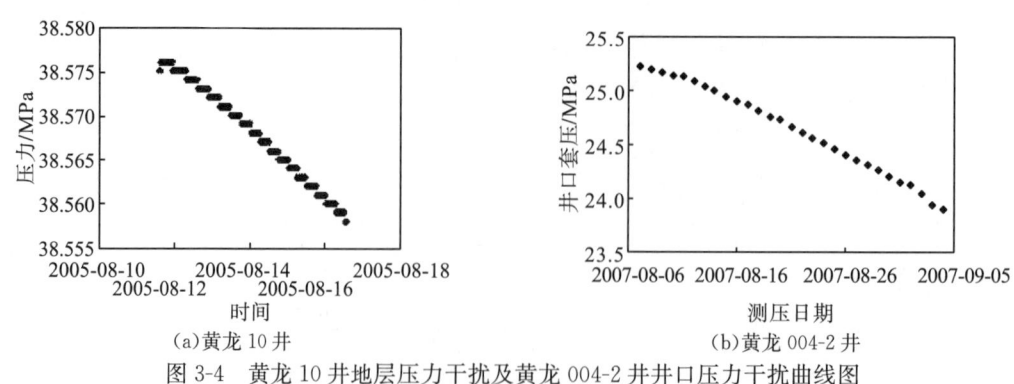

(a) 黄龙10井　　(b) 黄龙004-2井

图3-4 黄龙10井地层压力干扰及黄龙004-2井井口压力干扰曲线图

（四）黄龙场主体构造和符家坡潜高分属不同的压力系统

将符家坡构造完钻的黄龙5井产层中部地层压力折算至黄龙1井产层中部，折算压力为44.952MPa，比黄龙1、黄龙4井的折算压力高了约2MPa；同时从气分析资料可看出，黄龙5井与黄龙1、黄龙4井的甲烷含量相差较大，黄龙5井甲烷含量为92.86%，而黄龙1、黄龙4井为95.69%、96.03%，H_2S含量黄龙5井为64.947g/m³，黄龙1、黄龙4井为14.05g/m³、12.106g/m³。以上分析表明黄龙5井与黄龙1、黄龙4井应分别属于两个压力系统。

通过长兴组储层孔隙度反演平面分布图(图2-57)和储能系数平面分布图(图2-58)上可看出，黄龙场构造、符家坡潜高之间有一低孔薄储层致密带将其分隔，从而造成了长兴储层平面的不连续，相应地形成了两个压力系统。

三、气水界面

(一)黄龙场主体构造

黄龙场主体构造完钻的黄龙1、黄龙4、黄龙8、黄龙10、黄龙001-X1、黄龙001-X2、黄龙004-2、黄龙004-X1(侧眼)、黄龙004-X3、黄龙004-X4井在长兴组测试都产纯气，仅黄龙3井和黄龙004-X1(正眼)在长兴组试油产水或气水同产，但黄龙3井已经不在主体构造的生物礁储层范围内，在此不作分析。黄龙004-X1(正眼)测井解释共发育有5个储层段(表3-4)，其中上部的第1、3号储层段均解释为气层(图3-5、图3-6)，其井段分别为4325.0~4350.0m、4405.4~4407.0m；而中下部的第2、4、5号储层的电阻率较低(图3-5、图3-6、图3-7)，经测井综合解释后认定为含水气层，其井段分别为4354.0~4393.0m、4416.0~4437.3m、4519.0~4526.2m。首先对下部的2个储层段(第4、5号储层)射孔，射孔井段4416~4527m，测试气水同产，水量为14.3m³/d，表明下部储层段以含水为主。遂封闭下部储层，塞面4408m，转为对上部的储层进行试油，射开上部2个储层段(第1、2号储层)，射孔井段4325.0~4393.0m，测试产水50.8m³/d，伴有气显示，表明上部储层段气水同产。

综合分析，井段4354.0~4393.0m深侧向较低，为115~150Ω·m，为水层特征，井段4325.0~4351.0m深侧向728~2000Ω·m，为气层特征。两段测试气水同产，故推测气藏气水界面为海拔−3678.33m，取整数−3680m(表3-5)。

表3-4 黄龙004-X1井(正眼)测井解释结果表

序号	井段 斜深/m	井段 海拔/m	深侧向/ (Ω·m)	浅侧向/ (Ω·m)	孔隙度/ %	含水饱 和度/%	解释 结论
1	4325.0~4350.3	−3676.94~−3653.04	728~2000	531~1090	3.5~7.5	10~25	气层
2	4354.0~4393.0	−3717.54~−3717.44	117~150	68~92	4~9	10~30	含气水层
3	4405.4~4407.0	−3729.84~−3728.44	1096	1082	4.5	20	气层
4	4416.0~4437.3	−3758.74~−3738.24	82~260	70~218	6~10	20~40	水层
5	4519.0~4526.2	−3845.04~−3837.94	239~455	157~281	5~7	20~30	水层

表3-5 黄龙场主体构造长兴组气藏气水界面确定依据表

层位	气藏类型	气水界面深度/m					
		测井解释	试油验证	压力测试	毛管压力	其他	选值
P_2ch	构造−岩性	−3678.33	−3678.33	—	—		−3680.00

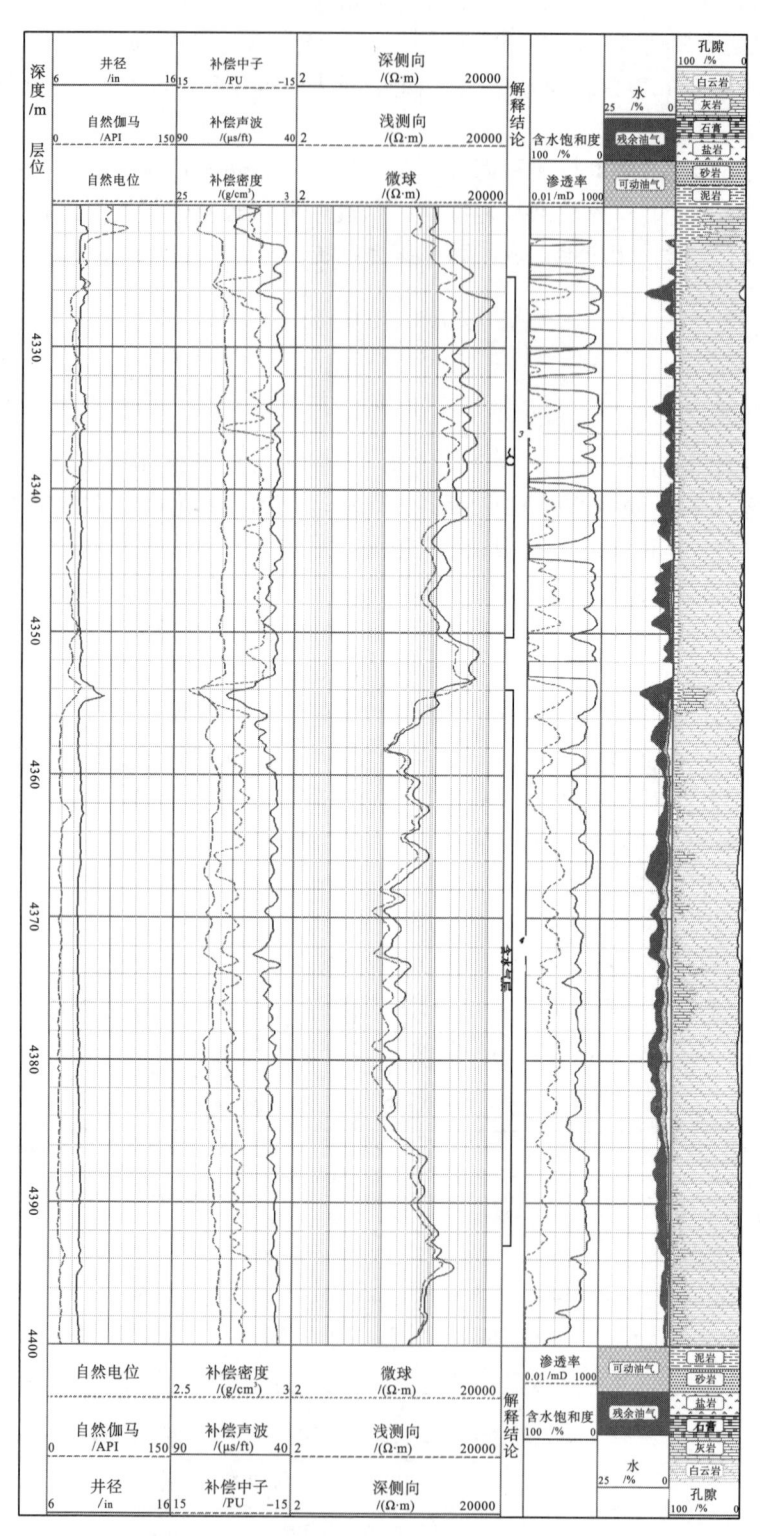

图 3-5　黄龙 004-X1 井正眼长兴组第 1、2 号储层测井综合曲线图

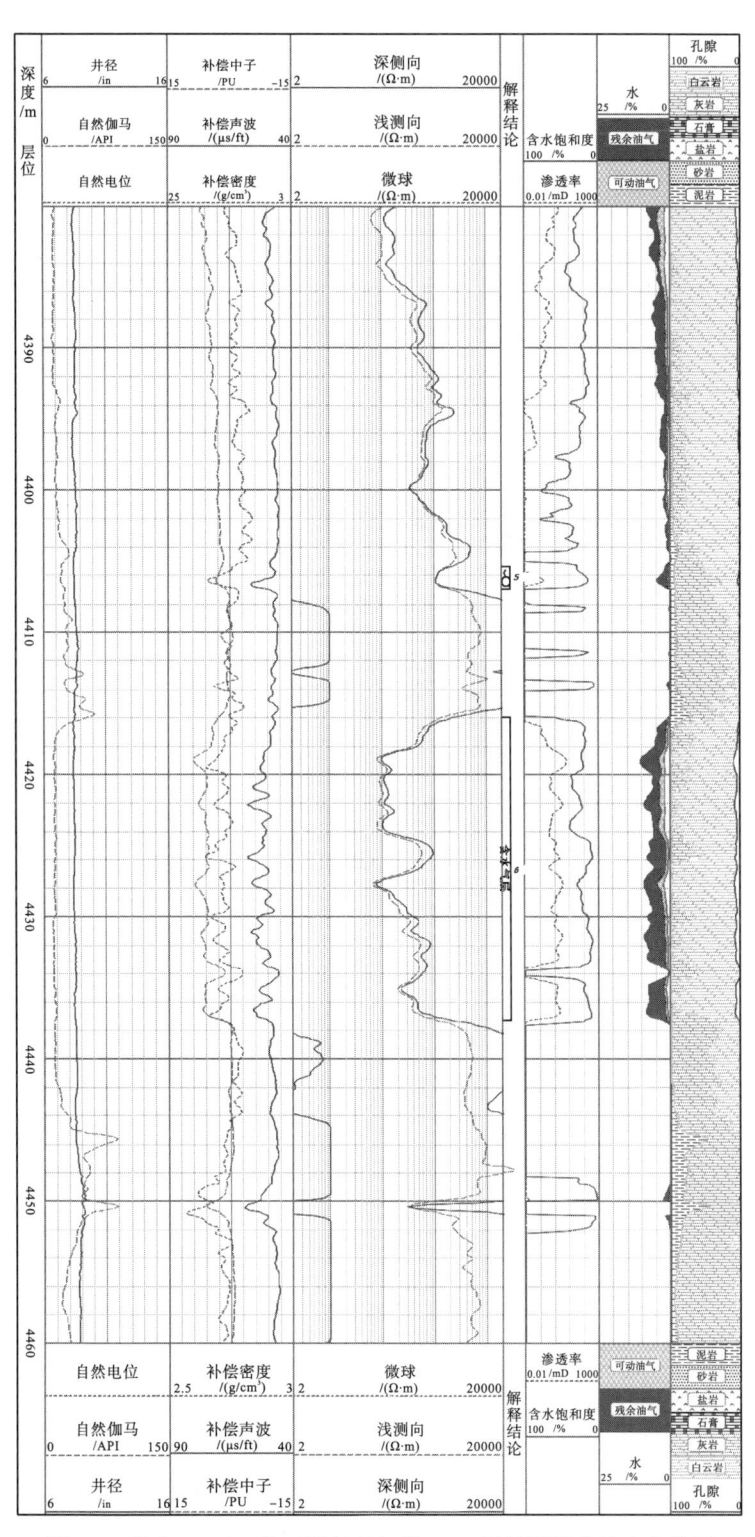

图 3-6　黄龙 004-X1 井正眼长兴组第 3、4 号储层测井综合曲线图

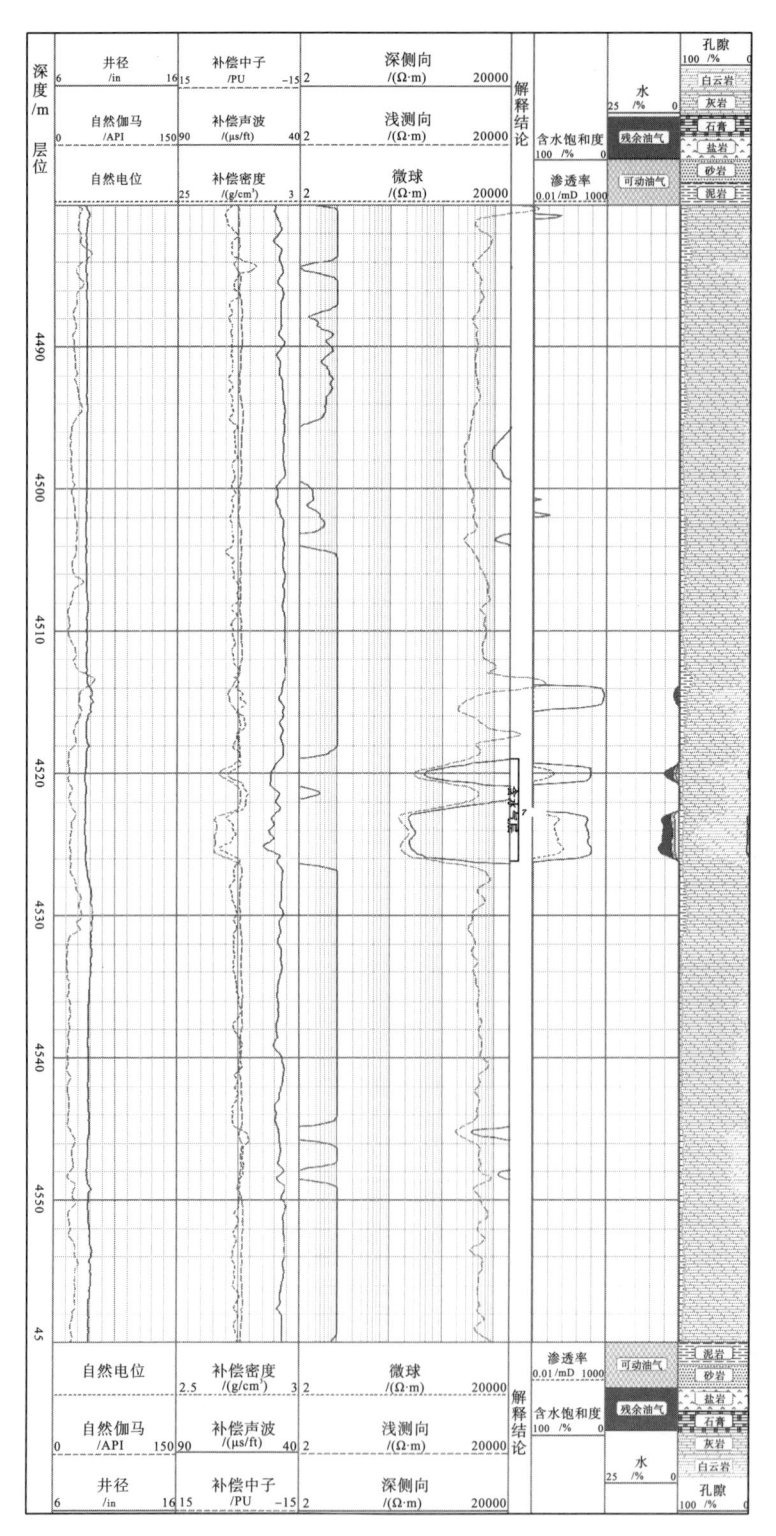

图 3-7 黄龙 004-X1 井正眼长兴组第 5 号储层测井综合曲线图

(二)符家坡高点

符家坡高点尚未钻遇工业气井。现已完钻的两口井均未钻遇工业气流,其中黄龙 5 井只在钻井过程中有较好的显示,中途测试产微气,完井测试为干层;黄龙 005-C1 完井测试气水同产,产气量 $0.2\times10^4\mathrm{m^3/d}$,无法自喷带水生产(表 3-6)。这两口井的产层中部海拔均低于黄龙场气水界面-3680m,且气水同产井黄龙 005-C1 井的产层中部海拔高于黄龙 5 井的产层中部海拔,位于符家坡构造高部位。因此表明符家坡高点气水关系复杂,气水界面尚无法确定。

表 3-6 符家坡高点完钻井测试情况统计表

井号	黄龙 5 井	黄龙 005-C1 井
产层中部海拔/m	-3847	-3794.04
有效储层厚度/m	38.75	12.26(垂厚)
产层中部井深/m	4365	4297.51
产气量/($10^4\mathrm{m^3/d}$)	0.55(中途测试)	0.2
产水量/$\mathrm{m^3}$	无	出水
H_2S 含量/($\mathrm{g/m^3}$)	64.95	63.89
地层压力/MPa	47.129	42.191

四、驱动类型

根据对气藏地质特征、完钻测试结果、气水关系分析和流体测试结果等的研究,黄龙场主体构造长兴组生物礁气藏为构造-岩性复合气藏,构造两端有边水,但水体能量有限,生产表现为气藏总的水体不活跃。气藏主要靠天然气的弹性能量驱动,因此属于裂缝-孔隙型的弹性气驱气藏(表 3-7)。

表 3-7 黄龙场主体构造长兴组气藏参数表

气藏类型	驱动类型	高点海拔/m	含气高度/m	中部海拔/m	原始地层压力/MPa	压力系数	饱和压力/MPa	地层温度/K
构造-岩性	弹性气驱	-2990	690	-3450	43.255	1.09	43.255	373.52

第二节 飞仙关组气藏温度、压力系统及驱动类型

一、流体性质

黄龙场构造飞仙关组气藏天然气分析数据统计表明(表 3-1),天然气成分主要为甲烷,其含量为 78.05%~99.10%;重烃含量低,非烃组分中硫化氢含量为 0.02%~13.35% (0.235~191.016$\mathrm{g/m^3}$),二氧化碳含量为 0.6%~8.55%(11.788~167.985$\mathrm{g/m^3}$)。黄龙 6、黄龙 8、黄龙 9、黄龙 009-H1、黄龙 009-H2 井天然气组分分析结果差异均较大,尤其是硫化氢含量,黄龙 8 井为 0.235$\mathrm{g/m^3}$,黄龙 9 井为 30.185$\mathrm{g/m^3}$,黄龙 009-H1 井为

79.865g/m³，黄龙 009-H2 井为 78.320g/m³，而黄龙 6 井为 191.016g/m³。

目前只有 1 口井（黄龙 009-H1 井）投入生产，未产地层水，所产气田水均为残酸水和凝析水（表 3-2）。

二、温度与压力系统

黄龙场飞仙关组完钻井 17 口井，飞仙关组获工业气井 5 口（黄龙 6、黄龙 8、黄龙 9、黄龙 009-H1、黄龙 009-H2 井），微气井 2 口（黄龙 3、黄龙 2 井），无水井。从钻探成果看，气藏压力及气质组分复杂，首先应对其压力系统进行分析。

（一）地层温度

将黄龙 9 井 2005 年 7 月 29 日实测温度测试数据进行回归，得到地温公式，以此来描述气藏温度变化规律：

$$T = 22.946 - 0.0216H \tag{3-3}$$

（二）地层压力

1. 黄龙 9 井

1）非烃校正

根据天然气分析资料，黄龙 9 井飞仙关组气藏硫化氢、二氧化碳含量较高，使用 Standing-Katz 表计算天然气偏差系数时需要进行非烃校正。其中主要是进行临界温度和临界压力的校正，通常采用 Wicher-Aziz 方法校正：

$$\varepsilon = [120 \times (A^{0.9} - A^{1.6}) + 15 \times (B^{0.5} - B^{4.0})]/1.8 \tag{3-4}$$

$$T_{pc'} = T_{pc} - \varepsilon \tag{3-5}$$

$$P_{pc'} = (P_{pc} \times T_{pc'})/[T_{pc} + B \times (1 - B) \times \varepsilon] \tag{3-6}$$

式中，A 为二氧化碳加上硫化氢的摩尔含量，%；B 为硫化氢摩尔含量，%；$T_{pc'}$ 为校正后的拟临界温度，K；T_{pc} 为临界温度，K；$P_{pc'}$ 为校正后的拟临界压力，MPa；P_{pc} 为临界压力，MPa；ε 为校正因子。

黄龙 9 井飞仙关组气藏天然气硫化氢含量 2.11%，二氧化碳含量 2.63%，临界温度 195.6K，临界压力 4.76MPa，校正后的临界温度为 190.61K，校正后的临界压力为 4.636MPa。

2）地层压力及天然气偏差系数

黄龙 9 井飞仙关组测点井深 3763.25m（测试井段为 3736～3924m），对应海拔-3068.22m，测点压力 43.6MPa，地层温度 366.674K，拟临界压力为 4.636MPa，拟临界温度 190.61K，求得拟对比压力为 9.4047，拟对比温度为 1.9237，查 Starding-Katz 表求得天然气偏差系数为 1.1126。

3）天然气地下密度 ρ_g

$$\rho_g = 3.484 \times r_g \times P/(Z \times T) \tag{3-7}$$

式中，ρ_g 为天然气地下密度，g/cm³；r_g 为天然气相对密度；P 为地层压力，MPa；T 为地层温度，K；Z 为对应于 P、T 处的天然气偏差系数，无因次。

第三章　气藏温度、压力系统及驱动类型

将黄龙 9 井相关参数代入上式，求得黄龙 9 井飞仙关组气藏天然气地下密度为 0.22452g/cm³；折算成压力梯度为 0.0022018MPa/m。

4）黄龙 9 井飞仙关组气柱方程的建立

在忽略天然气井下密度变化的条件下，气藏地层压力随深度变化规律为

$$P = A - B \times H \tag{3-8}$$

式中：H 为海拔高程，m；P 为在 H 处的地层压力，MPa。

将黄龙 9 井飞仙关组气藏测点海拔、测点压力及气藏压力梯度代入上式即可得到飞仙关组气藏的气柱方程为

$$P = 36.8444 - 0.0022018H \tag{3-9}$$

计算其中部井深 3753m（垂深 3721.83m），海拔 −3058.37m 处地层压力为 43.578MPa，压力系数为 1.194。

2. 黄龙 009-H1 井

黄龙 009-H1 井飞仙关组气柱方程的建立过程方法与黄龙 9 井类似。

黄龙 009-H1 井飞仙关组气藏天然气硫化氢含量 5.57%，二氧化碳含量 4.51%，临界温度 205.7K，临界压力 4.998MPa，校正后的临界温度为 196.98K，校正后的临界压力为 4.775MPa。飞仙关组测点井深 3600m（测试井段为 4148.00～4746.43m），对应海拔 −2954.70m，测点压力 40.557MPa，测点温度 356.16K，测点距离测试层段（储层段）较远，现场计算的地层中部压力 41.345MPa，地层中部温度 364.16K，经非烃校正后的拟临界压力为 4.775MPa，拟临界温度为 196.98K，以此求得拟对比压力为 8.658，拟对比温度为 1.839，查 Starding-Katz 表求得天然气偏差系数为 1.0763，进而求得气藏天然气地下密度为 0.23499g/cm³。压力梯度值取测压时计算的压力梯度平均值 0.00247MPa/m，最后得到黄龙 009-H1 井飞仙关组气藏的气柱方程为

$$P = 32.3088 - 0.00247H \tag{3-10}$$

其中，气藏中部井深为 4447.215m（垂深 3736.65m），气藏中部海拔为 −3658.40m，计算地层压力为 41.345MPa，压力系数为 1.129。

3. 黄龙 6 井

黄龙 6 井飞仙关组气柱方程的建立过程同上。

黄龙 6 飞仙关组气藏天然气硫化氢含量 13.35%，二氧化碳含量 8.55%，临界温度 224.9K，临界压力 5.456MPa；飞仙关组测点井深 3957.85m（测试井段为 4007～4058m），对应海拔 −3584.50m，地层压力 42.796MPa，地层温度 377.051K；求得拟对比压力为 8.4327，拟对比温度为 1.7892，查 Starding-Katz 表求得天然气偏差系数为 1.0525，进而求得气藏天然气地下密度为 0.27089g/cm³，折算成压力梯度为 0.0026565MPa/m。最后得到黄龙 6 井飞仙关组气藏的气柱方程为

$$P = 33.2728 - 0.0026565H \tag{3-11}$$

计算其中部井深 4033m（垂深 4023.18m），海拔 −3658.40m 处地层压力为 42.992MPa，压力系数为 1.090。

4. 黄龙8井

黄龙8井飞仙关组气柱方程的建立过程方法与黄龙9井类似,但不需要进行非烃(酸性气体)校正。

黄龙8飞仙关组气藏天然气硫化氢含量0.02%,二氧化碳含量0.60%,临界温度191.1K,临界压力4.648MPa;飞仙关组测点井深3174m(测试井段为3150～3198m),对应海拔-2729.85m,地层压力40.238MPa,地层温度359.873K;求得拟对比压力为8.6571,拟对比温度为1.8832,查Starding-Katz表求得天然气偏差系数为1.0737,进而求得气藏天然气地下密度为0.20463g/cm³,折算成压力梯度为0.0020067MPa/m。最后得到黄龙8井飞仙关组气藏的气柱方程为

$$P = 34.760 - 0.0020067H \tag{3-12}$$

其测点井深即为中部井深,压力系数为1.302。

(三)压力系统分析

从气井构造位置分布来看,黄龙6井与黄龙9、黄龙009-H1、黄龙009-H2井位于同一构造斜坡上,黄龙6井与黄龙8井之间有黄⑰号断层相隔,黄龙9、黄龙009-H1井处于构造中部位置。

从折算压力对比来看,黄龙6井实测井深3957.85m(海拔-3584.50m)处压力42.796MPa,计算其中部井深4033m(海拔-3658.40m)处压力42.992MPa。用黄龙9井飞仙关组气柱方程折算至该海拔处压力为44.899MPa,较黄龙6井高了1.907MPa。同时天然气组分分析两者差异较大,甲烷含量黄龙6井78.05%,黄龙9井92.22%;硫化氢含量黄龙6井191.016g/m³,黄龙9井30.185g/m³。因此,黄龙6、黄龙9井应分属不同的压力系统。同理,将黄龙009-H1井实测地层压力折算至黄龙6井中部海拔-3658.40m处为41.345MPa,较黄龙6井低了1.647MPa;黄龙009-H1井与黄龙9井比较,压力相差3.554MPa。故认为黄龙009-H1井与黄龙6、黄龙9井均不属于同一压力系统[3]。

从天然气气质分析来看,黄龙009-H2井和黄龙009-H1井硫化氢含量相接近,和黄龙8、黄龙6、黄龙9井相差均较大。黄龙009-H1、黄龙009-H2井硫化氢含量分别为79.865g/m³和78.320g/m³,但二氧化碳含量呈现一定的差距分别为88.61g/m³和112.579g/m³,说明黄龙009-H1井与黄龙009-H2井分属不同的压力系统。同理,甲烷含量黄龙9井92.22%,黄龙8井98.62%,硫化氢含量黄龙9井30.185g/m³,黄龙8井0.235g/m³,也证实黄龙9、黄龙8井分属不同的压力系统。

从生产动态上看,黄龙8井产量压力下降快,目前油、套(长兴组、飞仙关组)合采,合采前飞仙关组以0.2×10⁴m³/d的产气量间歇式生产,说明该井地层能量有限,应属于一独立的缝洞系统。

因此,黄龙场构造5口井形成了5个压力系统,黄龙9、黄龙009-H1、黄龙8、黄龙6、黄龙009-H2井各属独立的压力系统(表3-8)。

第三章 气藏温度、压力系统及驱动类型

表 3-8 黄龙场构造飞仙关组地层压力对比表

井号	中部垂深/m	中部海拔/m	地层压力/MPa	压力系数	折算海拔/m	折算压力/MPa	与黄龙6井折算压力差值/MPa
黄龙 6	4023.18	−3658.4	42.992	1.09	（黄龙6井产层中部）−3658.4	42.992	0
黄龙 9	3721.83	−3091.42	43.578	1.194		44.899	1.907
黄龙 009-H1	3736.65	−3091.42	41.345	1.129		41.345	−1.647
黄龙 009-H2	3809.66	−3336.2	40.224	1.077		40.840	−2.152
黄龙 3	3829.87	−3329.87	42.59	1.134		43.245	0.253
黄龙 8	3152.60	−2729.85	40.238	1.302		42.101	−0.891

从储层分布看，黄龙场 5 口井存在 5 个压力系统也是较合理的。黄龙 6 井处于黄龙场构造飞仙关组储层相对发育地带，该储层发育地带还起着向东与罗家寨、向东北与渡口河飞仙关组气藏相连的作用。另外，黄龙 9、黄龙 009-H1 井井距虽相距不远，但地震剖面上二者储层在剖面上反射特征有一定差异，即黄龙 9 井常规剖面地震上"亮点"较弱，呈点状分布，黄龙 009-H1 井"亮点"发育较强，呈连续分布（图 3-8）。因此，黄龙 9 井—黄龙 009-H1 井与黄龙 8 井之间存在储层不发育区相隔。

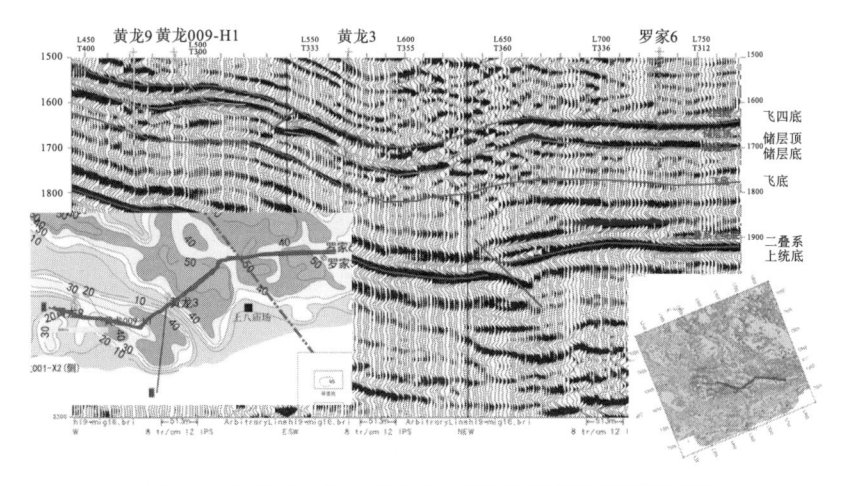

图 3-8 过黄龙 9 井—黄龙 009-H1 井任意线偏移剖面图

从区域上看，黄龙场构造飞仙关组气藏天然气组分差异也可合理解释：以硫化氢含量为例，与渡口河构造更近的黄龙 6 井飞仙关组硫化氢含量与渡口河渡 4、渡 3 井相当；与罗家寨构造更近的黄龙 9、黄龙 009-H1、黄龙 009-H2 井飞仙关组硫化氢含量与罗家 6 井相当，它们均属于高含硫范畴，硫化氢含量大于 $30g/m^3$，甲烷含量均低于 95%；而与沙罐坪构造更近的黄龙 8 井硫化氢含量与罐 22、罐 23 井相当，属于低-微含硫范畴，硫化氢含量小于 $5g/m^3$，甲烷含量高于 95%（表 3-9）。黄龙场飞仙关组硫化氢分布特征与黄龙场构造处于海槽-陆棚-碳酸盐岩台地的过渡沉积环境相关。

飞仙关组鲕滩气藏之所以未形成统一的压力系统，是因为鲕滩储层受沉积相的控制而发生侧向迁移，造成垂向上的不连续性。同时白云石化和溶蚀作用的不均衡性，造成各鲕滩系统之间的物性差异大，因此形成相对独立的压力系统。

表 3-9　川东北部分井飞仙关组气藏天然气组分分析结果对比表

井号	测试产气量/(10^4m³/d)	甲烷	乙烷	丙烷	C_4H_{10}	H_2S	CO_2	H_2S/(g/m³)	CO_2/(g/m³)
坡1	26.72	78.38	0.05	0.02	0	14.19	6.36	203.061	124.96
渡3	54.18	73.71	0.06	0.05	0	17	8.27	244.051	162.157
渡4	18.36	83.73	0.06	0	0	9.81	5.03	140.303	98.826
黄龙6	3.11	78.05	0.02	0.01	0	13.35	8.55	191.016	167.985
罗家6	30.26	84.95	0.09	0	0	8.28	6.21	118.522	122.01
黄龙9	6.95	92.22	0.17	0.02	0	2.11	2.63	30.185	51.672
黄龙009-H1	114.32	89.23	0.10	0.00	0	5.57	4.51	79.865	88.61
黄龙009-H2	88.17	88.10	0.08	0	0	5.46	5.73	78.320	112.579
黄龙8	22.74	98.62	0.12	0	0	0.02	0.6	0.235	11.788
罐23	1.27	98.97	0.32	0.02	0.006	0	0.13	0.018	2.549
罐22	73.93	99.04	0.31	0.01	0.003	0	0.15	0.006	2.941

三、气水界面

（一）已知气底的确定

从黄龙场飞四底界构造图上看，陆棚与碳酸盐岩台地相区线以东飞仙关组含气区已钻井黄龙3、黄龙6、黄龙9、黄龙009-H1、黄龙009-H2、黄龙10井，其中黄龙3井为微气井，黄龙10井为干层，黄龙9、黄龙009-H1、黄龙009-H2、黄龙6井为工业气流井，均不产水。目前已知黄龙6井处于最低部位，其飞仙关组储层底界为井深4058m，垂深4047.76m，海拔−3682.98m，即已知气底海拔近似为−3683m。

（二）区域气水井交会法预测气水界面

由于黄龙场飞仙关组各井测试均不产地层水，测井曲线上也无水层特征，因此用传统的气水井交会法预测气水界面时缺少水柱方程。但又由于黄龙场飞仙关组气藏紧靠渡口河、罗家寨以飞仙关组鲕滩气藏为主的大−中型气田，并且构造显示为鞍部相接，因此在预测气水界面时可以借用渡口河、罗家寨的水柱方程。根据2004年完成的《渡口河气田三叠系飞仙关组气藏天然气探明储量复算报告》，渡口河气田飞仙关组水层的水柱压力方程为

$$P = 6.3362 - 0.009861H \tag{3-13}$$

根据2002年完成的《罗家寨气田外围三叠系飞仙关组气藏天然气探明储量报告》，罗家寨气田飞仙关组水层的水柱压力方程为

$$P = 6.8575 - 0.009704H \tag{3-14}$$

用前述的黄龙6井飞仙关组气藏气柱方程（$P=33.2728-0.0026565H$），分别与渡口河、罗家寨水柱方程交会，预测飞仙关组气水界面为海拔−3739.52m、−3748.32m，故预测黄龙场飞仙关组气水界面近似为−3740m。

（三）气水界面的确定

根据区域气水界面资料，渡口河气田飞仙关组气藏气水界面为-4035m，罗家寨气水界面为-3720m；已知气底为-3683m；区域气水井交会预测气水界面为-3740m。由于黄龙场构造向东与罗家寨构造在海拔-3800m形成共圈，储层分布上也有好的储层带相连（图3-9、图3-10），因此，综合考虑，黄龙场地区飞仙关组气藏气水界面取值与罗家寨构造一致，为-3720m，该气水界面与较已知气底低37m，较气水井交会法预测结果高20m。另外，黄龙场地区地震上不能直接获取鲕滩储层顶界构造图，因此将气水界面折算至飞四底界构造图上进行气藏含气面积的圈定。黄龙场地区飞仙关组储层顶界距飞四底距离分布范围为40~70m（表3-10），将气水界面（-3720m）投影至飞四底的海拔范围为-3679~-3649.6m，故气水界面折算至飞四底取近似值-3650m[3]。

表3-10 黄龙场地区飞仙关组储层顶部距飞四底距离及海拔折算情况表

井号	黄龙9	黄龙009-H1（经铅厚校正）	黄龙6	黄龙3	黄龙8
储层顶距飞四底距离/m	58.5	65.5	41	46.5	67
储层底距飞四底距离/m	84.4	83.5	279.4	135.5	116.2
气藏气水界面/m	-3720	-3720	-3720	-3720	-3720
气水界面投影至飞四底海拔/m	-3661.5	-3649.6	-3679	-3673.5	-3653
投影海拔取值/m	-3650	-3650	-3650	-3650	-3650

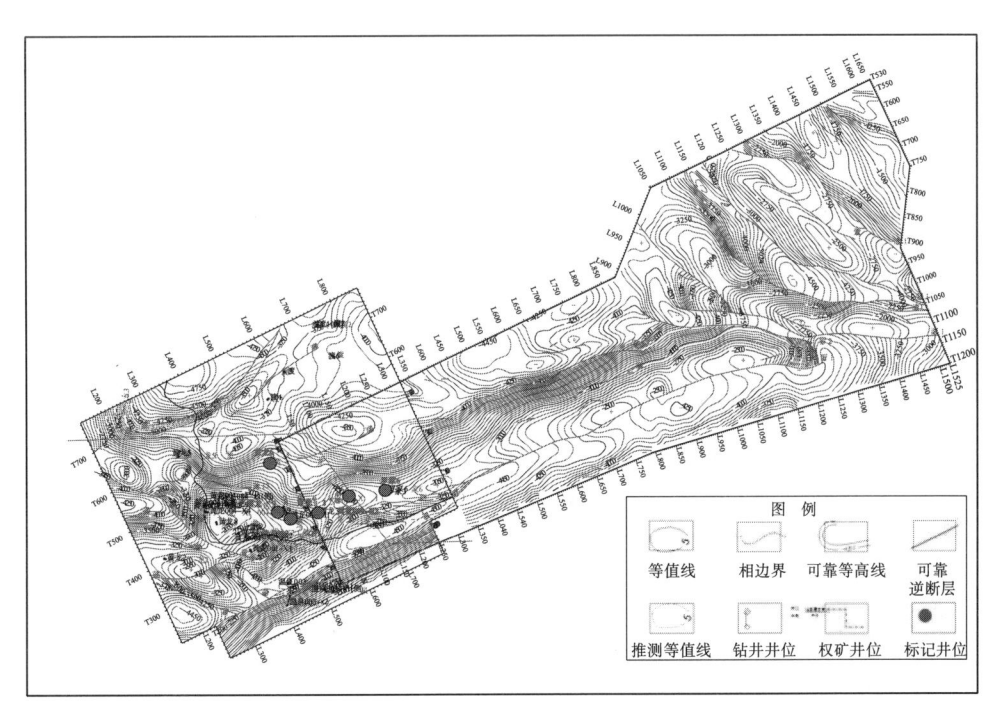

图3-9 黄龙场—罗家寨地震预测飞四底构造图

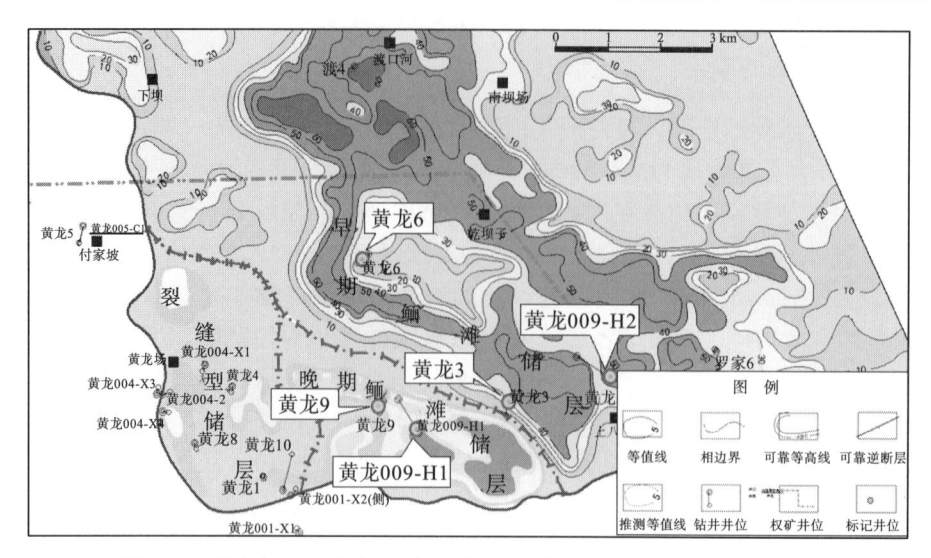

图 3-10 黄龙场—罗家寨(罗家 6 井区)飞仙关组地震预测储层分布图

四、气藏类型

勘探及研究表明，川东北部飞仙关组鲕滩气藏明显受鲕滩储层分布和鲕滩白云化及埋藏溶蚀作用控制，圈闭高部位含气，低部位含水，其气水分布主要受构造控制。普遍存在边水，具封闭性，水体不活跃，气藏驱动主要依靠天然气的弹性能量，气藏驱动类型属弹性气驱，在气藏开发中后期存在边水推进的可能。邻近渡口河、罗家寨气田飞仙关组鲕滩气藏具有同样特征。黄龙场区块飞仙关组鲕滩储层主要受岩性控制，此外还受构造控制，黄龙 6 井区气藏类型为构造-岩性复合圈闭气藏，黄龙 9 井区气藏类型为岩性圈闭气藏(图 3-11)。

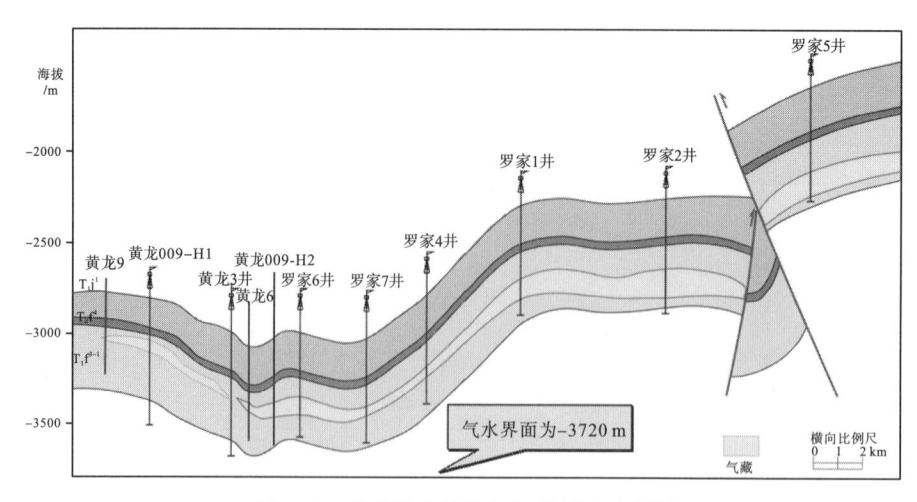

图 3-11 黄龙场飞仙关组气藏剖面示意图

第三节　区域硫化氢气体分布规律

　　含硫化氢水溶液对碳酸盐岩储层有重要的溶蚀改造作用，大量硫化氢溶于水后形成氢硫酸，与围岩长期发生流体－岩石相互作用，从而造成碳酸盐岩的埋藏溶蚀现象。进一步讲，含有硫化氢的流体都可以对碳酸盐岩发生溶蚀，在150℃高温下，含硫化氢流体溶蚀作用要强于含有机酸和二氧化碳的流体。四川盆地发现多个含硫化氢的气藏，孔隙度和硫化氢含量成正比，相同沉积成岩环境下的储层，不含硫化氢的储层明显没有含硫化氢的储集性能好，而且硫化氢含量越高，其次生溶蚀孔隙也更发育。这一现象在塔里木盆地同样存在。

　　一般认为天然气藏中高体积分数硫化氢只能来源于硫酸盐热化学还原反应。开江—梁平海槽东侧蒸发台地中含有较多的膏质盐类，在一定的温度和压力下，干酪根降解生成的天然气与硫酸盐接触后发生硫酸盐热化学还原反应，从而生成了硫化氢。硫化氢的含量与围岩的石膏含量具有一定的关系，自渡6井—黄龙6井—黄龙9井方向，飞四段的石膏厚度逐渐减小，飞三段的测试的气体中硫化氢的含量也依次降低。整体上看，越靠近海槽方向，硫化氢气体含量逐渐降低，这是由于越远离海槽，局限台地或潮坪的发育规模越大，从而石膏含量增多，硫化氢气体含量增多（图3-12）。

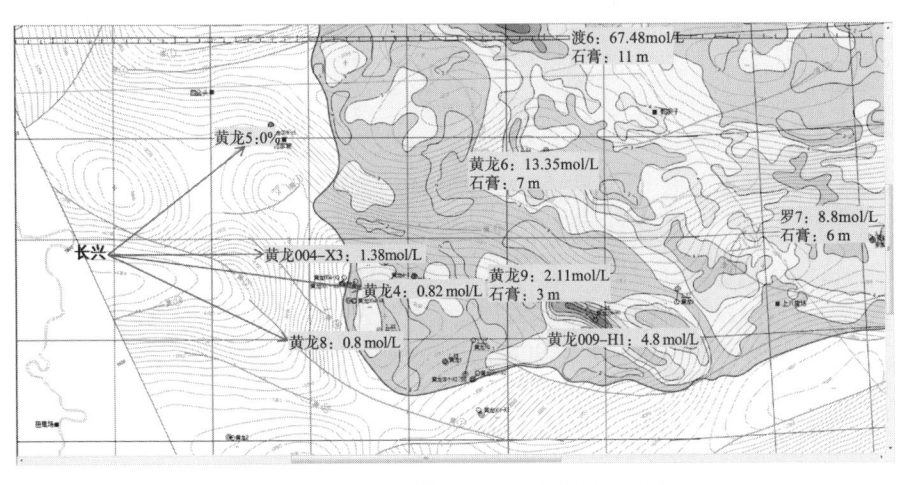

图3-12　飞仙关—长兴组气藏硫化氢含量分布

第四节　区域气水界面差异分析

　　石炭纪末至早二叠世末，黄龙场构造地区主要处于拉张应力状态。进入晚二叠世后，黄龙场构造地区处于相对构造活动微弱区。燕山、喜马拉雅期是形成黄龙场构造的主要时期。太平洋板块的挤压，形成了川东地区的大向斜，同时形成了北东、北北东向的川东高陡构造带（图3-13）。

　　喜马拉雅构造运动晚期，黄龙场构造持续受到南北向的挤压应力作用。由南秦岭传导过来的挤压力在到达大巴山后，由于汉南和黄陵两个刚性基底的梗阻，在汉南隆起的两侧产生了走滑与折离，形成了向南凸的弧形构造，即大巴山弧形构造带。与此同时，由于汉南刚性基底的影响，由南秦岭传来的南北向挤压力在大巴山弧形构造带处发生偏转，形成了北东—南西方向的挤压。这个挤压力在川东北地区或产生北西向构造叠加在早期北东向构造上或改造前期北东向构造，使北东向构造发生顺时针扭动，如温泉井构造北端、云安厂构造等。所以，这个时期所形成的构造主要是被北东—南西向挤压力所改造而成，并随着与大巴山弧形构造带距离的加近，这种改造作用越明显。这期构造运动，同样也是黄龙场构造形成的主要时期。受北东—南西向构造力作用，黄龙场地区形成了一系列北西向的断层，与此同时，构造作用力还对早期形成的北东向构造进行改造与叠加，最终在黄龙场地区形成了一系列北西向构造(图 3-13)。

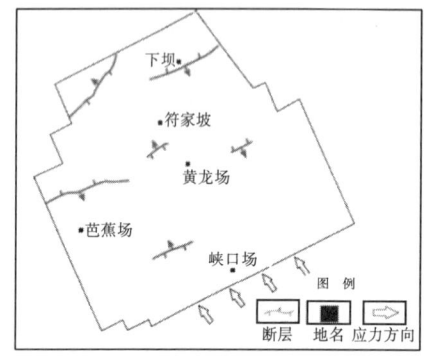

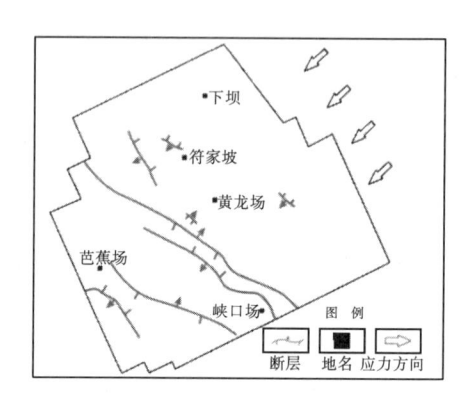

图 3-13 黄龙场地区构造演化模式

川东北气藏的成藏过程是一个十分复杂的过程，大致可以划分为三个阶段。一是古油藏阶段：印支末期—燕山早期(T_3x—J_3s)。二是古气藏阶段：燕山中晚期(J_3p)—早中新世。三是古气藏调整最终定型阶段：上新世至今。

由上面的分析可以看出，构造运动对气藏的形成具有一定的控制作用。燕山运动—喜马拉雅运动中期，古气藏形成于一系列的古隆起或背斜中，此时或具有统一气水界面；喜马拉雅运动晚期，挤压应力作用下，黄龙场西断裂形成，黄龙场构造升高，气水界面随之升高并调整；同时低部位的气体直接聚集在此或经过渡口河运移到黄龙场（差异聚集），从而形成现今的气水界面不统一的现象(图 3-14)。

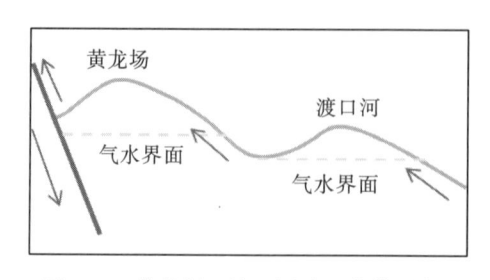

图 3-14 黄龙场—渡口河地区成藏示意图

第四章 气藏容积法地质储量计算

黄龙场构造长兴组、飞仙关组气藏类型均为裂缝-孔隙型，依据储量规范采用容积法计算其天然气储量[18]，其计算公式为

$$G = 0.01 \times A_g \times h \times \Phi \times S_{gi} \div B_{gi} \tag{4-1}$$

式中，G 为天然气地质储量，$10^8 \mathrm{m}^3$；A_g 为含气面积，km^2；h 为有效厚度，m；Φ 为有效孔隙度，%；S_{gi} 为原始含气饱和度，%；B_{gi} 为原始天然气体积系数。

第一节 长兴组气藏储量计算

一、储量计算单元的确定

黄龙场构造开展研究工作以来，主要进行了以下储量计算（表 4-1），根据目前的认识，黄龙场构造分为黄龙场主体构造和符家坡高点两个独立的单元，黄龙场主体构造长兴组气藏为构造-岩性圈闭气藏，平面上黄龙场主高点各井的连通性好，属于同一个压力系统。通过前面的分析，认为符家坡高点与黄龙场主高点不连通，属于独立的压力系统。本次研究中分别计算其储量。

表 4-1 黄龙场构造长兴组气藏历次储量计算情况表

区块	序号	年份	储量方法	储量/$10^8\mathrm{m}^3$	来源
黄龙场主体构造	1	1995	容积法	32.91	上报探明储量报告
	2	2001	容积法	40.20	《温泉井、黄龙场区块开发评价方案》
	3	2006	容积法	69.58	《川东北黄龙场构造气藏精细描述研究》
	4	2008	容积法	69.87	《黄龙场—符家坡气田开发方案》
	5	2012	容积法	71.90	《罗家寨气田黄龙场区块长兴组天然气探明储量复算报告》
	6	2015	容积法	72.17	《黄龙场区块长兴组气藏跟踪评价研究》
符家坡构造	1	2006	容积法	22.80	《川东北黄龙场构造气藏精细描述研究》

二、黄龙场主体构造储量计算

（一）容积法储量计算

1. 含气面积

黄龙 004-X1（正眼）测试产水，假设为封存地层水，则其具有出水后开发过程中水量不断减少的特征，但实际生产过程中该井的产水量一直没有减少，反而在 2014 年初产水

量明显上升，因此，判断应该是边水的特征。因此黄龙场含气边界以其南北以黄龙004-X1（正眼）钻遇气水边界−3680m 为含气边界，东西以沉积相带生物礁发育范围及断层及孔隙度高于 2%为含气边界（图 4-1），计算长兴组气藏总面积 14.2km²。

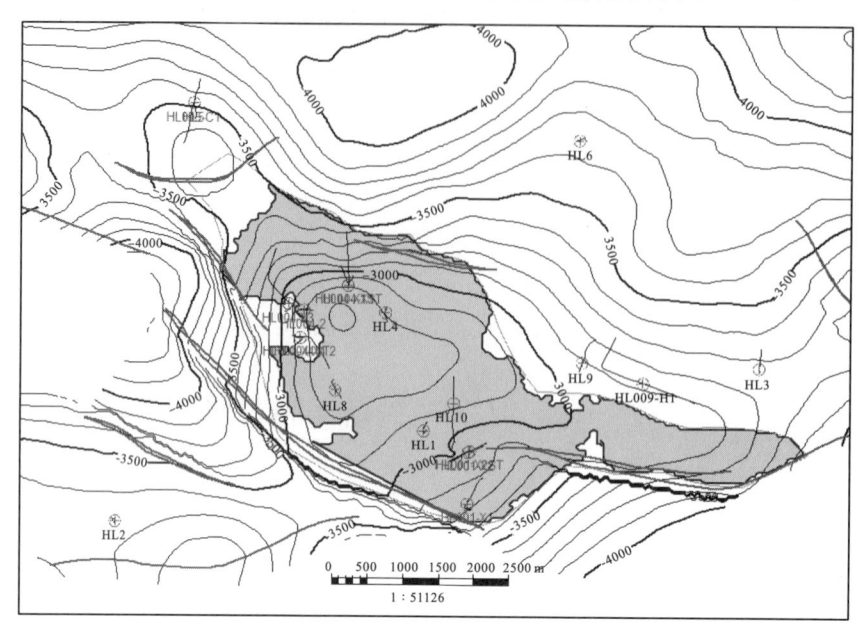

图 4-1 黄龙场主体构造长兴组含气面积图

2. 有效厚度

依据各井的控制面积厚度加权平均计算得到有效厚度为 38.8m。

3. 孔隙度

孔隙度下限以 2.0%为标准，依据测井计算结果按单井控制面积体积加权得到，平均孔隙度为 5.6%。

4. 含气饱和度

根据各井测井解释结果体积加权平均计算得到饱和度为 85%。
体积系数取用 2015 年《黄龙场区块长兴组气藏跟踪评价研究》中的参数，为 0.00327。
计算的长兴组气藏容积法储量为 80.20×10⁸m³（表 4-2）。

表 4-2 黄龙场主体构造长兴组气藏储量表

层位	含气面积/km²	有效厚度/m	有效孔隙度/%	含气饱和度/%	储量/10⁸m³	丰度/(10⁸m³/km²)
长兴组	14.2	38.8	5.6	85	80.20	5.63

(二)三维建模储量计算

储层随机建模就是建立储层属性概率分布模型，该模型反映了属性空间的概率特征及联合不确定性。在建立的概率分布模型基础上，采用随机模拟方法（stochastic simulaion)产生来自于模型的储层属性空间分布各种变化的等可能实现。本次地质模型在随机模拟基础上结合人工地质解释，对井控程度低且明显不符合前期地质认识的模拟结果进行适当修正，即采用随机＋确定性相结合的思路优选出最优模型，采用网格容积法对静态地质储量进行计算。

模型计算的主要参数获取过程如下：地质分析认为长兴组气水界面—3680m；孔隙度采用相控随机模拟结果；NTG模型按照有效孔隙度下限值2%进行截断；鉴于长兴组有一定数量的井控制，通过孔隙度模型协同约束采用随机模拟方法获取。模型中含气范围见图4-2，面积与容积法基本一致，为$14.4km^2$，地质模型计算的长二段、长三段储量见表4-3，可得长兴组气藏储量为$81.49×10^8m^3$，与前面通过容积法计算的储量结果接近。

表4-3 黄龙场主体构造长兴组气藏地质建模储量计算结果

地质网格计算	总体积/10^6m^3	净体积/10^6m^3	原始地质储量/10^8m^3
长二段	1577	756	71.56
长三段	1138	391	9.93
总计			81.49

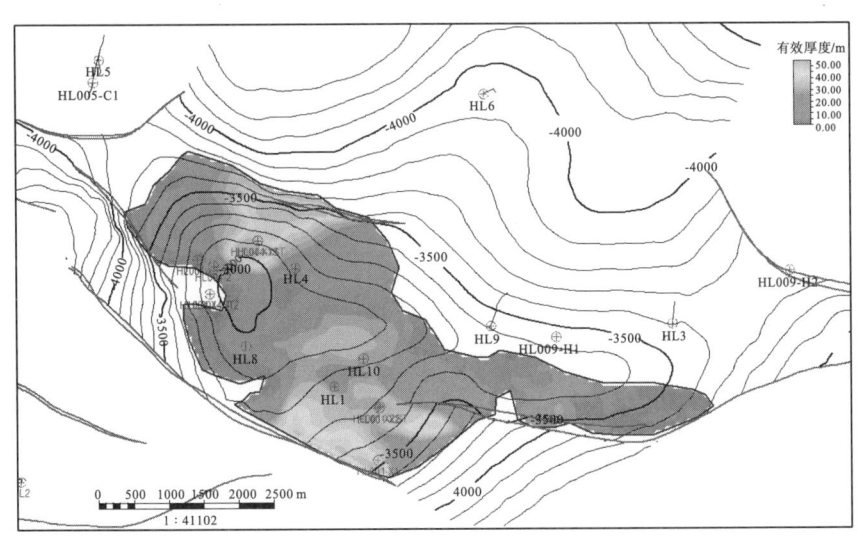

图4-2 黄龙场主体构造长兴组气藏有效厚度图

本次计算结果与前几次计算结果相差较小，本次容积法计算结果和三维建模储量计算方法结果基本一致。

三、符家坡构造

由于符家坡高点黄龙5井不具备工业气流，且与黄龙005-C1井处在不同的岩性圈闭单元内，且黄龙005-C1井产地层水，符家坡构造内气藏潜力很有限。本次储量计算其探明储量，依据2013年地震反演资料所取得的认识进行。

根据地震预测的有效厚度边界圈定含气面积，剖去黄龙005-C1井的控制面积，南部以断层边界为界，总面积为$1.2km^2$，厚度以面积加权方法计算为15m(图4-3)，孔隙度和饱和度以黄龙 5 井的测井解释结果(表 4-4),通过厚度加权平均计算,孔隙度为 3.2%,含气饱和度为 65%。体积系数与黄龙场构造一致。储量计算表见表 4-5,地质储量为 $1.14\times10^8\mathrm{m}^3$。

本次研究中对于符家坡构造的储量,根据最新的厚度分布图,没有考虑构造西南侧的储量,没有考虑四合头地区的储量,含气面积较 2006 年大幅度减小,采用黄龙 5 井的测井解释参数计算孔隙度和饱和度比 2006 年储量均大幅度减小。

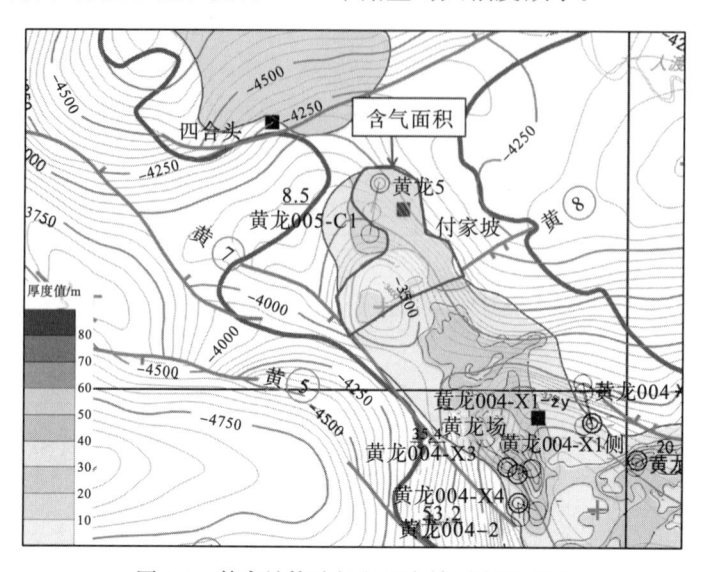

图 4-3 符家坡构造长兴组有效厚度平面图

表 4-4 黄龙 5 井测井解释结果表

层位	井段/m	厚度/m	Φ/%	S_w/%	解释结论
长兴组	4353.3~4375.6	9.3	1.1	54	含气层
长兴组	4382.0~4390.0	8	2~5	16~36	气层
长兴组	4394.6~4399.3	4.7	2.4	45	含气层
长兴组	4410.8~4423.2	12.4	5.9	33.2	气层
长兴组	4435.2~4441.6	6.4	1.2	49	含气层

表 4-5 符家坡构造长兴组气藏储量表

层位	含气面积/km²	有效厚度/m	有效孔隙度/%	含气饱和度/%	储量/10^8m³	丰度/(10^8m³/km²)
长兴组	1.2	15	3.2	65	1.14	0.95

第二节 飞仙关组气藏储量计算

一、储量计算单元确定

黄龙场构造飞仙关组气藏多次计算过天然气地质储量(表 4-6),根据已有研究成果和钻探资料,飞仙关组气藏为岩性-构造复合气藏,本次储量复核把黄龙场飞仙关组气藏

第四章 气藏容积法地质储量计算

划分为3个储量计算单元,即黄龙9(包括黄龙9、黄龙009-H1井,下同)、黄龙6(包括黄龙6、黄龙009-H2井,下同)、黄龙8井区。由于黄龙8井区为低含硫的单裂缝系统,且生产压力较低,属于生产后期,因此采用动态法计算作为气藏的地质储量;黄龙6、黄龙9井区采用容积法计算作为气藏的地质储量。

表4-6 黄龙场地区飞仙关组气藏历次储量计算情况表

区块	序号	年份	计算方法	储量/$10^8 m^3$	来源
黄龙场构造	1	2004	容积法	89.42	上报预测储量
	2	2005	容积法	13.52	计算黄龙6、黄龙9井区
	3	2006	容积法	25.34	《川东北黄龙场构造气藏精细描述研究》,计算黄龙6、黄龙9井区
	4	2008	容积法、动态法	25.48	《黄龙场—符家坡气田开发方案》,黄龙6、黄龙9井容积法、黄龙8井动态法
	5	2014	容积法	81.25	《黄龙场区块飞仙关高含硫气藏跟踪评价研究》
	6	2015	容积法	75.38	《黄龙场区块飞仙关组气藏滚动勘探开发方案》

二、储量计算

(一)黄龙6、黄龙9井区容积法储量计算

1. 有效厚度确定

根据飞三段顶界构造图含气边界-3650m、储层厚度5m等值线、储层孔隙度2%等值线和矿权边界综合圈定了计算的含气面积,黄龙9井区含气面积8.8km²,黄龙6井区含气面积13.8km²(图4-4)。

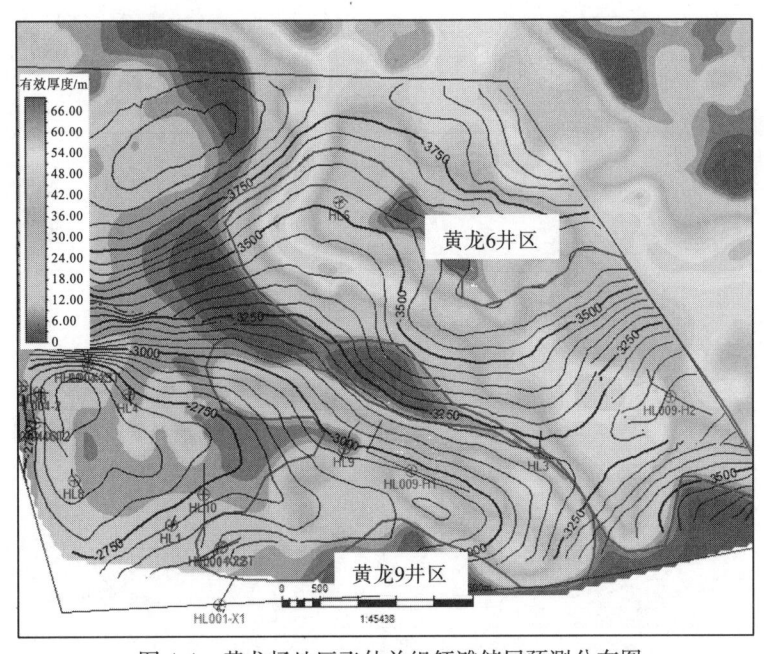

图4-4 黄龙场地区飞仙关组鲕滩储层预测分布图

在含气面积内根据 2013 年黄龙 9 井区地震老资料处理解释后得到的鲕滩储层厚度分布图按照面积加权估算平均有效厚度，黄龙 9 井区平均有效厚度 24m，黄龙 6 井区平均有效厚度 34.6m。

2. 有效孔隙度确定

在含气面积内根据 2013 年黄龙 9 井区地震老资料处理解释后得到的鲕滩储层孔隙度分布图平均得到黄龙 6 井区平均有效孔隙度为 3.61%。黄龙 9 井区则依据测井解释资料体积加权平均计算为 6.8%。

3. 含气饱和度

采用有效厚度体积加权平均求得黄龙 9 井区平均有效孔隙度为 87.2%，黄龙 6 井区平均有效饱和度为 86.8%。

天然气体积换算因子 B_{gi} 黄龙 9 井区为 0.00325，黄龙 6 井区为 0.00319。经计算，两区块的储量计算如表 4-7，气藏总地质储量为 $85.43×10^8 m^3$。

表 4-7 黄龙场地区飞仙关组气藏储量计算表

井区	含气面积/km²	有效厚度/m	有效孔隙度/%	含气饱和度/%	储量/$10^8 m^3$	丰度/($10^8 m^3$/km²)
黄龙 9 井区	8.8	24	6.8	87.2	38.53	4.38
黄龙 6 井区	13.8	34.6	3.61	86.8	46.90	3.40
总计	22.6				85.43	

（二）黄龙 6、黄龙 9 井区地质建模储量计算

对于飞仙关组同样在优选地质模型的基础上进行储量计算，模型网格储量计算的主要参数获取过程如下：地质分析认为飞仙关组气水界面－3650m；孔隙度采用相控随机模拟结果；NTG 模型按照有效孔隙度下限值 2% 进行截断。经过地质模型计算，有效厚度分布见图 4-5，黄龙 6 井区含气面积 12.5km²，地质储量 $35.29×10^8 m^3$；黄龙 9 井区含气

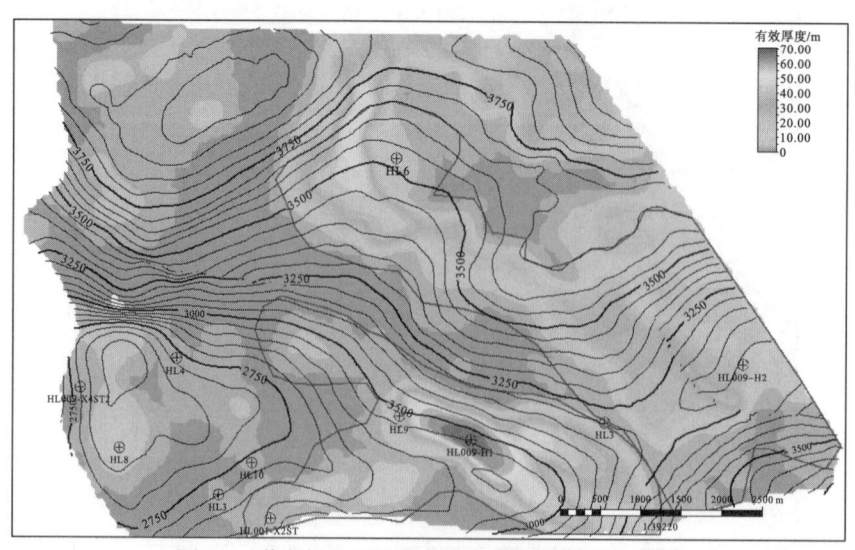

图 4-5 黄龙场地区飞仙关组气藏有效厚度分布图

第四章　气藏容积法地质储量计算

面积 7.74km²，计算地质储量 50.69×10⁸m³；飞仙关组气藏总地质储量在 86.21×10⁸m³（表4-8），与容积法计算地质储量接近。

表 4-8　黄龙场地区飞仙关组气藏地质建模储量计算结果

地质网格计算单元	层位	总体积/10⁶m³	净体积/10⁶m³	原始地质储量/10⁸m³
黄龙9井区	飞三段	863	248	35.29
	飞二段	974	201	0.23
	总计			35.52
黄龙6井区	飞三段	1015	351	48.24
	飞二段	1378	20	2.45
	总计			50.69
总计				86.21

（三）黄龙8井区动态储量计算

由于低含硫黄龙8井区为裂缝性气藏，故本次采用产量累计法计算其储量，计算结果为 0.68×10⁸m³（见第五章第四节）。

（四）储量对比分析

2008年含气面积和有效厚度依据是2005年三维处理解释成果，2014年和本次储量计算均采用2013年三维拼接处理解释成果（图4-6）。本次含气面积和有效厚度与2014年结果接近，本次更多地结合地质模型成果，因此计算结果相差不大。

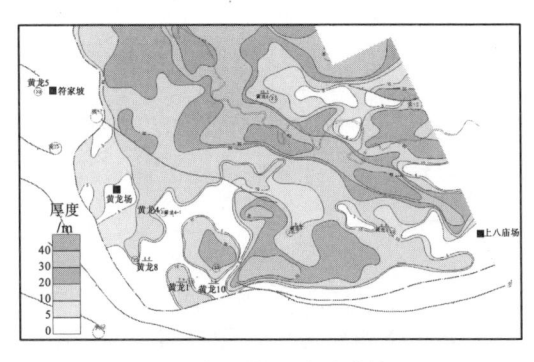

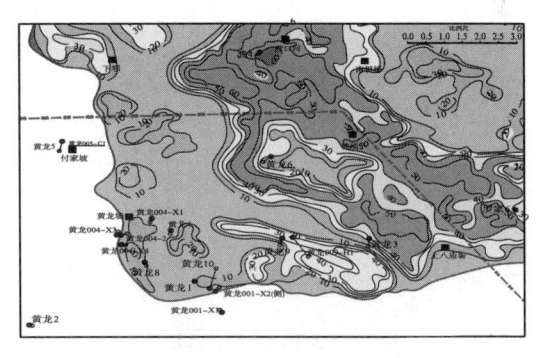

2005年三维处理解释成果　　　2013年三维拼接处理解释成果

图 4-6　黄龙场构造飞仙关组地震预测鲕滩储层厚度图

第三节　容积法储量评价

一、黄龙场构造主高点长兴组气藏储量评价

(1)黄龙场构造已进行三维地震，编制有 1∶5 万的飞四底界构造图、阳顶构造图等系列图件，并经实钻井资料校正，构造形态落实、可靠。

(2)黄龙场主高点二叠系长兴组生物礁气藏已投入开发，主高点区域内有完钻井 10 口，生产井 10 口。各井进行了常规物性、化学分析、薄片分析，为储量计算提供了充分静动态资料。

(3)长兴组测井系列完善，内容有自然伽马、深浅双侧向、补偿声波、补偿中子、补偿密度、地层倾角、裂缝识别等，完全能满足计算孔隙度、饱和度、有效厚度等储量参数的要求。

(4)各井取全、取准了产能、压力及流体性质等资料。通过气藏描述工作，查明了长兴组气藏类型。长兴组集层类型为裂缝－孔隙型储层，气藏类型为构造－岩性气藏。

综合分析黄龙场气田长兴组气藏取得的各项资料、地质认识及勘探开发程度高，动态储量已达到静态储量的 70%，说明本次计算的天然气储量是可靠的，属于已开发探明储量[2]。

二、黄龙场构造飞仙关组气藏储量评价

(1)黄龙场构造已进行三维地震，编制有 1：5 万的飞四底界构造图、阳顶构造图等系列图件，并经实钻井资料校正，构造形态落实、可靠。

(2)黄龙场飞仙关气藏获气井 5 口，有生产井一口，特别是黄龙 009-H1、黄龙 009-H2 井测试产量较大，效果良好。各井进行了常规物性、化学分析、薄片分析，为储量计算提供了较充分的静动态资料。

(3)飞仙关组测井系列完善，内容有自然伽马、深浅双侧向、补偿声波、补偿中子、补偿密度、地层倾角、裂缝识别等，完全能满足计算孔隙度、饱和度、有效厚度等储量参数的要求。

(4)各井取全、取准了产能、压力及流体性质等资料。通过气藏描述工作，查明了长兴组气藏类型。飞仙关组储集层类型主要为裂缝－孔隙型储层，气藏类型为岩性－构造复合气藏。

综合分析黄龙场气田飞仙关组气藏取得的各项资料、地质认识程度较高，已投产的黄龙 009-H1 井区动态储量和容积法储量吻合度达 90%以上，计算的天然气储量基本可靠，达到了探明储量级别[4]。

三、符家坡高点长兴组气藏储量评价

(1)符家坡构造已进行三维地震，编制有 1：5 万的飞四底界构造图、阳顶构造图等系列图件，并经实钻井资料校正，构造形态落实、可靠。

(2)符家坡长兴组测井系列完善，内容有自然伽马、深浅双侧向、补偿声波、补偿中子、补偿密度、地层倾角、裂缝识别等，完全能满足计算孔隙度、饱和度、有效厚度等储量参数的要求。

(3)符家坡长兴气藏有完钻井两口，其中一口井有较好的显示，一口井测试产水，尚未获得气井，也未准确获取产能、压力及流体性质等资料。

综合分析符家坡高点长兴组取得的各项资料认为，符家坡高点长兴组储层是存在的，但未获得气井，目前所计算的储量小，储量级别低，只能作为资源量，还有待于进一步开展工作证实。

四、储量总体评价

根据前面对黄龙场构造储量的计算评价,黄龙场构造目前计算总的地质储量是 $167.45 \times 10^8 m^3$。其中达到探明级别为 $166.31 \times 10^8 m^3$,它们是黄龙场主体构造长兴组气藏 $80.20 \times 10^8 m^3$,黄龙场构造飞仙关组高含硫气藏 $85.43 \times 10^8 m^3$,黄龙场构造飞仙关组低含硫气藏 $0.68 \times 10^8 m^3$;黄龙场构造符家坡高点长兴组气藏为 $1.14 \times 10^8 m^3$,目前只能作为资源量(表 4-9)。

表 4-9 黄龙场地区地质储量情况表

气藏/井区	地质储量/$10^8 m^3$	储量级别
黄龙场主体构造长兴组气藏	80.20	探明
符家坡高点长兴组气藏	1.14	资源量
小计	81.34	
飞仙关组高含硫气藏黄龙 9 井区	38.53	探明
飞仙关组高含硫气藏黄龙 6 井区	46.90	探明
飞仙关组低含硫气藏黄龙 8 井区	0.68	探明
小计	86.11	
合计	167.45	

第五章 气藏生产特征研究

第一节 产能评价研究

一、气井产能方程建立

(一)产能试井解释

产能评价最主要的指标就是无阻流量,要获得准确的无阻流量在生产现场常采用试井的方法。以收集的资料为基础,黄龙场长兴组气藏历年来只对黄龙1、黄龙4井累计进行了4次稳定产能试井,测试数据见表5-1;黄龙场飞仙关组气藏处于开发早期,只对黄龙009-H1井进行了压力恢复试井。

表5-1 黄龙场主体构造长兴组气藏稳定产能试井资料

井号	时间(年-月)	地层压力 P_R/MPa	井底流压 P_{wf}/MPa	产气量 Q_g/($10^4\mathrm{m}^3$/d)
黄龙1	2003-11	41.81	41.05	7.4628
			40.211	11.7372
			33.313	16.1628
			38.338	13.2588
			37.135	23.0752
黄龙1	2004-07	40.663	33.617	8.4
			38.863	11.8
			37.852	16.2
			36.636	20.7
			35.366	23.5
黄龙4	2004-01	42.037	41.027	6.2677
			40.218	3.5854
			33.052	14.2282
			37.363	18.6362
			36.533	23.7568
黄龙4	2004-07	40.371	40.078	6.3
			33.311	10.3
			38.436	13.7
			37.563	18
			36.738	20.8

第五章 气藏生产特征研究

本次研究为了准确地计算气井的无阻流量,采用二项式形式和指数式形式对黄龙 1、黄龙 4 井的稳定产能试井资料进行了分析,利用黄龙场长兴组气藏 4 口气井 20 井次的稳定试井资料进行一点法无阻流量计算 $\left(Q_{\text{AOF}} = \dfrac{6Q_g}{\sqrt{1+48P_D}-1}, Q_{\text{AOF}} = \dfrac{Q_g}{1.0434P_D^{0.6594}}\right)$,将计算结果与稳定试井二项式无阻流量进行对比。分析结果见图 5-1~图 5-4、表 5-2、表 5-3。

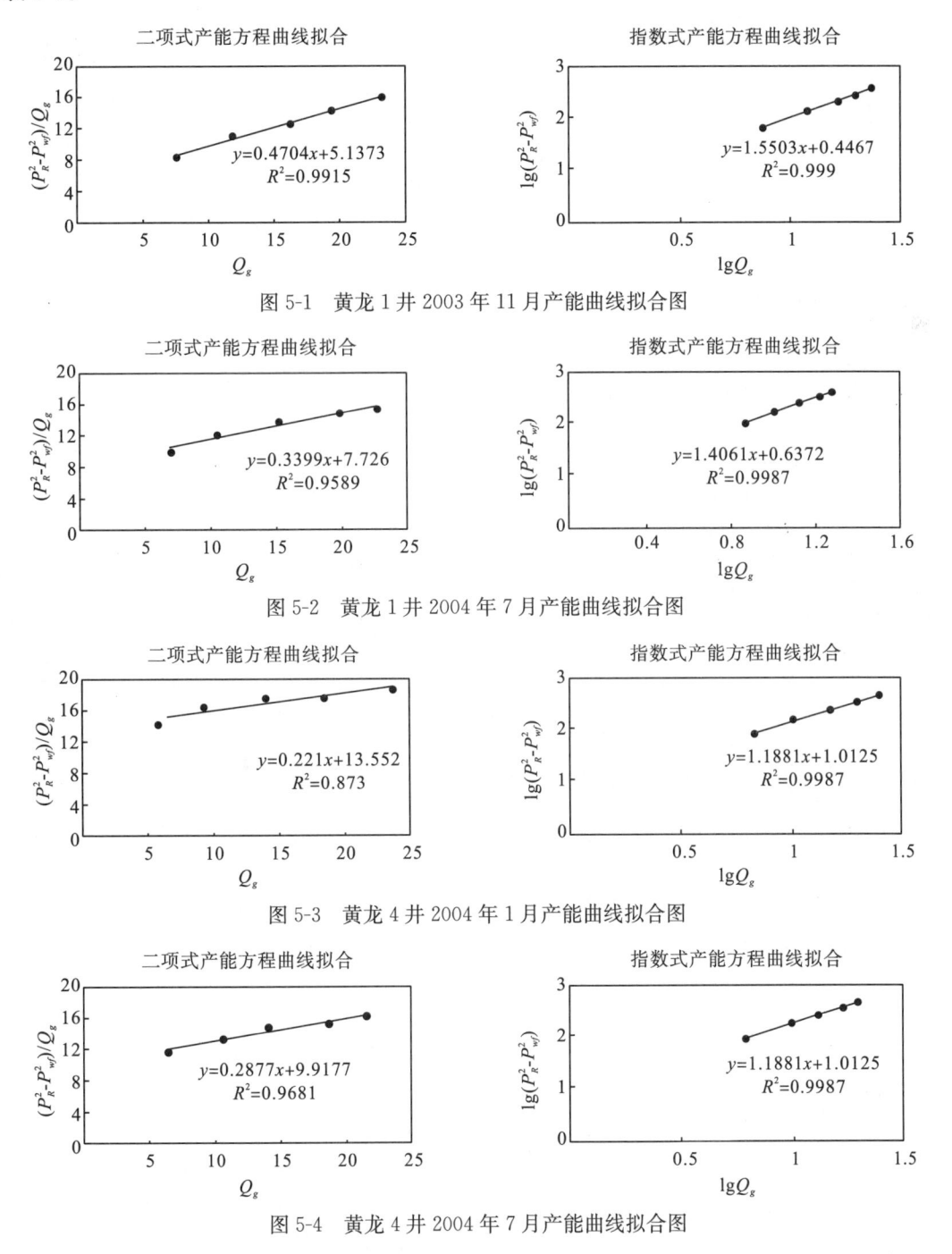

图 5-1　黄龙 1 井 2003 年 11 月产能曲线拟合图

图 5-2　黄龙 1 井 2004 年 7 月产能曲线拟合图

图 5-3　黄龙 4 井 2004 年 1 月产能曲线拟合图

图 5-4　黄龙 4 井 2004 年 7 月产能曲线拟合图

表 5-2　黄龙场主体构造长兴组气藏试井产能解释成果表

井号	测试时间(年-月)		产能方程	$Q_{AOF}/(10^4 m^3/d)$
黄龙 1	2003-11	二项式	$P_R^2 - P_{wf}^2 = 5.1373 Q_g + 0.4704 Q_g^2$	55.74
		指数式	$Q_g = 0.5151(P_R^2 - P_{wf}^2)^{0.6450}$	63.60
	2004-07	二项式	$P_R^2 - P_{wf}^2 = 7.7260 Q_g + 0.3333 Q_g^2$	53.31
		指数式	$Q_g = 0.3522(P_R^2 - P_{wf}^2)^{0.7111}$	75.37
黄龙 4	2004-01	二项式	$P_R^2 - P_{wf}^2 = 13.552 Q_g + 0.2210 Q_g^2$	63.33
		指数式	$Q_g = 0.1405(P_R^2 - P_{wf}^2)^{0.9417}$	76.21
	2004-07	二项式	$P_R^2 - P_{wf}^2 = 3.3177 Q_g + 0.2877 Q_g^2$	61.07
		指数式	$Q_g = 0.2124(P_R^2 - P_{wf}^2)^{0.7319}$	75.37

从表 5-2 可以看出，指数式形式解释结果普遍大于二项式形式解释结果。由于二项式产能方程是从渗流力学方程推导而来的，它对不同地层的实用性及准确程度要高一些；相反，指数式产能方程只是一种经验公式，准确程度相对较差。建议使用二项式形式进行产能试井解释[18]。

(二)一点法产能公式的建立

川东地区求取气井无阻流量主要采用一点法，这种方法只需要一个测点的井底流动压力与相应的产量就可以计算出气井的无阻流量，与常规多点系统试井相比，具有操作简单，测试时间短等优点。对于未安装集输装置的新井来说，为了减少天然气的放空气量，也常常采用一点法对其进行产量测试。在未投产的气井中，有时也采用测试产量直接计算无阻流量。本研究基于已有的稳定产能试井资料可以建立适用于黄龙场长兴组气藏的一点法公式。

根据以上的稳定试井资料，按二项式产能计算方法，分别计算稳定试井的二项式产能截距 A 和方程斜率 B，计算气井无阻流量。再按"一点法"无阻流量公式推导结果，用计算的 A、B 和 Q_{AOF} 的值，通过公式 $a = \dfrac{A}{A + B Q_{AOF}}$ 计算经验参数 a 的值。

对于一口进行稳定试井的气井来说，气井的生产压差与产气量之间的关系，用二项式表示为

$$P_e^2 - P_{wf}^2 = AQ + BQ^2 \tag{5-1}$$

经整理可以得到

$$Q_D = \dfrac{a\sqrt{1 + 4\left(\dfrac{1-a}{a^2}\right) P_D}}{2(1-a)} \tag{5-2}$$

式中

$$P_D = \dfrac{P_e^2 - P_{wf}^2}{P_e^2} \tag{5-3}$$

$$Q_D = \dfrac{Q}{Q_{AOF}} \tag{5-4}$$

$$a = \frac{A}{A + BQ_{AOF}} \tag{5-5}$$

通过计算(表 5-3)得出 a 为 $0.163831 \sim 0.4833$。

表 5-3　黄龙场主体构造长兴组气藏一点法产能公式修正表

井号	测试时间 (年-月)	二项式产能 方程系数 A	二项式产能 方程系数 B	$Q_{AOF}/$ $(10^4 \text{m}^3/\text{d})$	一点法公式 系数 a
黄龙 1	2003-01	5.1373	0.4704	55.74	0.163
黄龙 1	2004-07	7.726	0.3333	23.31	0.277
黄龙 4	2004-01	13.552	0.221	63.33	0.483
黄龙 4	2004-07	3.3177	0.2877	61.07	0.360

本次取值，取 a 的平均值为 0.322，得出表示长兴组气藏的一点法产能公式：

$$Q_{AOF} = \frac{4.2118 Q_g}{\sqrt{1 + 26.1564 P_D} - 1} \tag{5-6}$$

(三)水平井产能方程建立

1. 利用地层参数建立水平气井二项式产能方程

对于非均质气藏，假设非达西渗流发生在近井地带，水平气井的二项式产能方程可以表示为

$$\Psi(P_e) - \Psi(P_w) = A_1 Q_g + B_1 Q_g^2 \tag{5-7}$$

$$A_1 = \frac{P_{sc} T}{\pi K_h h T_{sc}} \left(\ln \frac{a + \sqrt{a^2 - (L/2)^2}}{L/2} + \frac{\beta h}{L} \ln \frac{\beta h}{2\pi r_w} \right) \tag{5-8}$$

$$B_1 = \frac{\beta' \rho_{sc} P_{sc} T}{2\pi^2 r_w L^2 \bar{\mu} T_{sc}} \tag{5-9}$$

式中，$a = \frac{L}{2} \sqrt{0.5 + \sqrt{0.25 + (2R_{eh}/L)^4}}$，$R_{eh} = \sqrt{S/\pi}$，$\beta = \sqrt{K_h/K_v}$。

当 μZ 为常数时，拟压力 $\Psi(P) = \int_0^P \frac{2P}{\mu Z} dP = \frac{1}{\bar{\mu} \bar{Z}} P^2$，则式(5-7)变为

$$P_e^2 - P_w^2 = A Q_g + B Q_g^2 \tag{5-10}$$

式中，$A = \bar{\mu} \bar{Z} A_1$，$B = \bar{\mu} \bar{Z} B_1$；$\bar{\mu}$，$\bar{Z}$ 分别为 P_e 与 P_w 的平均值 $\bar{P}$ 压力下的天然气黏度和偏差因子。方程(5-12)~方程(5-15)使用的均是 SI 制基本单位。方程(5-9)中，$\rho_{sc} = \frac{P_{sc} M}{RT_{sc}} = \frac{28.97 \gamma_g P_{sc}}{RT_{sc}}$，并使用矿场单位制，可得到标准状况下(温度 20℃，压力 0.101325MPa) A、B 的表达式：

$$A = \frac{12.91 \bar{\mu} \bar{Z} T}{K_h h} \left(\ln \frac{a + \sqrt{a^2 - (L/2)^2}}{L/2} + \frac{\beta h}{L} \ln \frac{\beta h}{2\pi r_w} \right) \tag{5-11}$$

$$B = \frac{2.828 \times 10^{-13} \beta' \gamma_g \bar{Z} T}{r_w L^2} \tag{5-12}$$

2. 基于二项式产能方程得到"一点法"改进公式

当 $P_w = P_{sc}$ 时,由式(5-10)可得

$$P_e^2 - P_{sc}^2 = AQ_{AOF} + BQ_{AOF}^2 \tag{5-13}$$

$$Q_{AOF} = \frac{\sqrt{A^2 + 4BP_e^2} - A}{2B} \tag{5-14}$$

式(5-10)除以式(5-13),并忽略 P_{sc} 后,可得

$$\frac{P_e^2 - P_w^2}{P_e^2} = \frac{A}{A + BQ_{AOF}} \frac{Q_g}{Q_{AOF}} + \left(1 - \frac{A}{A + BQ_{AOF}}\right) \left(\frac{Q_g}{Q_{AOF}}\right)^2 \tag{5-15}$$

令 $a = \dfrac{A}{A + BQ_{AOF}}$,有

$$\frac{P_e^2 - P_w^2}{P_e^2} = a \frac{Q_g}{Q_{AOF}} + (1-a) \left(\frac{Q_g}{Q_{AOF}}\right)^2 \tag{5-16}$$

求解得

$$Q_{AOF} = \frac{2(1-a)Q_g}{a\left(\sqrt{1 + \dfrac{4(1-a)}{a^2} \dfrac{P_e^2 - P_w^2}{P_e^2}} - 1\right)} \tag{5-17}$$

一点法产能方程式(5-17)表明,气井的绝对无阻流量与 a 值有关。不同类型气藏有不同的 a 值,众多学者都围绕 a 的取值展开了研究。而冯曦等提出,气井的绝对无阻流量与另一个特征值 C 有关,并推导了直井的 C 值计算公式,该公式适合于小压差条件下的绝对无阻流量计算。本研究进一步推导水平井的 C 值计算公式。

将式(5-14)代入式(5-15)得

$$\frac{P_e^2 - P_w^2}{P_e^2} = \frac{2}{1 + \sqrt{1 + \dfrac{4BP_e^2}{A^2}}} \frac{Q_g}{Q_{AOF}} + \left(1 - \frac{2}{1 + \sqrt{1 + \dfrac{4BP_e^2}{A^2}}}\right) \left(\frac{Q_g}{Q_{AOF}}\right)^2 \tag{5-18}$$

将式(5-11)、(5-12)代入式(5-18),可得

$$\frac{P_e^2 - P_w^2}{P_e^2} = \frac{2}{1 + \sqrt{1 + CK_h^2 P_e^2}} \frac{Q_g}{Q_{AOF}} + \left(1 - \frac{2}{1 + \sqrt{1 + CK_h^2 P_e^2}}\right) \left(\frac{Q_g}{Q_{AOF}}\right)^2 \tag{5-19}$$

其中,系数 C 为

$$C = \frac{4B}{A^2 K_h^2} = \frac{6.79 \times 10^{-15} \beta' \gamma_g h^2}{r_w L^2 \mu^2 ZT \left(\ln \dfrac{a + \sqrt{a^2 - (L/2)^2}}{L/2} + \dfrac{\beta h}{L} \ln \dfrac{\beta h}{2\pi r_w}\right)^2} \tag{5-20}$$

系数 C 可根据实际井产能测试结果统计得到。冯曦等根据川东北飞仙关鲕滩气藏压力恢复试井、稳定试井或修正等时试井解释的地层渗透率及二项式系数 A、B 值,计算了气井的系数 C 值。根据样本井数的统计,系数 C 取值为 0.000434。

孙志道等指出,一点法经验关系式是一种近似值,相关的参数如 a 或 C 是数理统计的结果,只适用于经验数据来源的气藏或同类气藏的气井,应用范围局限在属性相关的区域内。如不加选择地应用,必然带来较大的偏差。结合气藏物质平衡方程,本研究提出了一种新的计算水平气井二项式产能方程的方法,可提高相关系数计算的准确性。

3. 改进水平井二项式系数的产能方法建立

在式(5-11)中，μ，Z，T，h，a，L，r_w，β一般都是已知参数，如果知道储层渗透率K_h，将各参数代入式(5-11)，即可得到二项式产能方程系数A。

在式(5-12)中，系数B与非达西流因子β'有关，文献中常用的β'计算公式为

$$\beta' = 7.644 \times 10^{10}/K^{1.2} \tag{5-21}$$

计算发现，利用储层渗透率K值计算出非达西流因子β'，再计算系数B，计算结果与产能试井得出的系数B有很大的差别，有时相差几个数量级。而气井的产能或绝对无阻流量往往对系数B非常敏感，因此式(5-14)具有很大的局限性。

在缺乏产能试井资料的条件下，结合水平气井二项式产能方程与压降法物质平衡方程，提出了一种新的计算二项式产能系数B的方法。

根据物质平衡方程$\dfrac{P}{Z} = \dfrac{P_i}{Z_i}\left(1 - \dfrac{G_p}{G}\right)$可得

$$P_e = P = \frac{P_i Z}{Z_i}\left(1 - \frac{G_p}{G}\right) \tag{5-22}$$

将式(5-22)代入式(5-10)可得

$$\left[\frac{P_i Z}{Z_i}\left(1 - \frac{G_p}{G}\right)\right]^2 - P_w^2 = AQ_g + BQ_g^2 \tag{5-23}$$

根据生产动态资料，可以计算累积产气量G_p，同时可以利用压降法、弹性二相法等方法计算气藏动态储量G，系数A可以根据储层渗透率按式(5-11)计算，然后通过假定不同的B值，按式(5-23)计算出不同的井底流压P_w，将计算的P_w值与实际P_w值进行拟合，最佳拟合条件下的B值即为所求值[19]。

(四)考虑气液两相流动的产能方程建立

从渗流基本理论出发，建立气液两相流动气井产能模型，通过模型推导与求解，获得考虑气液两相流动的产能方程。建立产能方程对气藏的条件做如下假设。

(1)水平均质等厚无限大圆形气水同层储层，中心一口井。

(2)气水彼此不互溶。

(3)产出全部打开，流体径向流入井内。

(4)地层流体微可压缩，且压缩系数为常数。

(5)流体黏度为常数，考虑气水两相高速非达西渗流，不考虑启动压力梯度。

(6)忽略重力和毛管力的影响。

(7)流体为等温流动。

基于以上假设，得到了考虑气水两相高速非达西渗流的运动方程为

$$\frac{\partial P_w}{\partial r} = \frac{\mu_w}{KK_{rw}}v_w + \beta_w \rho_w v_w^2 \tag{5-24}$$

$$\frac{\partial P_g}{\partial r} = \frac{\mu_g}{KK_{rg}}v_g + \beta_g \rho_g v_g^2 \tag{5-25}$$

式中，K_{rw}、K_{rg}分别为水相和气相的相对渗透率；P_w、P_g分别为水相和气相的压力，MPa；v_w、v_g分别为水相和气相的速度，m/s；μ_w、μ_g分别为水相和气相的黏度，

mPa·s；β_w、β_g 分别为水相和气相的速度系数，m^{-1}；ρ_w、ρ_g 分别为水和气体的密度，kg/m^3。

水相和气相的速度系数为 $\beta_w=\delta/K_w^{1.5}$，$\beta_g=\delta/K_g^{1.5}$，$\delta=7.644\times 10^{10}$，$K_g$、$K_w$ 的单位用 $10^{-3}\mu m^2$。

忽略毛管力的影响，则 $P_w=P_g=P$，令水相、气相的速度分别为

$$v_w=\frac{m_w}{2\pi rh\rho_w}, \quad v_g=\frac{m_g}{2\pi rh\rho_g} \tag{5-26}$$

考虑气水两相拟压力函数的定义：$\Psi(P)=\int\left(\frac{\rho_g K_{rg}}{\mu_g}+\frac{\rho_w K_{rw}}{\mu_w}\right)dP$，并且假设水气质量比 $a=m_w/m_g$，则气体质量流量 $m_g=Q_{sc}\rho_{sc}$，$m_w=aQ_{sc}\rho$ 定解条件：

$$r=r_w, \quad P=P_{wf}, \quad r=r_e, \quad P=P_e \tag{5-27}$$

式中，m_g、m_w、m_t 分别为气、水、气水和的质量流量，kg/s；P_{sc} 为标准状况下气体的密度，kg/m^3；Q_{sc} 为标准状况下气体的体积流量，m^3/s；a 为水气质量比，kg/kg；h 为油层厚度，m；r_e 为气藏半径，r_w 为井眼半径，m；P_{wf} 为井底流压，MPa；P_e 为地层压力，MPa。

结合式(5-24)~式(5-27)得到

$$\int_{P_{wf}}^{P_e}\left(\frac{\rho_g K_{rg}}{\mu_g}+\frac{\rho_w K_{rw}}{\mu_w}\right)dP=\int_{P_{wf}}^{P_e}\frac{\rho_g K_{rg}}{\mu_g}dP+\int_{P_{wf}}^{P_e}\frac{\rho_w K_{rw}}{\mu_w}dP \tag{5-28}$$

由于 $r=r_w$，$p=P_{wf}$，$r=r_e$，$p=P_e$，以上分开计算：

$$\int_{P_{wf}}^{P_e}\frac{\rho_g K_{rg}}{\mu_g}dP=\int_{P_{wf}}^{P_e}\frac{\rho_g K_{rg}}{\mu_g}\frac{\partial P}{\partial r}dP=\int_{r_{wf}}^{r_e}\frac{\rho_g K_{rg}}{\mu_g}\left(\frac{\mu_g}{KK_{rg}}v_g+\beta_g\rho_g v_g^2\right)dr \tag{5-29}$$

将 $v_g=\frac{m_g}{2\pi rh\rho_g}$ 代入上式可得

$$\int_{P_{wf}}^{P_e}\frac{\rho_g K_{rg}}{\mu_g}dP=\int_{r_{wf}}^{r_e}\frac{\rho_g K_{rg}}{\mu_g}\left(\frac{\mu_g}{KK_{rg}}v_g+\beta_g\rho_g v_g^2\right)dr$$

$$=\int_{r_{wf}}^{r_e}\left(\frac{\rho_g K_{rg}}{\mu_g}\frac{\mu_g}{KK_{rg}}\frac{m_g}{2\pi rh\rho_g}+\frac{\rho_g K_{rg}}{\mu g}\beta_g\rho_g\left(\frac{m_g}{2\pi rh\rho_g}\right)^2\right)dr$$

$$=\int_{r_{wf}}^{r_e}\left(\frac{1}{K}\frac{m_g}{2\pi rh}+\frac{\rho_g K_{rg}}{\mu g}\beta_g\rho_g\left(\frac{m_g}{2\pi rh\rho_g}\right)^2\right)dr \tag{5-30}$$

因为 $\beta_g=\frac{\delta}{K_g^{1.5}}$，$K_g=KK_{rg}$，所以 $\beta_g=\frac{\delta}{(KK_{rg})^{1.5}}$

$$\int_{P_{wf}}^{P_e}\frac{\rho_g K_{rg}}{\mu_g}dP=\int_{r_{wf}}^{r_e}\left(\frac{1}{K}\frac{m_g}{2\pi rh}+\frac{\rho_g K_{rg}}{\mu_g}\rho_g\frac{\delta}{(KK_{rg})^{1.5}}\left(\frac{m_g}{2\pi rh\rho_g}\right)^2\right)dr$$

$$=\frac{1}{K}\frac{m_g}{2\pi h}\int_{r_{wf}}^{r_e}\frac{1}{r}dr+\frac{m_g^2}{4\pi^2 h^2}\int_{r_{wf}}^{r_e}\frac{\delta}{\mu_g K^{1.5}K_{rg}^{0.5}r^2}dr \tag{5-31}$$

同理：

$$\int_{P_{wf}}^{P_e}\frac{\rho_w K_{rw}}{\mu_g}dP=\frac{1}{K}\frac{m_w}{2\pi h}\int_{r_{wf}}^{r_e}\frac{1}{r}dr+\frac{m_w^2}{4\pi^2 h^2}\int_{r_{wf}}^{r_e}\frac{\delta}{\mu_w K^{1.5}K_{rw}^{0.5}r^2}dr$$

$$\int_{P_{wf}}^{P_e}\left(\frac{\rho_g K_{rg}}{\mu_g}+\frac{\rho_w K_{rw}}{\mu_w}\right)dP \text{ 均可写为}$$

$$\int_{P_{wf}}^{P_e} \left(\frac{\rho_g K_{rg}}{\mu_g} + \frac{\rho_w K_{rw}}{\mu_w} \right) dP = \frac{1}{K} \frac{m_g + m_w}{2\pi h} \int_{r_{wf}}^{r_e} \frac{1}{r} dr$$
$$+ \frac{m_g^2 + m_w^2}{4\pi^2 h^2} \int_{r_{wf}}^{r_e} \frac{\delta}{K^{1.5}} \left(\frac{1}{\mu_g K_{rg}^{0.5}} + \frac{1}{\mu_w K_{rw}^{0.5}} \right) \frac{1}{r^2} dr \quad (5-32)$$

如果考虑气井的不完善性，假设表皮系数为 S，$m_g = Q_{sc}\rho_{sc}$，$m_w = aQ_{sc}\rho_{sc}$，则

$$\Psi(P_e) - \Psi(P_{wf}) = \frac{1}{K} \frac{(1+a)Q_{sc}\rho_{sc}}{2\pi h} \ln\left(\frac{r_g}{r_w} + S\right)$$
$$+ \frac{(1+a^2)Q_{sc}^2 \rho_{sc}^2}{4\pi^2 h^2} \int_{r_{wf}}^{r_e} \frac{\delta}{K^{1.5}} \left(\frac{1}{\mu_g K_{rg}^{0.5}} + \frac{1}{\mu_w K_{rw}^{0.5}} \right) \frac{1}{r^2} dr \quad (5-33)$$

令 $A = \frac{(1+a^2)\rho_{sc}^2}{4\pi^2 h^2} \int_{r_{wf}}^{r_e} \frac{\delta}{K^{1.5}} \left(\frac{1}{\mu_g K_{rg}^{0.5}} + \frac{1}{\mu_w K_{rw}^{0.5}} \right) \frac{1}{r^2} dr$，$B = \frac{1}{K} \frac{(1+a)\rho_{sc}}{2\pi h} \ln\left(\frac{r_g}{r_w} + S\right)$

从而得到气液两相流动气井的产能方程：

$$\Psi(P_e) - \Psi(P_{wf}) = AQ_{sc}^2 + BQ_{sc} \quad (5-34)$$

二、气井产能计算

(一)长兴组气井产能计算

1. 一点法计算气井产能

黄龙场长兴组气藏含气范围内除黄龙1、黄龙4井外，其余井未进行产能测试。根据完钻测试资料，采用一点法计算，并结合试井解释成果，获得各井初期无阻流量为 $25.52 \times 10^4 \sim 283.40 \times 10^4 \text{m}^3/\text{d}$，单井初期平均无阻流量为 $89.21 \times 10^4 \text{m}^3/\text{d}$。其中黄龙004-2 井和黄龙10井无阻流量相对较高(表5-4)。

表5-4 黄龙场主体构造长兴组气藏一点法产能计算成果表

井号	P_e/MPa	P_{wf}/MPa	$Q_g/(10^4\text{m}^3/\text{d})$	$P_e^2 - P_{wf}^2$/MPa	$(P_e^2 - P_{wf}^2)/P_e^2$/MPa	$Q_{\text{AOF}}/(10^4\text{m}^3/\text{d})$
黄龙1	—	—	—	—	—	55.74
黄龙4	—	—	—	—	—	61.07
黄龙8油	34.60	26.83	18.36	477.45	0.33	33.54
黄龙10	38.73	34.62	65.05	306.13	0.20	180.33
黄龙001-X1	30.34	27.63	15.64	153.37	0.16	43.37
黄龙001-X2	17.67	10.73	13.22	135.77	0.62	25.52
黄龙004-X1	31.36	25.84	43.77	353.37	0.34	84.35
黄龙004-2	34.67	33.61	40.71	72.46	0.06	283.40
黄龙004-X3	23.02	20.87	11.64	34.28	0.17	35.58

根据实际生产状况，地层压力通过动态拟合得到，采用一点法计算2016年6月气井产能见表5-5，产能在 $3.00 \times 10^4 \sim 32.65 \times 10^4 \text{m}^3/\text{d}$，平均 $11.86 \times 10^4 \text{m}^3/\text{d}$。

2. 气液两相流动气井产能方程计算气井产能

根据气藏模拟的结果的地层压力和实际生产情况的水气比为基础,采用气液两相流动气井产能方程,对 2016 年 6 月气井的产能进行计算,计算结果见表 5-6,2016 年 6 月气井无阻流量为 $7.62\times10^4 \sim 66.2\times10^4\text{m}^3/\text{d}$,平均为 $24.26\times10^4\text{m}^3/\text{d}$。

表 5-5 黄龙场主体构造长兴组气藏一点法计算气井产能结果表(2016 年 6 月)

井号	P_e/MPa	P_{wf}/MPa	$Q_g/(10^4\text{m}^3/\text{d})$	$Q_{\text{AOF}}/(10^4\text{m}^3/\text{d})$
黄龙 1	11.28	6.50	5.8	8.29
黄龙 4	8.36	4.51	2.1	3.15
黄龙 8	12.36	4.67	2.6	3.00
黄龙 10	11.09	10.10	10	32.65
黄龙 001-X2	11.09	9.30	4.5	9.67
黄龙 004-X1	10.87	8.12	7.5	12.42
黄龙 004-2	10.46	5.17	17.8	21.89
黄龙 004-X3	11.84	6.94	2.26	3.81
平均				11.86

表 5-6 黄龙场主体构造长兴组气藏气液两相流动气井产能计算结果表(2016 年 6 月)

井号	水气比/$(\text{m}^3/10^4\text{m}^3)$	$Q_g/(10^4\text{m}^3/\text{d})$	$Q_{\text{AOF}}/(10^4\text{m}^3/\text{d})$
黄龙 1	0.12	5.8	19.85
黄龙 4	0.2	2.1	11.5
黄龙 8	0.1	2.6	10.82
黄龙 10	0.1	10.4	36.5
黄龙 001-X2	0.16	4.5	7.62
黄龙 004-X1	0.94	7.5	28.7
黄龙 004-2	0.06	17.8	66.2
黄龙 004-X3	0.83	2.3	12.9
平均	0.31	6.62	24.26

3. 长兴组气井产能确定

采用一点法和气液两相流动气井产能方程的方法,计算出 2016 年 6 月气井的产能,对其取平均值获得气井的 2016 年 6 月产能(表 5-7),2016 年 6 月气井无阻流量为 $6.91\times10^4 \sim 44.05\times10^4\text{m}^3/\text{d}$,平均为 $18.06\times10^4\text{m}^3/\text{d}$。

第五章 气藏生产特征研究

表 5-7 黄龙场主体构造长兴组气藏单井产能表（2016 年 6 月）

井号	一点法 Q_{AOF} /($10^4 m^3$/d)	气液两相流动法 Q_{AOF} /($10^4 m^3$/d)	平均 Q_{AOF} /($10^4 m^3$/d)
黄龙 1	8.29	19.85	14.07
黄龙 4	3.15	11.5	7.33
黄龙 8	3.00	10.82	6.91
黄龙 10	32.65	36.5	34.58
黄龙 001-X2	9.67	7.62	8.65
黄龙 004-X1	12.42	28.7	20.56
黄龙 004-2	21.89	66.2	44.05
黄龙 004-X3	3.81	12.9	8.36
平均	—	—	18.06

(二)飞仙关组气井产能计算

1. 利用压力恢复试井资料计算气井产能

飞仙关组只有黄龙 009-H1 井在生产，黄龙场 009-H1 水平井试井解释的双对数曲线拟合图中（图 5-5），解释结果 $K_h=20.34\text{mD}$，$K_v=3.68\text{mD}$。该井以 $Q=13.5×10^4 m^3$/d 生产时，生产压差仅为 0.101MPa。将 $P_e=39.935\text{MPa}$，$P_w=39.834$ 及 K_h、K_v、Q 代入式(5-8)、式(5-9)计算得系数 $A=0.43$，$B=0.01235$。水平气井的二项式产能方程为 $P_e^2-P_w^2=0.43Q_g+0.01235Q_g^2$，绝对无阻流量为 $342×10^4 m^3$/d。

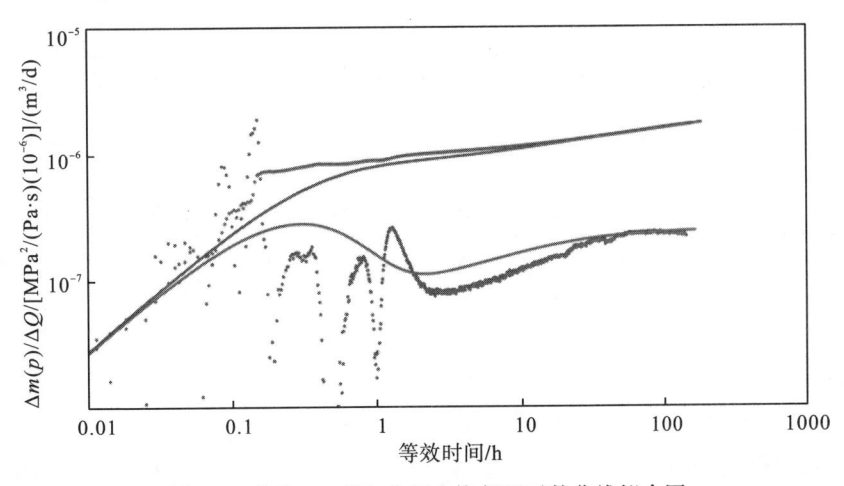

图 5-5 黄龙 009-H1 井压力恢复双对数曲线拟合图

2. 利用"一点法"改进公式计算气井产能

在改进的水平气井二项式产能方程式(5-19)中，根据冯曦等对川东北飞仙关鲕滩气藏气井产能的研究结果，系数 C 取值为 $C=0.000434$，将 C 值代入式(5-20)，得黄龙

009-H1 井的二项式产能方程为 $P_e^2 - P_w^2 = 0.439Q_g + 0.008668Q_g^2$，绝对无阻流量为 $404 \times 10^4 \mathrm{m}^3/\mathrm{d}$。

3. 改进的方法计算气井产能

利用改进的方法计算系数 B，根据式(5-27)、式(5-28)，假定不同的系数 B 值，将计算的 P_w 值与实际 P_w 值进行拟合，拟合结果如图 5-6 所示。当系数 $B=0.0136$ 时，拟合效果最佳，则黄龙 009-H1 井的二项式产能方程为 $P_e^2 - P_w^2 = 0.43Q_g + 0.0136Q_g^2$，绝对无阻流量为 $332 \times 10^4 \mathrm{m}^3/\mathrm{d}$。

4. 飞仙关组气井产能确定

上述三种方法计算的无阻流量如表 5-8 所示，可以看出，与压力恢复试井资料计算结果相比，"一点法"改进公式计算的绝对无阻流量相对误差达 18.1%，而采用本书改进的方法计算绝对无阻流量的相对误差仅为 -3.0%，表明该方法计算的绝对无阻流量具有较高的精度。因此飞仙关组黄龙 009-H1 井绝对无阻流量为 $332 \times 10^4 \mathrm{m}^3/\mathrm{d}$，后期产能预测可用改进的方法进行预测计算。

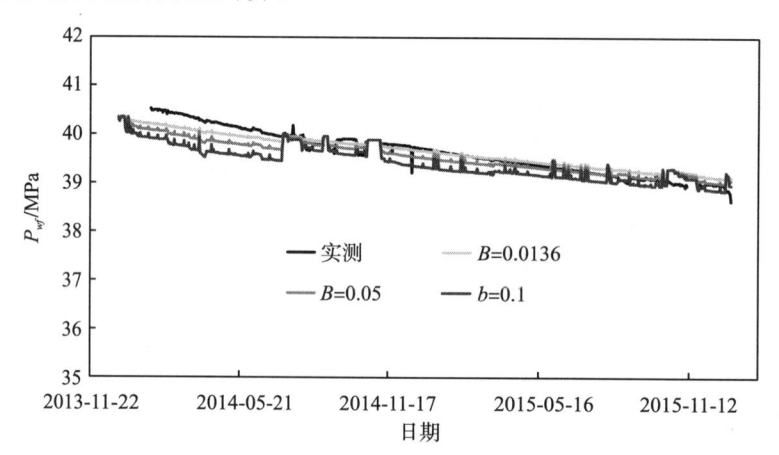

图 5-6　黄龙 009-H1 井二项式产能方程拟合图

表 5-8　黄龙 009-H1 井不同方法计算的绝对无阻流量表

方法	系数 A	系数 B	绝对无阻流量/($10^4\mathrm{m}^3/\mathrm{d}$)	相对误差/%
试井计算	0.43	0.01235	342	—
"一点法"改进公式	0.439	0.008668	404	18.1
改进的方法	0.43	0.0136	332	-3.0

黄龙 009-H1 井通过拟合 2016 年 6 月压力为 38.73MPa，采用上述选定的产能预测方法计算 2016 年 6 月绝对无阻流量为 $316 \times 10^4 \mathrm{m}^3/\mathrm{d}$。

黄龙 009-H2 井 2016 年 6 月测试产量为 $88.17 \times 10^4 \mathrm{m}^3/\mathrm{d}$，地层压力为 40.3MPa，井口压力为 25.6MPa，折算井底流压为 36.67MPa。由于黄龙 009-H2 井未进行过试井，本次研究借鉴黄龙 009-H1 井的"一点法"改进公式和唐海教授总结的水平井产能经验公式分别计算气井产能分别为 $434.64 \times 10^4 \mathrm{m}^3/\mathrm{d}$ 和 $334.39 \times 10^4 \mathrm{m}^3/\mathrm{d}$，平均为 384.52×

第五章 气藏生产特征研究

$10^4 \text{m}^3/\text{d}$，计算结果如表 5-9 所示。

$$Q_{\text{AOF}} = \frac{1.7879 Q_g}{\sqrt{1 + 6.7723 P_D} - 1} \tag{5-35}$$

表 5-9 黄龙 009-H2 井不同方法计算的绝对无阻流量表

方法	绝对无阻流量/($10^4 \text{m}^3/\text{d}$)
"一点法"改进公式	434.64
水平井产能经验公式	334.39
平均产能	384.52

三、气井产能影响因素分析

（一）地层系数气井产能的影响

从气井初期产能的分布来看，产能与地层系数的关系成正相关关系（见表 5-10 和图 5-7），地层系数越大，产能越大。

表 5-10 黄龙场主体构造长兴组气藏气井初期产能与地层系数统计表

井号	$K \cdot H/(\text{mD} \cdot \text{m})$	$Q_{\text{AOF}}/(10^4 \text{m}^3/\text{d})$
黄龙 1	102.95	55.74
黄龙 4	53.50	61.07
黄龙 8	39.29	33.54
黄龙 10	219.78	180.33
黄龙 001-X1	88.92	43.37
黄龙 001-X2	33.15	25.52
黄龙 004-X1	105.93	84.35
黄龙 004-2	462.54	283.4
黄龙 004-X3	54.51	35.58

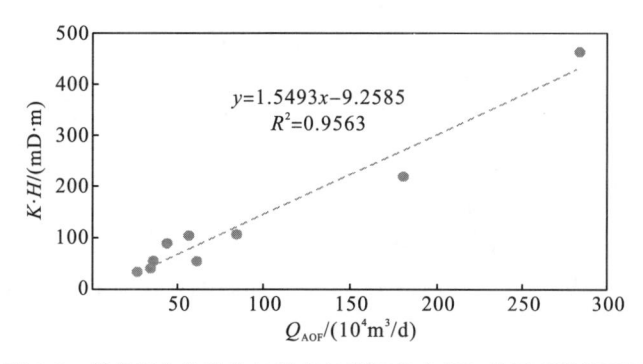

图 5-7 黄龙场主体构造长兴组气藏气井产能与地层系数关系图

(二)储能系数对产能分布的影响

根据长兴组气藏的储能系数分布平面图(图5-8),可以看出产能高的井主要集中分布在储能系数较大的区域。根据气井产能特征(表5-10、图5-9),可得储能系数大于或等于2的井有:黄龙004-2、黄龙10、黄龙004-X1、黄龙4、黄龙1井,这些井的初期产能均大于$50×10^4m^3/d$,为$55×10^4$~$283×10^4m^3/d$,平均产能为$133×10^4m^3/d$;储能系数小于2的井有:黄龙8、黄龙001-X1、黄龙001-X2、黄龙004-X3井,这些井的初期产能均小于$50×10^4m^3/d$,为$25×10^4$~$44×10^4m^3/d$,平均产能为$34.5×10^4m^3/d$。两类井平均产能相差近4倍。

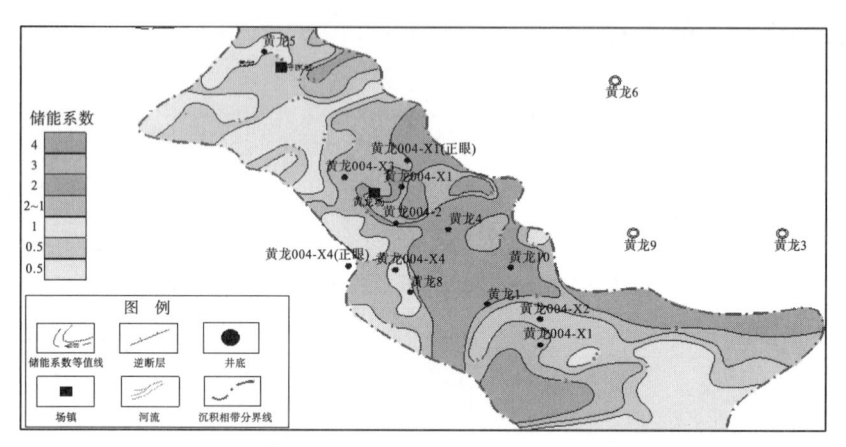

图5-8 黄龙场构造长兴组储能系数平面分布图

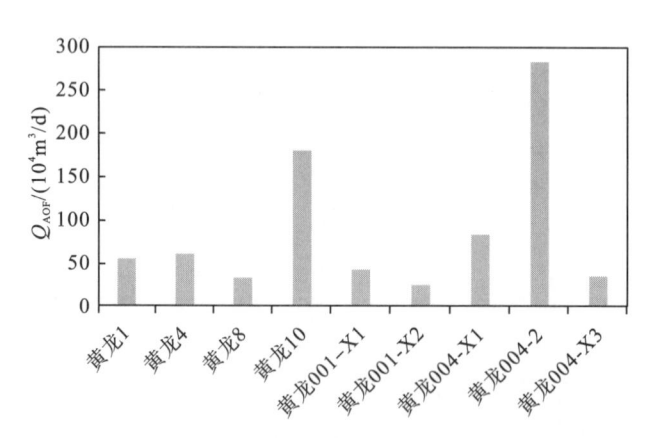

图5-9 黄龙场主体构造长兴组气藏单井产能分布柱状图

(三)产水对气井产能的影响

气井产能的变化,主要受两大因素的影响:一是地层压力的降低;二是气井产水情况的变化。因此本次研究综合考虑地层压力和水气比的大小变化,确定出产能随两者变化的关系[18]。

针对长兴组气藏部分井产水,以气藏平均物性为基础,采用产水气井的产能方程计算不同水气比生产条件下的产能,获得不同水气比下($0.5m^3/10^4m^3$、$2m^3/10^4m^3$、$4m^3/10^4m^3$、

第五章 气藏生产特征研究

$6m^3/10^4m^3$、$8m^3/10^4m^3$、$10m^3/10^4m^3$、$15m^3/10^4m^3$）气藏的产能方程见表 5-11、表 5-12，和不同地层压力下的 IPR 曲线见图 5-10～图 5-13。并获得气藏无阻流量与水气比变化关系函数（图 5-14），以及气藏无阻流量随地层压力变化的关系函数（图 5-15），从图表中可得以下结论。

(1) 水气比的变化对气藏无阻流量影响较大，无阻流量随水气比的增加而下降，水气比从 $0.5m^3/10^4m^3$ 增加至 $15m^3/10^4m^3$，无阻流量下降了 62%。

(2) 无阻流量与地层压力成对数关系下降。

(3) 根据所建立的地层压力和水气比与产能的关系，为气井后期产能计算与预测提供了理论基础。

表 5-11 黄龙场主体构造长兴组气藏产能方程系数计算表

水气比/($m^3/10^4m^3$)	A	B	$Q_{AOF}/(10^4m^3/d)$	下降幅度/%
0.5	1328.898	0.055	37.99	0
2	823.162	0.063	34.51	9
4	818.146	0.073	30.12	21
6	924.453	0.084	26.64	30
8	1093.873	0.094	22.72	40
10	1317.164	0.104	19.68	48
15	2100.779	0.130	14.42	62

表 5-12 黄龙场主体构造长兴组气藏不同水气比和不同地层压力下无阻流量表

地层压力/MPa	不同水气比($m^3/10^4m^3$)条件下 $Q_{AOF}/(10^4m^3/d)$						
	0.5	2	4	6	8	10	15
43	38.0	34.5	30.1	26.6	22.7	19.7	14.4
30	31.7	28.8	25.2	22.2	19.0	16.4	12.0
15	25.9	23.5	20.5	18.2	15.5	13.4	9.8
10	18.3	16.6	14.5	12.8	11.0	9.5	7.0

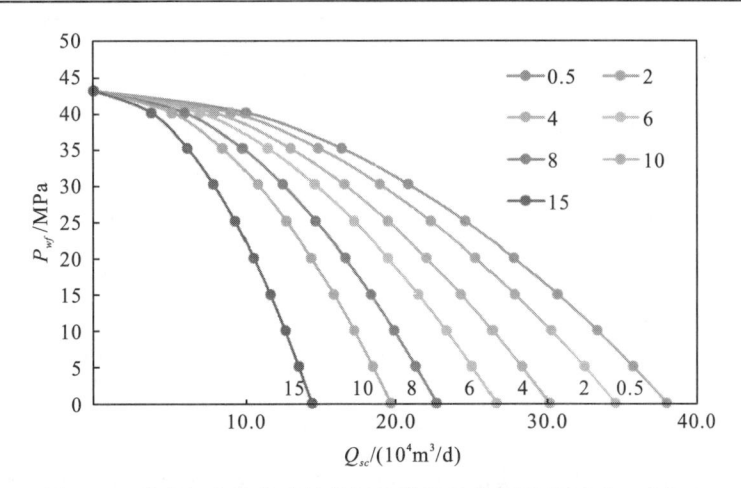

图 5-10 黄龙场主体构造长兴组气藏 IPR 曲线图（压力为 43MPa）

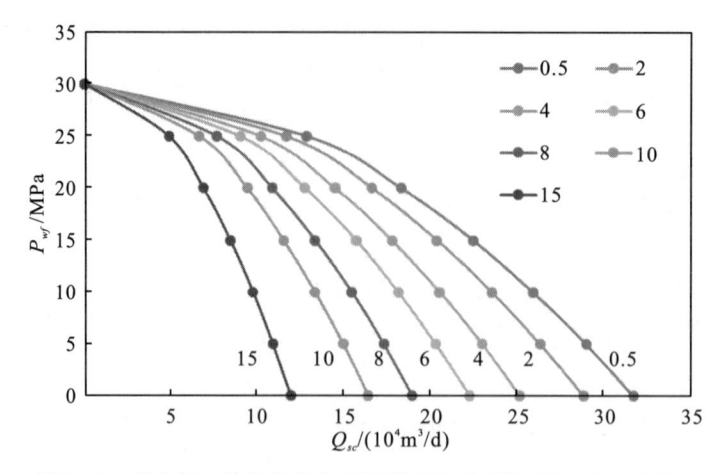

图 5-11 黄龙场主体构造长兴组气藏 IPR 曲线图(压力为 30MPa)

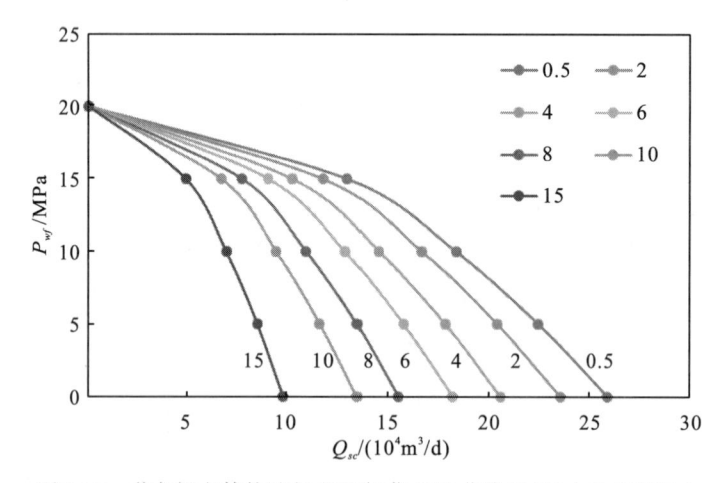

图 5-12 黄龙场主体构造长兴组气藏 IPR 曲线图(压力为 20MPa)

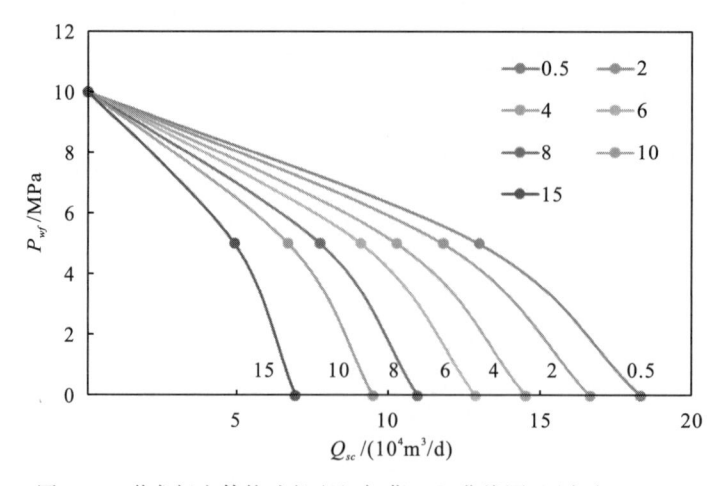

图 5-13 黄龙场主体构造长兴组气藏 IPR 曲线图(压力为 10MPa)

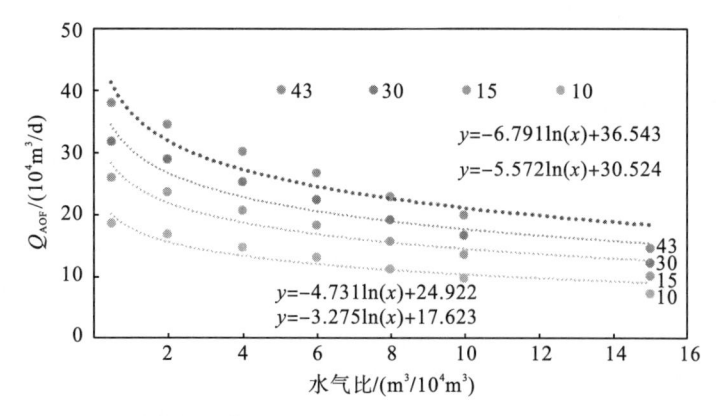

图 5-14　黄龙场主体构造长兴组气藏无阻流量与水气比变化关系

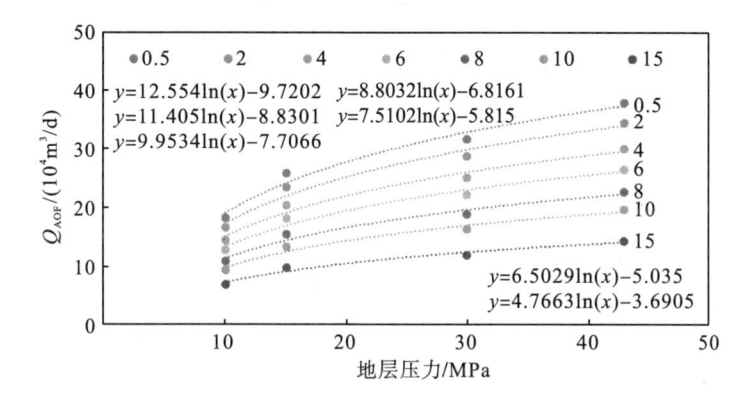

图 5-15　黄龙场主体构造长兴组气藏无阻流量与地层压力变化关系

四、气井的合理配产

对于黄龙场长兴组和飞仙关气藏的合理配产,按照国内外大量气井生产实践基础上总结出来的配产经验方法,按无阻流量的 1/5~1/3 作为气井合理配产,水平井根据情况可按 1/10~1/5 作为气井合理配产。结合"低产高配,高产低配"的依据[20],对气藏进行合理配产(表 5-13),为后期新的开发井配产提供一定的依据。从表中可以得出以下结论。

(1)长兴组气藏单井合理配产为 $2.3×10^4$~$11.01×10^4 m^3/d$,平均为 $4.99×10^4 m^3/d$。

(2)飞仙关组气藏黄龙 009-H1 井可配产 $39.5×10^4 m^3/d$;黄龙 009-H2 井可配产 $38.5×10^4 m^3/d$。

表 5-13　黄龙场构造气藏单井合理配产表

气藏	井号	$Q_{AOF}/(10^4 m^3/d)$	配产依据	$Q/(10^4 m^3/d)$
长兴组	黄龙 1	14.07	1/3	4.69
	黄龙 4	7.32	1/3	2.44
	黄龙 8	6.91	1/3	2.30
	黄龙 10	34.57	1/4	8.64
	黄龙 001-X2	8.65	1/3	2.88

续表

气藏	井号	$Q_{AOF}/(10^4\mathrm{m}^3/\mathrm{d})$	配产依据	$Q/(10^4\mathrm{m}^3/\mathrm{d})$
长兴组	黄龙 004-X1	20.56	1/4	5.14
	黄龙 004-2	44.05	1/4	11.01
	黄龙 004-X3	8.36	1/3	2.79
	平均	—	—	4.99
飞仙关组	黄龙 009-H1	316	1/8	39.5
	黄龙 009-H2	384.52	1/10	38.5

第二节 生产动态特征分析

一、黄龙场主体构造长兴组气藏生产特征分析

长兴组气藏生产始于 2003 年 4 月，初期生产规模为 $25.0\times10^4\mathrm{m}^3/\mathrm{d}$，最高生产规模达 $170.0\times10^4\mathrm{m}^3/\mathrm{d}$，2009 年以后气藏产量开始递减。截至 2016 年 6 月底，气藏有 8 口生产井（黄龙 001-X1 井水淹停产、黄龙 004-X3 井产地层水），平均日产气量为 $45.5\times10^4\mathrm{m}^3$，历年累计产量为 $43.56\times10^8\mathrm{m}^3$。以本次计算的地质储量 $80.20\times10^8\mathrm{m}^3$ 为依据，采出程度为 54.31%。总体上气藏经历了试采、上产、稳产和递减四个阶段（图 5-16）。

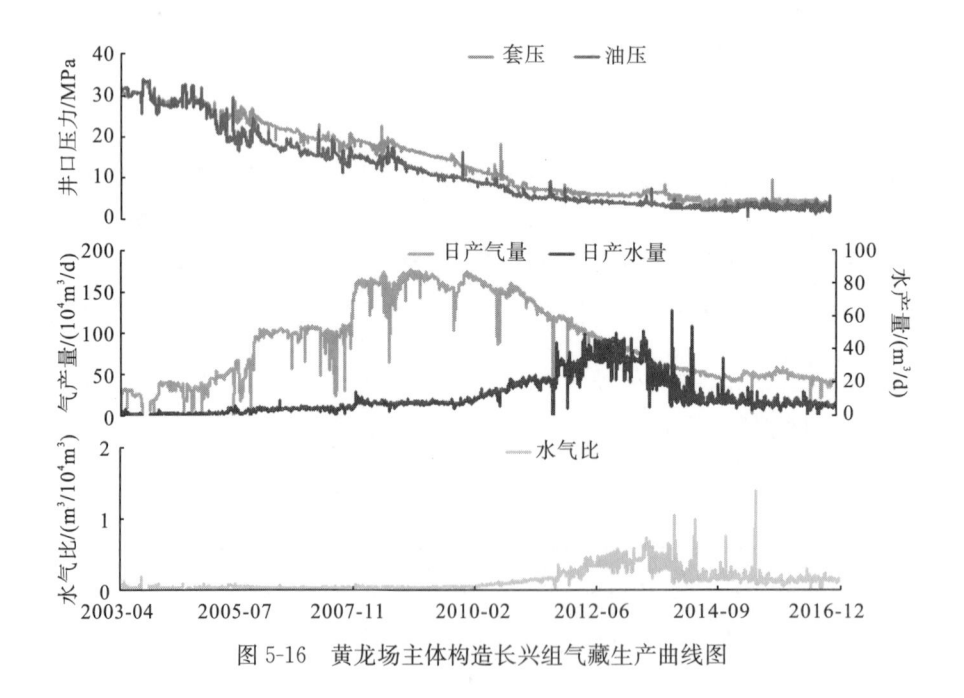

图 5-16 黄龙场主体构造长兴组气藏生产曲线图

第五章 气藏生产特征研究

表 5-14　黄龙场主体构造长兴组气藏生产情况表

生产阶段	时间（年-月）	日产气规模 /10⁴m³	生产井数 /口	阶段产气量 /10⁸m³	历年累产气量/10⁸m³	本次计算地质储量采出程度/%	备注
试采阶段	2003-04～2005-10	25～60	1～3	3.19	3.19	3.98	
上产阶段	2005-11～2007-11	80～160	4～6	7.72	10.91	13.60	
稳产阶段	2007-12～2010-02	150～180	6～10	13.20	24.11	30.06	
递减阶段	2010-03～2016-06	160～45	10～9	19.45	43.56	54.31	2010-10 增压

表 5-15　黄龙场主体构造长兴组气藏气井生产情况统计表

井号	累计产气/10⁸m³	累计产水/m³	累计生产时间/a	日产气 投产初期/10⁴m³	日产气 2016年6月/10⁴m³	2016年6月生产水气比/(m³/10⁴m³)	备注
黄龙1	7.917	4827	13.2	20	5.4	0.15	
黄龙4	6.799	4342	13.2	10	0.3	0.88	
黄龙8	1.169	1976	9.8	3.2	1.0	0.07	
黄龙10	9.966	4712	10.6	34.6	10.5	0.09	
黄龙001-X1	2.940	24050	8.6	14.2			水淹停产
黄龙001-X2	2.007	2271	6.7	8.6	4.2	0.21	
黄龙004-X1	4.976	2691	8.1	20.5	6.3	0.11	
黄龙004-2	5.379	3038	8.7	26.2	16.6	0.06	
黄龙004-X3	1.336	6547	6.6	3.7	1.3	2.33	
黄龙004-X4	1.074	637	3.3	10			转层
合计	43.56	55091			45.5	0.16	

（备注：资料截至 2016 年 6 月 30 日）

对于长兴组气藏生产状况见表 5-14、表 5-15，共有 10 口井进行生产，黄龙 001-X1 井因水淹而停产，黄龙 004-X4 井 2013 年转层开采，截至 2016 年 6 月各井单井累计产气量为 $1.074 \times 10^8 \sim 9.966 \times 10^8 \mathrm{m}^3$，累计产气量为 $43.56 \times 10^8 \mathrm{m}^3$，单井生产中主要表现为以下特征。

（一）开发初期各井整体配产较合理，持续稳定生产，后期增压效果明显

黄龙场长兴组气藏开发初期，各井产量配置合理，能获得持续稳定生产，后期采取增压措施效果明显（图 5-17～图 5-20），主要代表井有黄龙 10、黄龙 1、黄龙 004-X1 井和黄龙 4 井。

黄龙 10 井：自 2005 年 11 月投产，截至 2016 年 6 月，累积产气 $9.966 \times 10^8 \mathrm{m}^3$，从 2005 年 11 月 11 日至 2008 年 7 月 1 日，该井以 $40 \times 10^4 \sim 45 \times 10^4 \mathrm{m}^3/\mathrm{d}$ 的产量生产，稳产近 3 年。自 2010 年 10 月进行增压开采，产量从 $17.4 \times 10^4 \mathrm{m}^3/\mathrm{d}$ 上升到了 $24 \times 10^4 \mathrm{m}^3/\mathrm{d}$，上升了约 $7 \times 10^4 \mathrm{m}^3/\mathrm{d}$，增压效果明显。

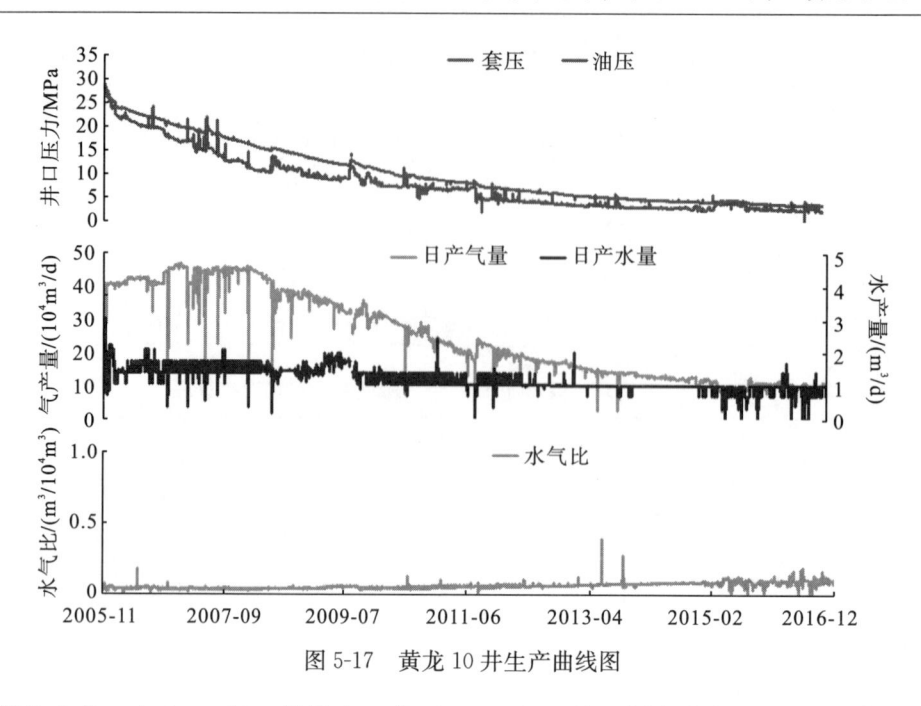

图 5-17　黄龙 10 井生产曲线图

黄龙 1 井：自 2003 年 4 月投产，截至 2016 年 6 月，累积产气 $7.917\times10^8\text{m}^3$，累计产水 4827m^3。该井初期配产 $20\times10^4\text{m}^3/\text{d}$，从 2003 年 12 月至 2006 年 7 月，该井以 $20\times10^4\sim30\times10^4\text{m}^3/\text{d}$ 的产量生产，保持稳产近三年。自 2010 年 10 月进行增压开采，产量从 $13.4\times10^4\text{m}^3/\text{d}$ 上升到 $16.8\times10^4\text{m}^3/\text{d}$，上升了 $3.4\times10^4\text{m}^3/\text{d}$，具有一定的增压效果。

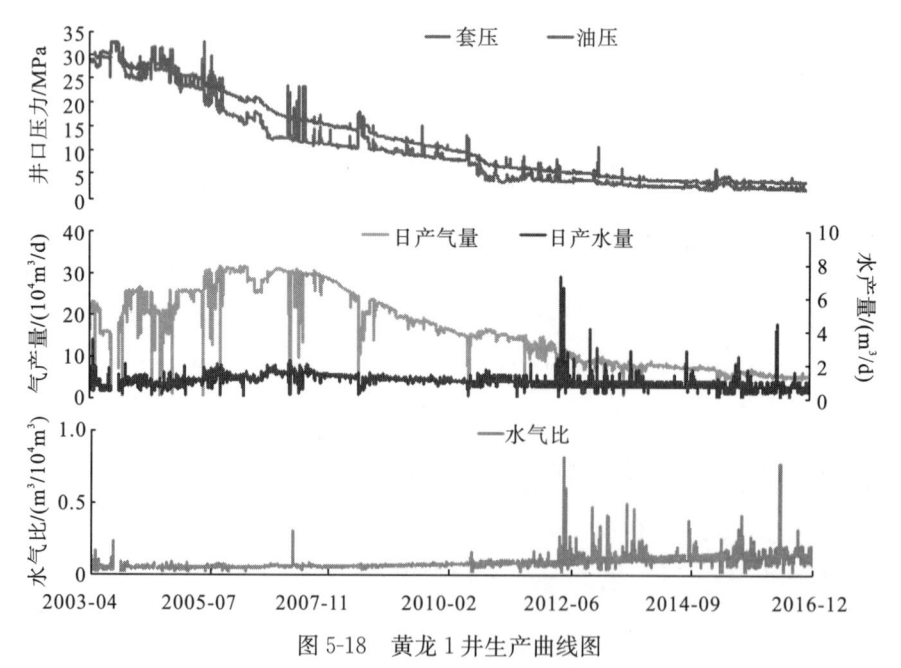

图 5-18　黄龙 1 井生产曲线图

黄龙 004-X1 井：自 2008 年 5 月投产，截至 2016 年 6 月，累积产气 $4.976\times10^8\text{m}^3$，累计产水 2691m^3。该井初期配产 $20\times10^4\text{m}^3/\text{d}$，从 2008 年 5 月至 2010 年 12 月，该井以 $20\times10^4\sim25\times10^4\text{m}^3/\text{d}$ 的产量生产，保持稳产近三年。取得较好的开发效果。

图 5-19 黄龙 004-X1 井生产曲线图

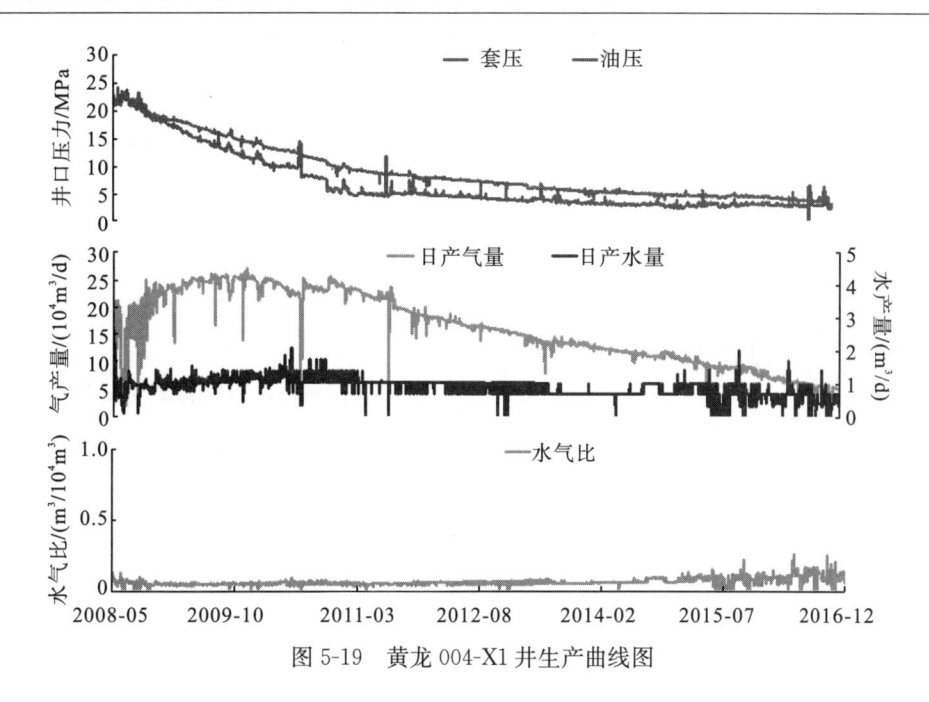

黄龙 4 井：自 2003 年 4 月投产，截至 2016 年 6 月，累积产气 $6.799\times10^8\mathrm{m}^3$，累计产水 $4342\mathrm{m}^3$。2005 年 5 月初期配产 $25\times10^4\mathrm{m}^3/\mathrm{d}$，从 2005 年 5 月至 2008 年 5 月，该井以 $25\times10^4\mathrm{m}^3/\mathrm{d}$ 左右的产量生产，保持稳产近三年。取得较好的开发效果。2010 年 10 月进行增压开采，产量从 $11.2\times10^4\mathrm{m}^3/\mathrm{d}$ 上升到了 $17\times10^4\mathrm{m}^3/\mathrm{d}$，上升了 $5.8\times10^4\mathrm{m}^3/\mathrm{d}$，具有一定的增压效果。

图 5-20 黄龙 4 井生产曲线图

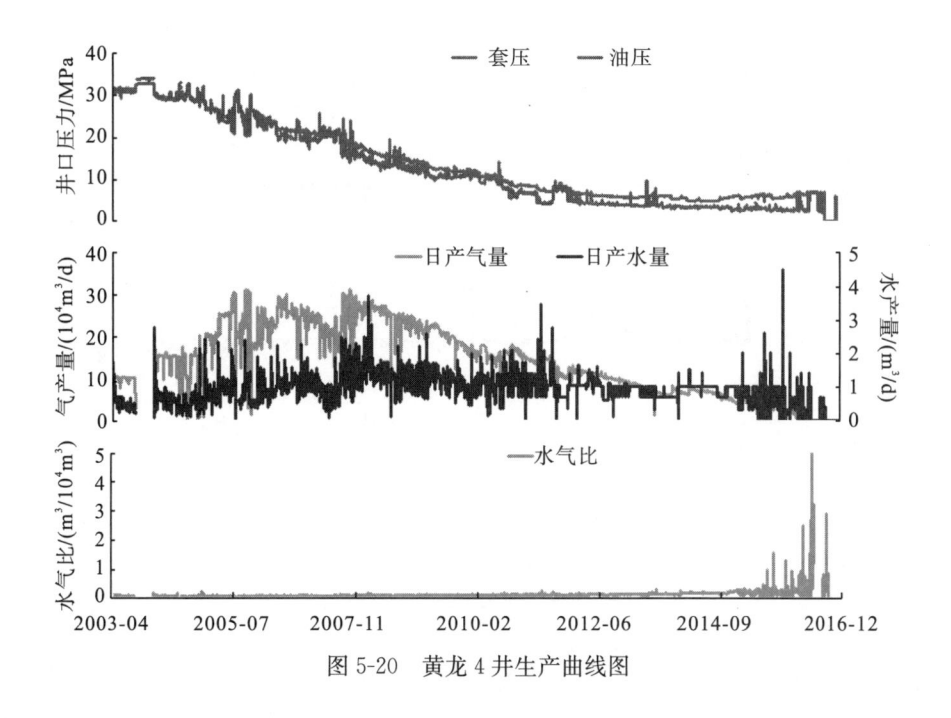

(二)开发初期少数气井配产偏高,油套压下降较快

开发初期少数气井配产偏高,油套压下降较快,气井能在低压下维持稳定生产,如黄龙8、黄龙001-X2井(图5-21~图5-22)。

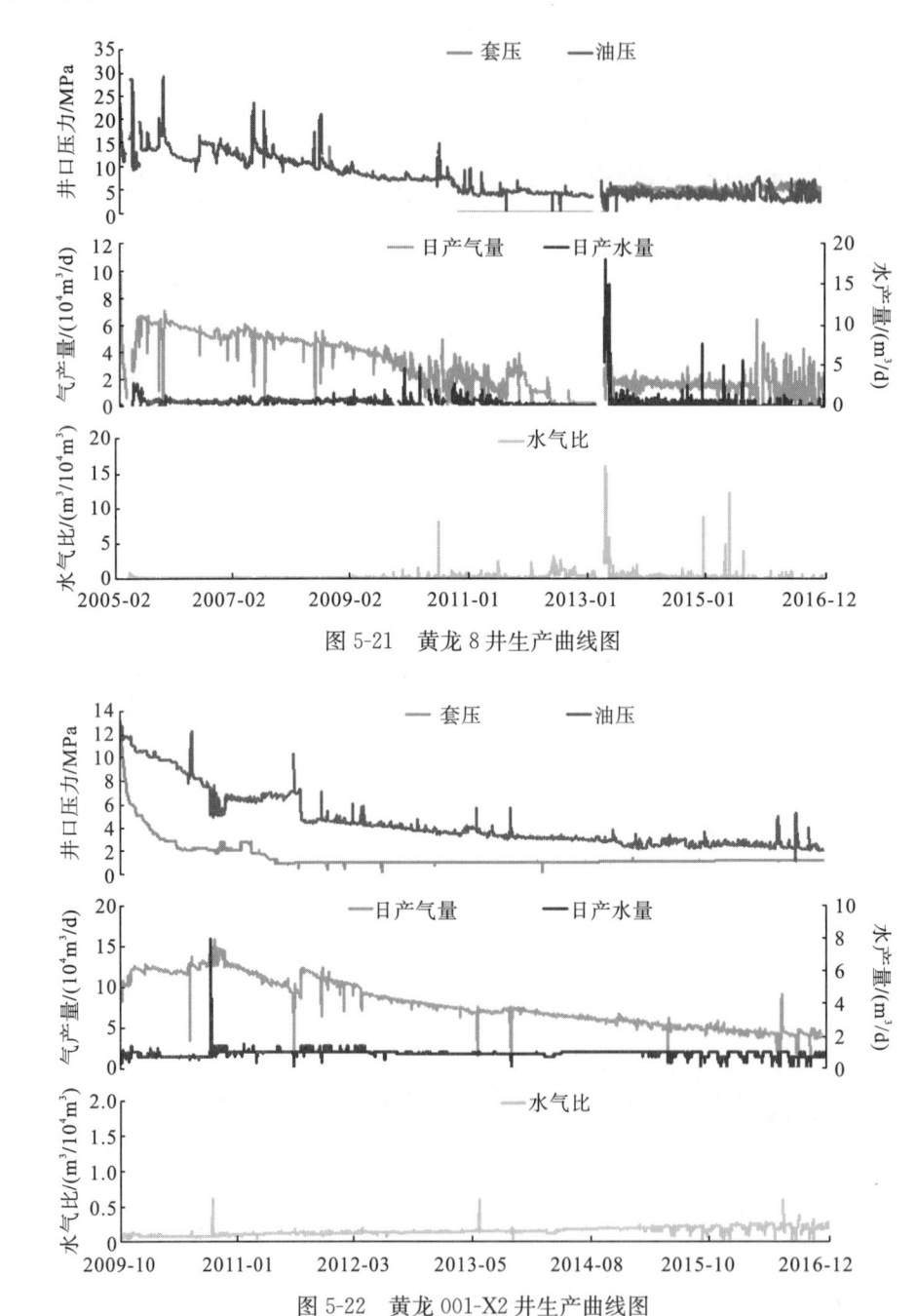

图5-21 黄龙8井生产曲线图

图5-22 黄龙001-X2井生产曲线图

黄龙8井:自2005年2月投产,截至2016年6月,累积产气$1.169×10^8m^3$,累计产水$1976m^3$。该井初期配产$9×10^4m^3/d$。投产20天后,油压从29.6MPa,下降到

13.0MPa，下降了56%。但在后期生产过程中，油压下降缓慢维持在4.0MPa左右，产气量能保持在$1\times10^4\sim2\times10^4\mathrm{m}^3/\mathrm{d}$持续稳定生产。

黄龙001-X2井：自2009年10月投产，截至2016年6月，累积产气$2.007\times10^8\mathrm{m}^3$，累计产水2271m³。该井初期配产$10\times10^4\mathrm{m}^3/\mathrm{d}$。投产20天后，套压从13.2MPa下降到6.4MPa，下降了近50%。但在后期生产过程中，油套压下降缓慢维持在2~4MPa，产气量能保持在$4\times10^4\sim6\times10^4\mathrm{m}^3/\mathrm{d}$持续稳定生产。

（三）气井见水后产量下降，水气比快速上升，导致部分井停产

长兴组气藏存在部分井见水，见水过程中导致气井产量下降，水气比快速上升，部分井停产，见图5-23、图5-24，代表井有黄龙004-X3、黄龙001-X1井。

黄龙004-X3井：自2009年10月投产，截至2016年6月，累积产气$1.336\times10^8\mathrm{m}^3$，累计产水6547m³。该井于2011年2月开始产地层水，产量也从初期的$10\times10^4\mathrm{m}^3/\mathrm{d}$下降到了2016年6月的$1.3\times10^4\mathrm{m}^3/\mathrm{d}$，2016年6月气井生产水气比为$2.33\mathrm{m}^3/10^4\mathrm{m}^3$。

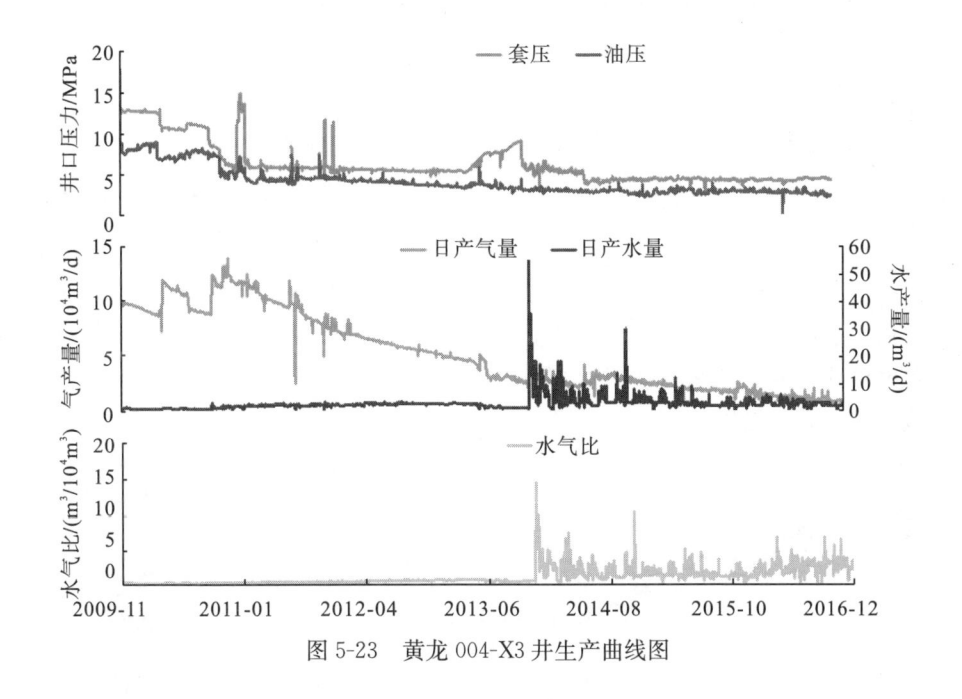

图5-23 黄龙004-X3井生产曲线图

黄龙001-X1井：自2007年11月投产，2016年6月累积产气$2.940\times10^8\mathrm{m}^3$，累计产水24050m³。该井于2010年2月开始产地层水，产气量快速下降，到2011年9月水气比从小于$0.1\mathrm{m}^3/10^4\mathrm{m}^3$快速上升到$2.5\mathrm{m}^3/10^4\mathrm{m}^3$，一直到2013年7月，气井产水量不断增大，水气比最高到$20.6\mathrm{m}^3/10^4\mathrm{m}^3$，后期水气比居高不下维持在$10\mathrm{m}^3/10^4\mathrm{m}^3$左右，产量也不断下降，产量也从初期的$20.0\times10^4\mathrm{m}^3/\mathrm{d}$下降到2013年11月的$0.1\times10^4\mathrm{m}^3/\mathrm{d}$，最终关井停产。

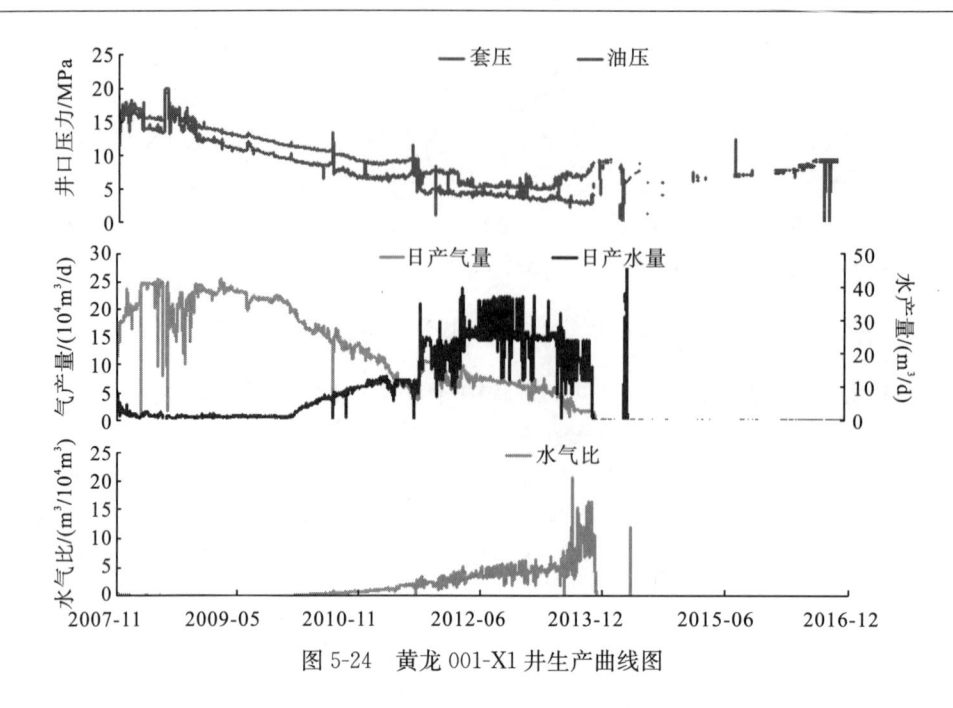

图 5-24　黄龙 001-X1 井生产曲线图

(四)开发中后期部分井实施酸化措施后,增产效果显著

2015 年对黄龙 004-2 井进行了酸化措施,酸化效果良好,生产曲线见图 5-25。该井于 2007 年 10 月投产,截至 2016 年 6 月,累积产气 $5.379 \times 10^8 \mathrm{m}^3$,累计产水 $3038 \mathrm{m}^3$。该井从 2003 年 3 月开始进入递减,由于井下堵塞,2014 年 7 月产量下降为 0。2015 年 3 月进行酸化作业后重新开井,产量上升至 $12.0 \times 10^4 \mathrm{m}^3/\mathrm{d}$,最高时达 $18.4 \times 10^4 \mathrm{m}^3/\mathrm{d}$,并且稳产能力较强,酸化解堵后初期油套压差较小,充分说明该井井筒堵塞导致产量快速下降,酸化解堵后产量恢复。

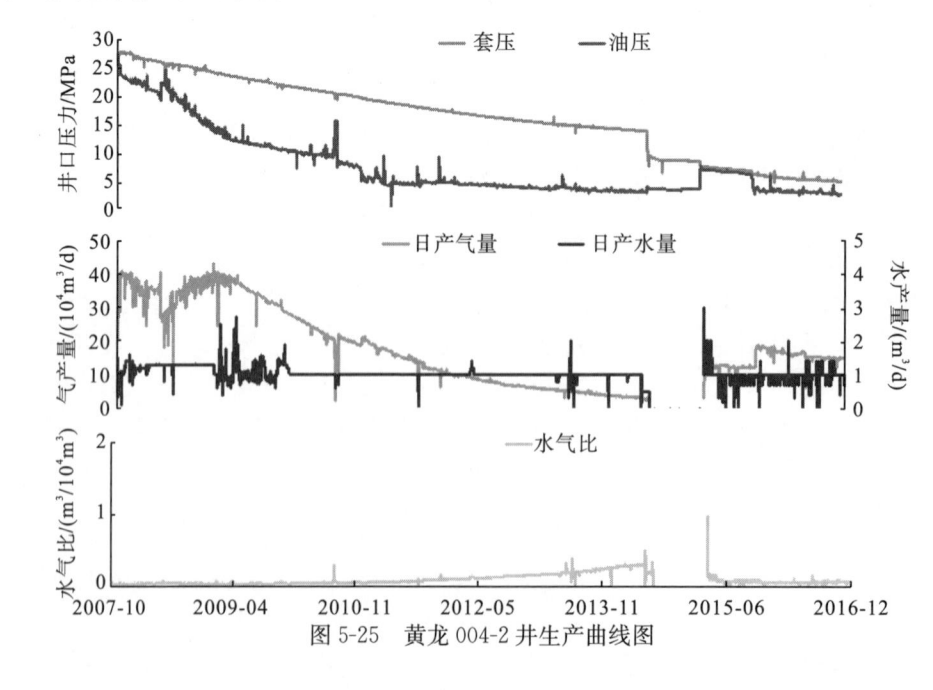

图 5-25　黄龙 004-2 井生产曲线图

二、飞仙关组气藏生产特征分析

黄龙9井区的黄龙009-H1井为高含硫气藏,于2013年12月开井产气,初期生产规模$14.2\times10^4\mathrm{m}^3/\mathrm{d}$,最高生产规模达$21.3\times10^4\mathrm{m}^3/\mathrm{d}$。截至2016年6月,气井平均日产气量为$18.4\times10^4\mathrm{m}^3$,历年累计产气量为$1.30\times10^8\mathrm{m}^3$。从该井生产曲线(图5-26)可以看出气井生产稳定,初期配产仅为无阻流量($332\times10^4\mathrm{m}^3/\mathrm{d}$)的4%,同时井口油压下降也比较缓慢,生产两年后下降了2MPa,下降速率仅为0.08MPa/m。

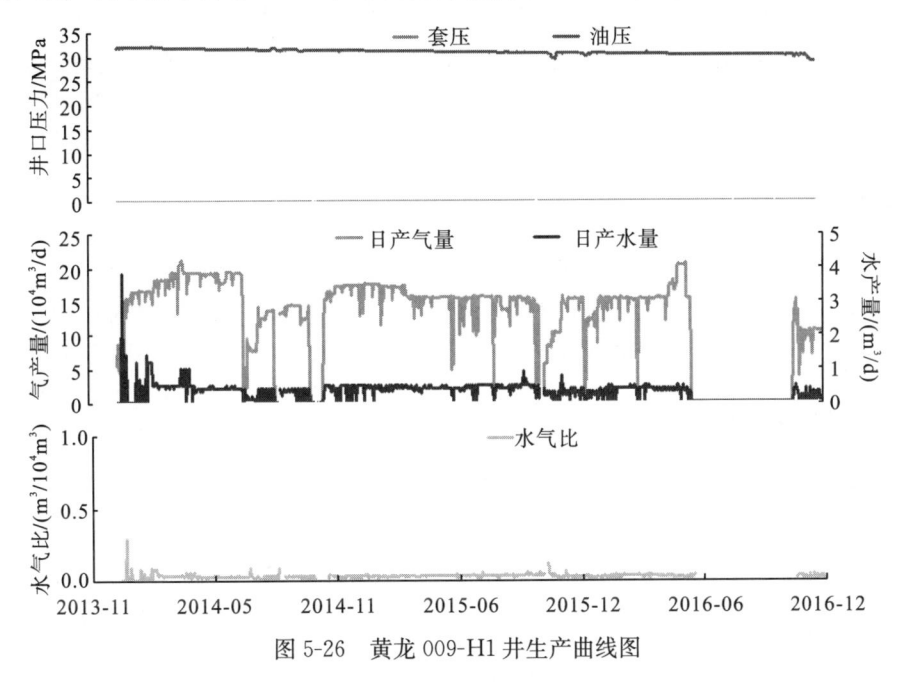

图5-26 黄龙009-H1井生产曲线图

黄龙6井区的黄龙009-H2井为高含硫气藏,测试气井产量为$88.17\times10^4\mathrm{m}^3/\mathrm{d}$,具有较高的产能,目前未进行地面产能建设,投产后将能实现对黄龙6井区的有效开发。

黄龙8井区的飞仙关组气藏微含硫化氢,为裂缝型气藏,目前已基本采完,产量为0,到2016年6月历年累产气量$0.30\times10^8\mathrm{m}^3$,累产水量$34\mathrm{m}^3$。

气藏历年累计采气$1.61\times10^8\mathrm{m}^3$,以本次计算的地质储量$86.11\times10^8\mathrm{m}^3$为依据,采出程度仅为1.87%。

第三节 产量递减规律分析

气田开发全过程大体分为产量上升、产量稳定和产量递减三个阶段。当气井的产量进入递减阶段之后,可根据已取得的产量变化数据,对油气井的产量递减规律作出判断,以便选择合适的预测公式,完成对未来产量变化和最终可能开发指标的预测。

一、ARPS产量递减模型

J. J. ARPS根据矿场实际资料的统计研究,提出了产量递减分析方法,当气井的产量进入递减阶段后,其递减率表示为

$$a = -\frac{1}{Q}\frac{d_q}{d_t} \tag{5-36}$$

不同时刻的产量与递减率之间关系为

$$\frac{a}{a_i} = \left(\frac{Q}{Q_i}\right)^n \tag{5-37}$$

式中，a，a_i 分别为 t 时刻和初期的产量递减率，月$^{-1}$ 或年$^{-1}$；Q，Q_i 分别为 t 时刻和初期的产气量，$10^4 m^3/$月 或 $10^8 m^3/$年；t 为递减阶段与 q 相应的生产时间，月或年；n 为递减指数，无因次。

由公式(5-36)看出：递减率 a 表示产量下降的速度，是一个小数，其单位是时间的导数。ARPS 在总结不同时刻的产量与递减率之间关系后，提出了指数递减($n=0$)、双曲递减($0<n<1$)和调和递减($n=1$)三种类型的递减规律[18,21]。

二、产量递减模型判断

递减指数 n 是判断递减规律的重要指标。当气井进入递减期后，录取产量或累计产量随时间变化的生产数据，采用图解方法，可以判断气井递减规律属于哪一种递减类型。

（一）指数递减（$n=0$）

指数递减期某时刻的产量、累积产气满足：

$$N_p = \frac{Q_i}{a_i} - \frac{1}{a_i}Q \tag{5-38}$$

令 $x=Q$，$y=N_p$，$b_0=\frac{Q_i}{a_i}$，$b_1=-\frac{1}{a_i}$，得到指数递减期的线性回归关系式为

$$y = b_0 + b_1 x \tag{5-39}$$

利用递减阶段数据，对式(5-39)进行回归分析后，求得常系数 b_0、b_1 及相关系数 R，由 b_0、b_1 反求出 a_i、Q_i。

$$a_i = -1/b_1, \quad Q_i = -b_0/b_1 \tag{5-40}$$

（二）调和递减（$n=1$）

调和递减期某时刻的产量、累积产气满足：

$$N_p = \frac{Q_i}{a_i}\ln Q_i - \frac{q_i}{a_i}\ln Q \tag{5-41}$$

令 $x=\ln Q$，$y=N_p$，$b_0=\frac{Q_i}{a_i}\ln Q_i$，$b_1=-\frac{Q_i}{a_i}$，得到调和递减期的线性回归关系式为

$$y = b_0 + b_1 x \tag{5-42}$$

根据递减阶段数据，对(5-42)进行回归分析后，求得常系数 b_0、b_1 及相关系数 R，由 b_0、b_1 反求出 Q_i、a_i。

$$a_i = -\frac{1}{b_1}e^{-b_0/b_1}, \quad Q_i = e^{-b_0/b_i} \tag{5-43}$$

（三）双曲递减（0＜n＜1）

双曲递减方程的求解是产量预测中的难点，也是关键。双曲递减器某时刻的产量、累积产气满足：

$$N_p = \frac{Q_i}{a_i} \frac{1}{1-n} - \frac{Q_i^n}{a_i} \frac{1}{1-n} Q^{1-n} \tag{5-44}$$

令 $x = Q^{1-n}$，$y = N_p$，$b_0 = \frac{Q_i}{a_i} \frac{1}{1-n}$，$b_1 = \frac{Q_i^n}{a_i} \frac{1}{1-n}$，得到双曲线递减期的线性回归关系式为

$$y = b_0 + b_1 x \tag{5-45}$$

三、气藏递减规律分析

黄龙场构造到 2016 年 6 月只有黄龙场主体构造的长兴组气藏进入递减阶段，因此只针对该气藏进行递减规律分析。

（一）气藏整体递减规律分析

长兴组气藏生产始于 2003 年 4 月，初期生产规模 $25.0 \times 10^4 \text{m}^3/\text{d}$，最高生产规模达 $180.0 \times 10^4 \text{m}^3/\text{d}$。2010 年 3 月气藏开始递减，表现为指数递减（图 5-27），月递减率为 2.15％，递减速度较快。

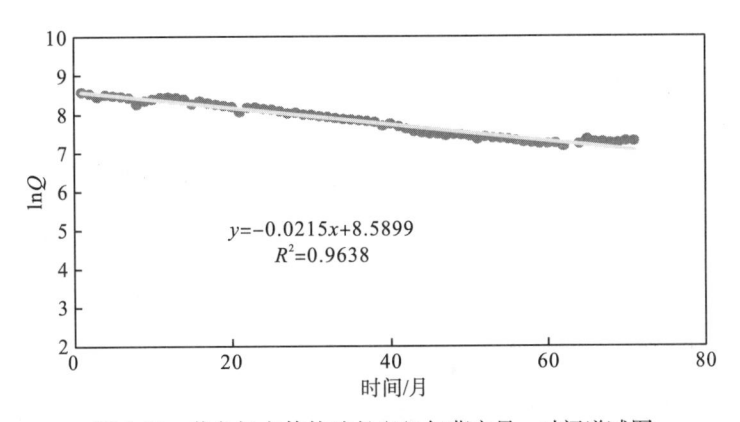

图 5-27　黄龙场主体构造长兴组气藏产量－时间递减图

（二）单井递减规律分析

根据生产的情况，长兴组 8 口气井（除黄龙 8 井、黄龙 004-2 酸化后改善）皆处于递减阶段，具有明显递减特征，其递减规律如表 5-16、图 5-28～图 5-33 所示。从图表中可以看出：

（1）生产井递减类型均为指数递减，月综合递减率为 1.63％～4.24％，平均为 2.17％，递减较快。

（2）黄龙 004-X3 井递减率较高主要是气井产水，受地层水影响严重。

表 5-16　黄龙场主体构造长兴组气藏单井递减规律

井号	递减类型	递减开始时间(年-月)	月递减率/%
黄龙 1	指数递减	2006-12	1.63
黄龙 4	指数递减	2008-03	2.19
黄龙 10	指数递减	2008-09	1.64
黄龙 001-X2	指数递减	2011-09	1.66
黄龙 004-X1	指数递减	2010-12	1.68
黄龙 004-X3	指数递减	2014-09	4.24

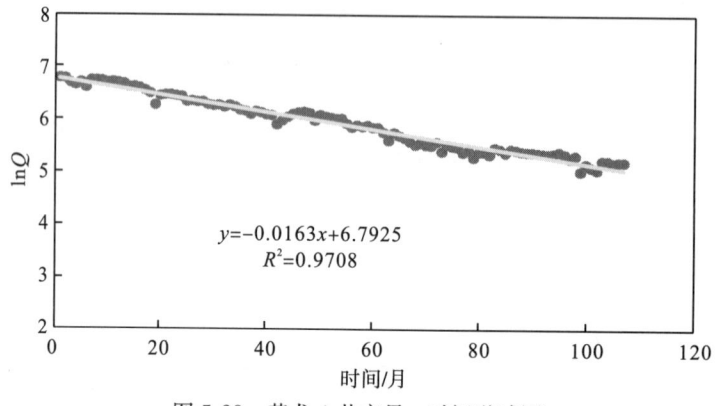

图 5-28　黄龙 1 井产量－时间递减图

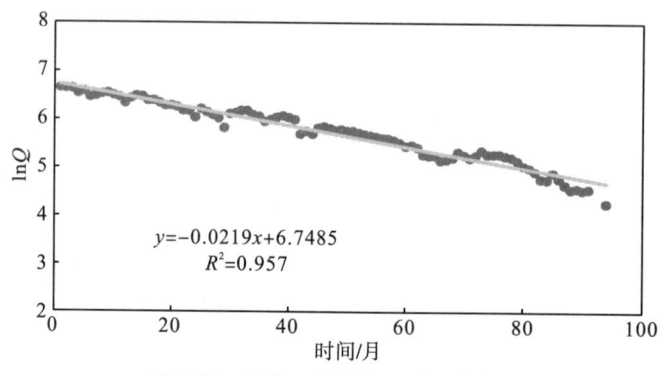

图 5-29　黄龙 4 井产量－时间递减图

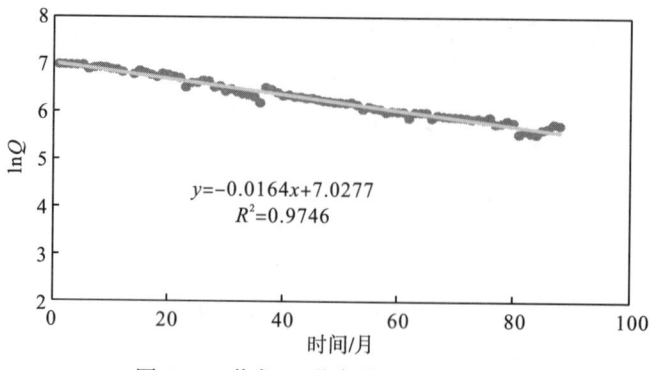

图 5-30　黄龙 10 井产量－时间递减图

第五章　气藏生产特征研究

图 5-31　黄龙 001-X2 井产量－时间递减图

图 5-32　黄龙 004-X1 井产量－时间递减图

图 5-33　黄龙 004-X3 井产量－时间递减图

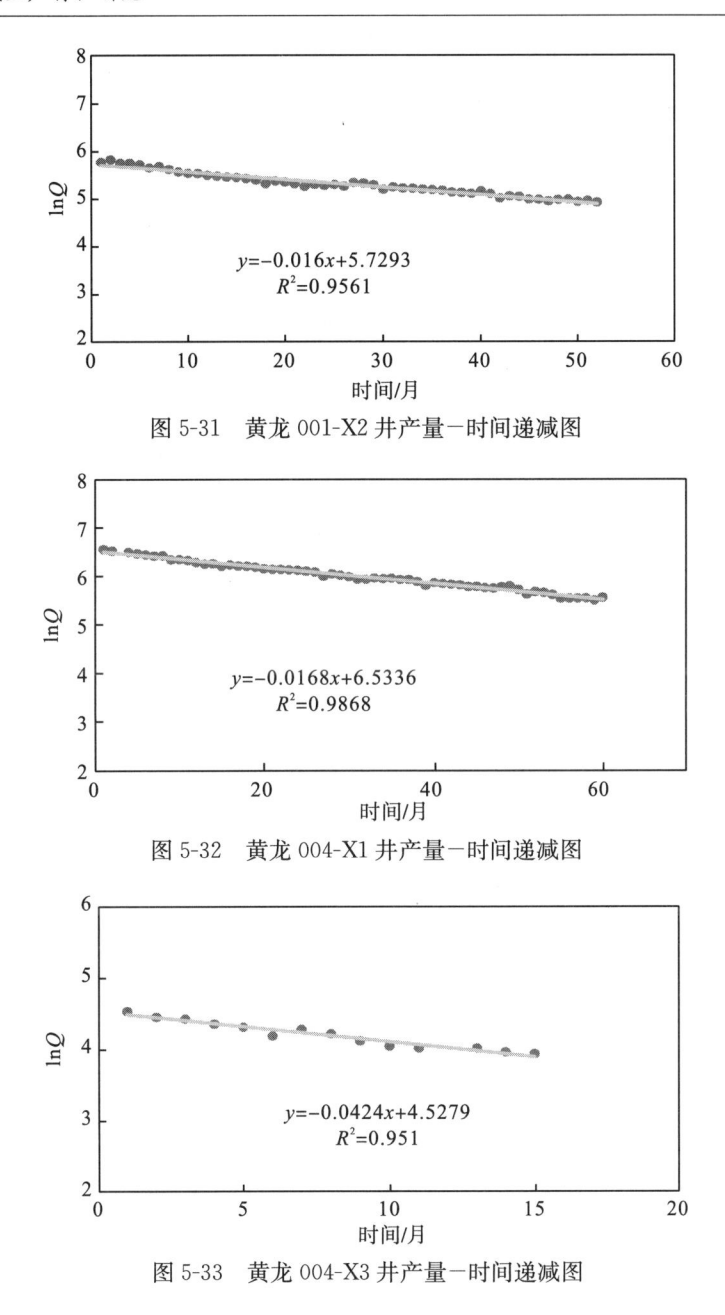

第四节　储量动用程度研究

一、气井动态储量计算

（一）动态储量计算方法优选

动态储量是指地下气体参与渗流的地质储量。处于不同勘探开发阶段的气藏，由于对气藏的认识程度不同，因此采用的储量计算方法也不同。计算气井动态储量常用的方法有压降法、流动物质平衡法、产量不稳定分析法、采气曲线法和弹性二相法等。

压降法：适用于气井开发了一定时间，压力波传到了地层边界，地层压力有了明显降低；对封闭的小气藏或者连通性较好，边底水不活跃的气藏，计算精度较高；对于早期的探井，有两次及以上的关井测压数据。

流动物质平衡法：在物质平衡法的基础上，利用井底压力代替平均地层压力以计算气井控制储量，该方法处理数据简单，不需要关井测压。

产量累积法：根据气井生产资料可以统计出累积产量随时间变化的规律，当气井在无控制的生产条件下或者气藏累积采出程度超过了50%，用该方法计算得到的储量和压降法计算得到的储量比较接近。

采气曲线法：一些特殊的气井，需要长时间生产，不能关井，但却具有稳定试井和生产资料，此时可采用采气曲线法进行气井生产拟合来估算气井控制储量。

弹性二相法：根据渗流机理，对于有界封闭低渗致密砂岩气藏，气井开井后可分为三个流动阶段：①地层线性流阶段或裂缝地层双线性流；②平面径向流动阶段；③稳定流动或边界反映阶段，该阶段又称为弹性二相段。通过绘制气藏弹性二相法压力降落曲线并结合气藏储层岩石和流体的综合压缩系数、地层压力、产量等参数，计算弹性二相法储量。适用条件：压降和产量相对稳定，上下波动不得超过5%。

产量不稳定法：该方法是建立在常规的生产动态资料之上，且很大程度上适应气井工作制度的频繁改变，同时对地层压力测试点的依赖程度较低，因此对于计算低渗气藏储量具有较大优势。

综合分析各类方法的使用条件及优缺点，结合黄龙场地区气藏的生产动态测试资料少、非均质性强、气井工作制度不稳定等特点，在计算气藏动态储量时采用产量不稳定法与流动物质平衡法[18,22]。

(二)方法原理

产量不稳定法是在引入拟等效时间的基础上将变压力、变产量生产数据等效为恒压力、恒产量数据，利用单井的生产历史数据与典型图版进行拟合，计算出气井动态储量，具体思路图5-34所示。常用的产量不稳定分析法包括Fetkovich法、Blasingame法、Transient法、FMB法、NPI法等。其中Blasingame法应用范围较广，其考虑了流体的PVT变化，适用于径向流、裂缝、水平井、拟稳态水驱和多井模型，可用于分析不稳定径向流变井底流压生产的情形。

根据不稳定生产拟合法的原理，应用引进的加拿大Fekete公司开发的RTA软件对生产井压力和产量数据进行分析。软件涵盖了当今世界最实用的储量分析方法，在建模的基础上，引入自动拟合理论，分析和计算各种储层参数以及动态储量。

第五章 气藏生产特征研究

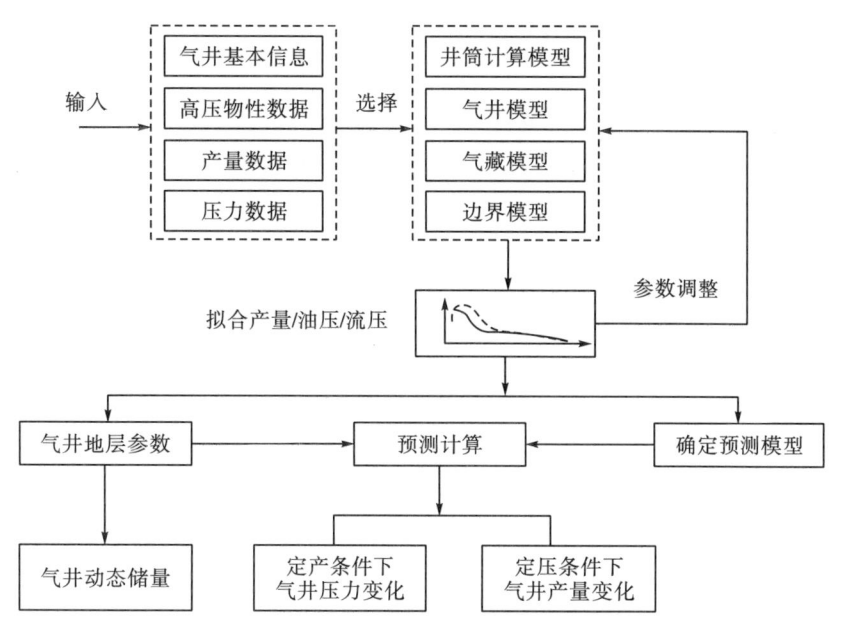

图 5-34 产量不稳定法分析流程

1. Blasingame 法理论简介

对于定容气藏满足：

$$\frac{P}{Z} = \frac{P_i}{Z_i}\left(1 - \frac{G_p}{G}\right) \tag{5-46}$$

式(5-46)对时间求导可得

$$\frac{\mathrm{d}}{\mathrm{d}t}\left(\frac{\overline{P}}{\overline{Z}}\right) = -\frac{P_i}{Z_i}\frac{Q}{G} \tag{5-47}$$

引入拟压力：

$$P_p = 2\int_{p_D}^{p}\frac{P}{\overline{\mu}\overline{Z}}\mathrm{d}P \tag{5-48}$$

和拟等效时间：

$$t_{ca} = \frac{\mu_i C_{gi}}{Q}\int_0^t \frac{Q}{\overline{\mu}\overline{C}_g}\mathrm{d}t \tag{5-49}$$

式(5-47)变形为

$$\frac{\mathrm{d}\overline{P}_p}{\mathrm{d}t} = -\frac{\dfrac{P_i Q \dfrac{2\overline{P}}{\overline{\mu}\overline{Z}}}{Z_i G}}{\dfrac{\overline{P}}{\overline{Z}}C_g} = -\frac{2P_i Q}{Z_i \overline{\mu}\overline{C}_g G} \tag{5-50}$$

对式(5-50)分离变量求积分得

$$\frac{P_{pi} - \overline{P}_p}{Q} = \frac{2P_i}{(\mu C_g Z)_i G}t_{ca} \tag{5-51}$$

同时，对于圆形封闭边界中心一口单相拟稳定流动气井，有

$$\frac{\overline{P}_p - P_{pwf}}{Q} = \frac{1.231 \times 10^3 T}{Kh} \frac{1}{2} \ln\left(\frac{r_e}{r_{wa}} - \frac{3}{4}\right) \tag{5-52}$$

式(5-51)和式(5-52)联立求解得

$$\frac{\Delta P_p}{Q} = \frac{2P_i}{(\mu C_g Z)_i G} t_{ca} + \frac{1.231 \times 10^3 T}{Kh} \frac{1}{2} \ln\left(\frac{r_e}{r_{wa}} - \frac{3}{4}\right) \tag{5-53}$$

令

$$m_a = \frac{2P_i}{(\mu C_g Z)_i G} \tag{5-54}$$

$$b_{a,pss} = \frac{1.231 \times 10^3 T}{Kh} \frac{1}{2} \ln\left(\frac{r_e}{r_{wa}} - \frac{3}{4}\right) \tag{5-55}$$

则

$$\frac{\Delta P}{Q} = m_a t_{ca} + b_{a,pss} \tag{5-56}$$

由式(5-56)可知，$\frac{\Delta P}{Q}$ 与 t_{ca} 在直角坐标系中呈直线关系。因此，根据重整压力 $\left(\frac{\Delta P}{Q}\right)$ 与拟等效时间(t_{ca})关系曲线的直线段斜率(m_a)可反求气井可动态储量(G)，其表达式如下：

$$G = \frac{2P_i}{(\mu C_g Z)_i m_a} \tag{5-57}$$

2. FMB(流动物质平衡)法理论简介

根据渗流力学理论，对于封闭气藏中定产生产井，当处于拟稳定流动时，在任意一点处有

$$P = P_i - \frac{4.242 \times 10^{-3} Q_{sc} \bar{\mu} B_g}{Kh}\left(\lg \frac{r_e}{r} - 0.326\right) - \frac{1.327 \times 10^{-2} Q_{sc} B_g t}{\varphi h C_t r_e^2} \tag{5-58}$$

若考虑流体物性不随时间 t 变化，则上式对 t 求导可得

$$\frac{dP}{dt} = -\frac{1.327 \times 10^{-2} Q_{sc} B_g}{\varphi h C_t r_e^2} = c \tag{5-59}$$

由式(5-59)可知，当气井进入拟稳定渗流状态时，地层各点压降速率相同，即在不同时刻压降漏斗是一系列平行曲线，近似认为视井口压力与视地层压力变化特征相同，则根据视井口压力与累计产气量的关系曲线可确定直线段斜率，然后平移至视原始地层压力点，该直线与横轴的交点即为气井可动态储量如图 5-35 所示。

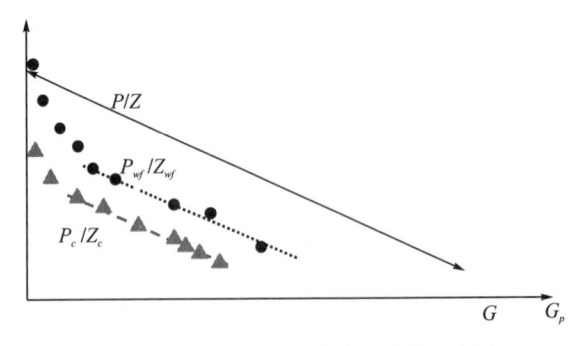

图 5-35 FMB 方法动态储量计算示意图

3. NPI 法简介

在 1993 年，由 Blasingame 首次提出重整压力积分，其目的在于为没有遭受干扰或数据分散时的压降提供一种有效的诊断方法，其中包括重整压力、重整压力积分和压力积分导数。

$$G = \frac{(0.00634)(1.417\mathrm{e}^6)S_g P_i T_{sc}}{\mu_i c_{ti} z_i P_{sc}} \left(\frac{t_{ca}}{t_{DA}}\right)_{\text{match}} \frac{\left(\frac{P_D}{\Delta P_p}\right)_{\text{match}}}{Q} \times 10^3 \tag{5-60}$$

4. AG 法简介

Agarwal 和 Gardner 根据 Fetkovich 和 Palacio-Blasingame 的理论，并应用等效恒速与恒压方法的概念，提出了用于分析生产数据的一种新的递减典型曲线，包括速率－累计产量分析图、速率－时间分析图。

气井的 Q_{DA} 定义如下：

$$Q_{DA} = \frac{1.417 \times 10^6 T}{Kh} \frac{Q}{\Delta P_p} \tag{5-61}$$

而 t_{DA} 为

$$t_{DA} = \frac{0.00634 k t_{ca}}{\pi \varphi \mu_i C t_i} \tag{5-62}$$

$$G = \frac{(0.00634)(1.417\mathrm{e}^6)S_g P_i T_{sc}}{\mu_i c_{ti} z_i P_{sc}} \left(\frac{t_{ca}}{t_{DA}}\right)_{\text{match}} \frac{\left(\frac{Q}{\Delta P_p}\right)_{\text{match}}}{Q_D} \times \mathrm{e}^{-3} \tag{5-63}$$

(三) 动态储量计算

1. 长兴组动态储量计算

采用产量不稳定法和流动物质平衡法对长兴组气藏气井进行动态储量计算，典型拟合分析结果如图 5-36～图 5-43 所示，对动态储量的结果取几种方法的平均值，其结果见表 5-17。由图表可以看出：

(1) 单井动态储量最小值黄龙 8 井为 $2.07 \times 10^8 \mathrm{m}^3$，最大值黄龙 10 井为 $14.36 \times 10^8 \mathrm{m}^3$，平均为 $6.57 \times 10^8 \mathrm{m}^3$，各井动态储量总计为 $65.69 \times 10^8 \mathrm{m}^3$。

(2) 黄龙 1 井和黄龙 10 井表现出较好的开发效果，总动态储量为 $25.74 \times 10^8 \mathrm{m}^3$，占总动态储量 $65.69 \times 10^8 \mathrm{m}^3$ 的 39.18%。

(3) 动态储量最大值与最小值比约为 7，相差较大，说明气藏呈现明显的非均质性。

表 5-17　黄龙场主体构造长兴组气藏单井动态储量统计表　　（单位：$10^8 \mathrm{m}^3$）

井号	BL	AG	NPI	RTA 拟合	流动物质平衡法	平均动态储量
黄龙 1	12.07	12.37	10.3	11.07	11.1	11.38
黄龙 4	9.59	9.28	9.38	9.58	9.06	9.38
黄龙 8	2.08	1.87	1.84	1.84	2.73	2.07

续表

井号	BL	AG	NPI	RTA 拟合	流动物质平衡法	平均动态储量
黄龙 10	13.6	13.81	14.52	13.57	16.32	14.36
黄龙 001-X1	4.91	4.6	4.28	4.8	5.28	4.77
黄龙 001-X2	3.01	3.14	3.13	3.14	3.69	3.22
黄龙 004-X1	6.86	6.45	6.7	7.43	7.16	6.92
黄龙 004-2	7.21	6.65	6.75	6.85	7.81	7.05
黄龙 004-X3	2.79	2.76	2.62	2.65	4.56	3.08
黄龙 004-X4	3.52	3.81	3.16	3.44	3.35	3.46
合计	—	—	—	—	—	65.69

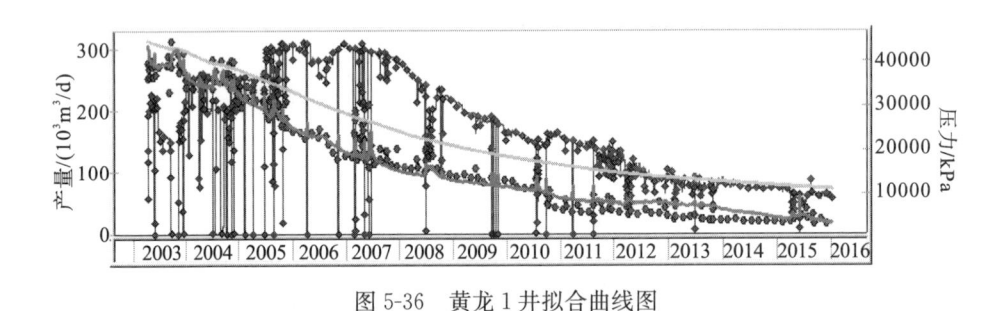

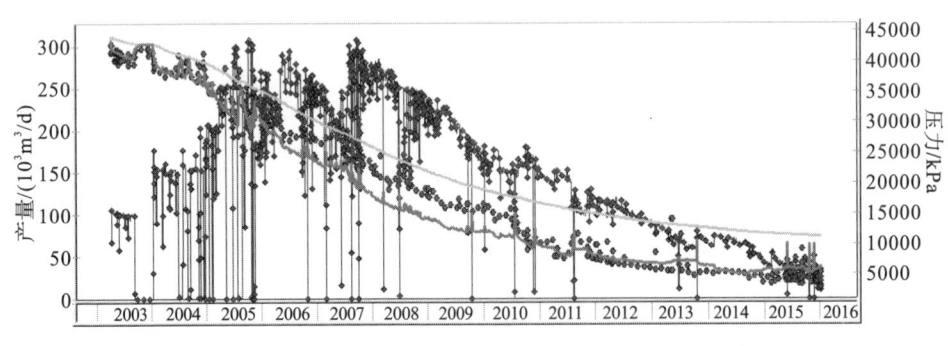

图 5-36　黄龙 1 井拟合曲线图

图 5-37　黄龙 4 井拟合曲线图

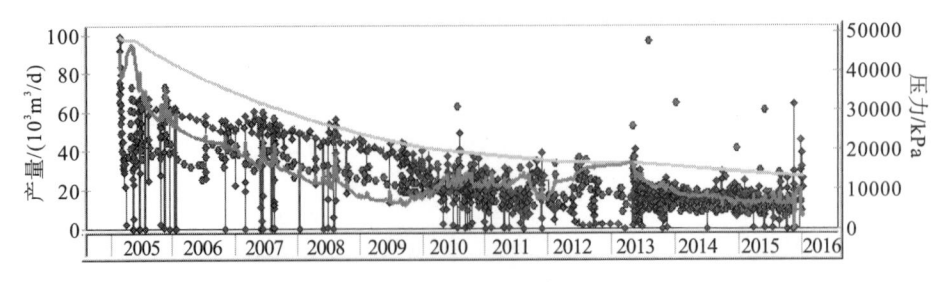

图 5-38　黄龙 8 井拟合曲线图

第五章　气藏生产特征研究

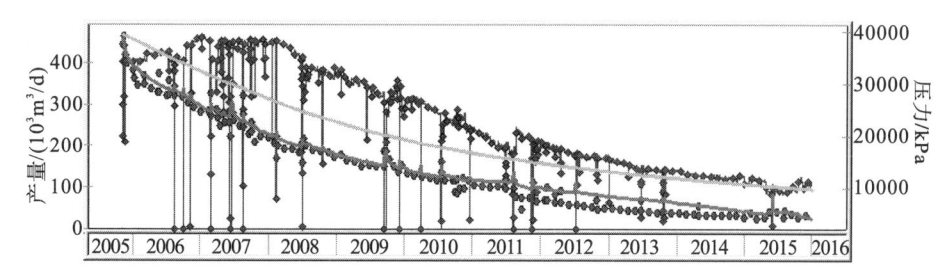

图 5-39　黄龙 10 井拟合曲线图

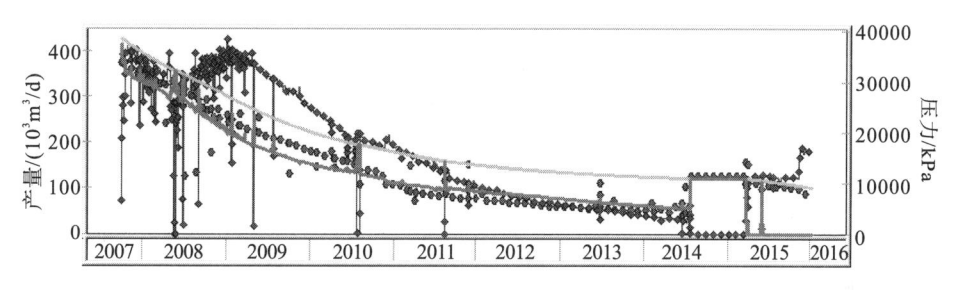

图 5-40　黄龙 004-2 井拟合曲线图

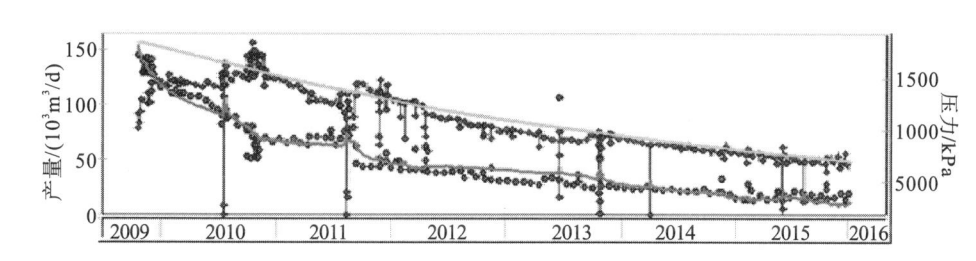

图 5-41　黄龙 001-X2 井拟合曲线图

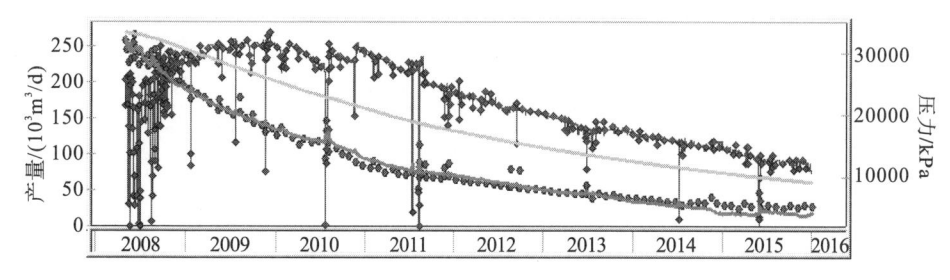

图 5-42　黄龙 004-X1 井拟合曲线图

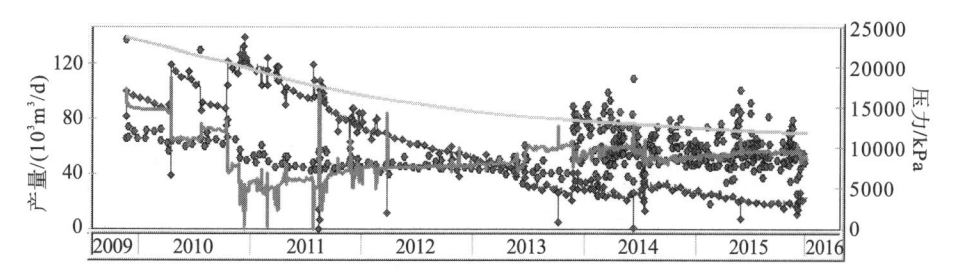

图 5-43　黄龙 004-X3 井拟合曲线图

2. 飞仙关组气藏动态储量计算。

(1)高含硫黄龙 009-H1 井区动态储量计算。飞仙关组高含硫气藏目前只有黄龙 009-H1 井在生产，采用流动物质平衡法(图 5-44)与不稳定拟合法(图 5-45)对其进行动态储量计算，计算结果分别为 $35.90\times10^8\mathrm{m}^3$ 和 $37.59\times10^8\mathrm{m}^3$，取其算术平均值 $36.75\times10^8\mathrm{m}^3$ 作为该井区动态储量。

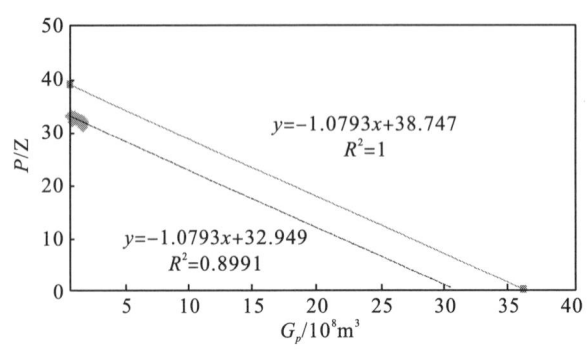

图 5-44　黄龙 009-H1 井 $P/Z\text{-}G_p$ 图

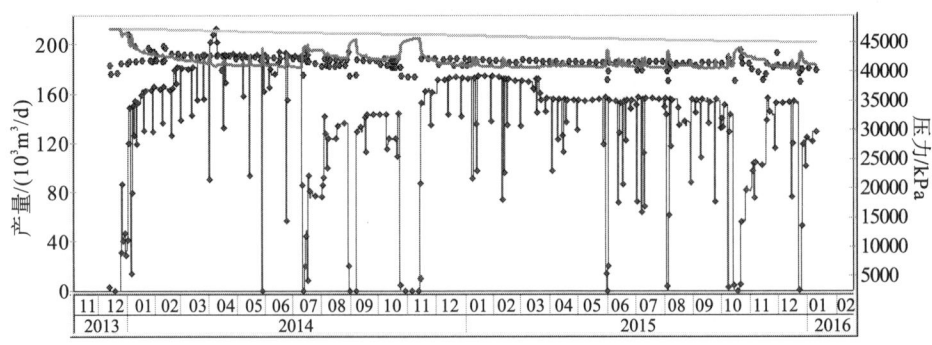

图 5-45　黄龙 009-H1 井拟合曲线图

(2)低含硫黄龙 8 井区动态储量计算。由于低含硫黄龙 8 井区为裂缝性气藏，故采用产量累计法计算该井动态储量，计算结果为 $0.68\times10^8\mathrm{m}^3$(图 5-46)。

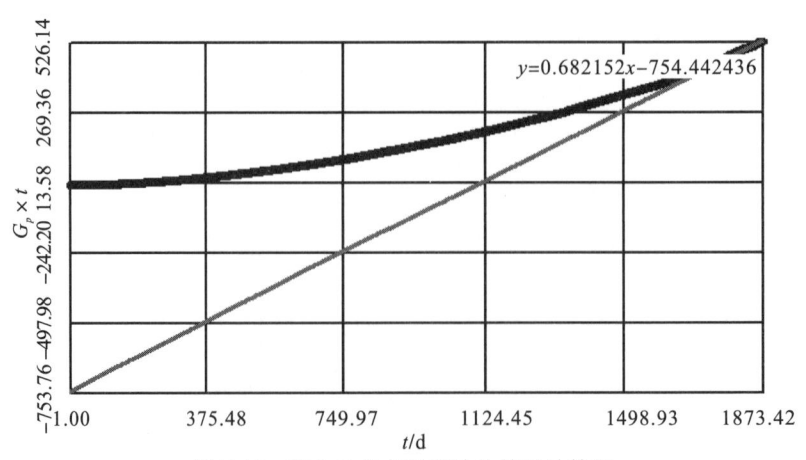

图 5-46　黄龙 8 井产量累计法储量计算图

二、气藏储量动用程度评价

(一)气藏储量动用分布

由于飞仙关组气藏目前只有一口井在生产,故只对黄龙场主体构造的长兴组气藏储量动用分布情况进行分析。

气井动态储量与储层相关物性、沉积相密切相关。根据长兴组气藏气井计算的动态储量,得出气井动态储量如图5-47所示,结合气藏的构造特征,可得高动态储量气井分布在长兴组气藏东部高部位处,总体与地质认识的储层物性基本一致。以动态储量 $5\times10^8\mathrm{m}^3$ 为界限,可得以下结论。

(1)高动态储量分布位置为气藏东部高部位处,形成的井带为:黄龙004-X1井—黄龙004-2井—黄龙4井—黄龙10井—黄龙1井所控制的区域。

(2)相对较低的动态储量井位置为气藏南北两端和气藏西边位置。主要为气藏边部,主要表现为构造低位置、离气水界面近。南端为黄龙001-X2井和黄龙001-X1井,其中黄龙001-X1井产水并停产;北部为黄龙004-X3井,已经产水;西边为黄龙004-X4井和黄龙8井,黄龙004-X4井由于气量小有见水的风险,已转层到嘉陵江组生产。

从动态储量的分布区域来看,符合气藏物性分布,具有较好的一致性,且与产能和储能系数分布基本一致。

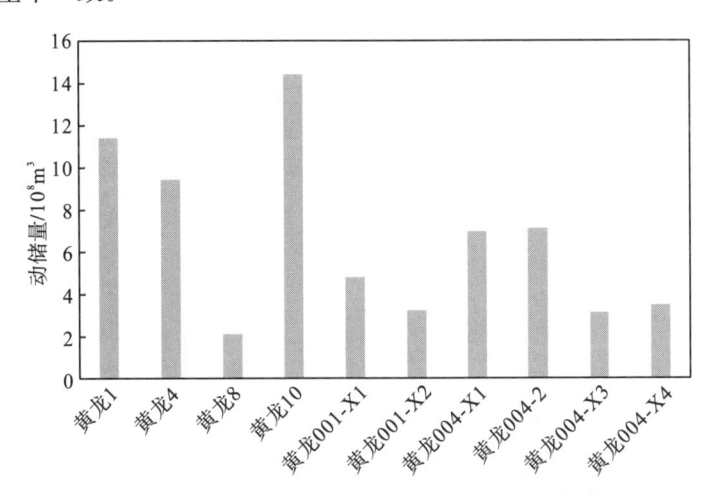

图5-47 黄龙主体构造长兴组气藏各气井动态储量图

(二)气藏储量动用程度评价

根据气藏动态储量计算结果,黄龙场构造目前达到探明储量级别的 $166.31\times10^8\mathrm{m}^3$ 中计算总的动态储量为 $103.12\times10^8\mathrm{m}^3$,气藏储量动用程度见表5-18,总体表现出以下特征。

1. 长兴组气藏动态储量控制程度高

黄龙场主体构造长兴组气藏本次计算地质储量为 $80.20\times10^8\mathrm{m}^3$,所有生产井的动态储量之和为 $65.69\times10^8\mathrm{m}^3$,动用程度为81.91%,具有较高的动用程度,表明长兴组气藏现有井网基本能适应开发的需求。

2. 飞仙关组气藏储量控制程度小，开发潜力大

飞仙关组高含硫气藏（即不包括黄龙 8 井区，下同）本次计算地质储量为 $85.43\times10^8\mathrm{m}^3$，生产井黄龙 009-H1 井区的动态储量为 $36.75\times10^8\mathrm{m}^3$，动用程度为 43.02%，说明气藏的储量动用程度偏低，具有较高的开发生产潜力。

从目前生产情况分析，飞仙关组气藏 5 口井各为独立的压力系统，互不连通。黄龙 8 井区属裂缝型低含硫气藏，动态储量 $0.68\times10^8\mathrm{m}^3$，目前已经生产 $0.30\times10^8\mathrm{m}^3$，全部动用，基本无产能。高含硫气藏黄龙 9 井区（包括黄龙 9、黄龙 009-H1 井）的地质储量为 $38.53\times10^8\mathrm{m}^3$，生产井黄龙 009-H1 井区的动态储量为 $36.75\times10^8\mathrm{m}^3$ 动用程度为 95.38%，动用程度较高；新井黄龙 009-H2 井测试效果较好，但目前未投入开采，该井对井区储量控制程度尚不清楚。

表 5-18　黄龙场地区气藏储量动用程度分析表

层位	地质储量/$10^8\mathrm{m}^3$	动态储量/$10^8\mathrm{m}^3$	动用程度/%
长兴组	80.20	65.69	81.91
飞仙关组高含硫	85.43	36.75	43.02
飞仙关组低含硫	0.68（采用动态储量）	0.68	100
合计	166.31	103.12	62.00

第五节　采收率与剩余可采储量研究

一、采收率预测

气田采收率是指在现有工艺经济技术条件下，从气藏原始地质储量中可以采出气体的百分数。采收率的大小除了与气藏储层性质、气藏类型和驱动能量有关外，还与开发层系划分、井网部署和采气工艺技术等因素有关。

（一）物质平衡法

气藏动态储量采收率估算采用气藏物质平衡方程（压降方程）推导的采收率公式：

$$E_R = 1 - \frac{P_a/Z_a}{P_i/Z_i} \tag{5-64}$$

式中，P_a 为废弃地层压力，MPa；Z_a 为对应于 P_a 的天然气偏差系数；P_i 为原始地层压力，MPa；Z_i 为对应于 P_i 的天然气偏差系数；E_R 为天然气采收率，%。

可见，要确定气藏采收率，关键是确定废弃压力。存在以下方法。

1. 中国石油天然气股份有限公司方法

根据中国石油天然气股份有限公司颁布的《气田可采储量标定方法》，按气藏类型与埋藏深度确定气藏废弃压力。根据标定方法推荐的经验公式：

$$P_a/Z_a = 0.71 + 2.856D \tag{5-65}$$

式中，D 为气藏平均埋藏深度，km。

2. 加拿大方法

加拿大休梅克（Schoemake）对气驱气藏提出了几种埋深经验法计算气藏废弃压力。

(1) 对埋藏较浅的气藏，埋藏深度大致在 1600m 以内，废弃压力约为地层压力的 10%：

$$P_a = 0.1P_i \tag{5-66}$$

式中，P_i 为原始地层压力，MPa。

(2) 一般通用公式为

$$P_a = 0.3515 + 0.0010713H \tag{5-67}$$

式中，H 为全气藏埋深，m。

(3) 原始压力的 10% 加上 0.69MPa 作为废弃压力的近似值：

$$P_a = 0.1P_i + 0.69 \tag{5-68}$$

式中，P_i 为原始地层压力，MPa；H 为全气藏埋深，m。

(4) 按埋藏深度每 1000m 为 2.1703~2.2845MPa 计算：

$$P_a = (2.1703 \sim 2.2845)H \tag{5-69}$$

式中，H 为全气藏埋深，m。

本次选用一般通用公式作为计算废弃压力的加拿大方法。

3. 美国方法

美国比较常用的方法是将气藏原始压力的 15% 作为废弃压力，即：

$$P_a = 0.15P_i \tag{5-70}$$

式中，P_i 为原始地层压力，MPa。

长兴组原始地层压力取 42.6MPa，产层中部井深 4000m，飞仙关组原始地层压力取 42.8MPa，产层中部井深 3600m，采用三种方法计算出长兴组和飞仙关组气藏采收率（表 5-19），得出长兴组气藏采收率为 80%，飞仙关组气藏采收率为 81%。

表 5-19 黄龙场地区物质平衡采收率计算表

序号	方法	采收率/% 长兴组气藏	采收率/% 飞仙关组气藏
1	中国	69	72
2	加拿大	88	90
3	美国	83	83
	平均	80	81

需说明的是：上述理论公式计算的条件相对较理想，只考虑了压缩因子随压力的变化，没有考虑束缚水、黏度变化的影响，也没有考虑随着含水的变化气相渗透率的变化，计算结果偏大。

（二）经验类比法

在气田开发初期，由于动态资料有限甚至缺乏，还可采用类比法或经验公式初步确定采收率。

依据国内行业标准《天然气可采储量标定方法》（SY/T 6098—2010），不同类型气藏采收率差异很大，如常规气驱气藏采收率可达 70%～90%；低渗透气藏采收率为 30%～50%；特低渗透气藏采收率小于 30%（表 5-20）。

无水气藏和地层水不活跃的弹性气驱气藏采收率一般为 70%～90%。黄龙场长兴组和飞仙关组气藏，由于存在边底水，采收率取其下限值为 $E_R=70\%$。

表 5-20　天然气采收率推荐参考表（SY/T 6098—2010）

驱动类型	水侵替换系数	废弃相对压力	采收率范围	开采特征
气驱	0	≥0.05	0.7～0.9	无边、底水存在，多为封闭型的多裂缝系统、断块、砂体或异常压力气藏，整个开采过程中无水侵影响，为弹性气驱特征
低渗	0～0.1	≥0.5	0.3～0.5	储层基质渗透率 $K\leqslant1\mathrm{mD}$，裂缝不太发育，横向连通较差、生产压差大、单井产量 $<3\times10^4\mathrm{m}^3/\mathrm{d}$，较少出现水侵
特低渗	0～0.1	≥0.7	<0.3	储层基质渗透率 $K\leqslant0.1\mathrm{mD}$，裂缝不发育，无增产措施一般无工业产能、横向连通非常差、生产压差大、单井产量 $<1\times10^{-4}\mathrm{m}^3/\mathrm{d}$，极少出现水侵

（三）最终采收率的确定

综合上述方法计算的气藏采收率取其算术平均值，可以获得黄龙场长兴组和飞仙关组气藏采收率分别为 75% 和 75.5%。

二、可采储量计算

利用地层废弃压力推测的采收率，根据可采储量计算公式[式(5-71)]可得到气藏的可采储量：

$$G_R = E_R G_i \tag{5-71}$$

式中，G_R 为气藏的可采储量，$10^8\mathrm{m}^3$；E_R 为气藏采收率，%；G_i 为气藏原始地质储量，$10^8\mathrm{m}^3$。

通过计算得出黄龙场构造达到探明级别的 $166.31\times10^8\mathrm{m}^3$ 储量中的技术可采储量为 $125.16\times10^8\mathrm{m}^3$，到 2016 年 6 月累产气量 $45.16\times10^8\mathrm{m}^3$，剩余技术可采储量 $80.00\times10^8\mathrm{m}^3$。具体如下：

黄龙场构造技术可采储量 $125.16\times10^8\mathrm{m}^3$。其中：黄龙场主体构造长兴组气藏可采储量为 $60.15\times10^8\mathrm{m}^3$；飞仙关组高含硫气藏可采储量为 $64.50\times10^8\mathrm{m}^3$；飞仙关组低含硫气藏（黄龙 8 井区）为 $0.51\times10^8\mathrm{m}^3$。

黄龙场构造剩余技术可采储量 $80.00\times10^8\mathrm{m}^3$。其中：黄龙场主体构造长兴组气藏剩余可采储量为 $16.59\times10^8\mathrm{m}^3$；飞仙关组高含硫气藏剩余可采储量为 $63.20\times10^8\mathrm{m}^3$；飞仙关组低含硫气藏（黄龙 8 井区）剩余可采储量为 $0.21\times10^8\mathrm{m}^3$（表 5-21）。

表 5-21　黄龙场地区可采储量计算表　　（单位：$10^8\,\mathrm{m}^3$）

气藏	区块	地质储量	可采储量	累产气量	剩余可采储量
长兴组	黄龙场主体	80.20	60.15	43.56	16.59
飞仙关组高含硫	黄龙 9 井区	38.53	29.09	1.30	27.79
	黄龙 6 井区	46.90	35.41	0	35.41
	小计	85.43	64.50	1.30	63.20
飞仙关组低含硫	黄龙 8 井区	0.68	0.51	0.30	0.21
合计		166.31	125.16	45.16	80.00

第六章 气藏水侵规律研究

黄龙场长兴组为海相生物礁裂缝-孔隙型气藏,在构造南北端有边水,边水侵入会导致水封和储量动用性变差,降低气井产能,增大举升压力,从而导致气藏采收率大幅降低,影响气藏开发效果。因此,明确气藏气水关系、评价水体大小、弄清气藏水侵规律和影响水侵的因素,提出针对性的控水治水技术对策,可为气藏的挖潜措施制定和开发调整部署提供支撑。

第一节 水侵动态特征

黄龙场长兴组气藏 2003 年 4 月至 2016 年 6 月已开发生产长达 13 年,该气藏于 2003 年 4 月投产,2010 年 10 月开始实施增压开采,增压后气藏短期内日产气量有所上升,但仍呈下降趋势;截至 2016 年 6 月,气藏累产气 $43.56\times10^8 m^3$,平均日产气 $45.5\times10^4 m^3$(图 6-1)。

2009 年 10 月之前,气藏日产水从 $0.5m^3/d$ 逐渐增加至 $7.5m^3/d$,水气比稳定在 $0.046m^3/10^4 m^3$ 左右。自 2009 年 10 月起,气藏产水和气水比均呈明显上涨趋势,产水量从 $7.5m^3/d$ 上升至 2013 年 5 月的 $41.7m^3/d$,之后因产水开始下降(由于黄龙 001-X1 井水淹停产),2016 年 6 月气藏累产水 $55091m^3$,平均日产水 $7.3m^3$。

图 6-1 黄龙场主体构造长兴组气藏生产动态曲线图

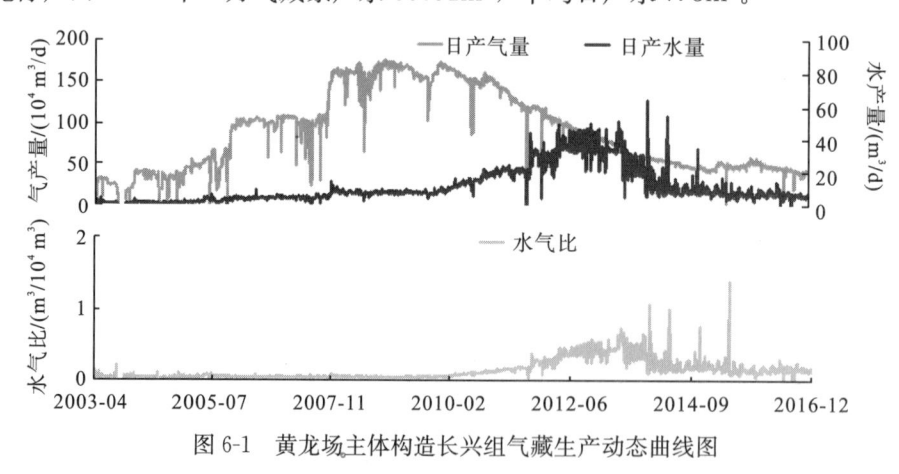

黄龙场长兴组气藏各生产井产水情况明显差异,通过如下方法对见水气井进行判别。

一、产出水特征分析法

产出水特性分析法是通过分析单井生产过程中的水气比及产出水的矿化度来判断气藏是否存在水侵。当气井产出水为凝析水时,气井的水气比和产出水的矿化度均很低,并且矿化度保持稳定。由于地层水的矿化度高,当气井开始产出地层水后,伴随着地层水的不断侵入，气井的水气比和产出水矿化度均会逐步增大，当气井产出地层水量很大时，产出水矿化度会接近地层水矿化度。通常以该方法为基础结合气井生产动态进行综合分析。

二、井口产量压力变化分析法

井口产量压力变化分析法是通过分析井口产量和压力的变化情况来对气藏水侵进行识别。水的侵入会影响储层的渗流特性，使生产中的气井出现异常，这常常是气井出水的先兆。随着水体的侵入，井底附近地层由单相气流变成气、水两相流动，从而影响地层渗透率，导致压降漏斗加深。在生产动态上表现为井口压力迅速降低，气井产量也会减小。因此，可以通过分析井口产量压力的变化来对气藏水侵进行识别。

采用井口产量压力变化分析法，对黄龙场长兴组 10 口气井见水情况进行了判别。从气井见水判别结果（表 6-1）来看，黄龙场长兴组处于构造南翼和北翼较低位置的黄龙 001-X1 井和黄龙 004-X3 井已发生水侵。

表 6-1 黄龙场长兴组气藏开发井见水情况分析表

序号	井号	凝析水水气比 /($m^3/10^4m^3$)	近期水气比 /($m^3/10^4m^3$)	水气比变化趋势	水气比变化时间	井口油压下降是否加快	水气比加快时间（年-月）	见水时间（年-月）
1	黄龙 1	0.123	0.123	平稳	—	否	—	—
2	黄龙 4	0.144	0.144	平稳	—	否	—	—
3	黄龙 8（油管）	0.031	0.031	平稳	—	否	—	—
4	黄龙 10	0.07	0.07	平稳	—	否	—	—
5	黄龙 001-X1	0.058	9.933(2013-10)	快速上升	2010-01	是	2010-08	2010-02
6	黄龙 001-X2	0.098	0.131	平稳	—	否	—	—
7	黄龙 004-2	0.02	0.051	平稳	—	否	—	—
8	黄龙 004-X1	0.071	0.071	平稳	—	否	—	—
9	黄龙 004-X3	0.070	3.312(2016-06)	快速上升	2010-11	是	2013-11	2011-02
10	黄龙 004-X4	0.1	0.079(2013-04)	平稳	—	否	—	—

1. 黄龙 001-X1 井

黄龙 001-X1 井位于黄龙场构造主高点南翼，于 2007 年 11 月 1 日投产，初期产气量 $15\times10^4m^3/d$，产水量最高 $8m^3/d$，后将产气量提高至 $25\times10^4m^3/d$，产水量 $1.5m^3/d$ 左右。2010 年 2 月中旬后日产水量逐渐上升，2010 年 8 月水气比快速上升，井口油压下降加快，产水量在 $20\sim40m^3/d$ 范围波动，最高产水量达 $39.5m^3/d$。水检测报告显示，该井所产气田水氯根、钾钠离子、微量元素及矿化度均不断窜升，出水特征明显（表 3-2）。由于井筒积液程度加深，无法连续生产，该气井于 2013 年 11 月 28 日关井。2014 年 4 月期间开井生产，基本不产气，井口压力迅速下降，因无法连续生产而继续关井。截至 2016 年 6 月底，已累计产气 $2.94\times10^8m^3$，累计产水 $24050m^3$（图 5-24）。

2. 黄龙 004-X3 井

黄龙 004-X3 井位于黄龙场构造主高点偏北翼，于 2009 年 11 月 21 日投产，投产后至 2010 年 10 月，产气量保持在 $9.0\times10^4\sim12.0\times10^4m^3/d$，日产水小于 $1.0m^3/d$；2010 年 10 月产气量由 $12.0\times10^4m^3/d$ 开始递减，日产水量逐步缓慢上升。2013 年 11 月实施

泡沫排水工艺有效提高了该井排液能力，产水量窜升至最高 $58m^3/d$，此后在 $3\sim20m^3/d$ 范围内波动，并逐步趋于稳定。2016 年 6 月该井日产气量已下降至 $1.3\times10^4m^3$，日产水稳定在 $2\sim3m^3$，水气比稳定在 $2.5\sim4.2m^3/10^4m^3$。截至 2016 年 6 月底，已累计产气 $1.34\times10^8m^3$，累计产水 $6547m^3$（图 5-23）。

第二节　水侵模式判别

在水驱气藏中裂缝或高渗透带是边底水主要的渗流通道。裂缝和基质（或高渗带和低渗带）渗透率往往相差较大，水体侵入裂缝或高渗带的速度远大于其侵入基质或低渗带的速度（图 6-2、图 6-3）。随着天然气的采出，气藏压力下降，水体会沿着裂缝或高渗带很快水侵至部分气井。基质或低渗带渗透率越低，气藏的水侵量越大，气井的见水时间越早。

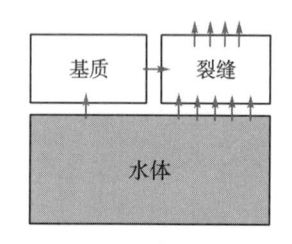

图 6-2　裂缝型储层水体渗流通道 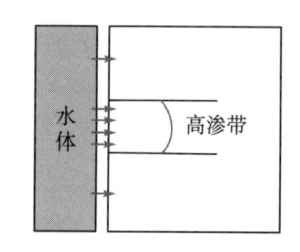　　　图 6-3　孔隙型储层水体渗流通道

水驱气藏水侵可分为两种基本形式：一是储层非均质性弱，储层表现出视均质特征，边底水大面积侵入含气区，表现为"舌锥进"特征；二是储层非均质性较强，生产压差使边底水沿裂缝或高渗带快速窜至局部气井，生产压差越大水窜越快，表现为"水窜"特征[18,23]。

根据气水接触关系和水侵动态特征，可以将水侵模式划分为底水锥进型、底水纵窜型、边水横侵型和纵窜横侵复合型四种类型（图 6-4）。

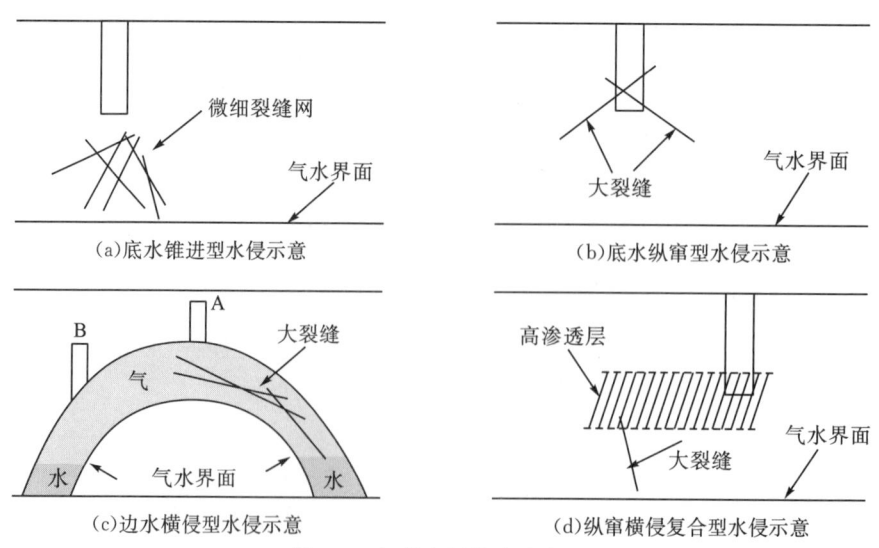

(a) 底水锥进型水侵示意　　　(b) 底水纵窜型水侵示意

(c) 边水横侵型水侵示意　　　(d) 纵窜横侵复合型水侵示意

图 6-4　气藏水侵模式示意图

第六章　气藏水侵规律研究

1. 底水锥进型[图 6-4(a)]

气井大多出现在气藏边、翼部低渗地带。储层呈现出视均质特征或井底附近存在着大量呈网状分布的微细裂缝。

产出水中氯根含量达到地层水中氯根含量的过程较长，大都在一年以上，有的可长达 2~3 年。在地层水显示阶段，气井关井一定时间后，再开井复产就有一段时间长短不一的无水采气期。气井产水量小且上升平缓，日产水量一般在 20m³ 以下。

2. 底水纵窜型[图 6-4(b)]

储层非均质性相对较强或气井多位于高角度大裂缝区上，高角度大裂缝直接与井筒相连或相邻。

气井出水后，产出水中的氯根含量迅速达到地层水的氯根含量。气井无水采气期相对较短。气井产水迅速且产水量大，一般在 40~50m³/d 以上，可使气井短期内水淹停产。

3. 边水横侵型[图 6-4(c)]

储层呈现出视均质孔隙型特征，裂缝发育程度较低。

当气藏处于相对均衡开发的状况时，气藏各部位压力均匀下降，边界压力基本相等，整体上边水呈环状横向推进，气井见水后产水量增长相对缓慢，产气量下降幅度较小。当气藏处于不均衡开发状况时，边水会出现不规则的舌进，使边部气井过早水淹。

4. 纵窜横侵复合型[图 6-4(d)]

储层纵向非均质性较强或气井存在与高角度大裂缝、微裂缝、溶洞发育的高渗透层相连通。

边底水首先通过高角度穿层缝或垂直高渗透带突破侵入产气层，然后再沿此高渗透层向生产井推进，气井在投产一段时间后大量产水且产水量呈阶梯式上升趋势，日产气量迅速下降且下降幅度较大。

为了正确判断边水气藏水侵特征，中石油西南油气田分公司何晓东对边水气藏出水气井生产动态数据及其产层的物性参数进行了统计和对比，研究了不同气井动、静特征的共性和差异，借助数学表达式对气井出水变化规律进行了描述，并根据数学表达式将出水类型分为线形型、二次方型及多次方型 3 类。分析了 3 种出水类型与储层物性之间的关系，提出气井出水特征是井区储层物性展布特征的反映。在生产井与水侵边之间有一相对高渗透带连通的基本模式下，研究了水侵机理，提出了边水气藏水侵特征分类及识别图(图 6-5、图 6-6)。根据黄龙 001-X1、黄龙 004-X3 井的水侵特征图可知：

(1)黄龙 001-X1 井水侵模式前期以强舌进水侵为主，后期以沿裂缝窜入为主。

(2)黄龙 004-X3 井水侵模式一直以弱舌进水侵为主。

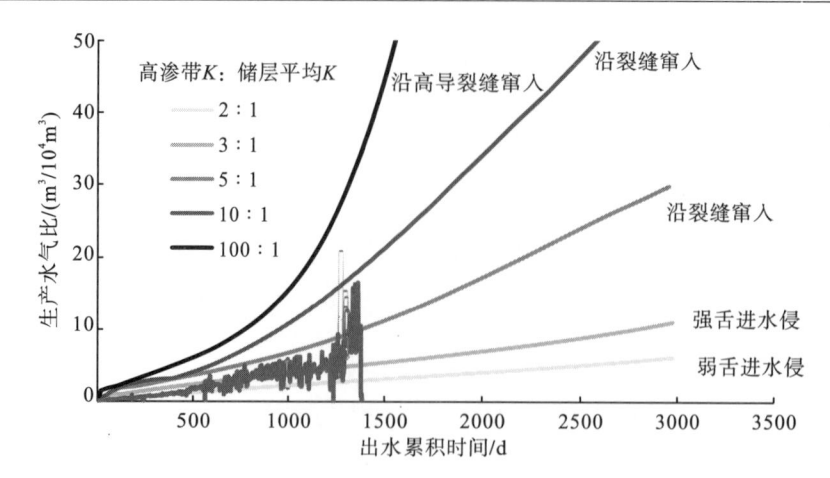

图 6-5 黄龙 001-X1 井水侵特征图

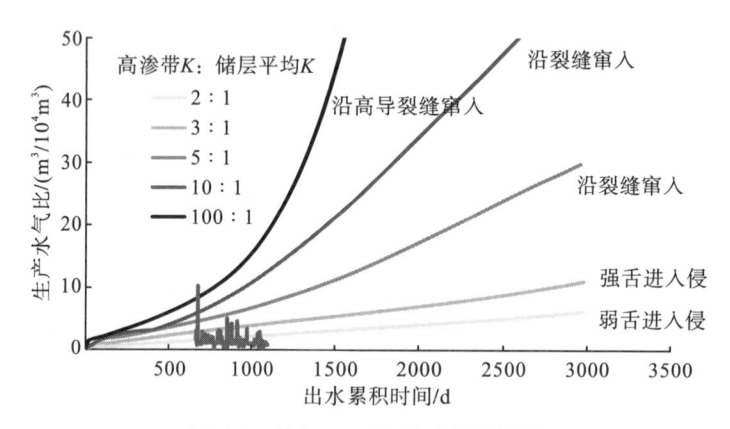

图 6-6 黄龙 004-X3 井水侵特征图

第三节　水侵量计算

用体积系数表示的水驱气藏物质平衡方程为

$$\frac{B_{gi}}{B_g}\left[1-\left(\frac{C_p+S_{wc}C_w}{1-S_{wc}}\right)\Delta P-(W_e-W_pB_w)/GB_{gi}\right]=1-\frac{G_p}{G} \quad (6-1)$$

令 $C_c=\dfrac{C_p+S_{wc}C_w}{1-S_{wc}}$，代入式(6-1)并变换得

$$\frac{G_pB_g+W_pB_w}{B_g-B_{gi}(1-C_c\Delta P)}=G+\frac{W_e}{B_g-B_{gi}(1-C_c\Delta P)} \quad (6-2)$$

定义气藏的视地质储量 G_P 为

$$G_P=\frac{G_pB_g+W_pB_w}{B_g-B_{gi}[1-C_c\Delta P]} \quad (6-3)$$

气藏视地质储量与气藏动态地质储量的差值 ΔG 为

$$\Delta G=G_P-G=\frac{W_e}{B_g-B_{gi}(1-C_c\Delta P)} \quad (6-4)$$

式中，G 为气藏原始气量，m³；G_p 为气藏累积采出气量，m³；ΔP 为气藏压降，MPa；

C_p 为岩石(孔隙体积)的压缩系数，MPa^{-1}；C_w 为地层水的压缩系数，MPa^{-1}；S_{wc} 为束缚水饱和度，小数；W_e 为水侵量，m^3；W_p 为产水量，m^3；B_w 为水体积系数，无量纲；B_{gi} 为原始条件下的气体体积系数，无量纲；B_g 为目前压力下的气体体积系数，无量纲。

从式(6-4)可以看出，在 $G_p \to 0$ 时，气藏的水侵量 $W_e \to 0$，气藏视地质储量曲线趋向于动态地质储量，由此也可以确定气藏的动态地质储量。气藏视地质储量与气藏动态地质储量的差值 ΔG 与水侵量有关。因此，根据气藏视地质储量 G_P 与气藏动态地质储量的差值 ΔG 可以计算出气藏的水侵量，计算公式为

$$W_e = \Delta G \left\{ B_g - B_{gi} \left[1 - \left(\frac{C_p + S_{wc} C_w}{1 - S_{wc}} \right) \Delta P \right] \right\} \tag{6-5}$$

黄龙场主体构造长兴组气藏实测地层压力资料较少，为计算水侵量，对地层压力进行拟合(图6-7)。采用视地质储量法计算气藏的水侵量(图6-8、图6-9、表6-2)，计算得黄龙001-X1井水侵量为 $24.05 \times 10^4 \text{m}^3$，黄龙004-X3井水侵量为 $6.51 \times 10^4 \text{m}^3$，总水侵量为 $30.56 \times 10^4 \text{m}^3$。

表6-2 黄龙场主体构造长兴组水侵量计算成果表(视地质储量法)

时间(年-月)	地层压力/MPa	累产气量/10^{8}m^3	水侵量/10^{4}m^3 黄龙001-X1井	水侵量/10^{4}m^3 黄龙004-X3井	水侵量/10^{4}m^3 总水侵量
2007-12	32.83	11.15	0	0	0
2008-06	30.64	14.06	0.03	0	0.03
2008-12	28.56	16.95	0.12	0	0.12
2009-06	26.54	19.99	4.66	0	4.66
2009-12	24.73	22.82	9.39	0	9.39
2010-06	22.90	25.78	13.39	0	13.39
2010-12	21.30	28.44	16.32	0	16.32
2011-06	19.83	30.94	18.38	0.12	18.50
2011-12	18.62	33.05	19.89	0.30	20.19
2012-06	17.57	34.92	21.31	1.70	23.01
2012-12	16.68	36.53	22.64	2.90	25.54
2013-06	15.93	37.90	23.68	3.86	27.54
2013-12	15.33	38.99	24.05	4.44	28.49
2014-06	14.79	39.98	24.05	4.93	28.98
2014-12	14.31	40.86	24.05	5.47	29.52
2015-06	13.85	41.70	24.05	5.89	29.94
2015-12	13.36	42.61	24.05	6.23	30.28
2016-06	12.88	43.56	24.05	6.51	30.56

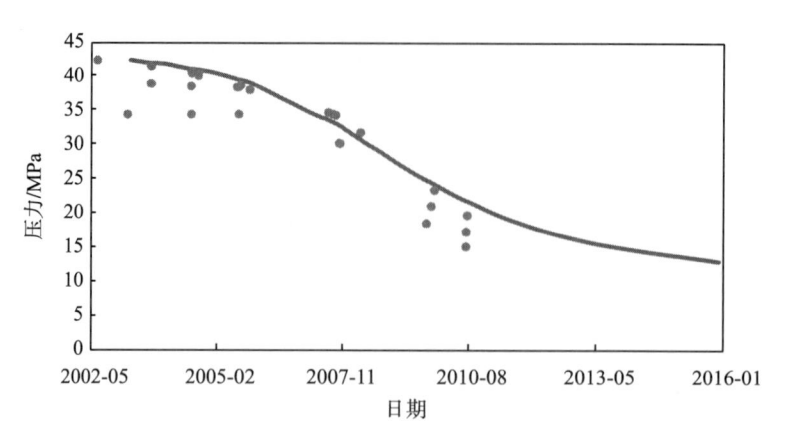

图 6-7 黄龙场主体构造长兴组气藏地层压力拟合图

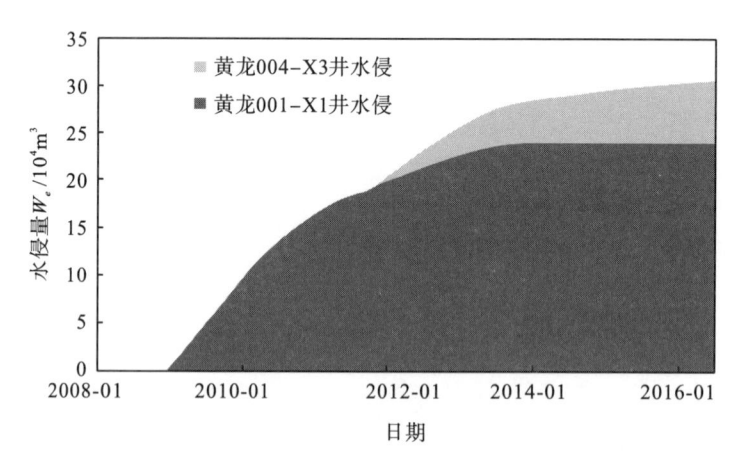

图 6-8 黄龙场主体构造长兴组气藏水侵量随时间变化曲线图（视地质储量法）

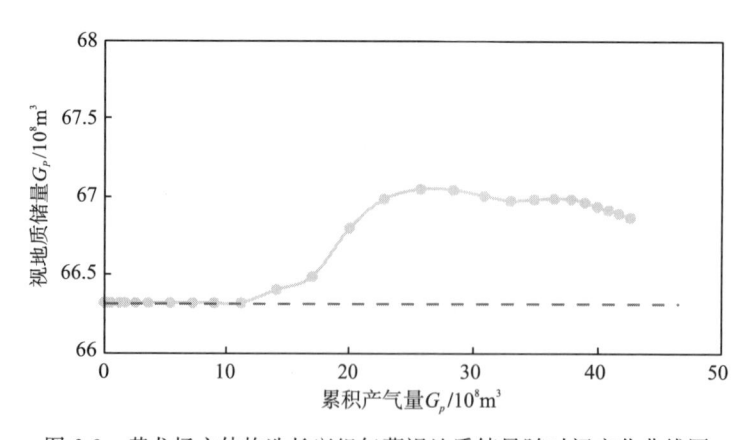

图 6-9 黄龙场主体构造长兴组气藏视地质储量随时间变化曲线图

第四节 水体大小计算

一、罐状水层模型法

罐状水层模型是基于压缩系数的定义之上的水体模型。随着开采过程中气藏压力下降，水层不断向气层膨胀。将压缩系数定义用于水层则有

$$W_e = (C_w + C_p)W_i(P_i - P) \tag{6-6}$$

该方程假定水侵从各个方向径向推进。但大多数情况下，水并不会从气藏各个方向侵入，即实际气藏并不是圆形的。因此，必须对方程进行校正以使其能正确地描述流动机理。引入水侵角分数，方程变为

$$W_e = (C_w + C_p)W_i f(P_i - P) \tag{6-7}$$

水体大小为

$$W_i = \frac{W_e}{(C_w + C_p)(P_i - P)} \tag{6-8}$$

式中，C_w 为水的压缩系数，MPa^{-1}；C_p 为岩石（孔隙）的压缩系数，MPa^{-1}；f 为水侵角分数，$f = \theta/360°$；θ 为水侵角，（°）。

采用罐状水层模型计算出黄龙 001-X1 井原始边水体积为 $915.7 \times 10^4 m^3$；黄龙 004-X3 井原始边水体积为 $404.7 \times 10^4 m^3$。

二、Fetkovitch 法

Fetkovitch（1971 年）提出了圆形和线性形状的有限边界水层水侵量的求解方法。该方法有两个基本方程，第一个是水层的生产指数方程：

$$Q_e = J(\bar{P} - P_{wf}) \tag{6-9}$$

式中，Q_e 为水侵流量，m^3/ks；J 为水侵指数，$m^3/(ks \cdot MPa)$；$\bar{P}$ 为水体的平均压力，MPa；P_{wf} 为水体的内边界压力，MPa。

第二个方程是假定地层水压缩系数不变时的水层物质平衡方程，此时水层的压降与水侵量呈正比，即

$$W_e = W_i(C_w + C_p)(P_i - \bar{P})f \tag{6-10}$$

式中，W_e 为水侵量，m^3；W_i 为水体中的初始水量，m^3；P_i 为水体原始地层压力，也是水体的外边界压力，MPa；$\bar{P}$ 为水体的平均压力，MPa。

当 $\bar{P} = 0$ 时最大的可能水侵量为

$$W_{ei} = W_i(C_w + C_p)P_i f \tag{6-11}$$

Fetkovitch 由上述方程推得阶段水侵量计算方程为

$$\Delta W_e = \frac{W_{ei}}{P_i}(\bar{P}_{n-1} - \bar{P}_{wf,n})(1 - e^{-\frac{JP_i}{W_{ei}}\Delta t_n}) \tag{6-12}$$

$\bar{P}_{n-1}$ 是前时间段最后时刻的水层平均压力，由下式求得

$$\bar{P}_{n-1} = P_i\left[1 - \frac{(W_e)_{n-1}}{W_{ei}}\right] \tag{6-13}$$

$\bar{P}_{wf,n}$ 是 Δt_n 时间内水体的内边界压力：

$$\overline{P}_{wf,n} = \frac{P_{wf,n-1} + P_{wf,n}}{2} \tag{6-14}$$

水体大小采用下式计算:

$$W_i = \pi(r_a^2 - r_e^2)h\varphi \tag{6-15}$$

J 的数值用下面的公式进行计算。平面径向稳定渗流系统:

$$J = \frac{2\pi fkh}{\mu\left(\ln\dfrac{r_a}{r_e} - \dfrac{1}{2}\right)} \tag{6-16}$$

平面径向拟稳定渗流系统:

$$J = \frac{2\pi fkh}{\mu\left(\ln\dfrac{r_a}{r_e} - \dfrac{3}{4}\right)} \tag{6-17}$$

用压力表示的水驱气藏物质平衡方程为

$$\frac{P}{Z}\left[1 - \left(\frac{C_p + S_{wc}C_w}{1 - S_{wc}}\right)\Delta P - \frac{W_e - W_pB_w}{GB_{gi}}\right] = \frac{P_i}{Z_i}\left(1 - \frac{G_p}{G}\right) \tag{6-18}$$

定义封闭气藏 PF 压力为

$$PF = \frac{P}{Z}\left[1 - \left(\frac{C_p + S_{wc}C_w}{1 - S_{wc}}\right)\Delta P\right] \tag{6-19}$$

定义水驱气藏 PH 压力为

$$PH = \frac{P}{Z}\left[1 - \left(\frac{C_p + S_{wc}C_w}{1 - S_{wc}}\right)\Delta P - \frac{W_e - W_pB_w}{GB_{gi}}\right] \tag{6-20}$$

采用 Fetkovitch 模型,假定不同的水体大小,计算该水体大小情况下气藏的水侵量。然后,根据气藏生产数据、流体性质、岩石性质和计算的水侵量计算 PH 压力,并做 PH 压力与累积产气量 G_p 关系曲线。如果选定的水体大小与实际的水体相符,则计算的 PH 压力点会落在初始 PF 直线段的延长线上。如果计算的 PH 压力不是沿初始 PF 直线段的延长线呈直线分布,则需要调整水体大小,重新计算,如此反复,最终将得到确切的水体大小(图 6-10、图 6-11)。水体大小确定后,再根据公式(6-12),即可计算出气藏水侵量,计算得黄龙 001-X1 井水侵量为 $23.17 \times 10^4 \text{m}^3$,黄龙 004-X3 井水侵量为 $6.18 \times 10^4 \text{m}^3$,总水侵量为 $29.35 \times 10^4 \text{m}^3$。

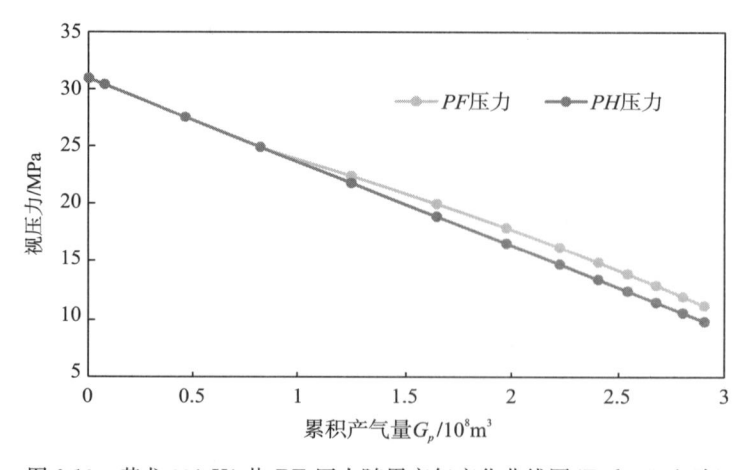

图 6-10 黄龙 001-X1 井 PF 压力随累产气变化曲线图(Fetkovitch 法)

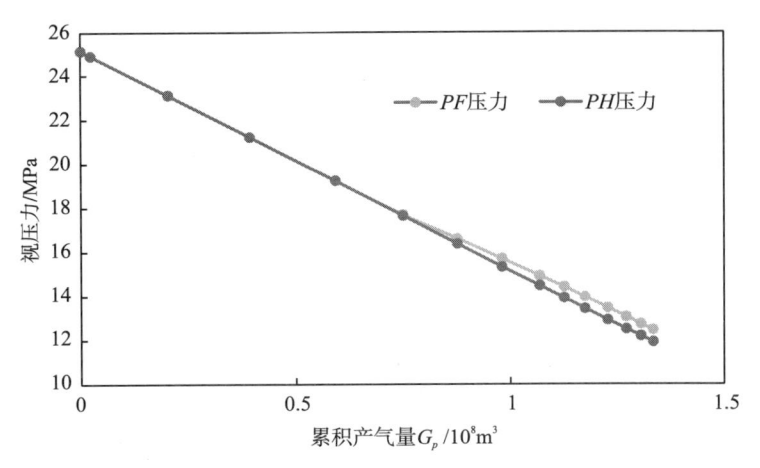

图 6-11　黄龙 004-X3 井 PF 压力随累产气变化曲线图（Fetkovitch 法）

采用 Fetkovitch 法计算出黄龙 001-X1 井原始边水体积为 $960\times10^4\mathrm{m}^3$；黄龙 004-X3 井原始边水体积为 $420\times10^4\mathrm{m}^3$。将水体体积代入式（6-12）计算气藏的水侵量（图 6-12、表 6-3）。

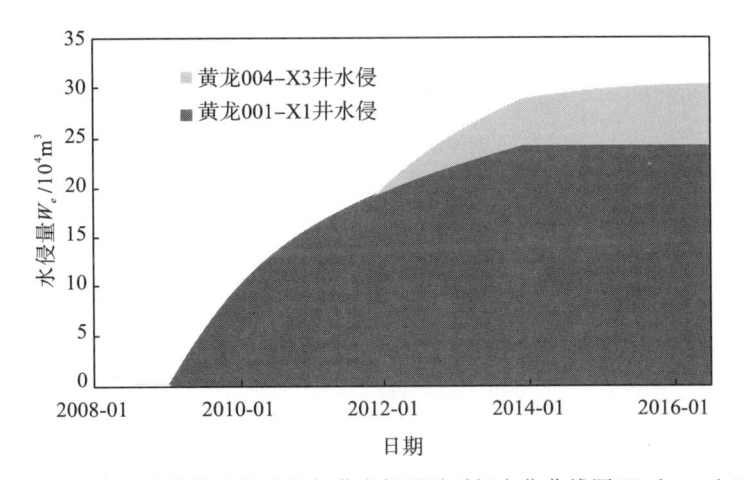

图 6-12　黄龙场主体构造长兴组气藏水侵量随时间变化曲线图（Fetkovitch 法）

表 6-3　黄龙场主体构造长兴组气藏水侵量计算成果表（Fetkovitch 法）

时间（年-月）	地层压力/MPa	累产气量/$10^8\mathrm{m}^3$	水侵量/$10^4\mathrm{m}^3$ 黄龙 001-X1 井	黄龙 004-X3 井	总水侵量
2007-12	32.83	11.15	0	0	0
2008-06	30.64	14.06	0	0	0
2008-12	28.56	16.95	0.10	0	0.10
2009-06	26.54	19.99	4.86	0	4.86
2009-12	24.73	22.82	9.62	0	9.62
2010-06	22.90	25.78	13.07	0	13.07
2010-12	21.30	28.44	15.65	0	15.65

续表

时间(年-月)	地层压力/MPa	累产气量/$10^8 m^3$	水侵量/$10^4 m^3$ 黄龙 001-X1 井	水侵量/$10^4 m^3$ 黄龙 004-X3 井	水侵量/$10^4 m^3$ 总水侵量
2011-06	19.83	30.94	17.65	0.15	17.80
2011-12	18.62	33.05	19.35	0.37	19.72
2012-06	17.57	34.92	20.80	1.98	22.78
2012-12	16.68	36.53	22.06	3.20	25.26
2013-06	15.93	37.90	23.17	4.08	27.25
2013-12	15.33	38.99	23.17	4.75	27.92
2014-06	14.79	39.98	23.17	5.27	28.44
2014-12	14.31	40.86	23.17	5.67	28.84
2015-06	13.85	41.70	23.17	5.93	29.10
2015-12	13.36	42.61	23.17	6.09	29.26
2016-06	12.88	43.50	23.17	6.18	29.35

从水侵量计算结果来看(表 6-4)，两种方法计算结果基本一致。2008 年 12 月以前，气藏没有表现出明显水侵作用；2010 年 6 月以后，气藏水侵作用明显增强。截至 2016 年 6 月，两种方法计算的气藏水侵量取算术平均值为 $29.96\times10^4 m^3$。

表 6-4 黄龙场主体构造长兴组气藏水侵量计算成果汇总表

时间(年-月)	地层压力/MPa	累产气量/$10^8 m^3$	水侵量/$10^4 m^3$ 视地质储量法	水侵量/$10^4 m^3$ Fetkovitch 法
2007-12	32.83	11.15	0	0
2008-06	30.64	14.06	0.03	0
2008-12	28.56	16.95	0.12	0.10
2009-06	26.54	19.99	4.66	4.86
2009-12	24.73	22.82	9.39	9.62
2010-06	22.90	25.78	13.39	13.07
2010-12	21.30	28.44	16.32	15.65
2011-06	19.83	30.94	18.50	17.80
2011-12	18.62	33.05	20.19	19.72
2012-06	17.57	34.92	23.01	22.78
2012-12	16.68	36.53	25.54	25.26
2013-06	15.93	37.90	27.54	27.25
2013-12	15.33	38.99	28.49	27.92
2014-06	14.79	39.98	28.98	28.44
2014-12	14.31	40.86	29.52	28.84
2015-06	13.85	41.70	29.94	29.10
2015-12	13.36	42.61	30.28	29.26
2016-06	12.88	43.56	30.56	29.35

第五节　水体活跃程度评价

水体活跃程度的高低对有水气藏的开发影响很大。水体活跃程度高的气藏，见水早，产水量大，气井的举升压力高，气藏的废弃压力也高，因而气藏的合理产气量小，采收率也较低。相反，水体活跃程度低的气藏，见水晚，产水量小，气井的举升压力低，气藏的废弃压力也低，因而气藏的合理产气量大，采收率也较高。

判断水体活跃程度的参数有：

1. 水体体积与地下含气体积比值法

如果水体体积与地下含气体积之比>50，水体活跃；水体体积与地下含气体积之比为 10~50，水体较活跃；水体体积与地下含气体积之比<10，水体不活跃。

2. 水驱指数法

水驱指数为采出单位地下体积的水侵量，其定义为

$$DI_e = \frac{W_e}{G_p B_g + W_p B_w} \tag{6-21}$$

如果水驱指数>0.3，水体活跃；水驱指数为 0.1~0.3，水体较活跃；水驱指数<0.1，水体不活跃。

3. 水侵替换系数法

水侵替换系数定义为

$$I = \frac{\omega}{R} = \frac{W_e - W_P B_W}{G_P \cdot B_{gi}} \tag{6-22}$$

如果水侵替换系数>0.4，水体活跃；水侵替换系数为 0.15~0.4，水体较活跃；水侵替换系数<0.15，水体不活跃。

4. 采出程度法

水驱气藏的生产指示曲线随水体活跃程度的不同而有所不同。水体活跃程度越高，PF 压力偏离直线的时间就越早。水体活跃程度越低，PF 压力偏离直线的时间就越晚。PF 压力在采出程度小于 10% 时偏离直线，表明水体活跃；PF 压力在采出程度为 10%~30% 时偏离直线，表明水体较活跃；PF 压力在采出程度大于 30% 时偏离直线，表明水体不活跃[18,24]。

不同方法判断水体活跃程度的标准如表 6-5 所示。

表 6-5　水体活跃程度判断标准

评价方法	水体活跃程度		
	活跃	较活跃	不活跃
水体体积与地下含气体积之比	>50	10~50	<10
水驱指数	>0.3	0.1~0.3	<0.1

续表

评价方法	水体活跃程度		
	活跃	较活跃	不活跃
水侵替换系数	≥0.4	0.15~0.4	<0.15
PF压力偏离直线时的采出程度	<10%	10%~30%	>30%

计算结果显示，黄龙001-X1井和黄龙004-X3井水体体积与地下含气体积比值分别为5.26、2.94，水侵替换系数分别为0.18、0.092，PF压力偏离直线时的采出程度分别为17.23%、31.90%（表6-6、图6-13、图6-14）。

表6-6 黄龙001-X1井和黄龙004-X3井水体活跃程度分析表

评价方法	黄龙001-X1井	黄龙004-X3井
水体体积与地下含气体积之比	5.26	2.94
水驱指数	0.074	0.495
水侵替换系数	0.18	0.092
PF压力偏离直线时的采出程度/%	17.23	31.90
水体活跃程度	较活跃	不活跃

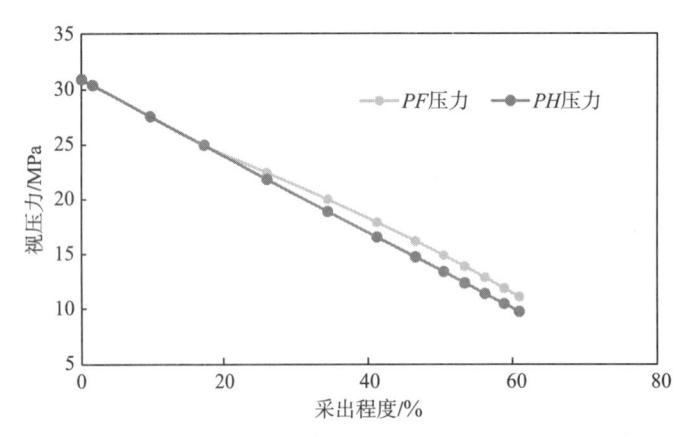

图6-13 黄龙001-X1井PF压力与采出程度关系图

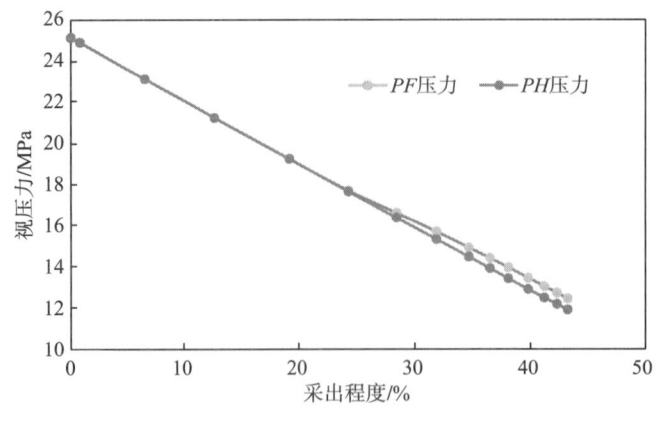

图6-14 黄龙004-X3井PF压力与采出程度关系图

第六章 气藏水侵规律研究

从静态指标即水体体积与地下含气体积之比评价，黄龙 001-X1 井及黄龙 004-X3 井水体不活跃，然而由于构造南翼黄龙 001-X1 井水区与气区之间裂缝较发育，水侵的主要模式是沿裂缝窜入，因此从动态指标来看，黄龙 001-X1 井水体相对较活跃，即构造南翼的边水比北翼活跃。综合分析认为，黄龙 001-X1 井和黄龙 004-X3 井从 2010 年和 2011 年产地层水后已经 5～6 年，产水量上升幅度不大，并且未对其它生产井造成影响，故气藏总的水体不活跃。

第六节 驱动机制分析

天然气的采出是气藏能量驱动的结果。气藏的驱动能量一般包括天然气本身的（膨胀）弹性能、岩石（孔隙体积）的（压缩）弹性能、束缚水的（膨胀）弹性能和水体的（侵入）能量。其中，水体的能量为气藏的外能，其他能量均为气藏的内能。

气藏开采过程中，需弄清楚哪些能量在起作用，并计算出每一种能量对气藏开采的贡献值。只有弄清楚了气藏的驱动机制，才能做好气藏的开发工作。

用体积系数表示的水驱气藏物质平衡方程可变形为

$$G_p B_g + W_p B_w = G(B_g - B_{gi}) + GB_{gi}\left(\frac{C_p + S_{wc}C_w}{1 - S_{wc}}\right)\Delta P + W_e \tag{6-23}$$

上式左边为采出气量（地下体积）与采出水量（地下体积）的和，称为气藏的总采出量。气藏的总采出量也就是气藏开采消耗的总能量，即总的驱动能量。上式右边第一项为天然气的膨胀量（地下体积）；第二项为气藏容积的压缩量（地下体积），气藏容积的压缩量包括了束缚水的膨胀量和气藏孔隙体积的减小量两部分；第三项为水的侵入量（地下体积）。式(6-23)表明，气藏的总采出量等于天然气的膨胀量、气藏容积的压缩量与水侵量的和。

天然气的膨胀过程实际上就是天然气弹性能量的释放过程，天然气的膨胀量就是天然气释放的弹性能。气藏容积的压缩量就是气藏容积释放的弹性能。水侵量就是气藏水体释放的能量。因此，气藏开采所消耗的总能量，等于天然气本身释放的弹性能、气藏容积释放的弹性能和气藏水体释放的能量的总和。

把气藏开采过程中某一种驱动能量占总驱动能量的百分数，定义为气藏的驱动指数。定义天然气的驱动指数为

$$DI_g = \frac{G(B_g - B_{gi})}{G_p B_g + W_p B_w} \tag{6-24}$$

定义气藏容积的驱动指数为

$$DI_c = \frac{GB_{gi}\left(\dfrac{C_p + S_{wc}C_w}{1 - S_{wc}}\right)\Delta P}{G_p B_g + W_p B_w} \tag{6-25}$$

定义水侵能量的驱动指数为

$$DI_e = \frac{W_e}{G_p B_g + W_p B_w} \tag{6-26}$$

若把气藏的每一种驱动指数计算出来，就能清楚地表明每一种驱动能量在气藏开采过程中所起的作用。气藏的驱动指数并不是一个常数，而是随开采过程而变化的变量。驱动指数的变化，表明了驱动能量的接替或转换。

根据黄龙场长兴组气藏开发数据、岩石性质、流体性质及水侵量计算驱动指数，从计算结果(图 6-15～图 6-18)来看：由于岩石和水的压缩系数较小，容积驱动指数较小，到 2016 年 6 月气藏驱动能量仍以天然气的弹性能为主。但随着采出程度的增大，边水水侵作用逐渐增强，边水驱动所占比重将会逐渐增大。

图 6-15 驱动指数构成面积图(黄龙 001-X1 井)

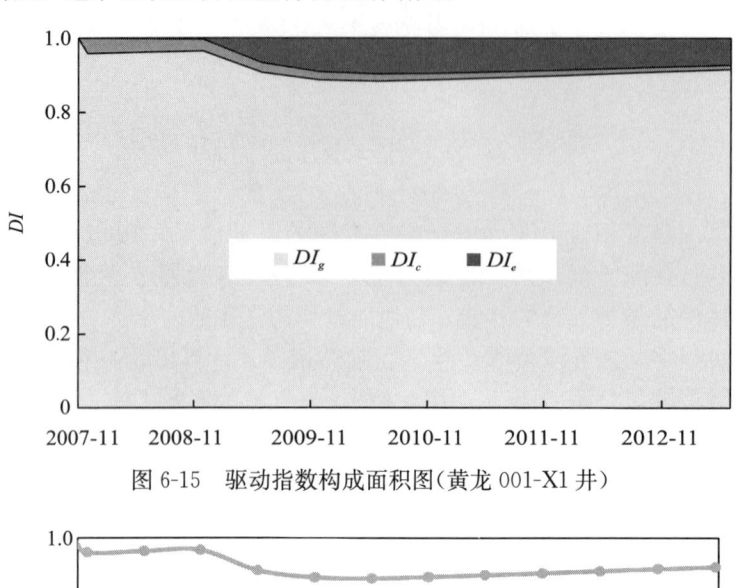

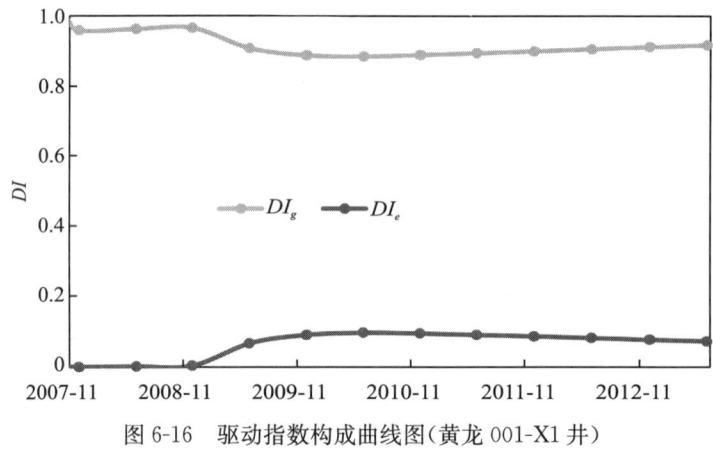

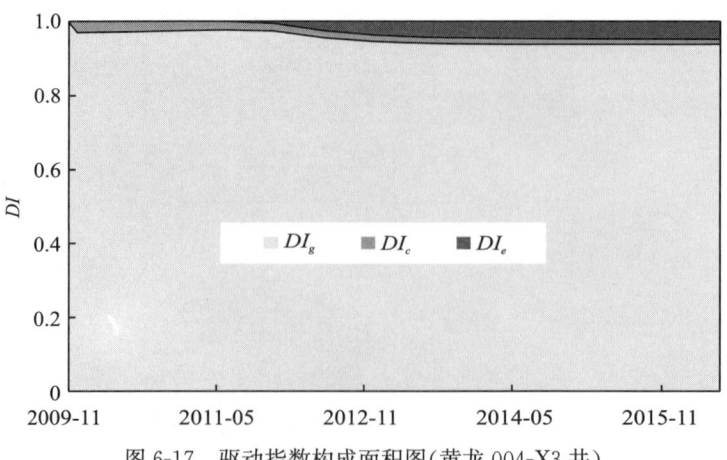

图 6-16 驱动指数构成曲线图(黄龙 001-X1 井)

图 6-17 驱动指数构成面积图(黄龙 004-X3 井)

图 6-18　驱动指数构成曲线图（黄龙 004-X3 井）

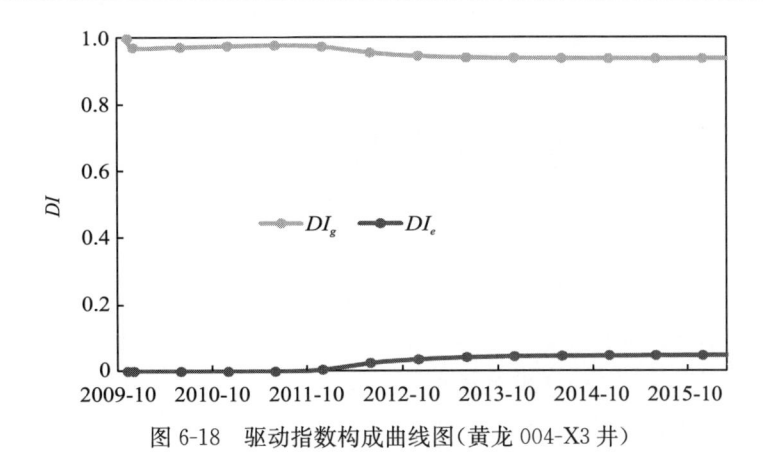

第七章　气藏数值模拟研究

在黄龙场地区飞仙关组及长兴组气藏开发地质特征、生产动态特征、地质建模及储量计算研究的基础上，结合钻完井工程参数和动态数据建立了气藏数值模拟模型，通过参数调整，完成了区块整体及单井的生产历史拟合，为飞仙关组开发调整潜力评价及长兴组治水技术对策研究奠定了基础。

第一节　数值模型的建立

气藏数值模拟研究主要包括数值模拟模型的建立、生产动态历史拟合和开发指标预测三个方面。数值模拟模型的建立过程是整合气藏三维地质模型、岩心及流体实验数据和各方面开发动态资料的过程，包括三维地质模型的粗化、岩心实验资料的归一化处理和生产动态资料的整理等一系列基础工作。生产动态拟合过程是修正地质模型和岩心流体实验数据，使得模型计算动态和实际生产动态相一致的过程。最后，依据经历史拟合修正后模型的计算结果认识油气藏的剩余储量状况，确定下步开发调整技术对策，制定下步开发调整方案，预测开发指标。

采用 Schlumberger 公司 Eclipse 数值模拟软件，选用三维二相（gas+water）黑油模型。

一、地质模型粗化

在地质模型粗化过程中，一方面要考虑油气藏数值模拟的目的所要求达到的模拟精度，另一方面还要考虑软件运行性能和经济要求。理论上讲，网格越细精度越高，但过细网络可能导致系统无法正常运行，且费用昂贵经济上不可行，因此需要设计一个合理的粗化网格。一般情况下，要求邻井之间至少要有 2、3 个网格或更多，使其能反映油藏结构和参数在空间的连续变化，同时足够的网格能控制和跟踪流体的运动。针对不同类型的储层参数采取不同的网格粗化（upscaling）方法，一般情况下孔隙度采用算术平均方法网格粗化，渗透率采用几何平均方法网格粗化。

结合研究工区的具体情况，长兴组平面上网格尺寸 50m×50m，纵向网格尺寸根据储层发育厚度具体确定，平均厚度 5.43m；长兴组网格数为 183×103×45=848205。飞仙关组平面上网格尺寸 50m×50m，纵向网格尺寸根据储层发育厚度具体确定，平均厚度 7.57m；飞仙关组网格数为 225×146×50=1642500。长兴组和飞仙关组粗化模型如图 7-1～图 7-4 所示。

第七章　气藏数值模拟研究

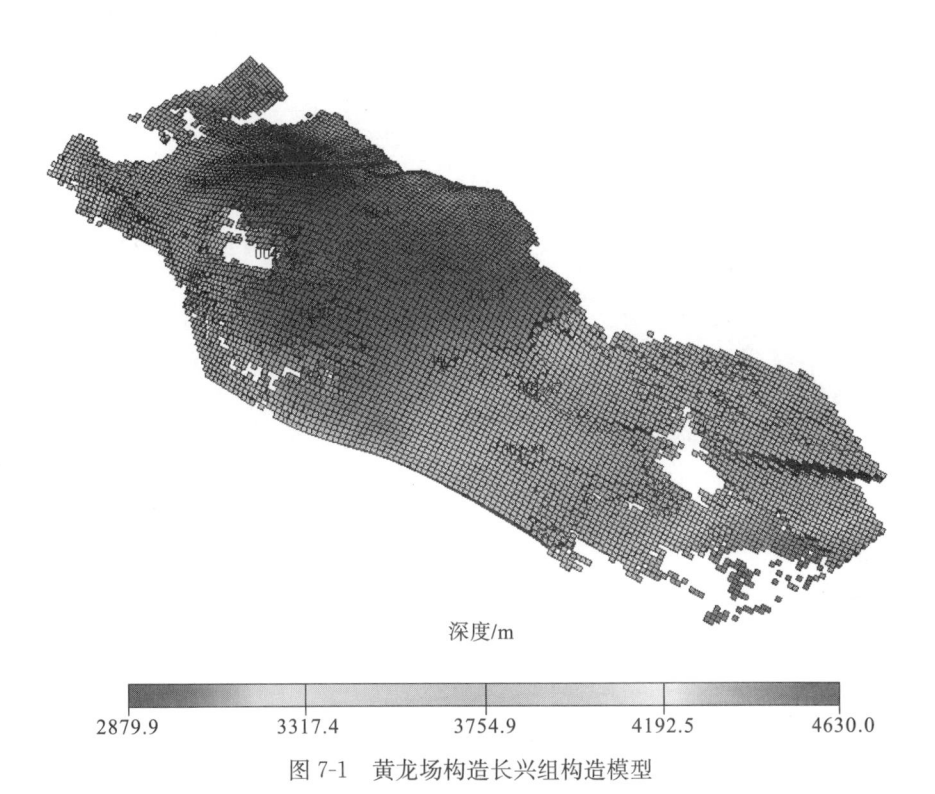

深度/m

2879.9　3317.4　3754.9　4192.5　4630.0

图 7-1　黄龙场构造长兴组构造模型

孔隙度

0.00650　0.02925　0.05200　0.07475　0.09750

图 7-2　黄龙场构造长兴组孔隙度模型

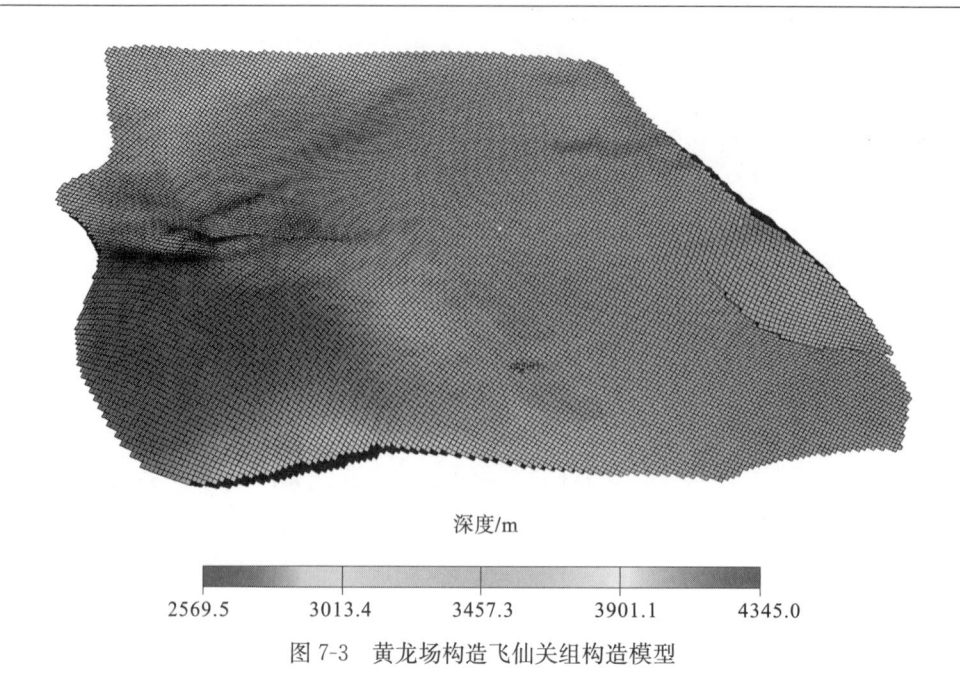

图 7-3 黄龙场构造飞仙关组构造模型

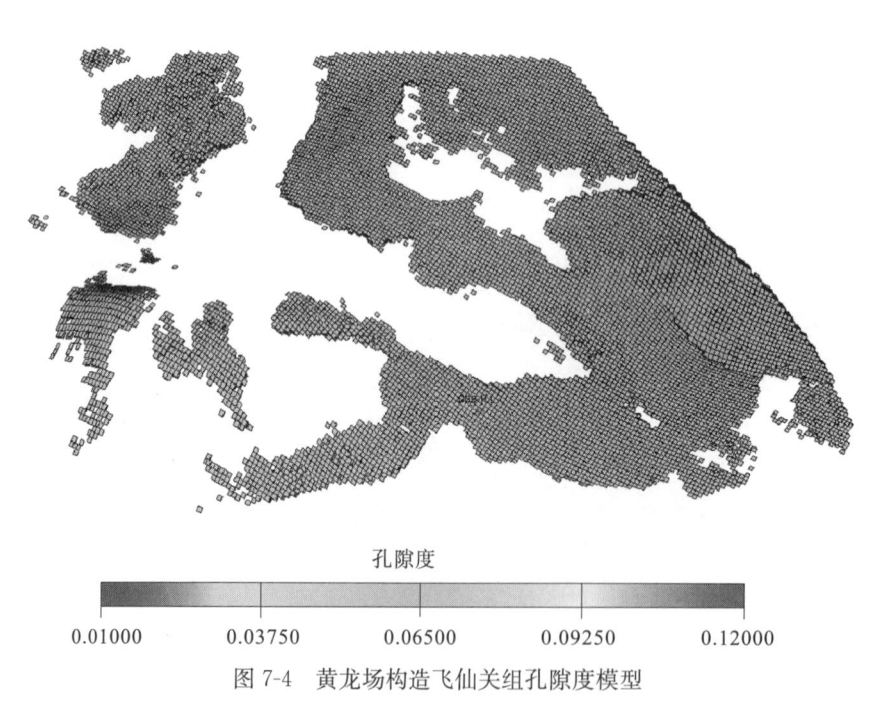

图 7-4 黄龙场构造飞仙关组孔隙度模型

二、流体及岩石性质

天然气高压物性参数根据天然气组成按相关方法计算，地层水高压物性根据实验数据及相关经验公式计算。其中，地层水黏度根据 McCain 公式计算：

$$\mu_w = \mu_{wi}(0.9994 + 5.8443 \times 10^{-3}P + 6.5342 \times 10^{-5}P^2) \tag{7-1}$$

$$\mu_{wi} = A(1.8T + 32)^B \tag{7-2}$$

第七章 气藏数值模拟研究

$$A = 109.574 - 8.40564S + 0.313314S^2 + 8.72213 \times 10^{-3}S^3 \quad (7\text{-}3)$$
$$B = -1.12166 + 2.63951 \times 10^{-2}S - 6.79461 \times 10^{-4}S^2$$
$$- 5.47119 \times 10^{-5}S^3 + 1.55586 \times 10^{-6}S^4 \quad (7\text{-}4)$$

式中,μ_{wi} 为大气压和油气藏温度下地层水的黏度,mPa·s;μ_w 为油气藏压力和温度下地层水的黏度,mPa·s;T 为油气藏温度,℃;S 为盐度,%。

岩石压缩系数根据 Hall 图版经验公式计算:

$$C_p = \frac{2.587 \times 10^{-4}}{\varphi^{0.4358}} = 9.1 \times 10^{-4} \text{ MPa}^{-1} \quad (7\text{-}5)$$

(一)黄龙场构造长兴组气藏

黄龙场构造长兴组气藏地层水物性参数如表 7-1 所示,天然气高压物性如图 7-5 所示。相对渗透率根据实验测试得到,见图 7-6。

表 7-1 黄龙场构造长兴组气藏地层水物理性质表

项目	地层条件(43MPa)	地面条件
地层水密度/(kg/m³)	1.0002	1.026
地层水体积系数	1.017	—
地层水压缩系数/MPa⁻¹	4.45×10^{-4}	—
地层水黏度/cP	0.385	—

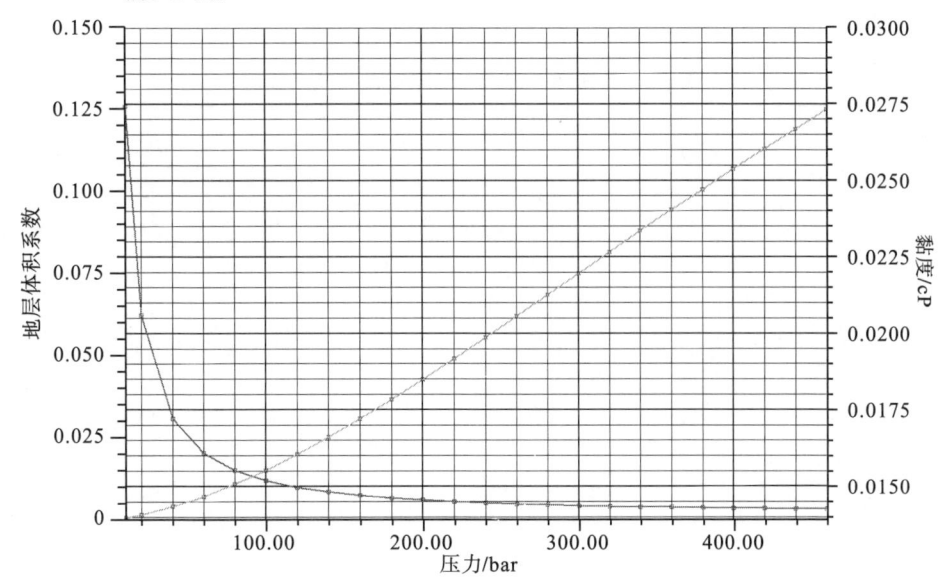

图 7-5 黄龙场长兴组天然气高压物性

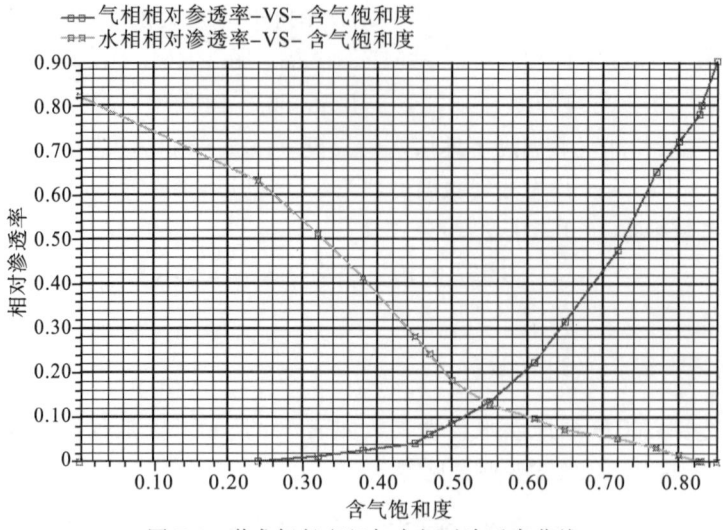

图 7-6 黄龙场长兴组气水相对渗透率曲线

(二)黄龙场构造飞仙关组气藏

黄龙 009-H1 井飞仙关组原始气藏温度为 88.84℃，硫化氢含量为 69.07g/m³，是一口高温高压高含硫气井。2014 年 8 月在取样及运输过程中未发生泄漏现象，所取的样品能够代表现场所取的含硫气样。在常温条件下把所取的样品平衡转样到相态室进行相态实验研究，完全符合《油气藏流体物性分析法》（SY/T 5542—2009）标准的要求。

气体高压物性参数表如表 7-2、图 7-7 所示。其中，体积系数根据黄龙 009-H1 井流体高压物性实验分析而得；气体黏度根据高压物性参数计算得到。气水相对渗透率借用罗家寨飞仙关实验室实测数据，并做适当调整(表 7-3、图 7-8)。

表 7-2 黄龙场飞仙关组气体高压物性参数表

压力/MPa	体积系数	黏度/cP
12	0.009626	0.01588
14	0.0082223	0.0165
16	0.0071819	0.01715
18	0.0063916	0.01785
20	0.0057672	0.01857
22	0.005273	0.01932
24	0.0048651	0.02008
26	0.0045287	0.02085
28	0.0042517	0.02163
30	0.0040214	0.022405
32	0.0038232	0.02318
34	0.0036529	0.02394
36	0.0035074	0.0247
38	0.0033773	0.02545
40	0.0032632	0.02618
41.314	0.0031981	0.02666

表 7-3 黄龙场飞仙关组气水相对渗透率数据表

S_g（含气饱和度）	K_{rg}	K_{rw}
0	0	1
0.15	0.0015	0.71
0.23	0.0025	0.548
0.31	0.0067	0.349
0.36	0.0192	0.198
0.42	0.0411	0.084
0.45	0.05	0.068
0.51	0.0773	0.023
0.6	0.1716	0.01
0.65	0.2424	0.003
0.7	0.32	0.002
0.79	0.55	0

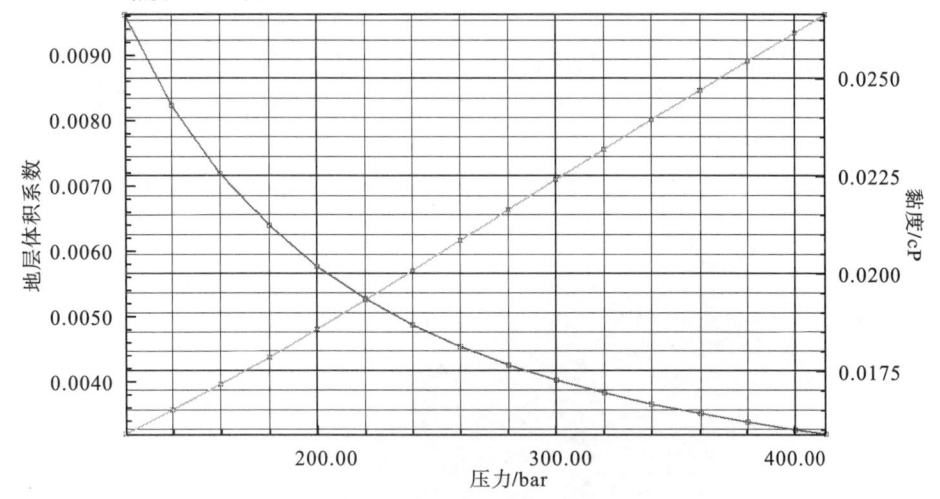

图 7-7 黄龙场飞仙关组气体高压物性

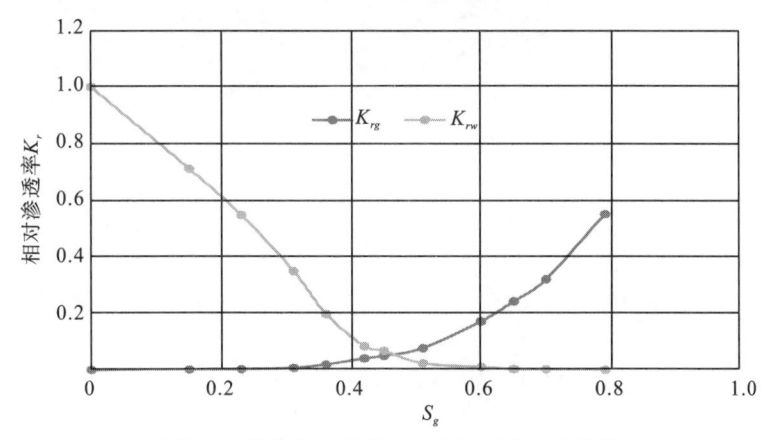

图 7-8 黄龙场飞仙关组气水相对渗透率曲线

三、生产动态参数

气藏数值模拟模型需要用到的动态数据包括生产数据、压力数据、完井修井数据等。完井修井数据包括射孔、补孔、压裂、堵水、井径、表皮系数等；生产数据包括日产气、日产水、含水率等；压力数据包括井口压力、井底压力、关井静压等。

根据实际生产情况，黄龙场飞仙关组高含硫气藏的历史拟合阶段为：黄龙009-H1井2013年12月~2016年6月。黄龙场长兴组的历史拟合阶段为2003年4月~2016年6月，共10口生产井：黄龙1、黄龙4、黄龙8（油管）、黄龙10、黄龙001-X1、黄龙001-X2、黄龙004-X1、黄龙004-2、黄龙004-X3、黄龙004-X4井。其中黄龙004-X4井于2013年5月关闭长兴组产层，转为生产嘉二段产层。

四、模型初始化

模型初始化的主要目的是计算气藏模型初始饱和度及压力分布，从而得到气藏模型的初始储量。模型初始化过程中，需要输入模型参考深度、参考深度处对应的初始压力、气水界面等参数（图7-9~图7-12）。

根据地质研究成果，长兴组气水界面-3680m，飞仙关组气水界面-3720m。长兴组和飞仙关组气藏中部原始地层压力分别为42.6MPa、41.3MPa。长兴组和飞仙关组模型储量分别为$78.68\times10^8m^3$、$86.57\times10^8m^3$，与静态地质储量差别较小，误差在允许范围之内，满足数值模拟的要求（表7-4）。

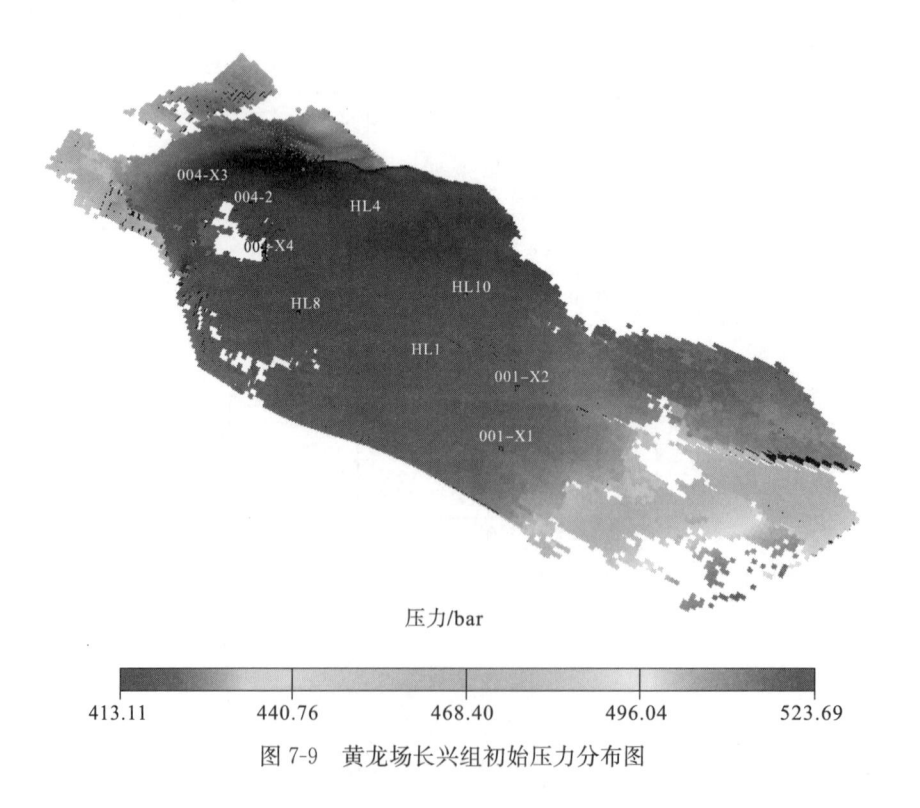

图7-9 黄龙场长兴组初始压力分布图

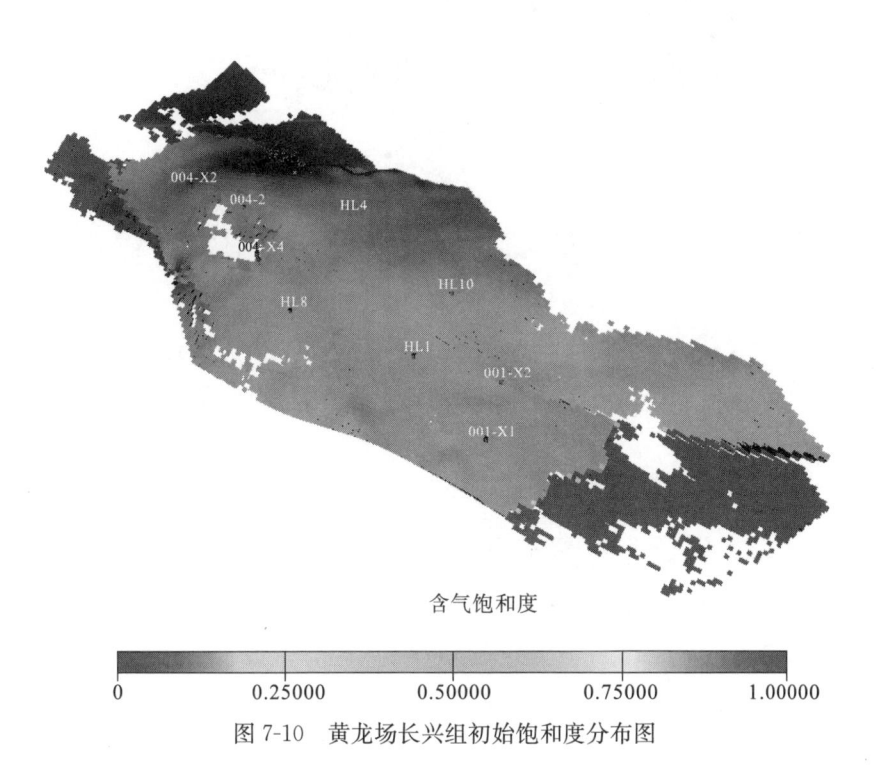

第七章　气藏数值模拟研究

含气饱和度

图 7-10　黄龙场长兴组初始饱和度分布图

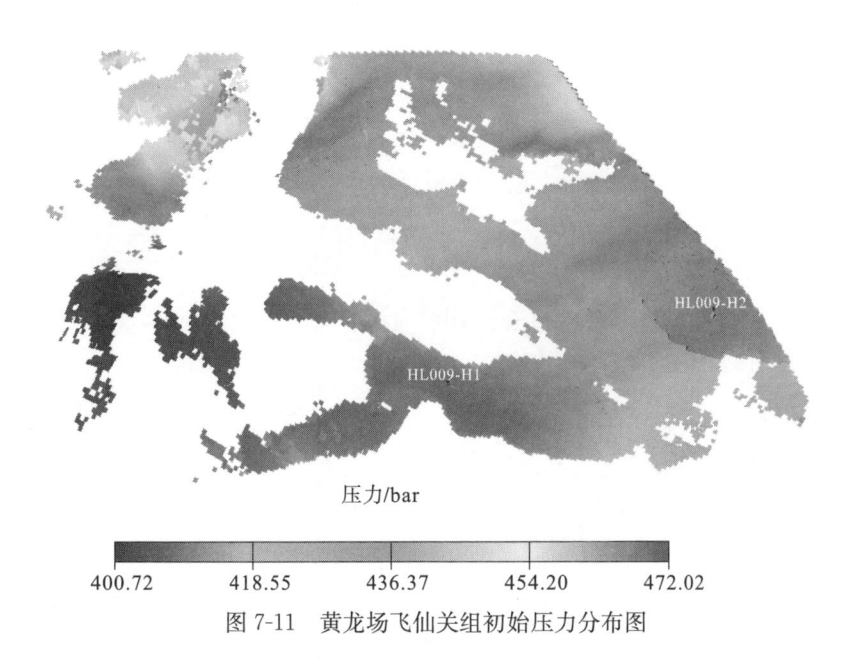

压力/bar

图 7-11　黄龙场飞仙关组初始压力分布图

图 7-12　黄龙场飞仙关组初始饱和度分布图

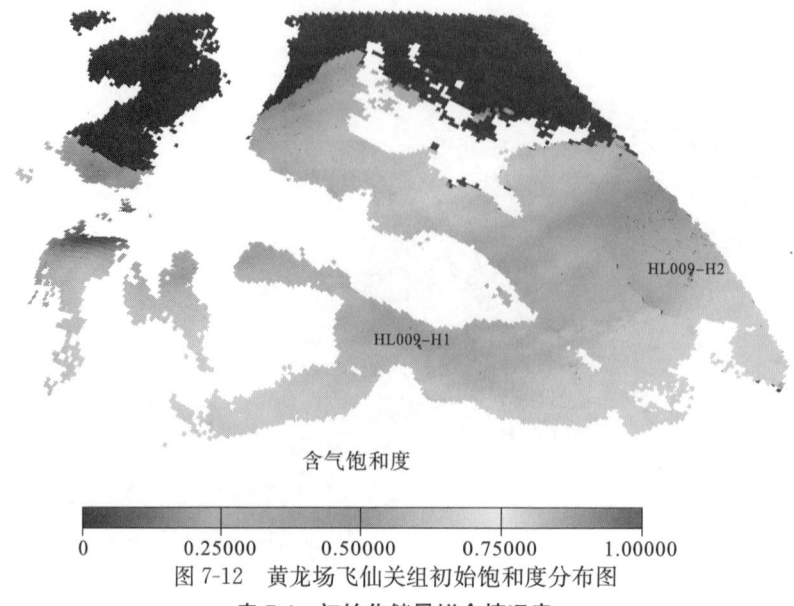

表 7-4　初始化储量拟合情况表

气藏	地质储量复核/$10^8 m^3$	拟合储量/$10^8 m^3$	相对误差/%
黄龙场主体长兴组	80.20	78.68	−1.90
黄龙场飞仙关组高含硫	85.43	86.57	+1.33

第二节　生产动态历史拟合

预测模型的建立是数值模拟研究的核心，建立的主要过程是历史拟合，基本手段是参数调整。

一、模型参数调整

1. 构造模型可靠，不做修改

根据地层精细对比与划分、构造及圈闭特征研究结果，本次研究建立的构造模型是比较可靠的，拟合过程中不进行修改。

2. 断层认识清楚，不做调整

根据地震解释资料，构造及断层分布认识清楚，断层不作调整。

3. 孔隙度模型可靠，基本不做修改

孔隙度模型采用测井解释的孔隙度与岩心孔隙度相结合，建立孔隙度网格参数场，比较可靠。但是井间插值计算可能存在较大差异，拟合过程中进行了适当调整。

4. 有效厚度不做调整

有效厚度来自测井解释、岩心分析，视为确定参数，不做调整。

第七章 气藏数值模拟研究

5. 渗透率模型可靠程度较差，进行适当调整

渗透率参数主要来自岩心分析和测井解释结果，解释误差较大，根据实际生产动态结合试井解释成果做适当调整。

6. 相对渗透率曲线可进行适当调整

相对渗透率曲线来源于岩心测试资料。鉴于局部岩石的特性难以准确反映储层整体的性质，并且岩心相对渗透率不代表裂缝特性，致使相对渗透率变化较大，在拟合过程中可作适当调整。

7. 岩石与流体压缩系数可适当调整

流体压缩系数是实验测定的，变化范围很小，认为是确定的。但受岩石内饱和流体和应力状态的影响，允许有一定可调范围。

8. 气藏初始压力天然气 PVT 数据不做调整

天然气 PVT 数据视为确定参数，在拟合过程中不做修改。

二、整体指标拟合

根据上述参数调整原则，完成了黄龙场长兴组和飞仙关组气藏整体指标的拟合。采用定产气量的方式，主要对气藏产水情况进行了历史拟合。长兴组历史拟合结果如

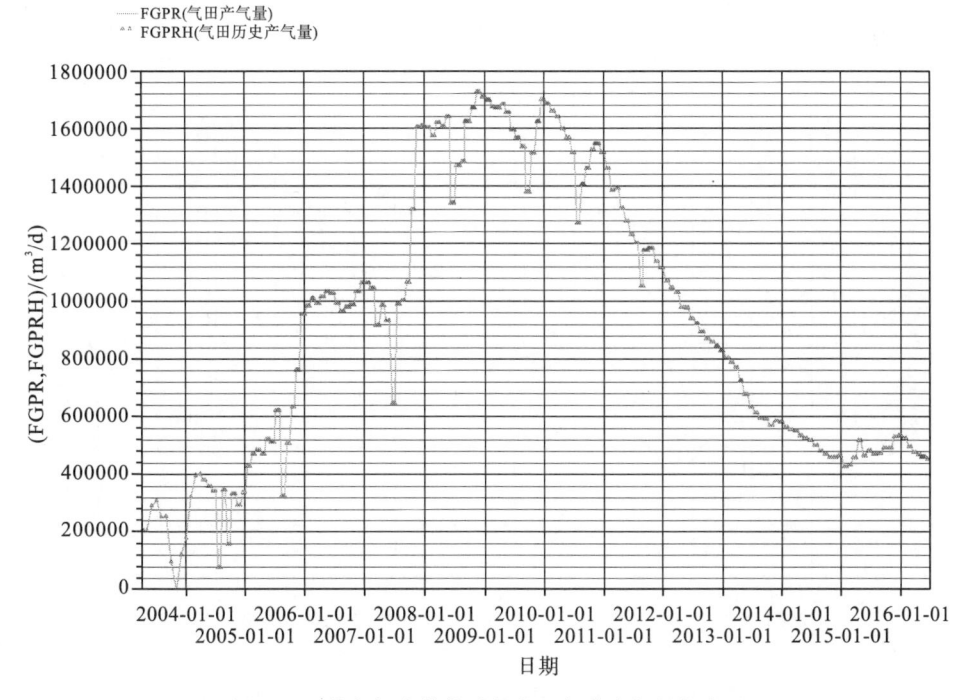

图 7-13 黄龙场主体构造长兴组气藏产气量拟合图

图 7-13~图 7-16 所示。飞仙关组历史拟合结果如图 7-17、图 7-18 所示。从总体上看，历史拟合效果较好，与实际数据的符合程度达到 95% 以上。

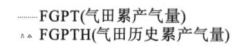

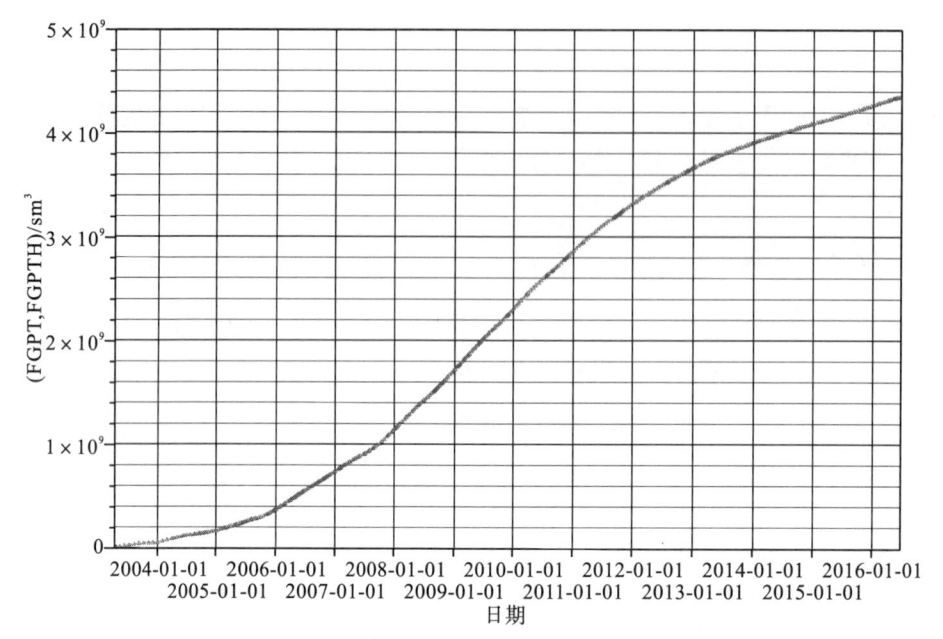

图 7-14 黄龙场主体构造长兴组气藏累积产气量拟合图

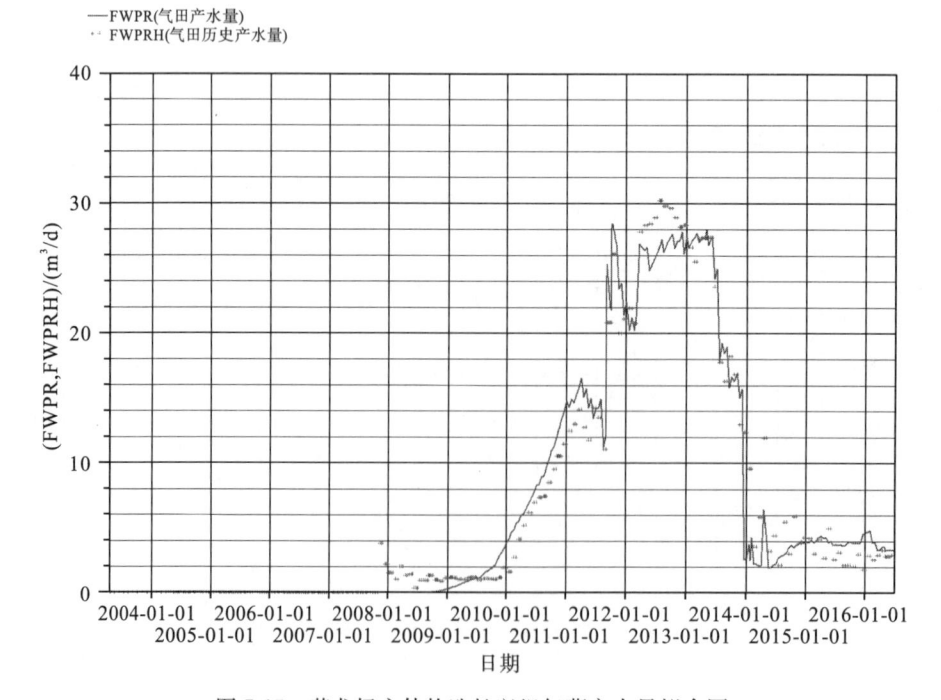

图 7-15 黄龙场主体构造长兴组气藏产水量拟合图

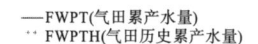

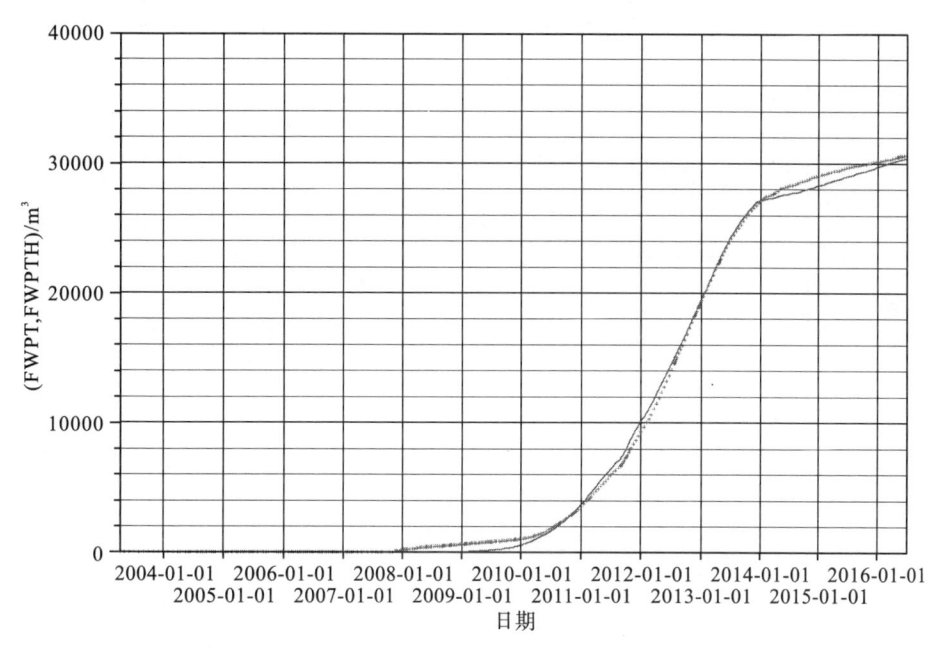

图 7-16 黄龙场主体构造长兴组气藏累积产水量拟合图

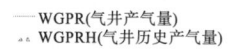

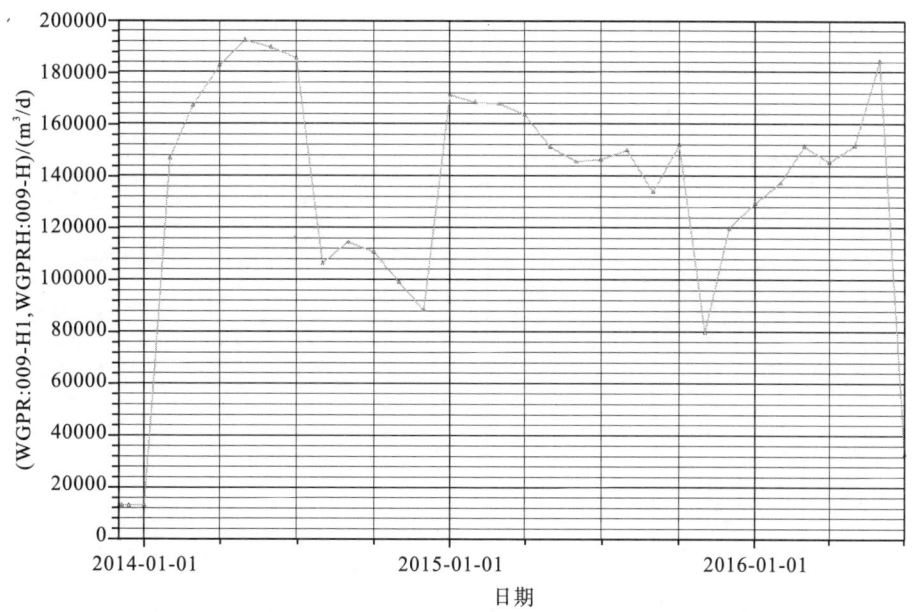

图 7-17 黄龙场飞仙关组气藏(黄龙 009-H1 井)产气量拟合图

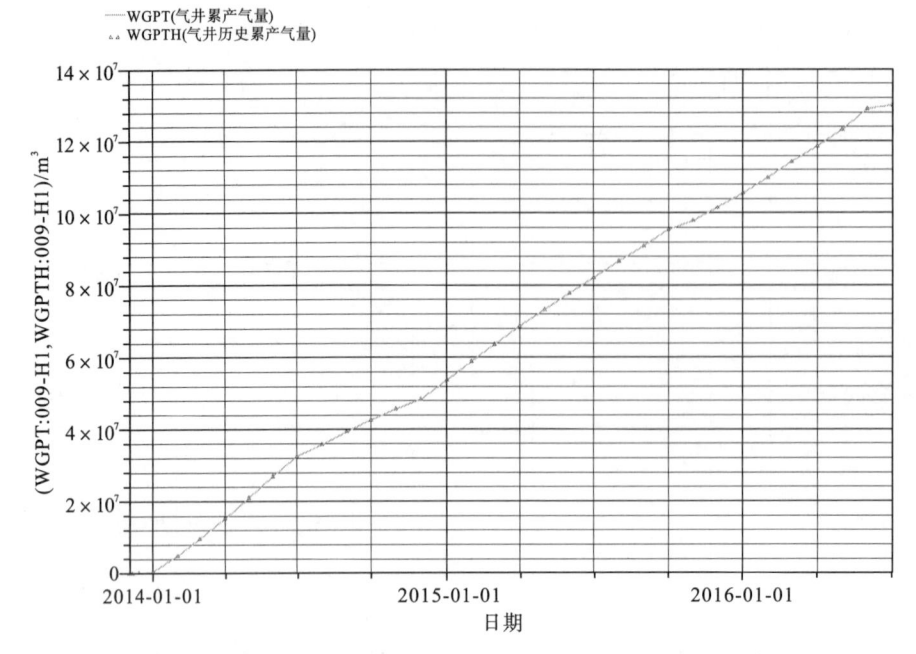

图 7-18 黄龙场飞仙关组气藏(黄龙 009-H1 井)累积产气量拟合图

三、单井指标拟合

结合单井生产动态和试井解释成果，通过相关参数的调整，拟合了各井井口压力和产水量。其中，黄龙场长兴组产地层水的黄龙 001-X1 及黄龙 004-X3 井的产水情况拟合结果如图 7-19、图 7-20 所示，其余井产少量凝析水，在拟合中不必考虑。黄龙场长兴组井口压力历史拟合结果如图 7-21～图 7-30 所示。黄龙场飞仙关组井口压力历史拟合结果如图 7-31 所示。从总体上看，单井历史拟合效果较好，与实际数据的符合程度达到 90% 以上。

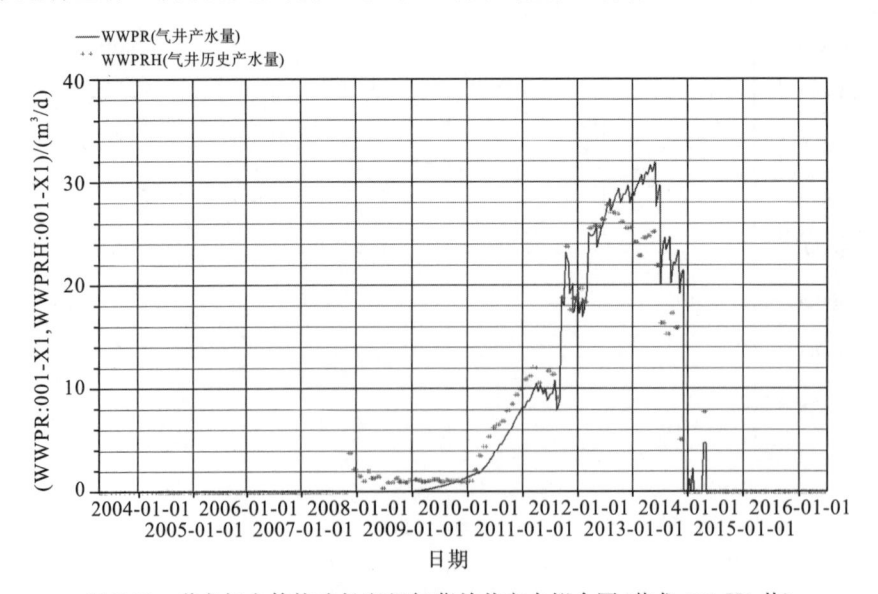

图 7-19 黄龙场主体构造长兴组气藏单井产水拟合图(黄龙 001-X1 井)

图 7-20　黄龙场主体构造长兴组气藏单井产水拟合图（黄龙 004-X3 井）

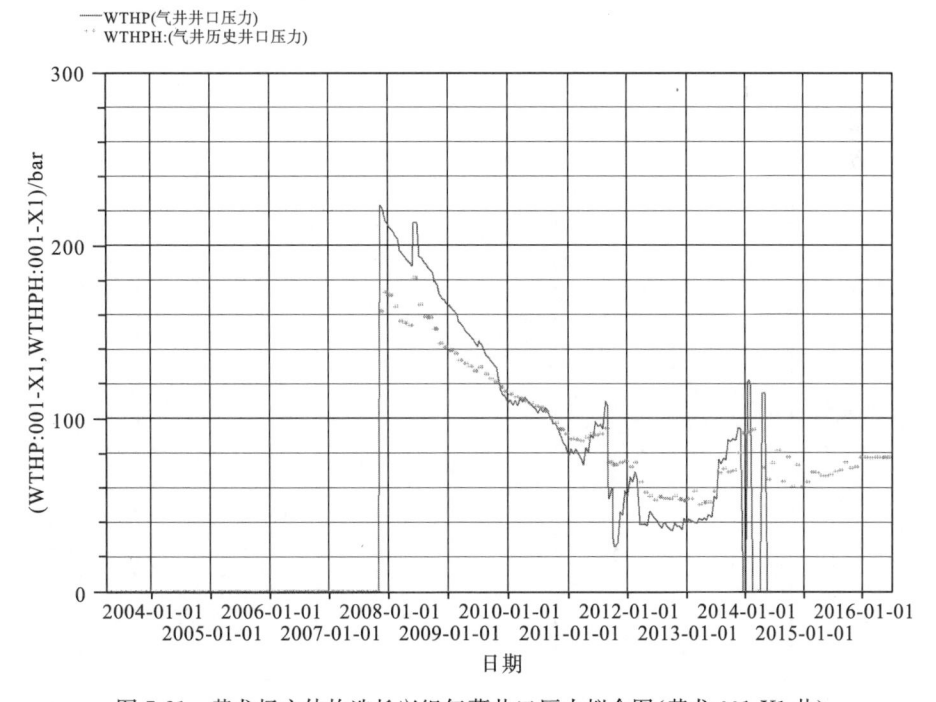

图 7-21　黄龙场主体构造长兴组气藏井口压力拟合图（黄龙 001-X1 井）

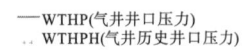

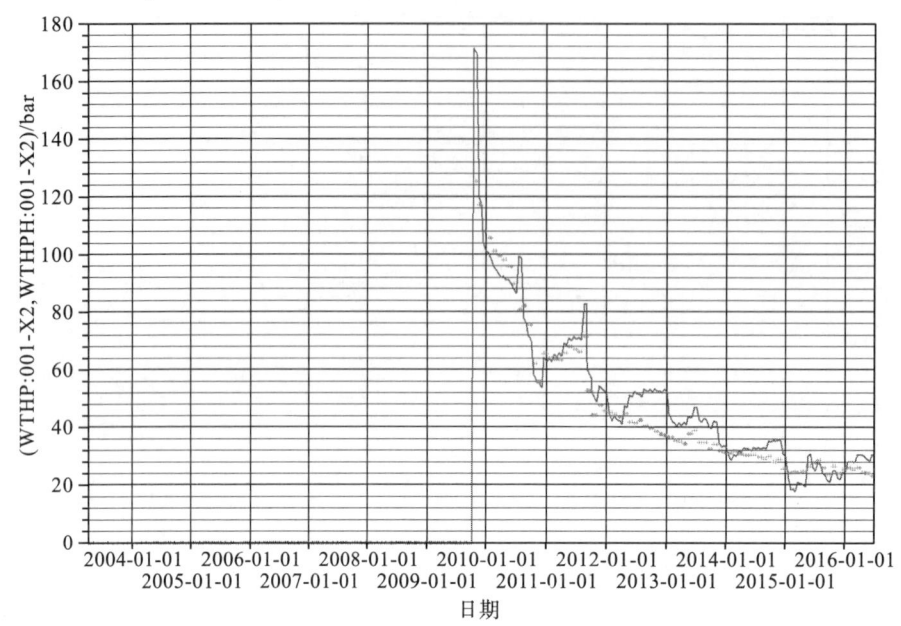

图 7-22 黄龙场主体构造长兴组气藏井口压力拟合图(黄龙 001-X2 井)

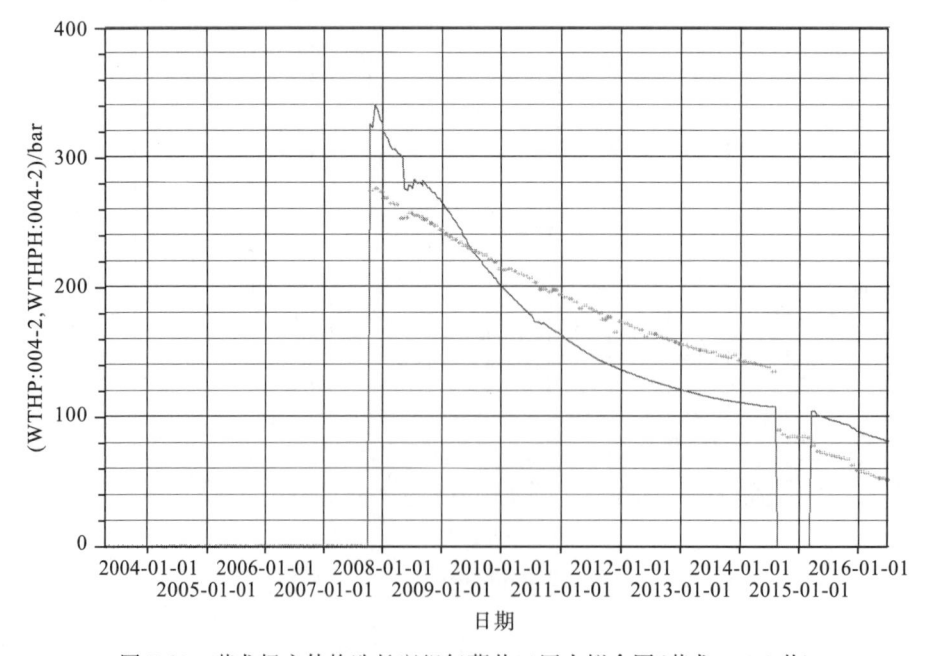

图 7-23 黄龙场主体构造长兴组气藏井口压力拟合图(黄龙 004-2 井)

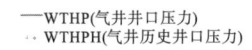

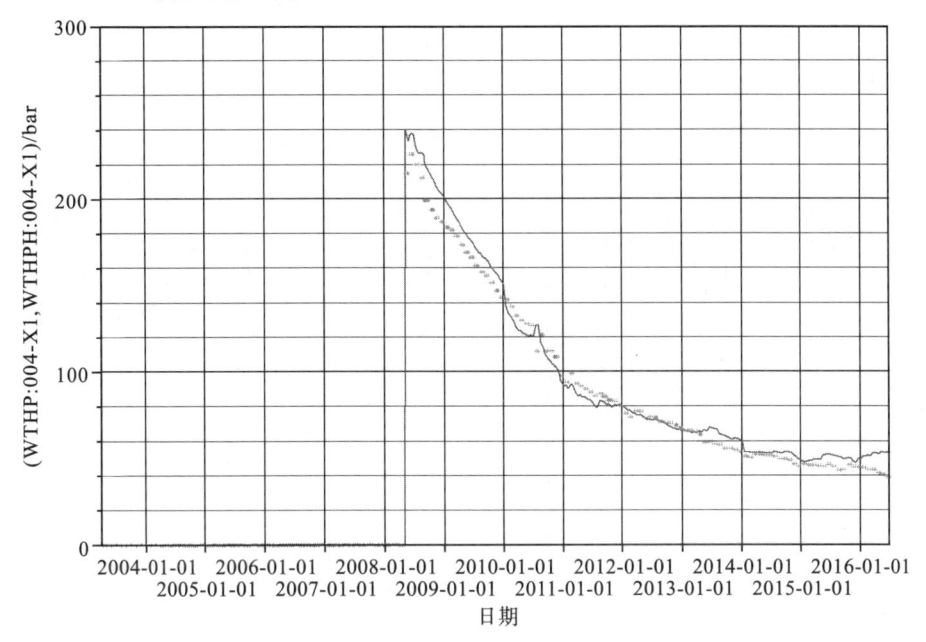

图 7-24　黄龙场主体构造长兴组气藏井口压力拟合图（黄龙 004-X1 井）

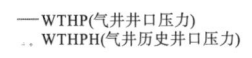

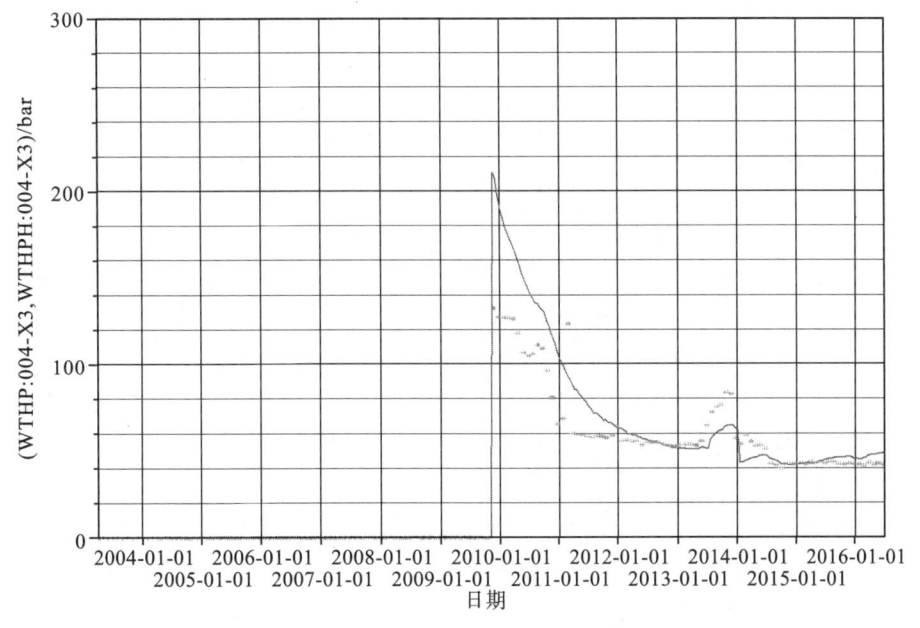

图 7-25　黄龙场主体构造长兴组气藏井口压力拟合图（黄龙 004-X3 井）

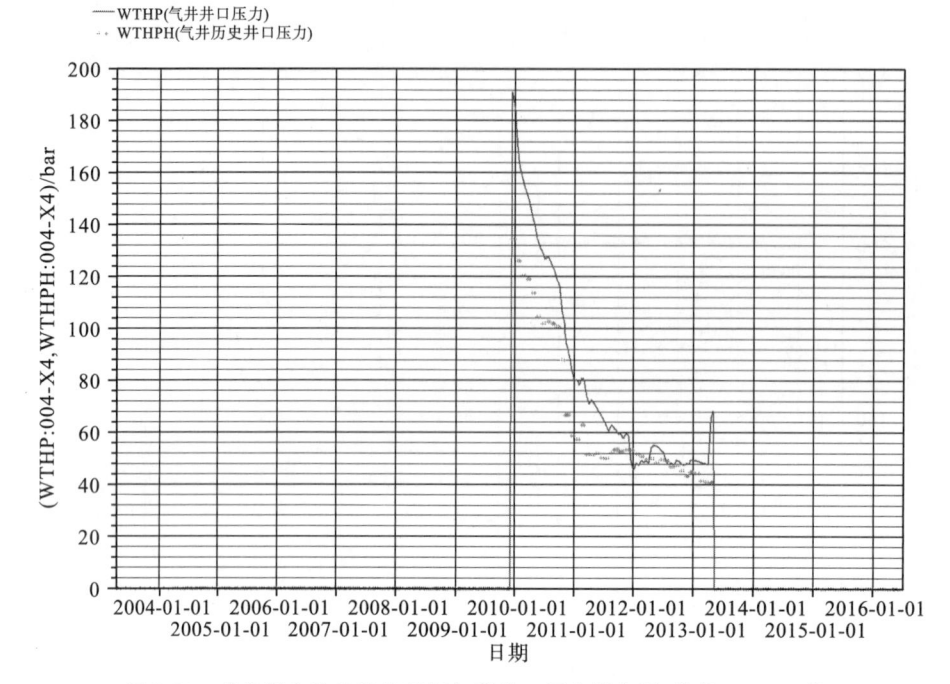

图 7-26 黄龙场主体构造长兴组气藏井口压力拟合图（黄龙 004-X4 井）

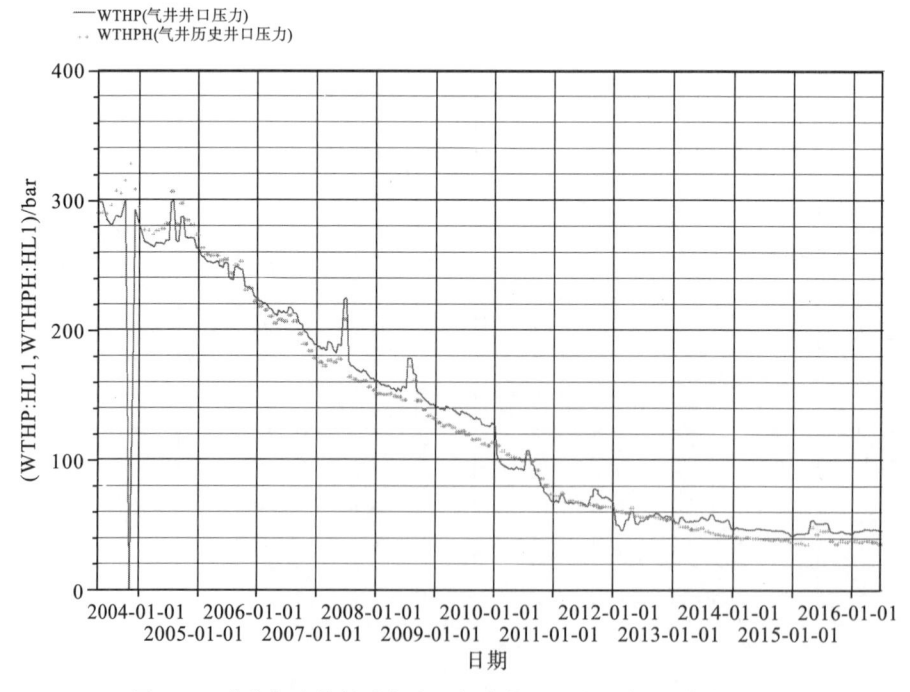

图 7-27 黄龙场主体构造长兴组气藏井口压力拟合图（黄龙 1 井）

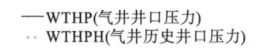

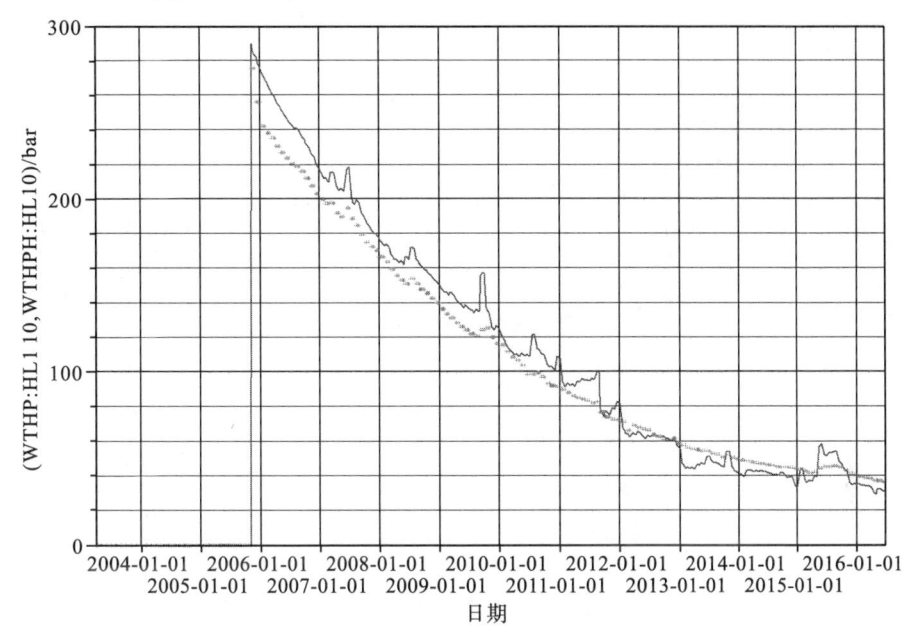

图 7-28　黄龙场主体构造长兴组气藏井口压力拟合图（黄龙 10 井）

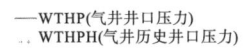

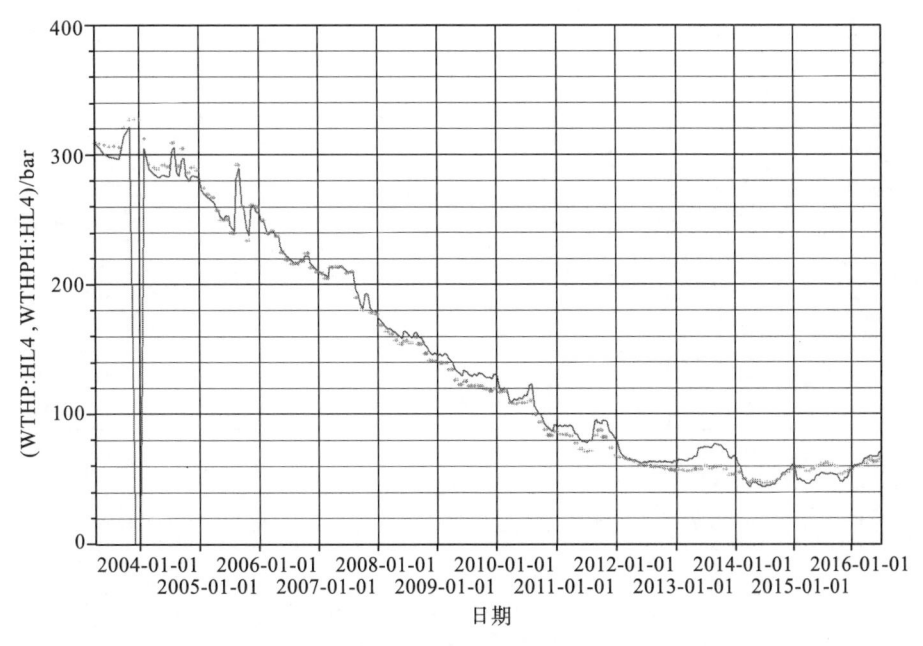

图 7-29　黄龙场主体构造长兴组气藏井口压力拟合图（黄龙 4 井）

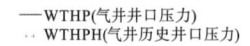

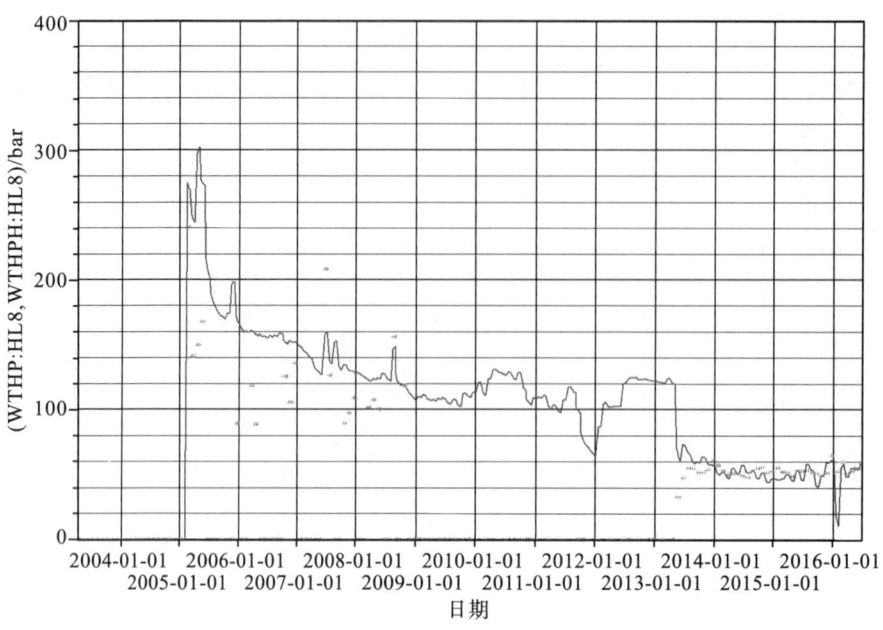

图 7-30 黄龙场主体构造长兴组气藏井口压力拟合图(黄龙 8 井)

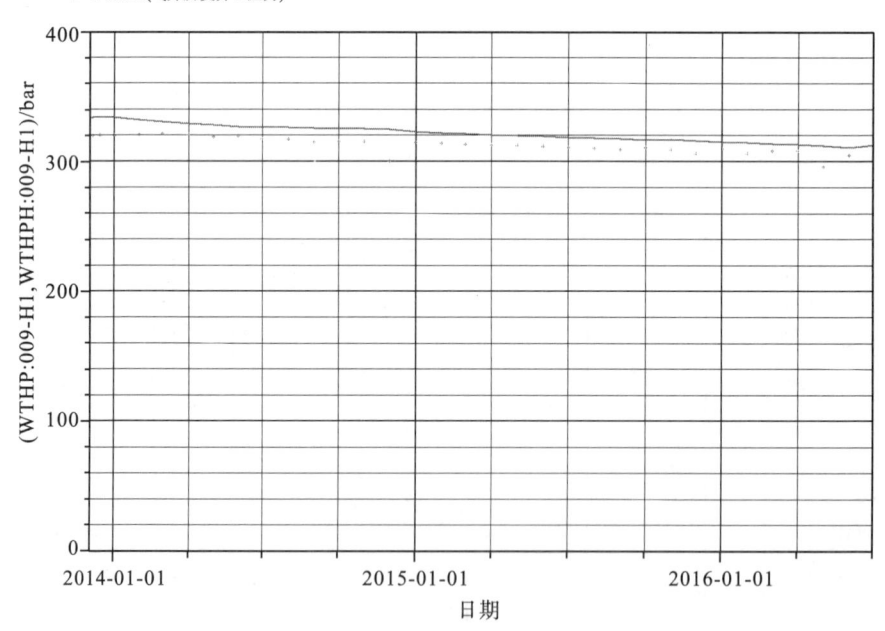

图 7-31 黄龙场飞仙关组高含硫气藏井口压力拟合图(黄龙 009-H1 井)

第三节 剩余气饱和度分布

由于黄龙场构造飞仙关组高含硫气藏目前处于开采初期,故仅对长兴组气藏开展剩余气饱和度分布研究。黄龙场主体构造长兴组气藏不同时期的含气饱和度分布如

图 7-32～图 7-35 所示，含水饱和度分布如图 7-36～图 7-39 所示。模拟结果表明：随着天然气开采的进行，气区地层压力下降，并向外传播，导致天然水域(边水)压力下降，引起天然水域地层水和岩石膨胀，在天然水域和气区之间形成压差，在压差作用下，天然水域的水向气区侵入。黄龙场长兴组处于构造南翼和北翼较低位置的黄龙 001-X1 井和黄龙 004-X3 井已发生明显的水侵，剩余气饱和度降低，是下一步控水治水以及挖潜工作的重点。

图 7-32 黄龙场主体构造长兴组气藏含气饱和度分布图(初始时刻)

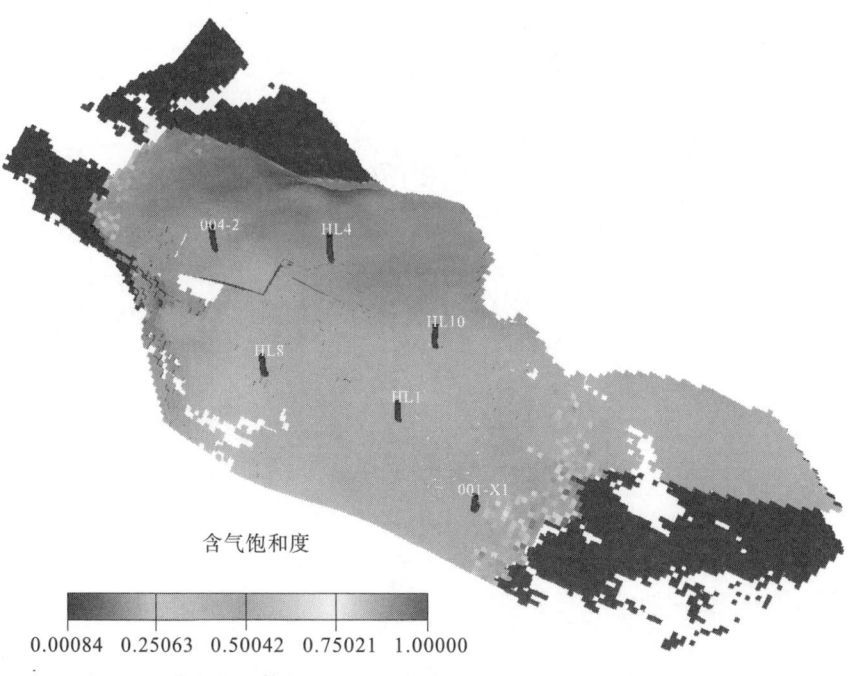

图 7-33 黄龙场主体构造长兴组气藏含气饱和度分布图(2008 年 4 月)

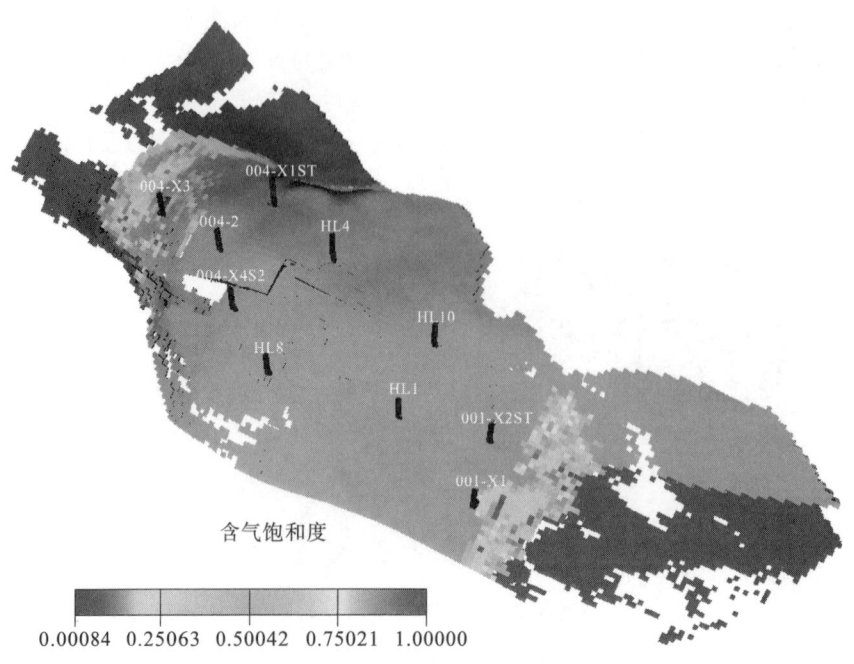

图 7-34 黄龙场主体构造长兴组气藏含气饱和度分布图（2012 年 4 月）

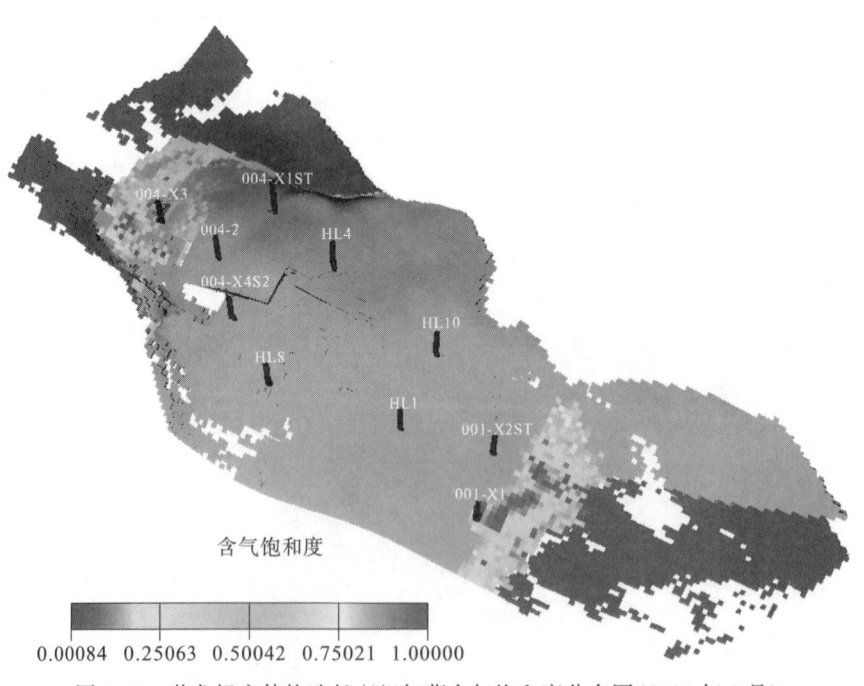

图 7-35 黄龙场主体构造长兴组气藏含气饱和度分布图（2016 年 6 月）

第七章 气藏数值模拟研究

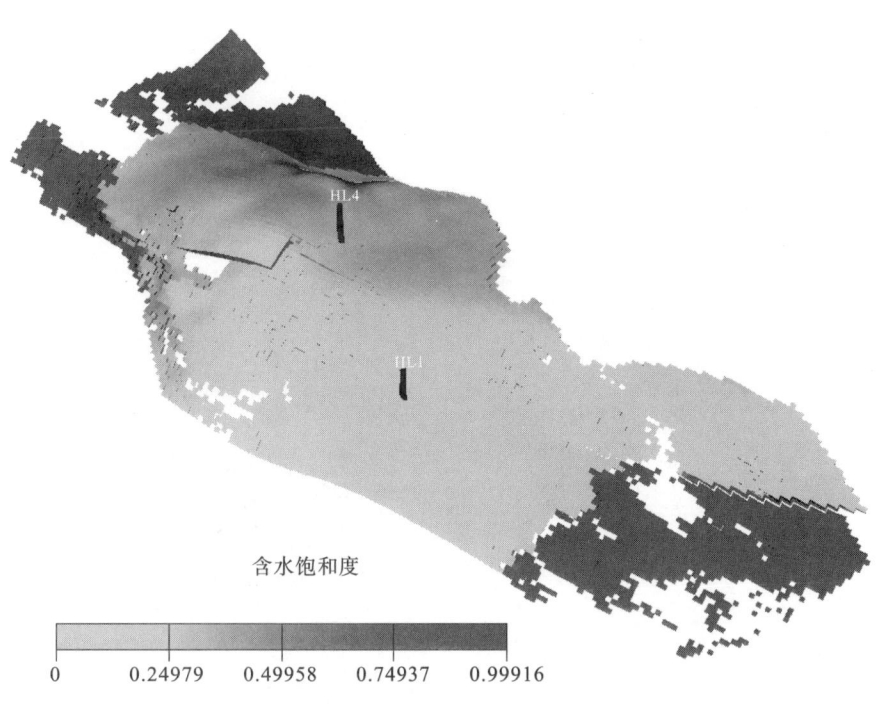

图 7-36 黄龙场主体构造长兴组气藏含水饱和度分布图（初始时刻）

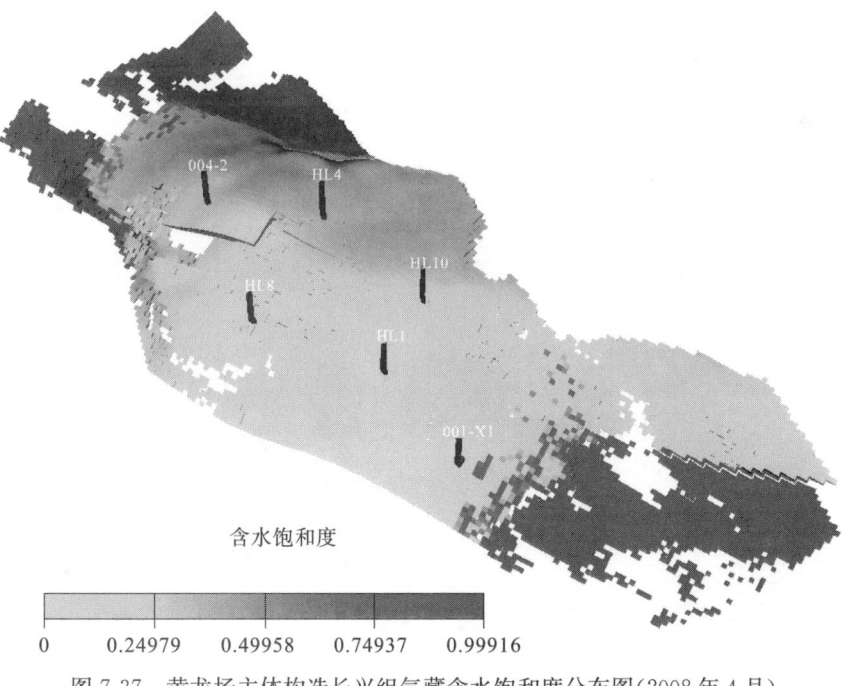

图 7-37 黄龙场主体构造长兴组气藏含水饱和度分布图（2008 年 4 月）

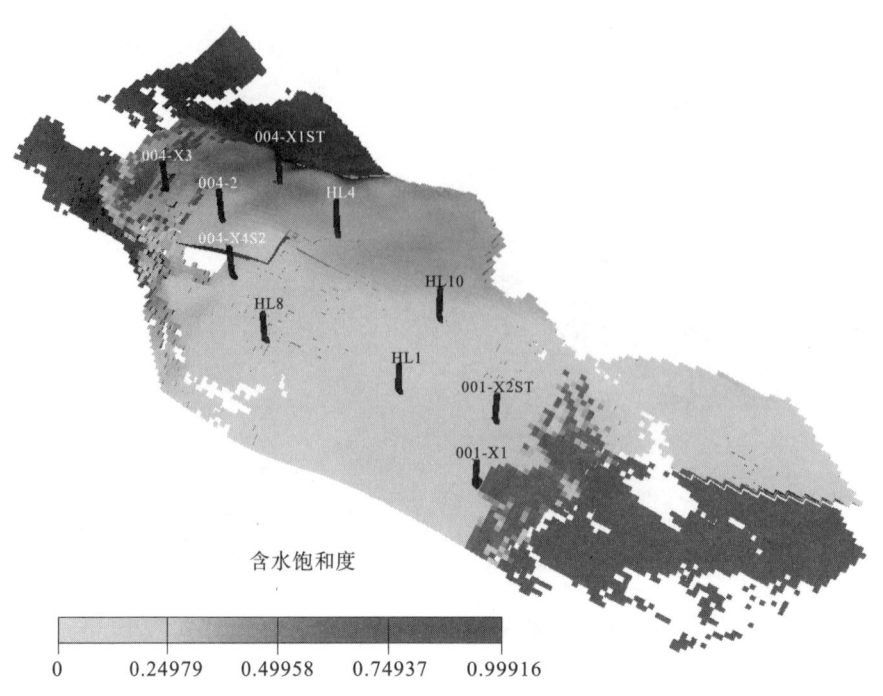

图 7-38 黄龙场主体构造长兴组气藏含水饱和度分布图(2012 年 4 月)

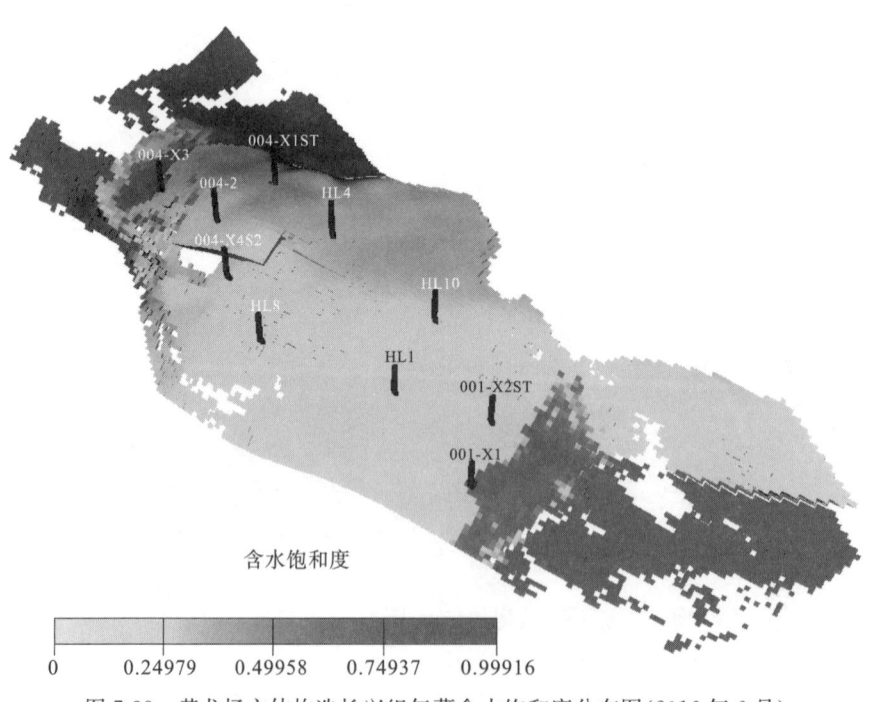

图 7-39 黄龙场主体构造长兴组气藏含水饱和度分布图(2016 年 6 月)

第八章　开发调整潜力评价及治水对策研究

第一节　长兴组气藏治水对策及开发潜力研究

对于水驱气藏，边水会对气藏的开发造成严重的危害。水驱气藏衰竭压降过程中，受储层非均质性影响，边水选择性水侵，形成多种形式的水封气，造成可采储量的损失。当气藏发生水侵后，水侵区域地层中出现气水两相流，两相流增加了气相渗流阻力，造成气藏废弃压力增大。对于水体较为活跃的水驱气藏，开发过程中气井出水是迟早要发生的。水侵入气井的产气层段后，使气相相对渗透率降低，气井产能大幅下降。气井出水后，井筒内流体密度加大，井筒举升压力损失增大，严重时造成气井停喷。地层水中普遍含有 H_2S、CO_2 和 Cl^- 等腐蚀介质，易造成井下生产管柱、井口装置、地面生产流程、集输管网设备严重腐蚀。

水驱气藏的水害治理归纳起来大致有三类：控水、堵水、排水。控水是通过优化配产技术措施，最大程度上使 WGC 均匀推进，最大程度上减少水封储量损失，从而提高气藏采收率，改善气藏开发效果。堵水则是通过注水泥或高分子堵水剂堵塞水侵通道，以达到控制水侵、延长气井寿命，从而改善气藏开发效果的目标。排水采气是采用人工举升、助排工艺，排出侵入储气空间的水及井筒积液，以达到恢复气井生产、降低水封压力、充分挖掘剩余天然气资源，从而改善气藏开发效果的目标。气藏开发早期通常以控水为主，开发中后期通常以堵水和排水为主[25]。

一、国内外控水治水应用现状

（一）控水治水应用现状

有水气藏水侵防治是件十分棘手的事，国内外每年都有大量人力、物力投入研究，并在不同的气田取得了不同程度的效果。纵观国内外控水治水措施，比较系统和成熟，至少有 10 种以上的方法得到了成功应用。有针对同层水的，也有针对异层水的；有针对已出水的，也有针对未出水的（表 8-1），但归纳起来不外乎三大类：一是控水；二是堵水；三是排水。

控水采气就是通过控制、提高井底流压来降低水侵压差，从而降低水侵影响的一种措施，由于现场上常采取衰竭式开采方式，因此控水采气的实质也就是控气控水。排水采气则是通过有计划的排水来将地层水带出地面，从而防止地层水向气藏内部侵入、保护气区稳定生产的一种措施，有两种实现途径，一是在邻近水区打井排水降低水区压力，二是气井靠自身能量或其他助排措施带水采气。堵水则是通过在水侵通道上注水泥桥塞或高分子堵水剂，从而降低水相渗透率的一种方式。三种措施虽然实现方式不尽相同，但目的都一样，那就是尽可能降低或消除各种水侵压差，控水是"防水"；排水着眼点是

"治水";堵水则以体现气水压差的介质条件为实施对象,着眼点是渗滤通道。殊途同归,三者有机结合概括了当今治水措施。

表 8-1 国内外控水治水措施特征对照表

	措施名称		适应条件	实现方式	优点	缺点
控水采气	1	未出水井	水侵型(慢型)	Cl⁻含量及水气比监测,控制临界压差	延长无水采气,提高采收率等	气井能量低时受限
	2	已出水井	断裂型(快型)	生产实验求合理压差	增加单位压降采气量、减少地面污染	采气速度低
堵水	3	封堵水层	横向水窜型	搞清并封堵出水层段	可减少水影响	事例较少
	4	封堵井底出水井段	水锥出水	封堵井底水侵染段	可减少水影响	事例较少
排水采气	5	放喷	边底水	在井口放空	净化井底	浪费气
	6	以气带水	边底水	系统分析找拐点	靠气藏自身能量,保持自然递减	不能作拐点试验(加剧水侵)
	7	换小油管	气井低产、低压力	换小油管	适宜带水、不积液	需压井换油管
	8	气举排水	气井举升能量不足	用高压气源或高压风机增压	有效果	要外加能量
	9	化学排水	气井举升、能量不足	向井内注泡沫剂	效果明显,不影响气井正常生产	能量枯竭时受限
	10	柱塞气举排水	出水不大、中低压气井	在油管内装上柱塞设备	简单、经济	能量枯竭时受限
	11	机械排水	能量低	上抽吸设备	有效果	深井受限
	12	电泵排水	水量大的井	安装电潜泵	可强化排水	成本高,需电源

综上所述:①控水是一种最常用的办法,特别是在出水初期水侵原因不明时常常采用,投资省,操作简单。针对黄龙场长兴组气藏未见水井,需要优化配产而控水。②堵水往往受技术和实施条件限制,实际应用很少,如四川盆地石炭系裂缝-孔隙非均质气藏,堵水采气实际上很难奏效,一般不予采用。③排水采气是出水气藏治水的必由之路,具有更积极、更主动的意义。针对黄龙场长兴组见水井,排水采气是气藏治水和提高采收率的重要措施。

(二)排水采气成功实例

有水气藏气井产水后,"排水"和"采气"就成为因果关系。通过对产水气井采用排水的方法,使得气藏内局部区块或气井的控制范围的水封气突破水的封隔而产出,可以疏通天然气渗流通道,重新建立天然气的渗流系统,也即天然气由基质(孔隙+喉道)→裂缝→井筒→地面的流动过程,从而达到气井复产或增产、提高气藏采收率的目的(图 8-1、图 8-2)。

裂缝及高渗透层段是裂缝-孔隙型储层水侵的主要通道,气藏水侵首先是使裂缝及高渗通道水淹,只有强排水才能降低裂缝高渗孔道的压力,当地层裂缝与基质之间的压

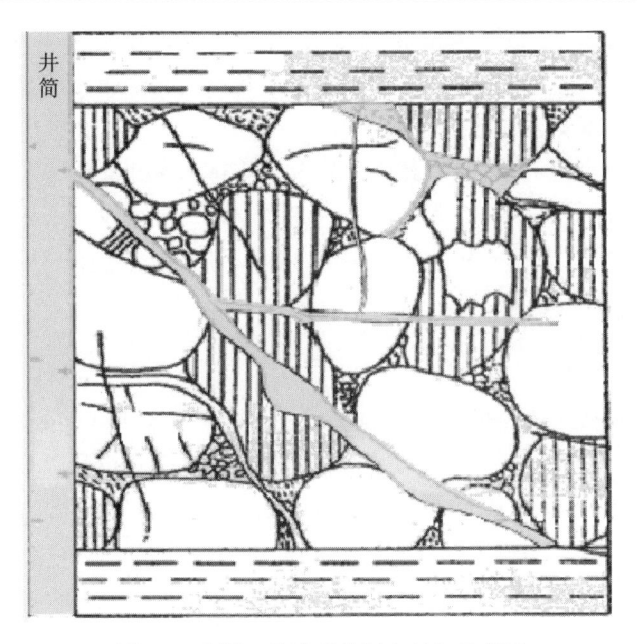

图 8-1　裂缝-孔隙型储层水封气示意图

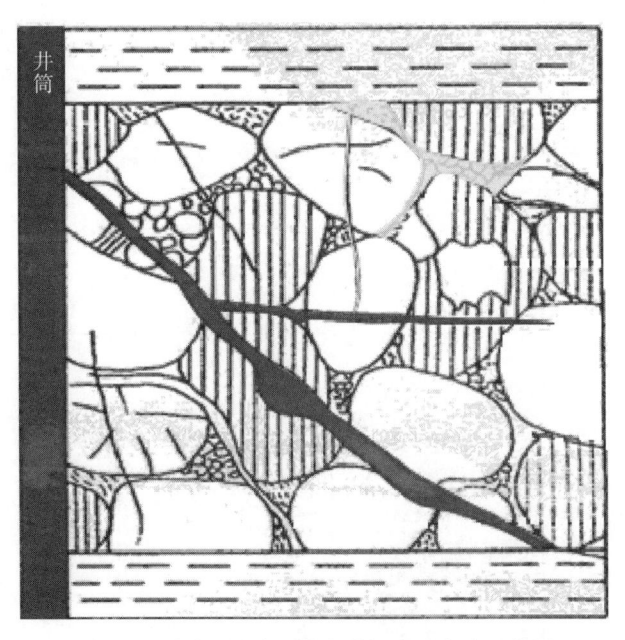

图 8-2　裂缝-孔隙型排水采气渗流方式示意图

差大于引起水锁效应的毛管压力后，就会出现岩块中水封气得以解封。首先是小裂缝、小洞等空间的水封气将部分侵入的水驱出而进入裂缝；其次是当压力降到基质孔隙与裂缝空间的压差大于毛管压力时，基质孔隙中的水封气就能克服毛管效应而进入裂缝，进入裂缝中的气就成为排出裂缝中积液的动力，将水驱向井筒而产出，气产水量将大幅度上升，裂缝中压力继续下降，孔缝之间压差进一步加大，致使压力较高的基质不断向裂缝中补给天然气，并通过裂缝流向井底，从而重新产气，甚至恢复自喷生产。

如中坝须二气藏中 19、中 35 井水淹长达 13 年,经过排水采气后变为气水同产井。中 19 井 1977 年 11 月 22 日投产,1979 年 8 月 17 日出水,随着水侵加剧日产气量逐渐下降,1982 年 8 月 21 日水淹停喷。1982 年 8 月~1993 年 4 月经过多次气举、化学排水均未能恢复生产。1993 年 5 月 12 日开始强化连续气举排水 3490m³ 后,于 1993 年 6 月 1 日仅连续排液 18 天即恢复生产,经过几年时间的连续排水,1997 年 10 月恢复自喷生产。该井稳定生产日产气量 $4.5×10^4$~$5.0×10^4$m³,日产水 105~110m³,井口套压 7.0~7.5MPa,井口油压 1.8~2.0MPa。

二、开发潜力分析

黄龙场主体长兴组地质储量 $80.20×10^8$m³,计算动态储量为 $65.69×10^8$m³,储量动用程度为 81.91%。截至 2016 年 6 月,长兴组气藏共 10 口井投产,目前在产井 8 口,累积采气 $43.56×10^8$m³,按地质储量计算采出程度为 54.31%,剩余地质储量 $36.64×10^8$m³;按照动态储量 $65.69×10^8$m³ 计算采出程度为 66.31%。从剩余储量叠合图来看,剩余储量主要分布在黄龙 10、黄龙 1、黄龙 4、黄龙 004-2 等区域(图 8-3、图 8-4),具有较大的潜力(表 8-2)。

表 8-2　黄龙场主体构造长兴组气藏储量动用情况分析表

气藏	黄龙场主体构造长兴组
地质储量/10^8m³	80.20
动态储量/10^8m³	65.69
未动用储量/10^8m³	14.51
储量动用程度/%	81.91
累产气量/10^8m³	43.56
剩余储量/10^8m³	36.64

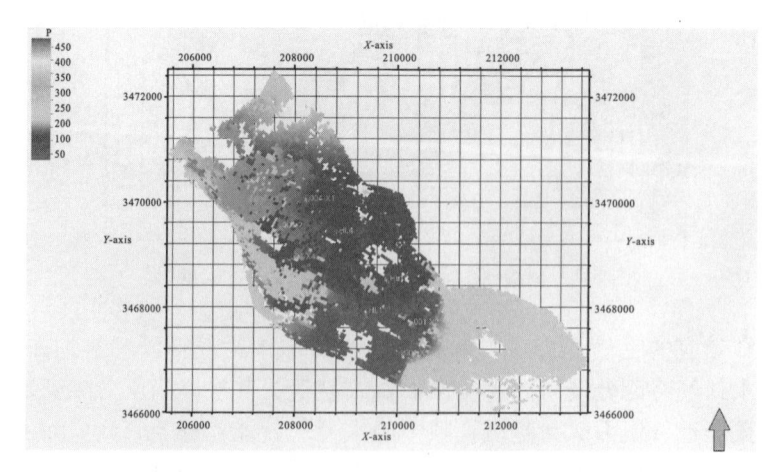

图 8-3　黄龙场主体构造长兴组压力分布图

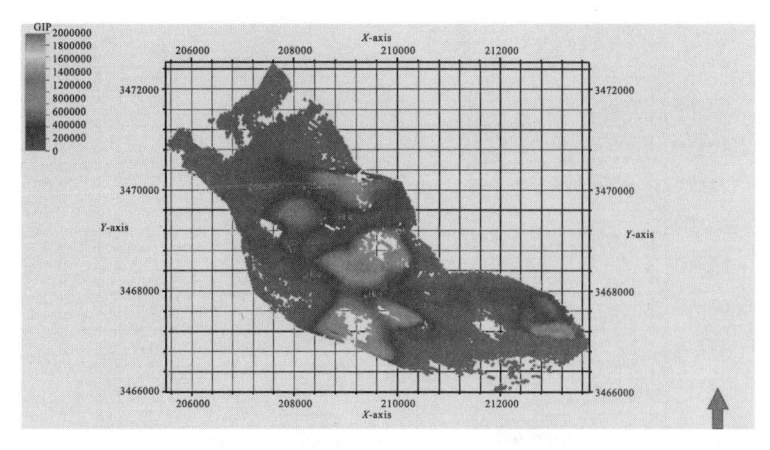

图 8-4　黄龙场主体构造长兴组气藏剩余储量叠合图

三、基础方案分析及预测

根据气藏开发状况,黄龙 004-X4 已封闭长兴组,生产层位为嘉二,因此方案设计时不予考虑。假定黄龙 001-X1 井继续关井(水淹停产),其余 8 口生产井按 2016 年 6 月产量生产,合计 $45.0\times10^4\mathrm{m}^3/\mathrm{d}$(表 8-3),将此方案作为基础方案。采用数值模拟技术预测(预测期为 15 年)气藏开发指标,分析气藏水侵特征和产水特征。

表 8-3　黄龙场主体构造长兴组气藏基础方案配产表

井名	配产/$(10^4\mathrm{m}^3/\mathrm{d})$
黄龙 1	5.5
黄龙 4	0.5
黄龙 8	1.0
黄龙 10	10.0
黄龙 001-X2	4.2
黄龙 004-X1	6.3
黄龙 004-2	16.5
黄龙 004-X3	1.0
合计	45.0

截至 2016 年 6 月,黄龙场主体长兴组气藏累积产气 $43.56\times10^8\mathrm{m}^3$,累积产地层水 $3.0\times10^4\mathrm{m}^3$。预测结果表明(图 8-5、图 8-6),在黄龙场长兴组气藏维持相对稳定低产的现有工作制度下,如果黄龙 001-X1 井不复产,其余井继续生产,与黄龙 001-X1 井相邻的黄龙 001-X2 井将会因水侵而产水,预计见水时间为 2020 年 11 月(图 8-7),黄龙 004-X3 井将继续维持稳定带水生产,因北翼水侵弱、水体小,因此后期水侵无明显加剧(图 8-8)。预测期末气藏累积产气 $53.678\times10^8\mathrm{m}^3$,累积产地层水 $7.813\times10^4\mathrm{m}^3$,采收率 66.93%(表 8-4)。

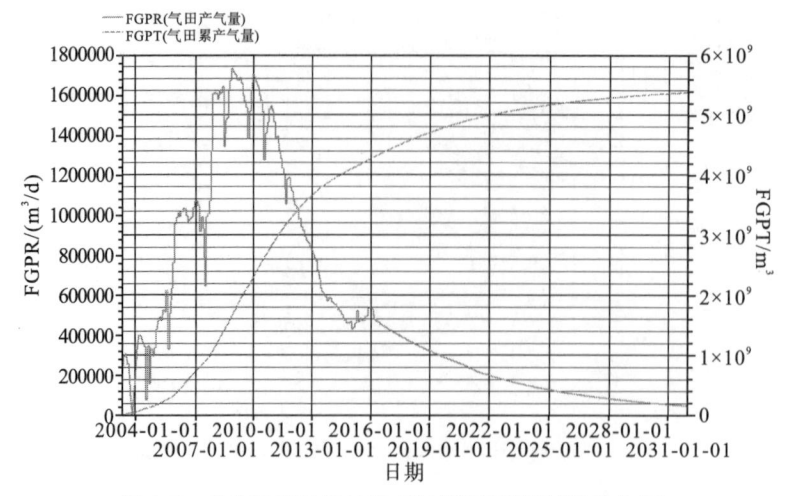

图 8-5　黄龙场长兴组气藏产气指标预测图（基础方案）

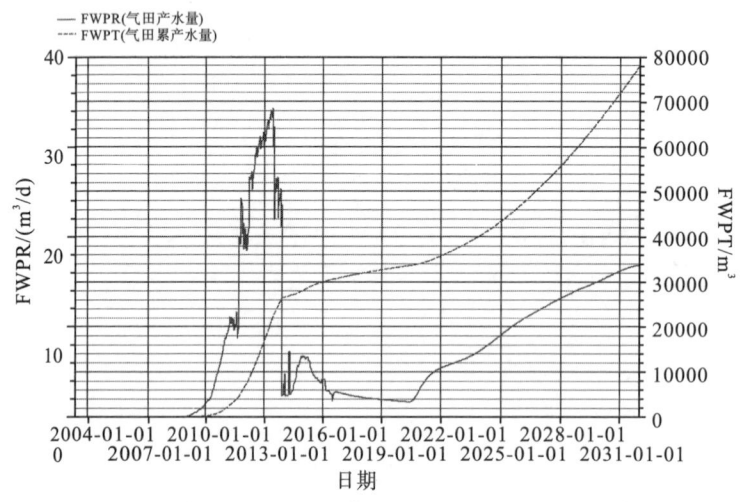

图 8-6　黄龙场长兴组气藏产水指标预测图（基础方案）

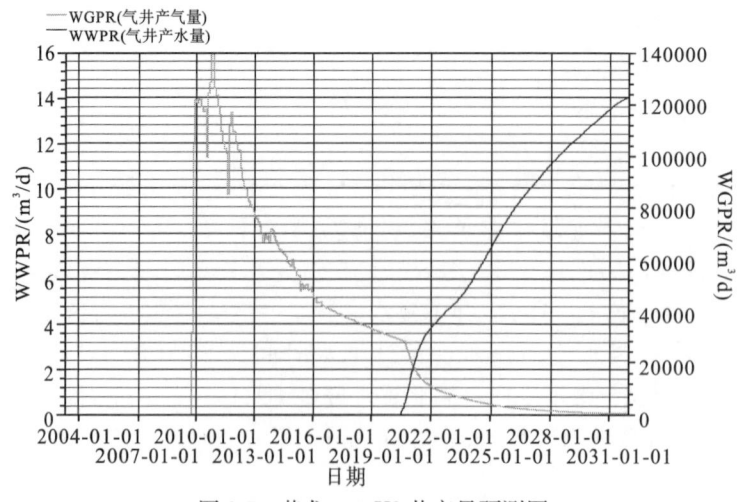

图 8-7　黄龙 004-X2 井产量预测图

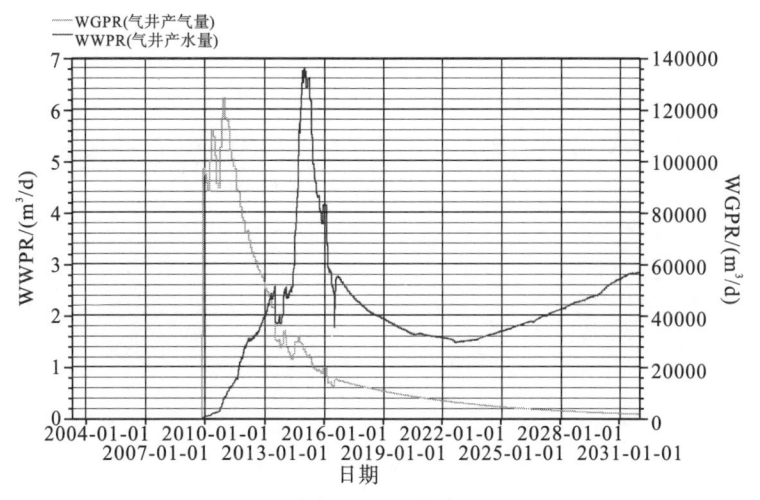

第八章 开发调整潜力评价及治水对策研究

图 8-8 黄龙 004-X3 井产量预测图

表 8-4 黄龙场长兴组气藏产气指标预测情况表（基础方案）

年份	$Q_g/$ $(10^4 \mathrm{m}^3/\mathrm{d})$	$Q_w/$ $(\mathrm{m}^3/\mathrm{d})$	$G_p/$ $(10^8 \mathrm{m}^3)$	$W_p/$ $(10^4 \mathrm{m}^3)$	Q_w(HL001-X1) $/(\mathrm{m}^3/\mathrm{d})$	Q_w(HL001-X2) $/(\mathrm{m}^3/\mathrm{d})$	Q_w(HL004-X3) $/(\mathrm{m}^3/\mathrm{d})$
2017	39.39	2.6	45.816	3.194	关井	0.0	2.6
2018	34.29	2.3	47.067	3.269	关井	0.0	2.2
2019	29.86	2.0	48.157	3.336	关井	0.0	2.0
2020	25.99	2.3	49.105	3.412	关井	0.4	1.8
2021	21.54	5.1	49.892	3.581	关井	3.4	1.8
2022	18.35	6.5	50.561	3.796	关井	4.8	1.7
2023	15.80	7.5	51.138	4.045	关井	5.8	1.7
2024	13.67	9.2	51.637	4.348	关井	7.4	1.8
2025	11.76	11.0	52.066	4.712	关井	9.0	1.9
2026	10.18	12.6	52.438	5.128	关井	10.5	2.1
2027	8.83	14.0	52.760	5.589	关井	11.7	2.3
2028	7.68	15.3	53.040	6.094	关井	12.8	2.4
2029	6.65	16.3	53.283	6.632	关井	13.7	2.6
2030	5.78	17.4	53.494	7.206	关井	14.5	2.9
2031	5.03	18.4	53.678	7.813	关井	15.3	3.1

从数值模拟结果（图 8-9～图 8-12）来看，气藏具有以下水侵特征：①垂向上，长二段是主要的生产层段且物性相对较好，水侵作用相对较强；②平面上，构造南翼黄龙 001-X1 井及北翼黄龙 004-X3 井附近的边水继续推进。在黄龙 001-X1 井不复产而其余井继续生产的情况下，后期南翼与黄龙 001-X1 井相邻且处于构造相对低部分的黄龙 001-X2 井将发生水侵而产水（图 8-13～图 8-16）；其中北翼黄龙 004-X3 井附近的边水推进十分缓慢，而靠近黄龙 004-X3 井的黄龙 004-X1 井没有发生明显水侵（图 8-17～图 8-20）。

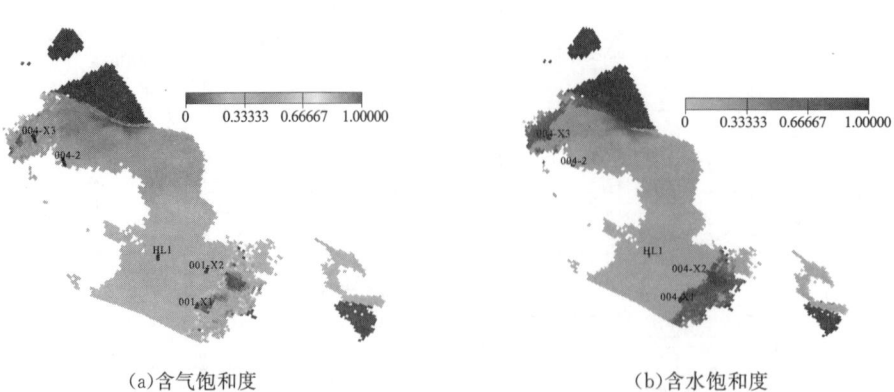

(a) 含气饱和度   (b) 含水饱和度

图 8-9   黄龙场主体构造长兴组气藏饱和度分布图

(2016 年 6 月，第 22 模拟层)

(a) 含气饱和度   (b) 含水饱和度

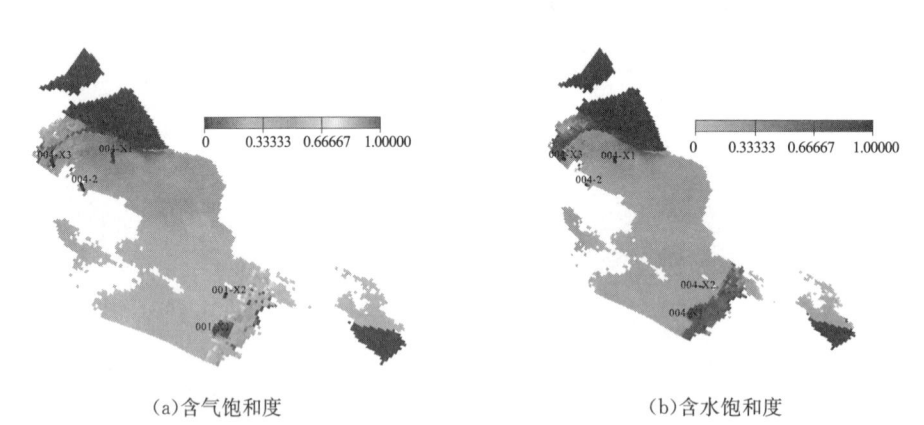

图 8-10   黄龙场主体构造长兴组气藏预测期末饱和度分布图

(2031 年 6 月，第 22 模拟层)

(a) 含气饱和度   (b) 含水饱和度

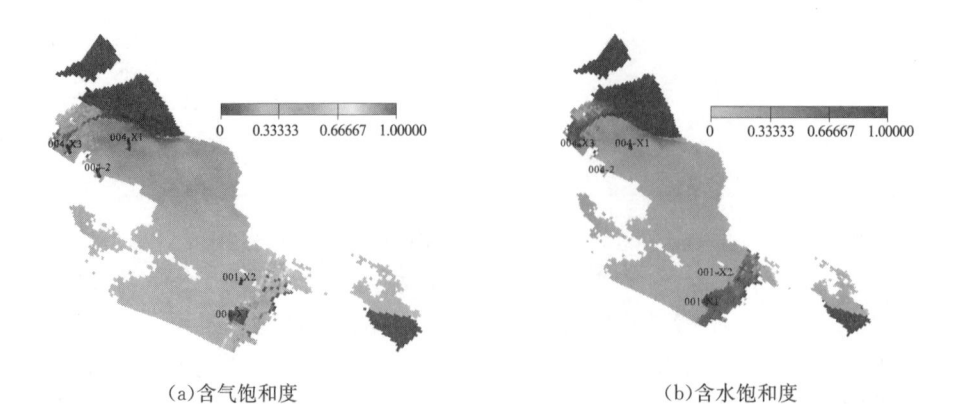

图 8-11   黄龙场主体构造长兴组气藏饱和度分布图

(2016 年 6 月，第 25 模拟层)

(a) 含气饱和度   (b) 含水饱和度

图 8-12　黄龙场主体构造长兴组气藏预测期末饱和度分布图
（2031 年 6 月，第 25 模拟层）

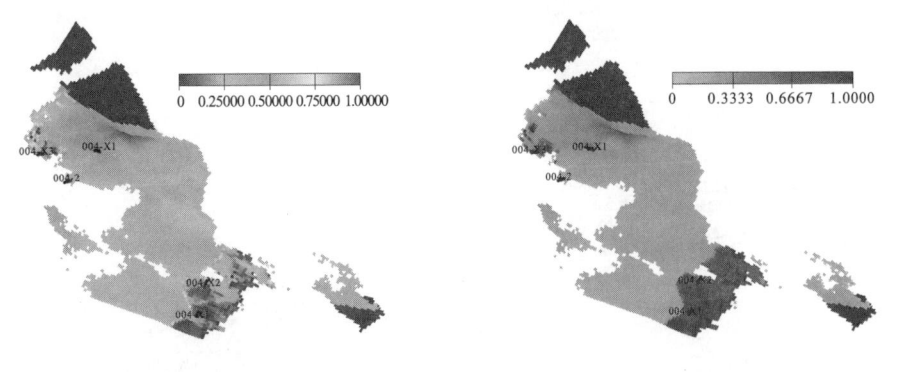

含水饱和度

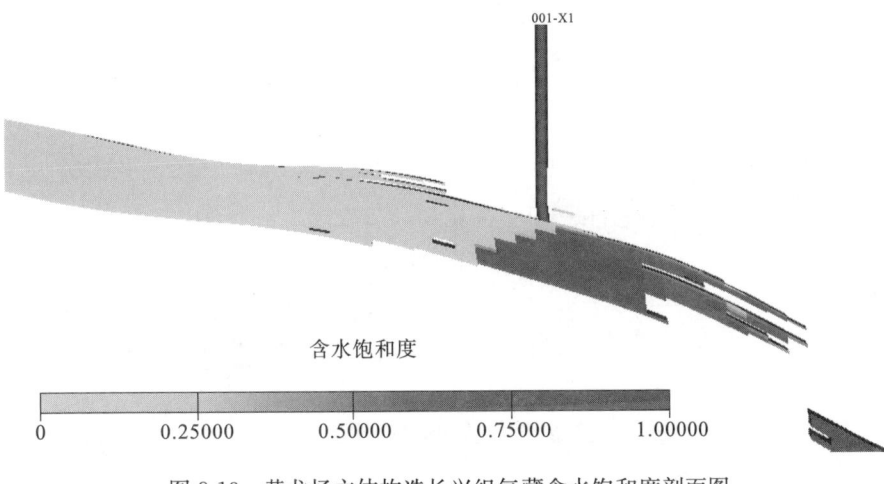

图 8-13　黄龙场主体构造长兴组气藏含水饱和度剖面图
（黄龙 001-X1 井，2016 年 6 月）

含水饱和度

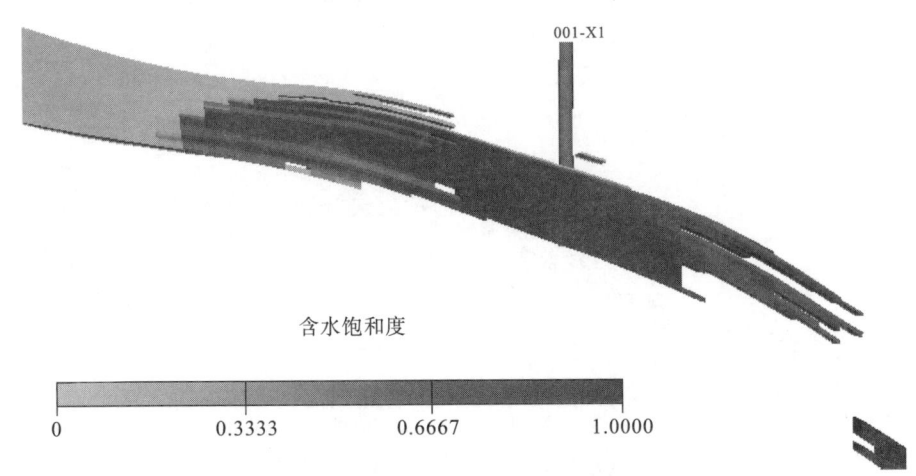

图 8-14　黄龙场主体构造长兴组气藏预测期末含水饱和度剖面图
（黄龙 001-X1 井，2031 年 6 月）

图 8-15 黄龙场主体构造长兴组气藏含水饱和度剖面图
（黄龙 001-X2 井，2016 年 6 月）

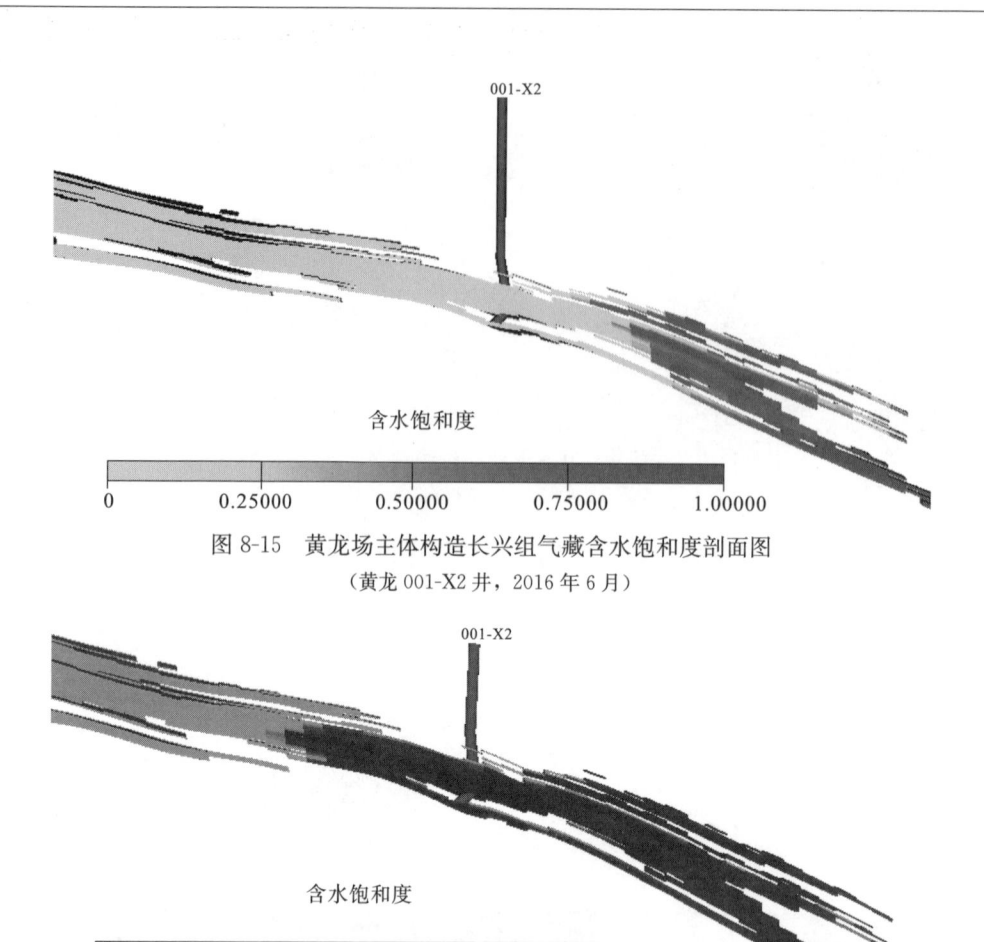

图 8-16 黄龙场主体构造长兴组气藏预测期末含水饱和度剖面图
（黄龙 001-X2 井，2031 年 6 月）

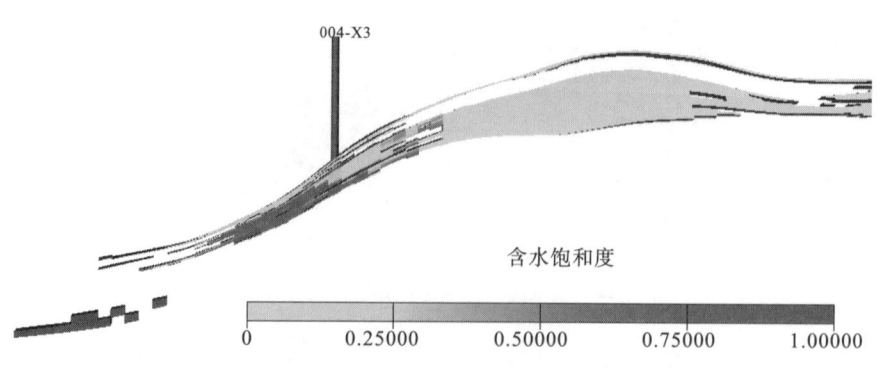

图 8-17 黄龙场主体构造长兴组气藏含水饱和度剖面图
（黄龙 004-X3 井，2016 年 6 月）

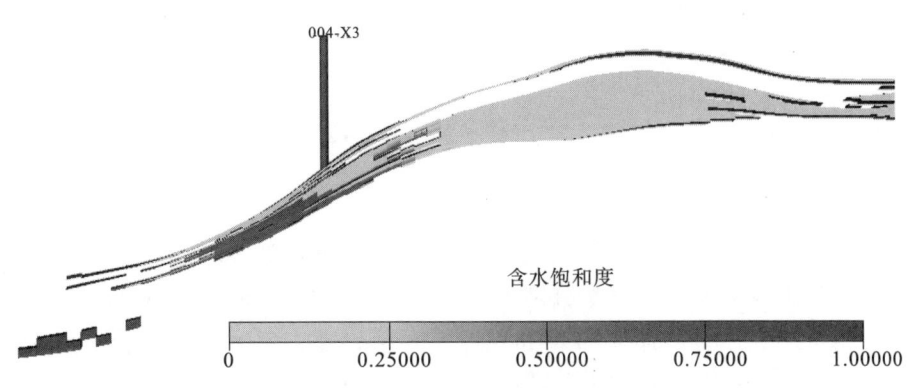

图 8-18　黄龙场主体构造长兴组气藏预测期末含水饱和度剖面图
（黄龙 004-X3 井，2031 年 6 月）

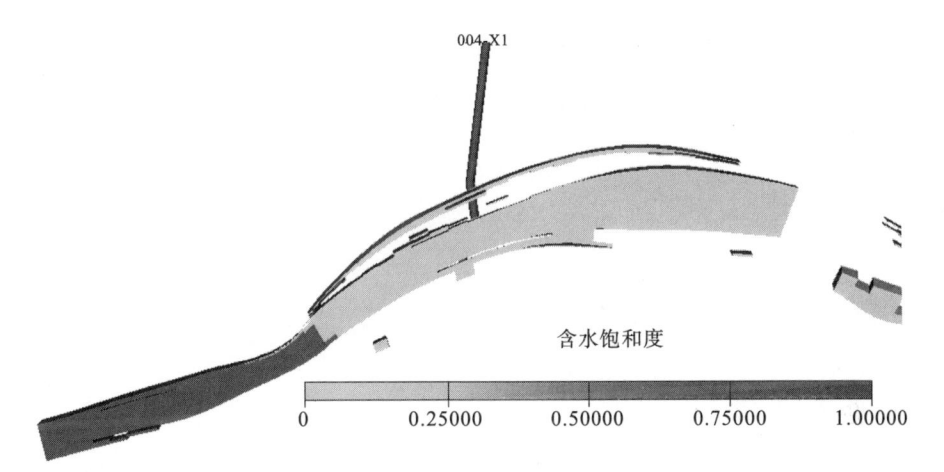

图 8-19　黄龙场主体构造长兴组气藏含水饱和度剖面图
（黄龙 004-X1 井，2016 年 6 月）

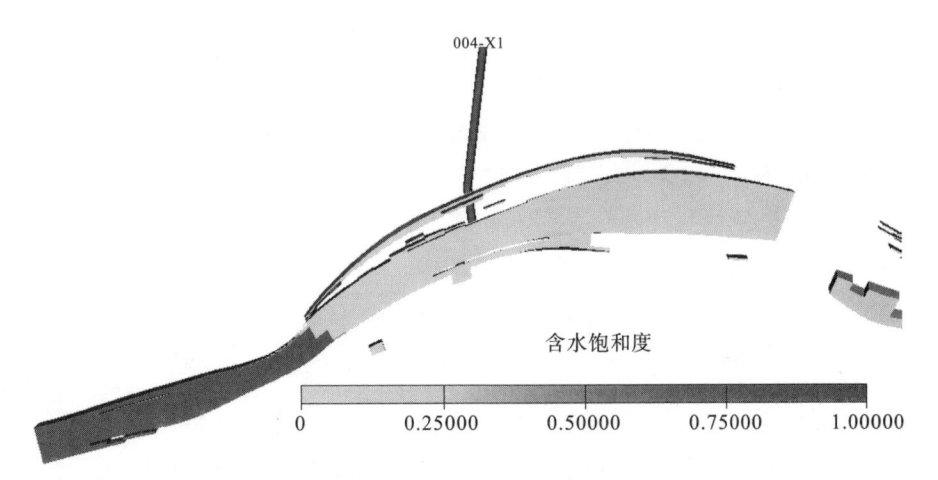

图 8-20　黄龙场主体构造长兴组气藏预测期末含水饱和度剖面图
（黄龙 004-X1 井，2031 年 6 月）

四、治水技术对策及教学预测

(一)方案预测与确定

1. 治水方案设定

假定黄龙 001-X1 井成功复产,通过排水采气,产气量达 20000m³/d 以上(参考停产前 2013 年 8 月～10 月平均产气量分别为 25024m³/d、17256m³/d、16029m³/d;2014 年 4 月 19 日～20 日产气量分别为 23324m³/d、10329m³/d),其余 8 口生产井按 2016 年 6 月产量生产并进行调整,设计产气规模 $45.0 \times 10^4 m^3/d$ 及 $50.0 \times 10^4 m^3/d$ 两套方案(表 8-5)。采用数值模拟技术预测(预测期为 15 年)气藏开发指标,分析气藏水侵特征和产水特征。

表 8-5 黄龙场主体构造长兴组气藏方案设计表(设计时间:2016 年 6 月)

井名	基础方案 方案一 配产/($10^4 m^3$/d)	治水方案 方案二 配产/($10^4 m^3$/d)	治水方案 方案三 配产/($10^4 m^3$/d)
黄龙 1	5.5	5.0	5.5
黄龙 4	0.5	0.5	1.0
黄龙 8	1.0	1.0	1.0
黄龙 10	10.0	10.0	10.0
黄龙 001-X1	—	2.5	3.0
黄龙 001-X2	4.2	4.0	4.5
黄龙 004-X1	6.3	6.0	7.0
黄龙 004-2	16.5	15.0	16.5
黄龙 004-X3	1.0	1.0	1.5
合计	45.0	45.0	50.0

2. 方案二生产动态预测

方案二预测结果表明(表 8-6、图 8-21～图 8-25)在黄龙 001-X1 井成功复产并能正常生产,气藏保持 $45 \times 10^4 m^3/d$ 产量规模的情况下,黄龙 001-X1 井产水量较大,峰值产水量接近 $70m^3/d$;黄龙 004-X3 井产水量在 $5m^3/d$ 以下。因黄龙 001-X1 井积极强排水的作用,黄龙 001-X2 井未出现产水。预测期末气藏累积产气 $55.084 \times 10^8 m^3$,累积产地层水 $17.228 \times 10^4 m^3$,采收率 68.68%。

表 8-6 黄龙场长兴组气藏产气指标预测(方案二)

年份	Q_g/ ($10^4 m^3$/d)	Q_w/ (m^3/d)	G_p/ ($10^8 m^3$)	W_p/ ($10^4 m^3$)	Q_w(HL001-X1) /(m^3/d)	Q_w(HL001-X2) /(m^3/d)	Q_w(HL004-X3) /(m^3/d)
2017	41.78	53.4	45.916	5.941	50.8	0	2.6
2018	37.28	38.5	47.276	7.211	36.2	0	2.2
2019	32.85	32.7	48.476	8.292	30.7	0	2.0
2020	28.90	28.6	49.530	9.235	26.7	0	1.9

续表

年份	$Q_g/$ $(10^4\text{m}^3/\text{d})$	$Q_w/$ (m^3/d)	$G_p/$ (10^8m^3)	$W_p/$ (10^4m^3)	Q_w(HL001-X1) $/(\text{m}^3/\text{d})$	Q_w(HL001-X2) $/(\text{m}^3/\text{d})$	Q_w(HL004-X3) $/(\text{m}^3/\text{d})$
2021	25.11	25.6	50.447	10.081	23.8	0	1.8
2022	21.85	23.5	51.244	10.858	21.7	0	1.8
2023	19.02	22.1	51.938	11.588	20.2	0	1.9
2024	16.59	21.4	52.544	12.294	19.3	0	2.1
2025	14.39	20.9	53.069	12.983	18.5	0	2.3
2026	12.52	20.8	53.526	13.668	18.0	0.1	2.6
2027	10.91	20.9	53.924	14.359	17.6	0.3	3.0
2028	9.57	21.2	54.274	15.058	17.5	0.3	3.4
2029	8.37	21.4	54.579	15.765	17.3	0.4	3.8
2030	7.35	22.0	54.848	16.491	17.3	0.4	4.3
2031	6.48	22.3	55.084	17.228	17.3	0.5	4.5

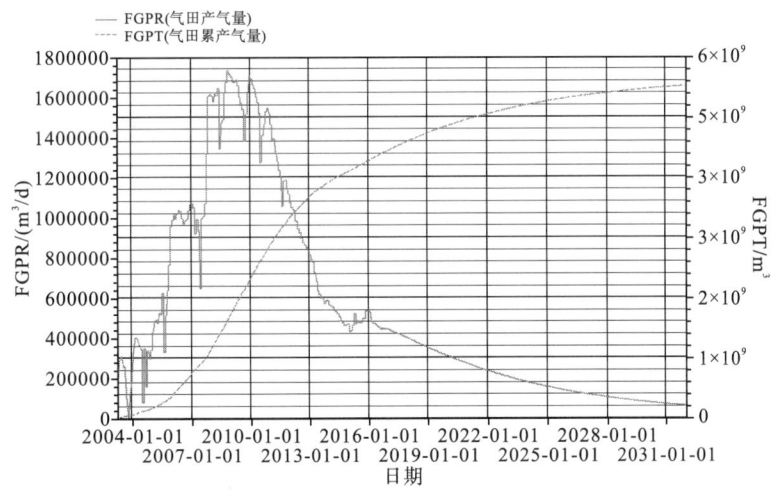

图 8-21 黄龙场长兴组气藏产气指标预测图(方案二)

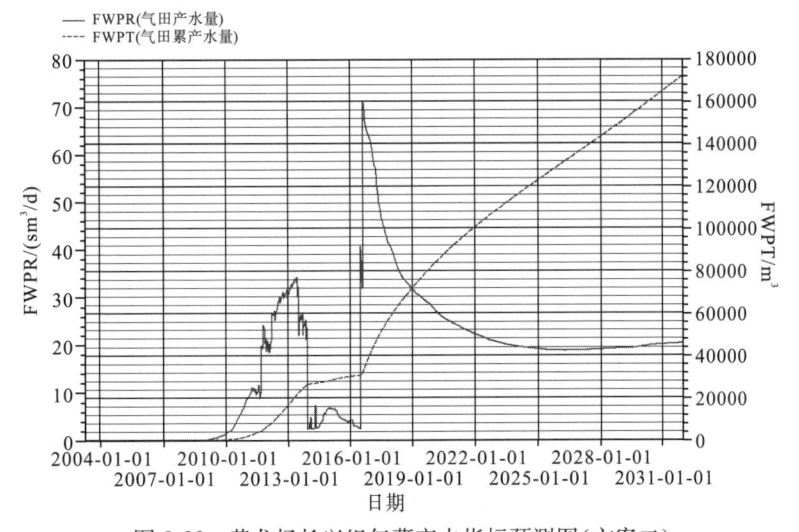

图 8-22 黄龙场长兴组气藏产水指标预测图(方案二)

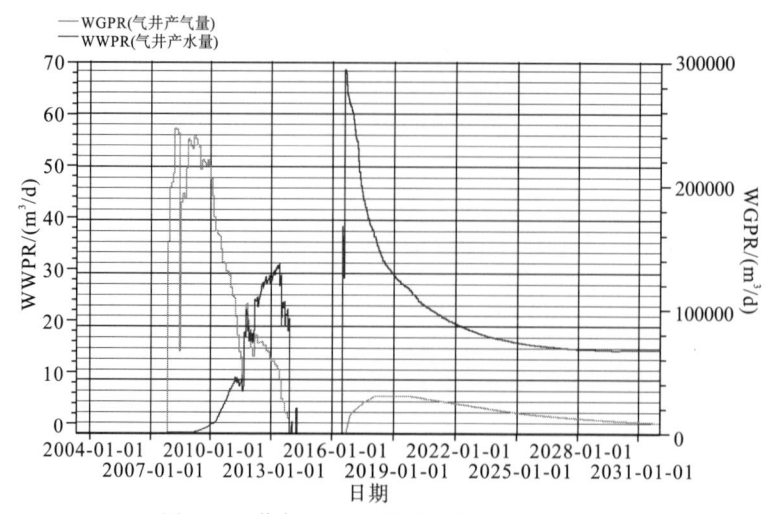

图 8-23　黄龙 001-X1 井产量预测图（方案二）

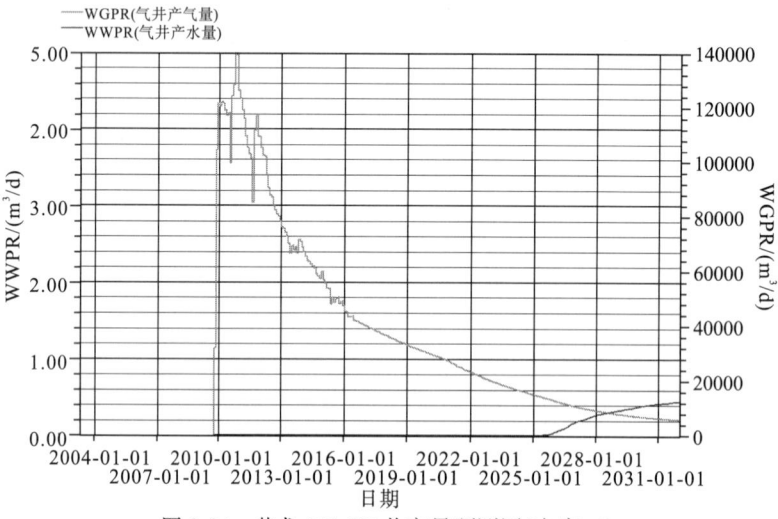

图 8-24　黄龙 001-X2 井产量预测图（方案二）

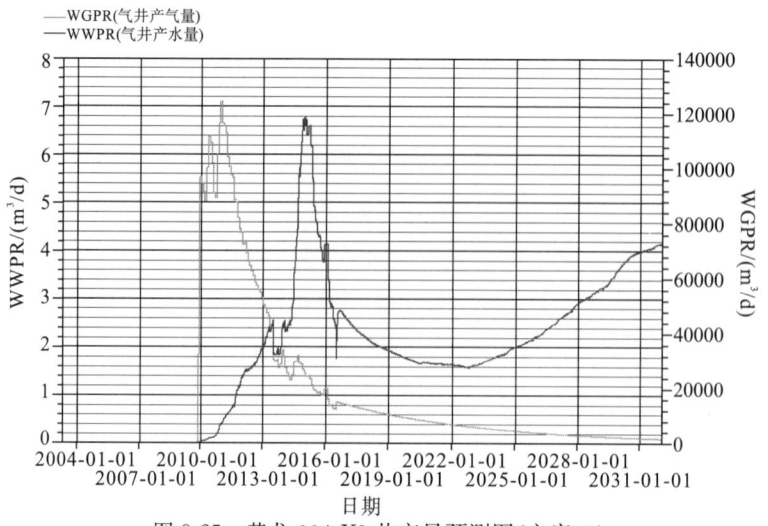

图 8-25　黄龙 004-X3 井产量预测图（方案二）

3. 方案三生产动态预测

方案三预测结果表明(表 8-7、图 8-26～图 8-30),在黄龙 001-X1 井成功复产并能正常生产,气藏保持 $50\times10^4\mathrm{m}^3/\mathrm{d}$ 产量规模的情况下,黄龙 001-X1 井产水量较大,峰值产水量接近 $70\mathrm{m}^3/\mathrm{d}$;黄龙 004-X3 井产水量在 $10\mathrm{m}^3/\mathrm{d}$ 以下。因黄龙 001-X1 井排水的作用,黄龙 001-X2 井产水不明显。预测期末气藏累积产气 $55.996\times10^8\mathrm{m}^3$,累积产地层水 $17.976\times10^4\mathrm{m}^3$,采收率 69.82%。

从气水饱和度分布(图 8-31～图 8-34)来看,黄龙 001-X1 井复产以后,通过排水采气,边水前缘推进到黄龙 001-X1 井生产层段以后,没有明显向前推进,减轻了对其他生产井的危害。

表 8-7 黄龙场长兴组气藏产气指标预测情况表(方案三)

年份	$Q_g/$ $(10^4\mathrm{m}^3/\mathrm{d})$	$Q_w/$ $(\mathrm{m}^3/\mathrm{d})$	$G_p/$ $(10^8\mathrm{m}^3)$	$W_p/$ $(10^4\mathrm{m}^3)$	Q_w(HL001-X1) $/(\mathrm{m}^3/\mathrm{d})$	Q_w(HL001-X2) $/(\mathrm{m}^3/\mathrm{d})$	Q_w(HL004-X3) $/(\mathrm{m}^3/\mathrm{d})$
2017	46.91	54.4	46.203	5.877	51.8	0	2.6
2018	41.59	39.9	47.721	7.193	37.4	0	2.4
2019	35.97	33.4	49.034	8.297	31.0	0	2.4
2020	31.06	29.2	50.168	9.261	26.8	0	2.4
2021	26.68	26.3	51.141	10.130	23.8	0	2.5
2022	23.03	24.5	51.982	10.939	21.7	0	2.8
2023	19.92	23.4	52.709	11.712	20.2	0	3.2
2024	17.32	22.9	53.341	12.468	19.2	0	3.7
2025	15.00	22.7	53.889	13.218	18.4	0	4.2
2026	13.03	22.9	54.364	13.974	18.0	0	4.8
2027	11.37	23.3	54.779	14.742	17.6	0.3	5.4
2028	9.99	23.9	55.144	15.531	17.4	0.3	6.1
2029	8.76	24.4	55.463	16.338	17.3	0.4	6.7
2030	7.73	24.7	55.746	17.153	17.2	0.4	7.1
2031	6.85	24.9	55.996	17.976	17.0	0.4	7.4

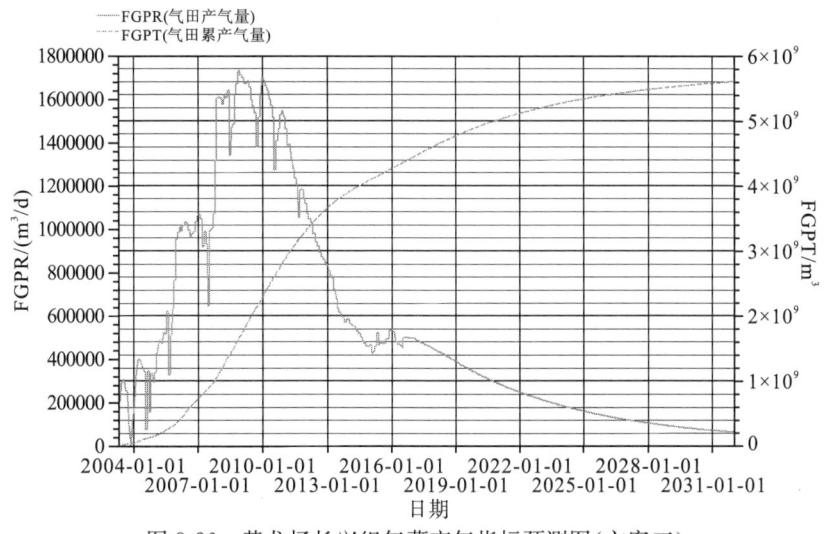

图 8-26 黄龙场长兴组气藏产气指标预测图(方案三)

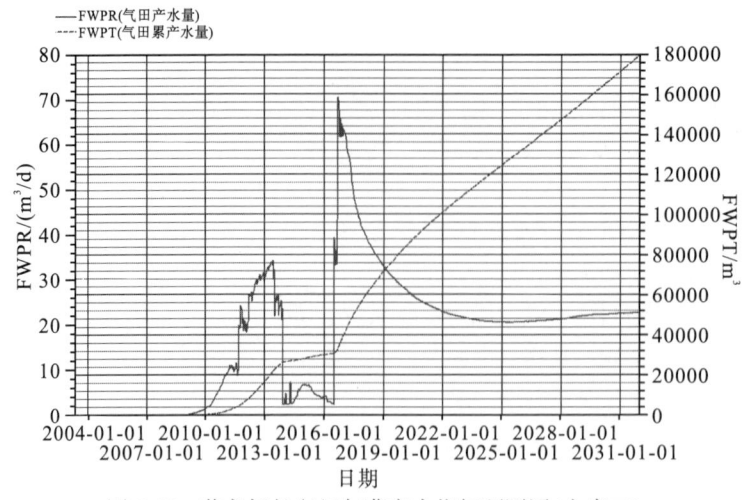

图 8-27 黄龙场长兴组气藏产水指标预测图（方案三）

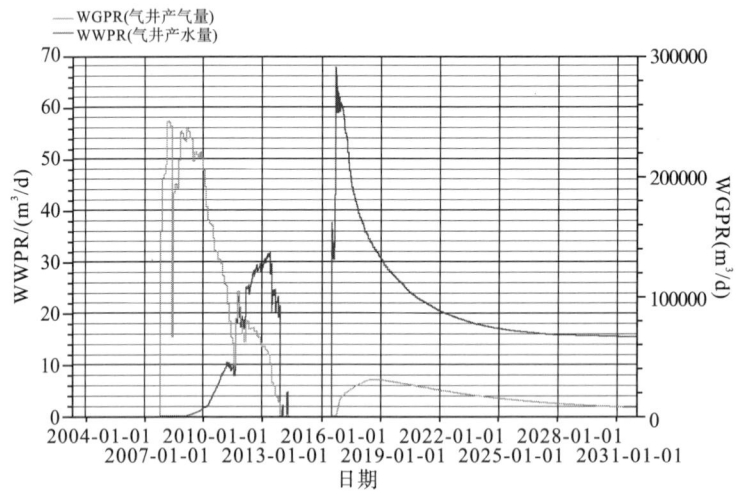

图 8-28 黄龙 001-X1 井产量预测图（方案三）

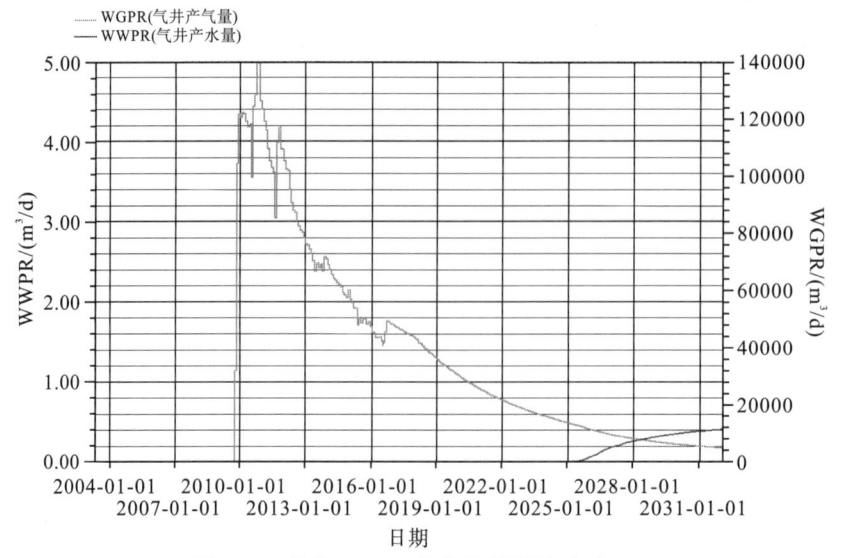

图 8-29 黄龙 001-X2 井产量预测图（方案三）

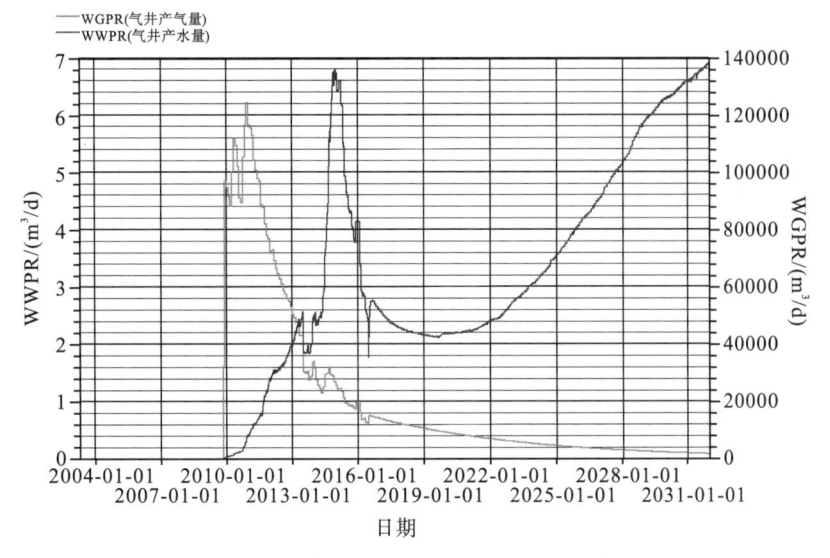

图 8-30 黄龙 004-X3 井产量预测图（方案三）

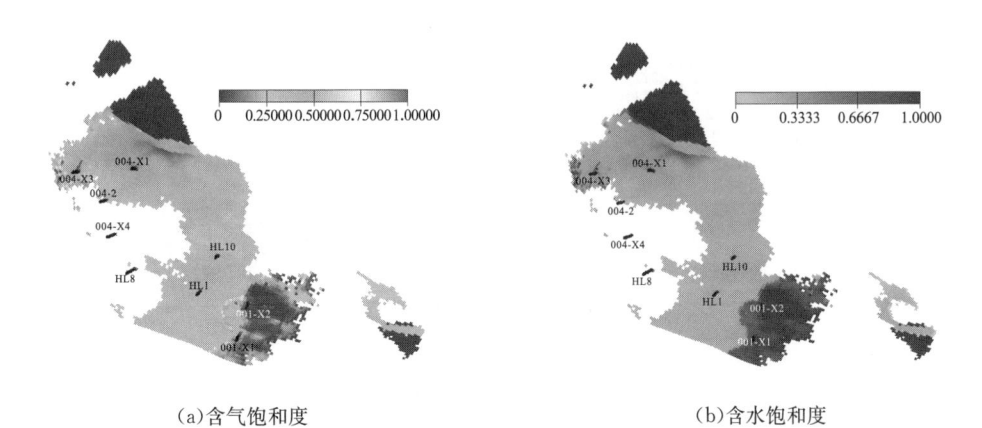

(a) 含气饱和度　　　(b) 含水饱和度

图 8-31 黄龙场主体构造长兴组气藏预测期末饱和度分布图
（2031 年 6 月，第 22 模拟层）

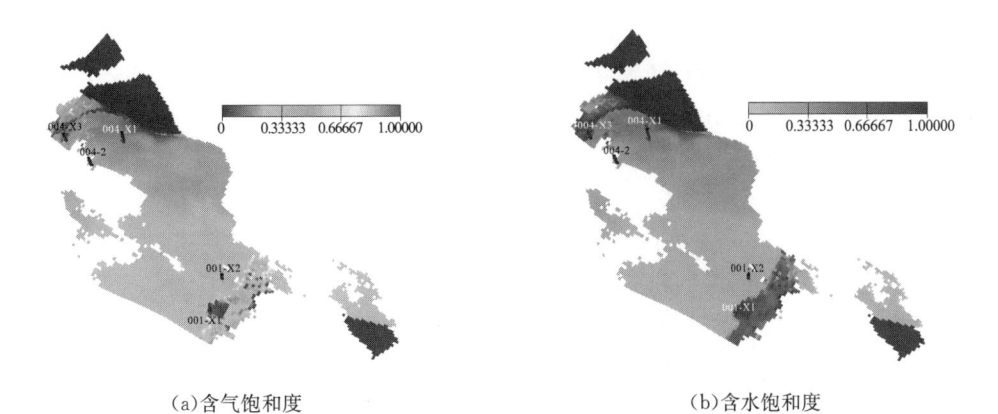

(a) 含气饱和度　　　(b) 含水饱和度

图 8-32 黄龙场主体构造长兴组气藏预测期末饱和度分布图
（2031 年 6 月，第 25 模拟层）

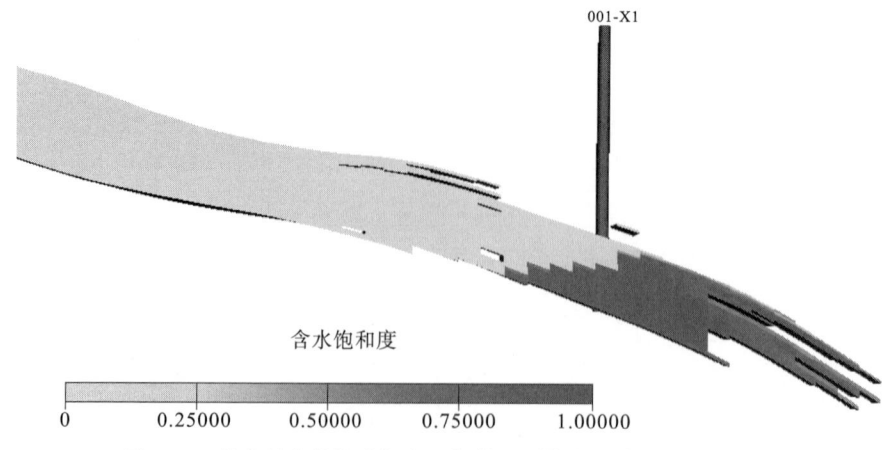

图 8-33 黄龙场主体构造长兴组气藏预测期末含水饱和度剖面图
（黄龙 001-X1 井，2031 年 6 月）

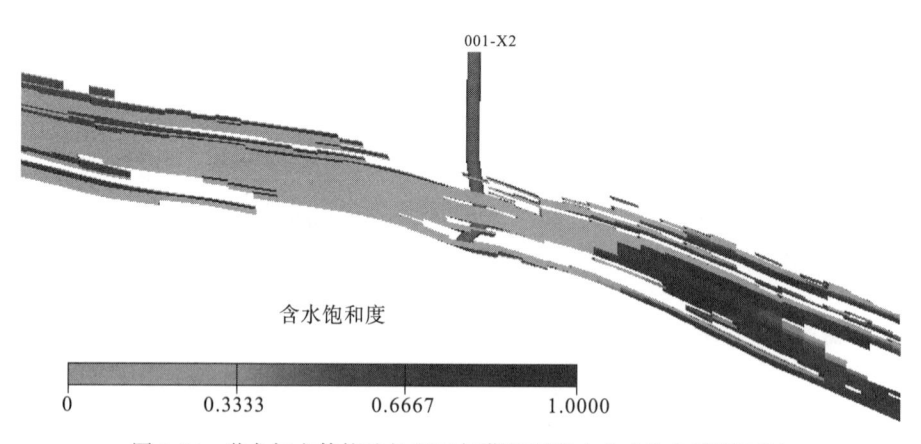

图 8-34 黄龙场主体构造长兴组气藏预测期末含水饱和度剖面图
（黄龙 001-X2 井，2031 年 6 月）

4. 方案比选

综合对比上述三套方案：方案一（基础方案）在黄龙 001-X1 井不复产情况下，气藏目前按生产规模 $45.0 \times 10^4 \text{m}^3/\text{d}$ 执行，预测期末累产气 $53.678 \times 10^8 \text{m}^3$；方案二在黄龙 001-X1 井排水采气而复产的情况下，气藏目前按生产规模 $45.0 \times 10^4 \text{m}^3/\text{d}$ 执行，预测期末累产气 $55.084 \times 10^8 \text{m}^3$；方案三在黄龙 001-X1 井排水采气而复产的情况下，气藏目前按生产规模 $50.0 \times 10^4 \text{m}^3/\text{d}$ 执行，预测期末累产气 $55.996 \times 10^8 \text{m}^3$。通过对气藏的综合分析考虑，对黄龙 001-X1 井进行排水采气有利于减轻水侵对气藏后期的生产影响，同时能够提高气藏的采收率，因此，建议下步对气藏的调整实施方案二；搞好对黄龙 001-X1 井的排水采气工作，使其开井复产，并保持稳定带水生产（图 8-35、图 8-36、表 8-8）。

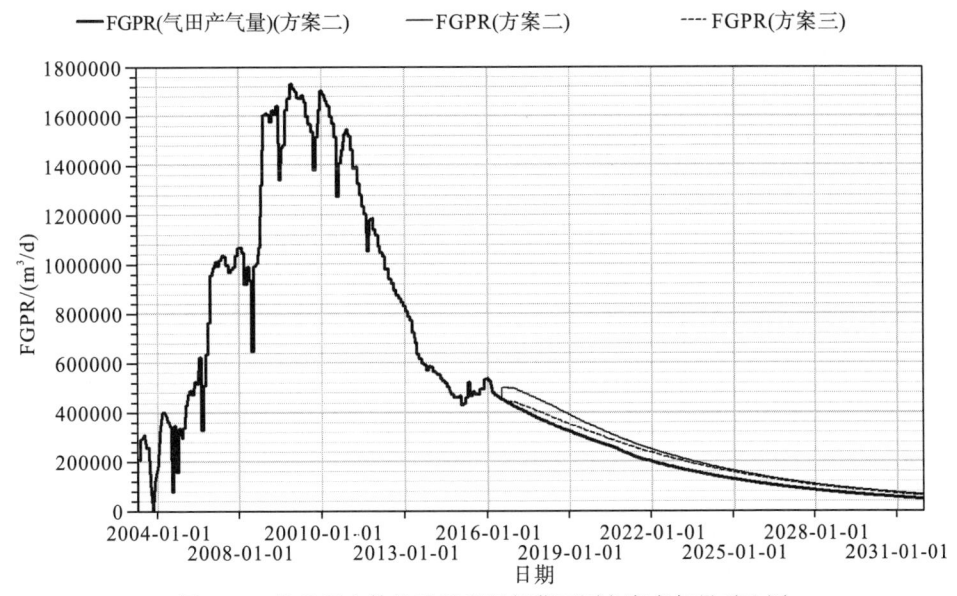

第八章 开发调整潜力评价及治水对策研究

图 8-35 黄龙场主体构造长兴组气藏不同方案产气量对比图

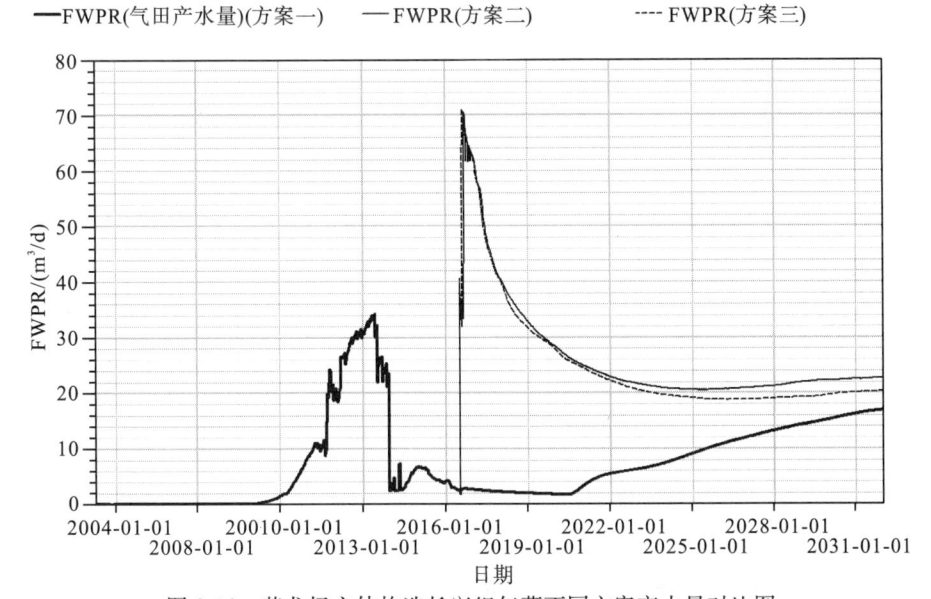

图 8-36 黄龙场主体构造长兴组气藏不同方案产水量对比图

表 8-8 黄龙场主体构造长兴组气藏各调整方案指标数据对比表

调整方案	方案一	方案二	方案三
生产井数/口	8	9	9
产量规模/$10^4 m^3/d$	45	45	50
预测时间/a	15	15	15
预测期末累产水/$10^4 m^3$	7.813	17.228	17.976
预测期末产气量/($10^4 m^3/d$)	5.57	7.16	7.58
预测期末累产气/$10^8 m^3$	53.678	55.084	55.996
预测期末采出程度/%	66.93	68.68	69.82

(二)治水技术对策

气田开发过程中随着地层产能不断下降，边、底水入侵等原因，气井携液能力的降低，当地层能量不足以将地层水带出地面时将导致井底、井筒积液，甚至水淹停产。在水淹气井排液复产工艺中，有许多排水采气工艺措施可以排出气井中的积液，包括优选管柱、泡沫排水、柱塞气举、连续气举、有杆泵、潜油电泵、水力活塞泵、射流泵等。川渝地区目前较成熟的排水采气工艺有泡排、气举、优选管柱、机抽、电潜泵等几项工艺及复合工艺。

1. 黄龙 001-X1 井泡沫排水采气及效果分析

泡沫排水采气是将表面活性剂注入井底，借助于天然气流的搅拌，与井底积液充气接触，产生大量的较稳定的低密度含水泡沫，泡沫将井底积液携带到地面，从而达到排水采气的目的。据调研，该工艺的适用条件是井深小于 5000m，井底温度小于 120℃；空管气流线速不小于 0.1m/s；日产液量在 100m³ 以内；液态烃含量小于 30%，产层水总矿化度小于 10g/L；硫化氢含量小于 23g/m³；二氧化碳含量小于 86g/m³。

黄龙 001-X1 井于 2007 年 11 月 2 日投产，初期日产气 $15.0 \times 10^4 m^3/d$，随后增大采气规模至 $25.0 \times 10^4 m^3/d$，于 2010 年 2 月开始产地层水，日产水量由 $1m^3/d$ 逐渐上升，逐渐稳定在 $25.0 \sim 30.0 m^3/d$，前期以强舌进水侵为主，后期一沿裂缝窜入为主。受地层水影响，该井产气量迅速降至 $10.0 \times 10^4 m^3/d$ 以下。

2012 年开始进行泡排采气工艺(图 8-37)，2013 年 6 月初，气井产量已递减至 $4.0 \times 10^4 m^3/d$，之后由于地面机泵故障，导致停止加注起泡剂，气井产量下降，之后恢复加注起泡剂但效果差，至 2013 年 11 月底产气量降为 0，关井停产。

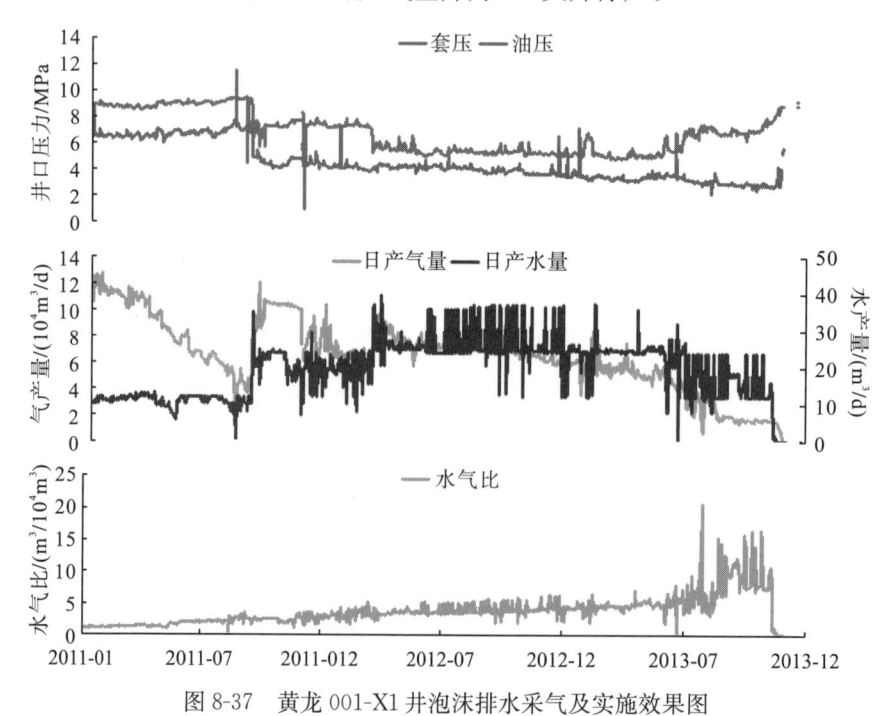

图 8-37 黄龙 001-X1 井泡沫排水采气及实施效果图

2. 黄龙 001-X1 井气举排水采气及效果分析

2014 年 3 月至 4 月对黄龙 001-X1 井实施修井作业更换油管，随油管下入同心投捞式气举阀，同时加深油管下深，油管下入到产层底界（图 8-38），完井后采用胶凝酸酸化。

2014 年 3 月 31 日采用泡排＋气举复产，车载压缩机反注天然气 $7.2 \times 10^4 \mathrm{m}^3$ 气举排液，应排液 $124.0 \mathrm{m}^3$，实排 $27.5 \mathrm{m}^3$。

2014 年 4 月 5 日倒入作业站放喷流程继续气举排液、复产，车载压缩机反注天然气 $10.5 \times 10^4 \mathrm{m}^3$ 气举排液，间断返液 $26.0 \mathrm{m}^3$，井筒内余液 $70.5 \mathrm{m}^3$。

通过更换原井管柱为气举阀管柱，使该井连续排液能力得到一定改善，为气井实施排水采气奠定了基础；酸化作业解除了黄龙 001-X1 井近井地带的污染堵塞现象，改善流体的渗流状况；但两次气举复产失败，分析认为气举时注入气量部分进入产层，大量积液造成了水封导致气体无法通过。

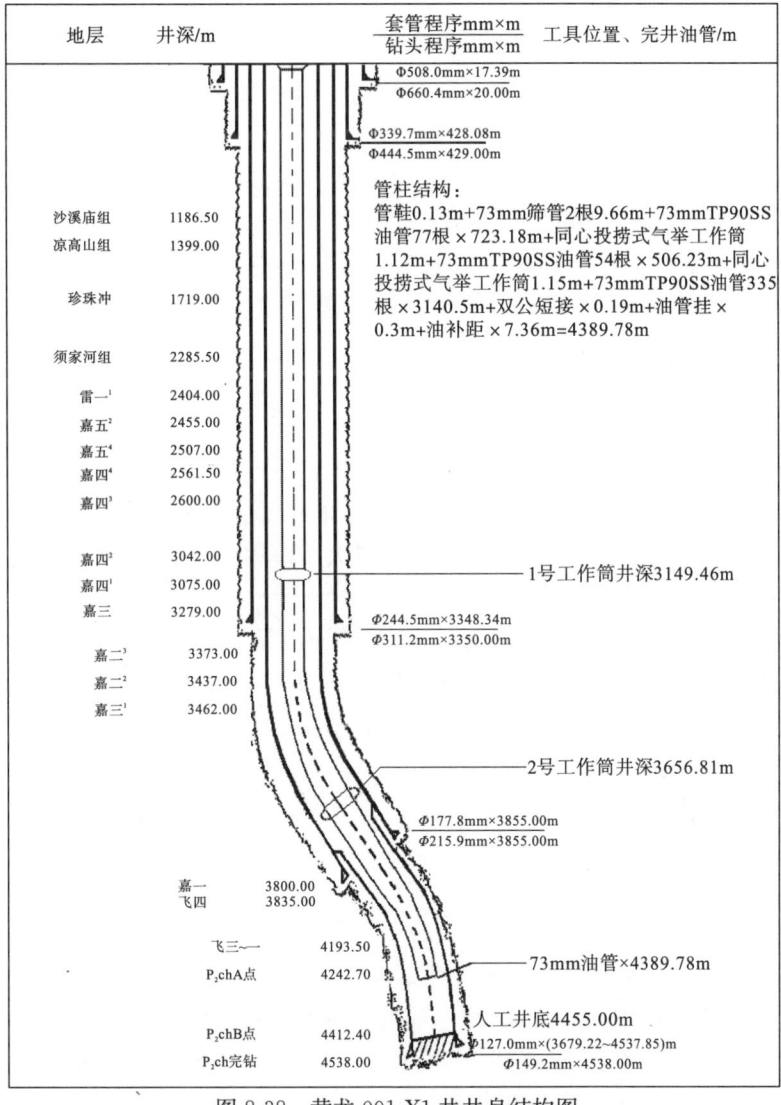

图 8-38 黄龙 001-X1 井井身结构图

3. 黄龙001-X1井排水复产工艺建议

目前黄龙001-X1井处于关井状态,套压9.4MPa,油压9.1MPa。通过对该井根据该井水体分布、水侵规律、井身结构等综合分析,对气井进行气举复产未成功,建议黄龙001-X1井实施电潜泵排水采气,以满足气井排水采气的需求。

电潜泵排水采气工艺是使水淹气井恢复产气能力的一种排水采气生产工艺。采用多级离心泵装置,将气水井中的积液从油管中排除,减少液柱对井底的回压,形成较大的生产压差,理论上可将气井采至枯竭。变速电潜泵机组适应于地层压力低、产液量大的井。该工艺可以适用井深达4000~5000m,排量:16~3800m³/d。国产电潜泵机组使用温度≤120℃,国外电潜泵机组使用温度≤149℃;另外井场需配备高压电源;对井下电机、保护器、分离器、泵、电缆等均要求有高的耐硫化氢和卤水腐蚀性能;卤水含砂量≤0.1‰、H_2S含量≤200g/m³、Cl^-含量≤60000mg/l。电潜泵入井井筒必须保证狗腿度<15°,安装位置狗腿度<3°。

电潜泵排水采气具有以下优点:

(1)排量大,适应性强,采用变速驱动装置使排量的变化相当灵活。但现在潜油电泵用于低产液井也较多。

(2)操作简单,管理方便。

(3)容易处理腐蚀和结蜡问题。

(4)能用于斜井和水平井。

(5)容易安装井下压力传感器,便于压力测量。

(6)检泵周期较长。

(7)可用作单井注水。

电潜泵排水采气具有以下缺点:

(1)电潜泵不适应于高温深井。下泵深度受电机额定功率、油管尺寸和井底温度的限制,大功率设备没有足够的环空间隙冷却电机,电机就会损坏。

(2)初期投资和维修成本较高。多级大排量大功率的泵及电缆投资费用较高,设备维修费用较高。

(3)高气液比井的举升效率低,而且也会因气锁使泵发生故障。

根据黄龙001-X1井的实际情况,结合电潜泵的优缺点以及电潜泵在四川气田的实际应用情况,建议黄龙001-X1井实施电潜泵排水采气。

第二节 飞仙关组气藏开发调整潜力评价

一、开发潜力分析

黄龙场飞仙关组低含硫黄龙8井区为裂缝性气藏,动态储量为$0.68×10^8 m^3$,因此不具备潜力。因此潜力集中在高含硫各井区,高含硫气藏地质储量$85.43×10^8 m^3$,其中黄龙6井区(含黄龙009-H2井)储量$46.90×10^8 m^3$,暂无生产井;黄龙9井区(含黄龙009-H1井)储量$38.53×10^8 m^3$,有一口生产井黄龙009-H1井,计算动态储量为$36.75×10^8 m^3$。

截至 2016 年 6 月，飞仙关组高含硫气藏只有生产井一口（黄龙 009-H1 井），累积采气 $1.30\times10^8\mathrm{m}^3$，飞仙关组压力波及范围仅在黄龙 009-H1 井附近（图 8-39）。按照高含硫气藏地质储量 $85.43\times10^8\mathrm{m}^3$ 计算采出程度为 1.52%，剩余容积法储量为 $84.13\times10^8\mathrm{m}^3$；按照高含硫气藏动态储量 $36.75\times10^8\mathrm{m}^3$，储量动用程度为 43.02%，未动用储量 $48.68\times10^8\mathrm{m}^3$。其中黄龙 6 井区南部黄龙 009-H2 井已完井测试，尚未试采，储量尚未动用，具有较大的开发潜力（表 8-9、图 8-40）。

表 8-9　黄龙场飞仙关组高含硫气藏储量动用情况分析表

井区	储量/$10^8\mathrm{m}^3$	动态储量/$10^8\mathrm{m}^3$	未动用储量/$10^8\mathrm{m}^3$	储量动用程度/%
黄龙 6 井区（含黄龙 009-H2 井）	46.90	—	46.90	—
黄龙 9 井区（含黄龙 009-H1 井）	38.53	36.75	1.78	95.38
总计	85.43	36.75	48.68	43.02

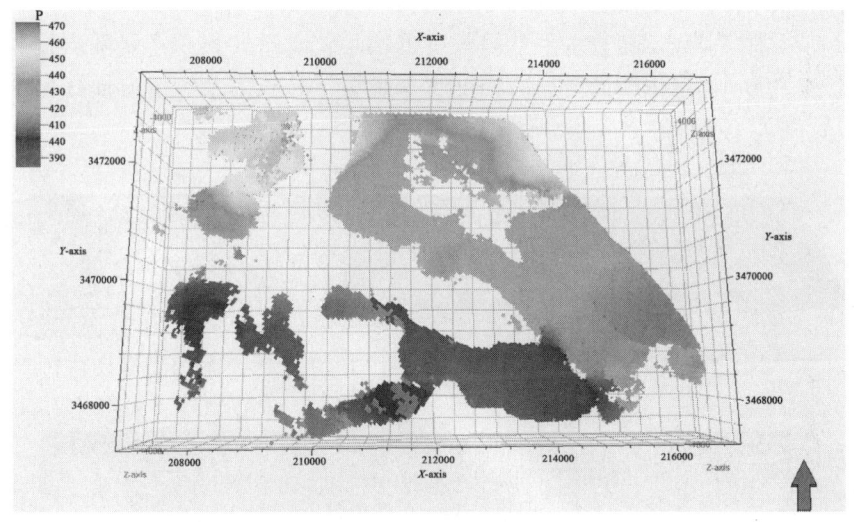

图 8-39　黄龙场飞仙关组气藏压力分布图（2016 年 6 月）

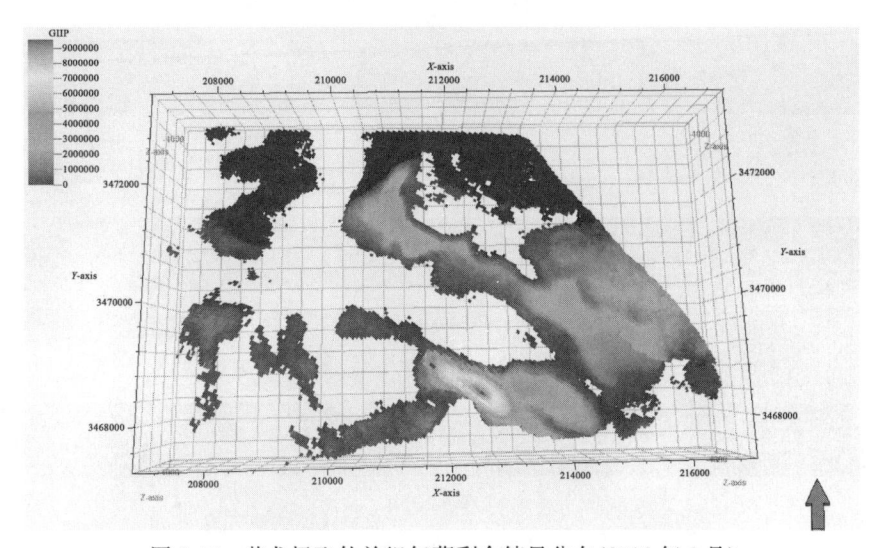

图 8-40　黄龙场飞仙关组气藏剩余储量分布（2016 年 6 月）

二、开发调整方案部署

根据研究区储量动用情况、储量分布及井控程度的综合评价，同时考虑一定的避水距离，在储量动用程度较低、井控程度较低的有利区域提出了增补 1 口开发井的建议。

（一）井型优选及长度优化

采用单井模型进行各种井型开发效果对比。根据黄龙场飞仙关气藏的地质特征，建立 3600m×900m×300m 的单井模拟研究区域，控制面积为 3.24km²，储量为 $23.8\times10^8\mathrm{m}^3$（图 8-41）。设计了直井、水平井、斜井（30°、45°、50°、60°、70°）等不同的井型（图 8-42）。直井生产段长度为 300m，斜井和水平井长度分别为 346m、424m、466m、600m、878m。计算结果表明：在生产段总长度相同的情况下，水平井累积产量高于斜井和直井（图 8-43），因此在井型方面优选水平井。

设置不同的水平井段长度 600m、800m、1000m、1200m、1400m，计算其开发指标。计算结果表明（图 8-44），随着水平井段长度的增加，水平井累积产量随之提高。当水平井段长度达 1000m，累积产量增加的幅度越来越缓。从技术及经济方面综合考虑，优选水平井段长度为 1000m。

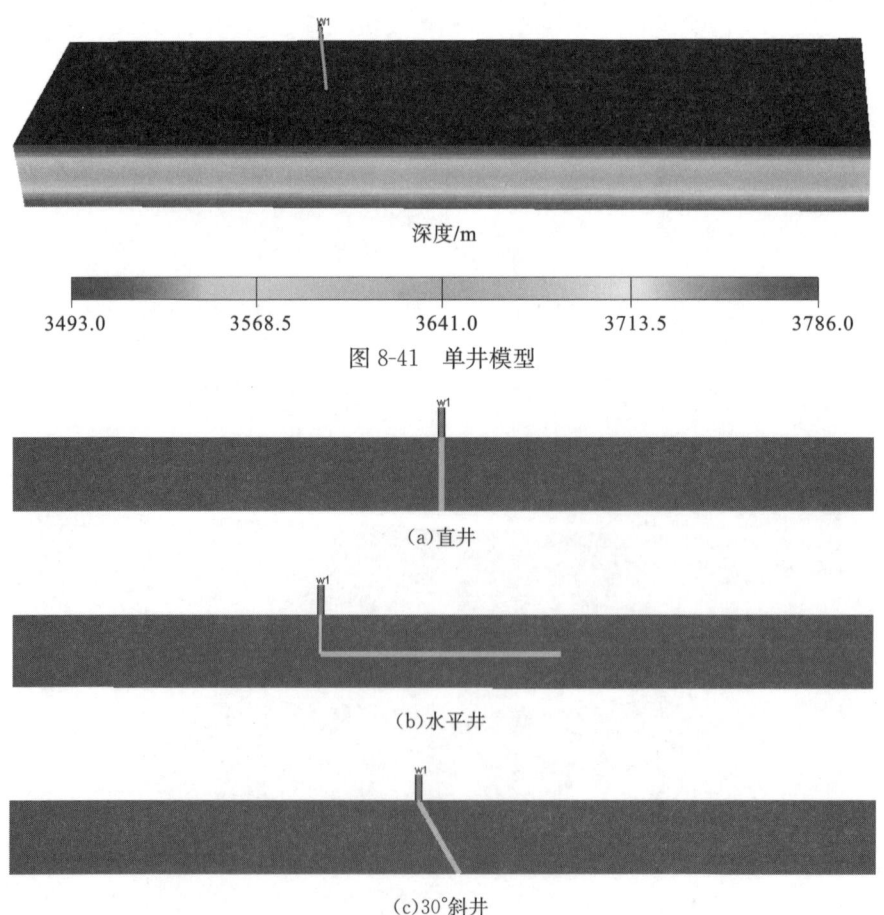

图 8-41 单井模型

(a) 直井

(b) 水平井

(c) 30°斜井

图 8-42 不同井型示意图

(d) 45°斜井

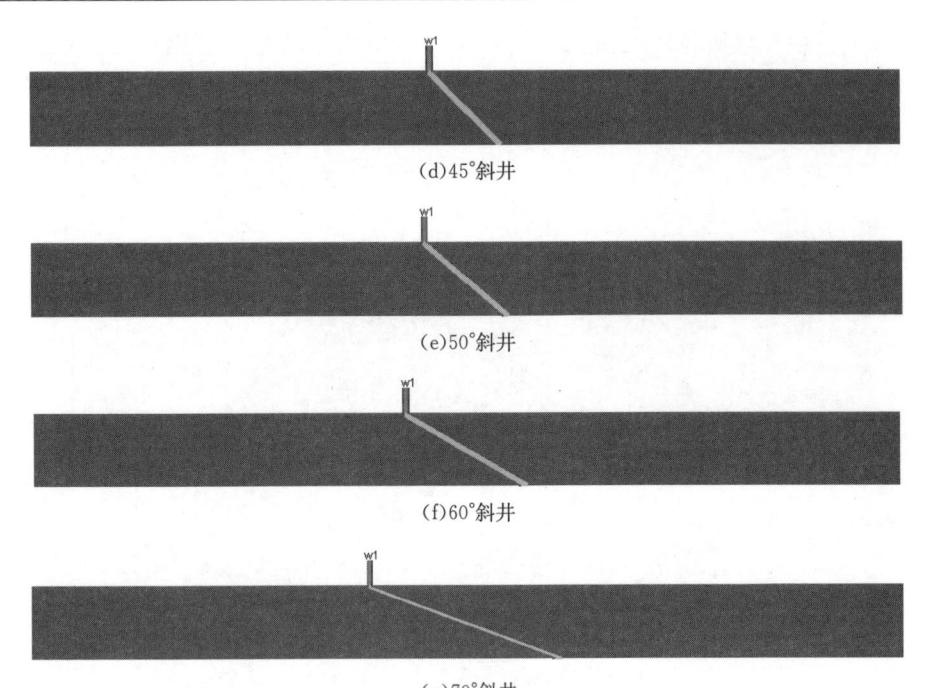

(e) 50°斜井

(f) 60°斜井

(g) 70°斜井

图 8-42　不同井型示意图(续)

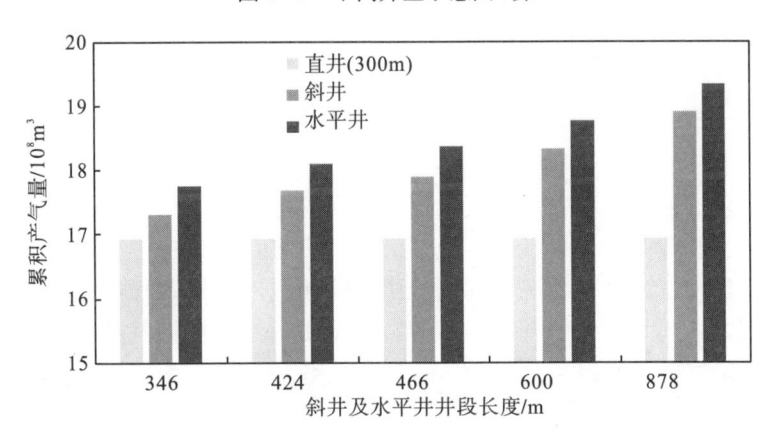

图 8-43　不同井型累积产量对比图

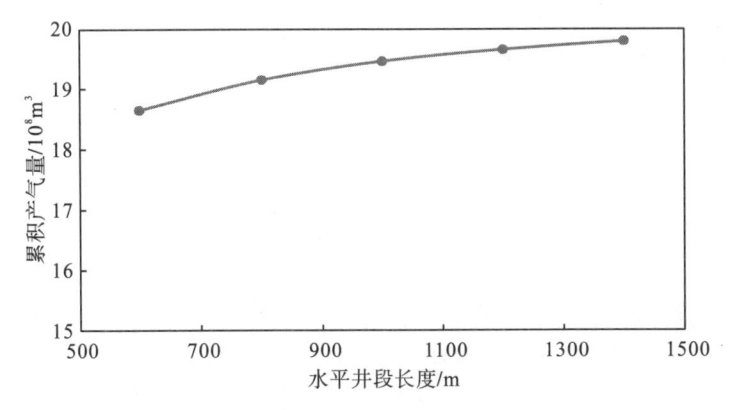

图 8-44　不同水平井段长度累积产量对比图

结合飞仙关组气藏实际开发情况,根据单井模型优化结果,在储量动用程度较低、井控程度较低的黄龙 6 井区西北端部署了一口补充开发井黄龙 009-H3 井,井型为水平井,水平井段长度为 1000m(图 8-45)。

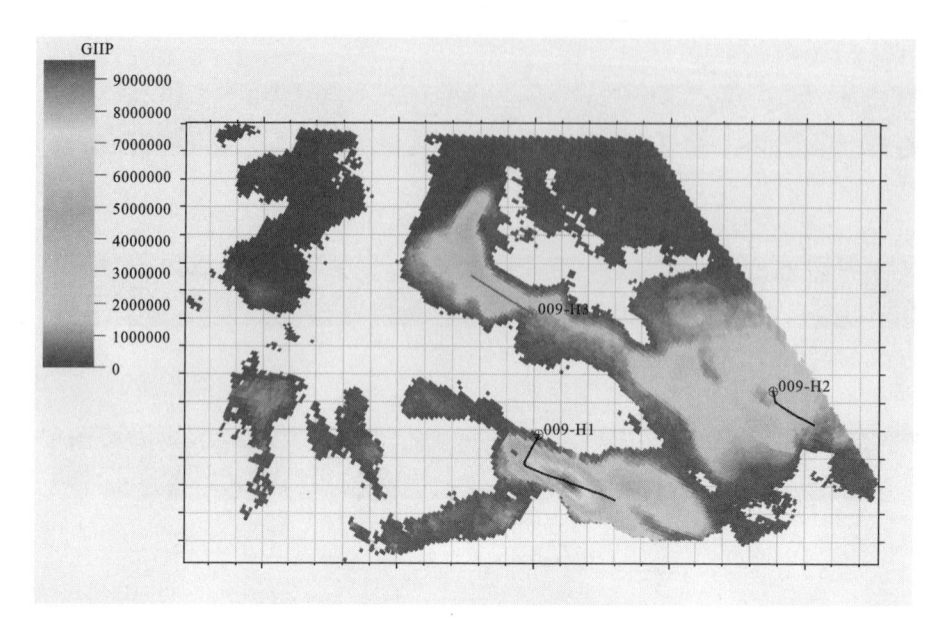

图 8-45 黄龙场构造飞仙关组气藏井位部署图

(二)方案调整方案设计

确定气藏合理的采气速度就是对气藏生产规模的选择,这是气藏开发方案编制中最重要的指标之一。气藏的合理采气速度受多因素的影响,应综合考虑国家需要和市场供求关系、气藏储量和资源接替状况、气藏地质条件和地层水活跃程度、企业经济效益和社会效益以及国内外同类气藏的开发经验等。根据四川不同类型气藏开发状况,气藏的合理采气速度确定主要考虑以下几点。

1. 气藏的储量级别

储量在 $50\times10^8\mathrm{m}^3$ 以上的气驱气藏,稳产期应在 10 年左右,采气速度以 3%~5% 为宜;储量在 $50\times10^8\mathrm{m}^3$ 以下的气驱气藏,稳产期为 5~8 年,采气速度可达 5% 以上。

2. 气藏类型

对于气驱气藏或边、底水不活跃的气藏采气速度按储量级别划分,同时应满足气藏稳产期的采出程度一般应为储量的 40%~50%;边、底水活跃的气藏,避免过早水窜或水锥,单井应控制产量生产,气藏采气速度一般以 2% 左右为宜;高含硫气藏的采气速度,考虑井身结构抗腐蚀强度,在产能允许的条件下,可适当提高气藏的采气速度;低渗透气藏则要根据经济合理的井数,确定可能达到的采气速度。

3. 资源及管网系统

若气藏处在气区,且资源丰富,当全气区已形成管网系统时,气藏采气速度可以较高,一般为5%左右;若气藏为单独供气,则应按照用户对稳产供气年限的要求,确定合理的采气速度。

总的说来,气藏合理的采气速度是以储量为基础,在现有的开采技术条件下,尽可能满足国家和社会对天然气的需求,使气藏开采具有一定的规模和稳产期,有较高的采收率,能获得最佳的经济效益和社会效益[20]。

根据以上原则,结合黄龙场飞仙关组高含硫气藏实际情况,设计了以下四套方案。

方案一:储层发育区布两口井(黄龙009-H1、黄龙009-H2井),开发规模 $90\times10^4\mathrm{m}^3/\mathrm{d}$,采气速度3.5%。

方案二:储层发育区布两口井(黄龙009-H1、黄龙009-H2井),开发规模 $104\times10^4\mathrm{m}^3/\mathrm{d}$,采气速度4.0%。

方案三:储层发育区布三口井(黄龙009-H1、黄龙009-H2、黄龙009-H3井),开发规模 $116\times10^4\mathrm{m}^3/\mathrm{d}$,采气速度4.5%。

方案四:储层发育区布三口井(黄龙009-H1、黄龙009-H2、黄龙009-H3井),开发规模 $130\times10^4\mathrm{m}^3/\mathrm{d}$,采气速度5.0%。

以上每种方案的单井配产 $33\times10^4\sim62\times10^4\mathrm{m}^3/\mathrm{d}$,见表8-10。

表8-10 黄龙场飞仙关组高含硫气藏开发指标对比表

方案	井数/口	单井配产/($10^4\mathrm{m}^3/\mathrm{d}$) 黄龙009-H1	黄龙009-H2	黄龙009-H3(建议井)	总产气量/($10^4\mathrm{m}^3/\mathrm{d}$)	采气速度/%
一	2	54	36	—	90	3.5
二	2	62	42	—	104	4.0
三	3	50	33	33	116	4.5
四	3	56	37	37	130	5.0

三、开发调整方案指标预测

方案一:两口生产井,采气速度3.5%,稳产期年产量 $2.97\times10^8\mathrm{m}^3$,日产气量 $90\times10^4\mathrm{m}^3$,稳产时间11.0年,稳产期内采出程度38.99%,预测20年后期末采出程度50.85%(图8-46)。

方案二:两口生产井,采气速度4.0%,稳产期年产量 $3.432\times10^8\mathrm{m}^3$,日产气量 $104\times10^4\mathrm{m}^3$,稳产时间9.0年,稳产期内采出程度36.26%,预测20年后期末采出程度51.38%(图8-47)。

方案三:三口生产井,采气速度4.5%,稳产期年产量 $3.838\times10^8\mathrm{m}^3$,日产气量 $116\times10^4\mathrm{m}^3$,稳产时间14.2年,稳产期内采出程度62.32%,预测20年后期末采出程度73.62%(图8-48)。

方案四:三口生产井,采气速度5.0%,稳产期年产量 $4.29\times10^8\mathrm{m}^3$,日产气量 $130\times10^4\mathrm{m}^3$,稳产时间12.5年,稳产期内采出程度61.34%,预测20年后期末采出程度74.74%(图8-49)。

各开发方案指标预测如表 8-11、图 8-50、图 8-51 所示。方案对比结果表明：方案一比方案二的稳产时间长，采出程度相差较小；方案三比方案四的稳产时间长，采出程度相差较小。三口生产井方案比两口生产井方案的采收率提高了约 20%。推荐较优的方案三：三口生产井，产量规模 $116\times10^4\mathrm{m}^3/\mathrm{d}$、采气速度 4.5%、稳产 14 年、预测期末采出程度 73.62%，基本不产水，其开发指标如表 8-12 所示。

表 8-11 黄龙场飞仙关组高含硫气藏开发指标对比表

	方案	一	二	三	四
	采气速度/%	3.5	4.0	4.5	5.0
	水平井数/口	2	2	3	3
稳产期末开发指标	稳产年限/a	11	9	14.2	12.5
	日产气/$10^4\mathrm{m}^3$	90	104	116	130
	年产气/$10^8\mathrm{m}^3$	2.97	3.432	3.838	4.29
	累产气/$10^8\mathrm{m}^3$	33.299	30.963	53.225	52.386
	采出程度/%	38.99	36.26	62.32	61.34
预测期末开发指标	预测期末/a	20	20	20	20
	日产气/$10^4\mathrm{m}^3$	16.96	15.97	20.74	17.69
	累产气/$10^8\mathrm{m}^3$	43.427	43.881	62.868	63.826
	采出程度/%	50.85	51.38	73.62	74.74
	地层压力/MPa	18.75	18.54	10.1	9.7

表 8-12 黄龙场飞仙关组高含硫气藏开发指标情况表（优选方案三）

年份	$Q_g/(10^4\mathrm{m}^3/\mathrm{d})$	$Q_w/(\mathrm{m}^3/\mathrm{d})$	$G_p/10^8\mathrm{m}^3$	W_p/m^3
2016	41	0.024	2.403	10
2017	116	0.089	6.214	39
2018	116	0.148	10.024	88
2019	116	0.202	13.835	154
2020	116	0.256	17.656	239
2021	116	0.310	21.467	341
2022	116	0.368	25.277	463
2023	116	0.434	29.088	606
2024	116	0.511	32.909	774
2025	116	0.602	36.719	973
2026	116	0.721	40.530	1211
2027	116	0.877	44.341	1501
2028	116	1.094	48.162	1862
2029	116	1.360	51.972	2310
2030	97	1.230	55.174	2716
2031	63	0.770	57.255	2970
2032	47	0.572	58.820	3159
2033	38	0.460	60.083	3311

第八章 开发调整潜力评价及治水对策研究

续表

年份	Q_g/(10^4m^3/d)	Q_w/(m³/d)	G_p/10^8m³	W_p/m³
2034	32	0.389	61.147	3439
2035	28	0.338	62.064	3551
2036	24	0.299	62.868	3649

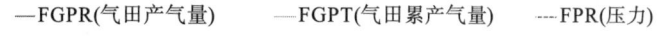

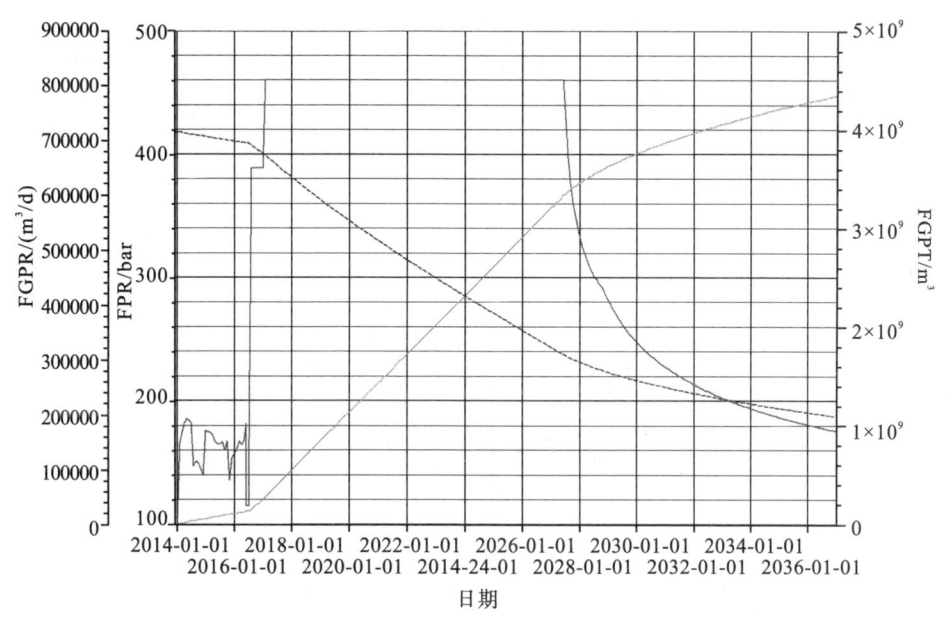

图 8-46 黄龙场飞仙关组高含硫气藏方案一采气情况预测图

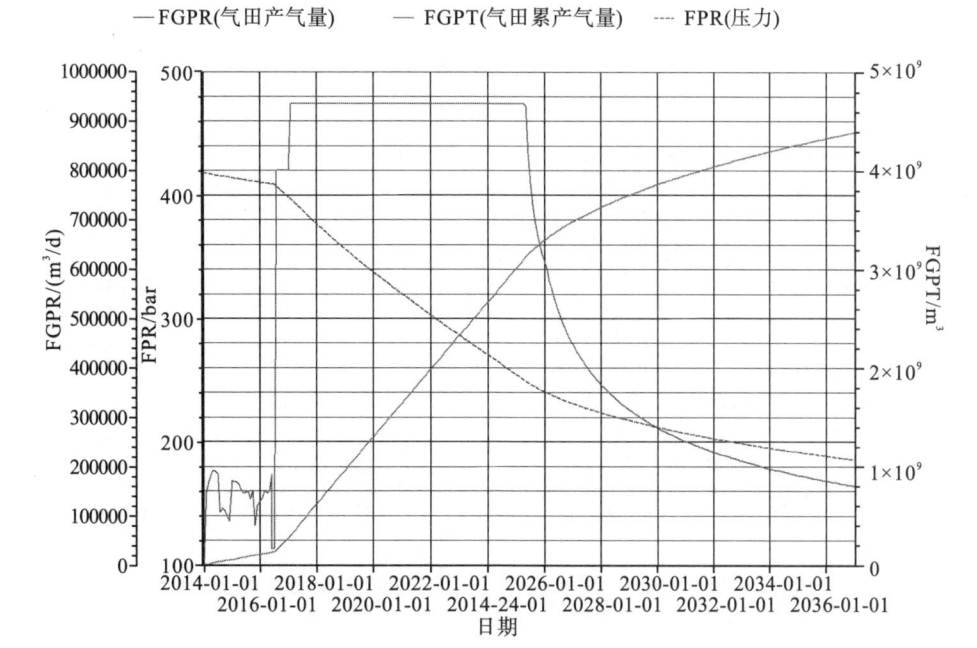

图 8-47 黄龙场飞仙关组高含硫气藏方案二采气情况预测图

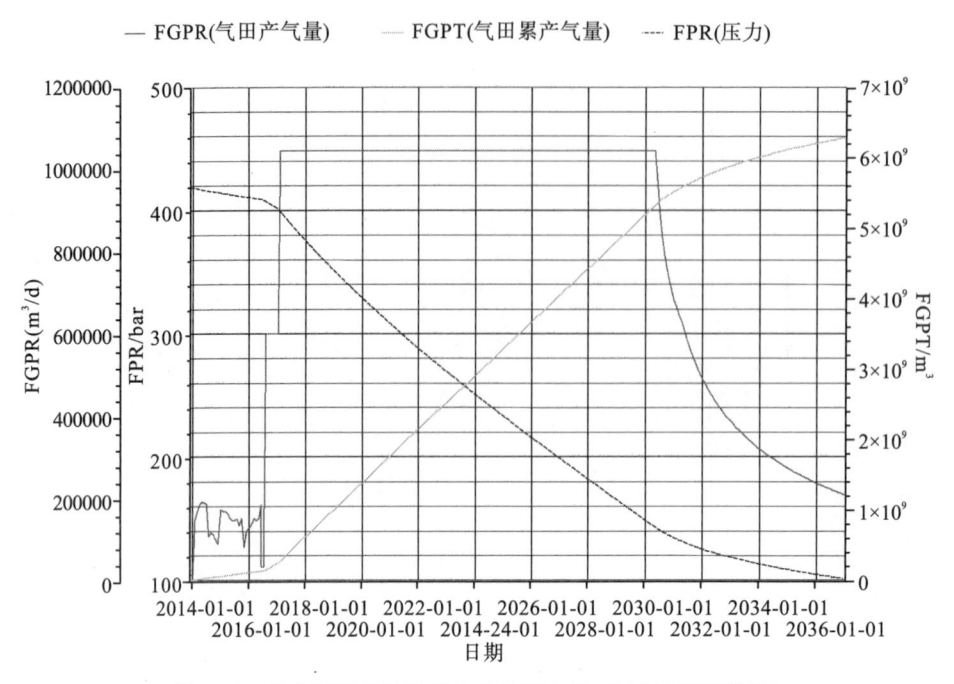

图 8-48　黄龙场飞仙关组高含硫气藏方案三采气情况预测图

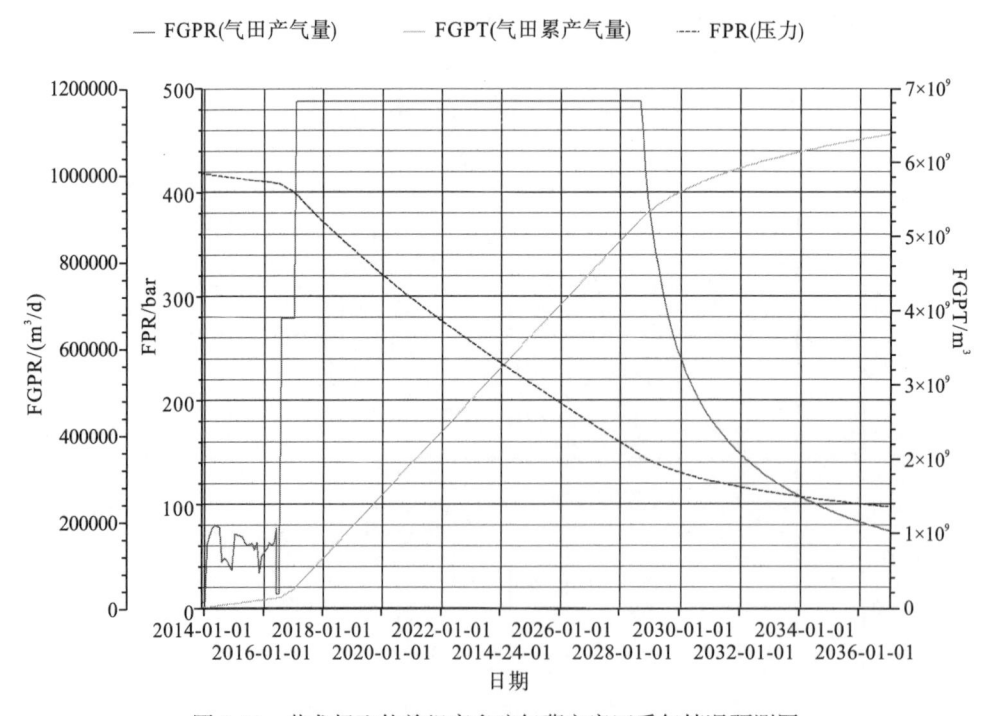

图 8-49　黄龙场飞仙关组高含硫气藏方案四采气情况预测图

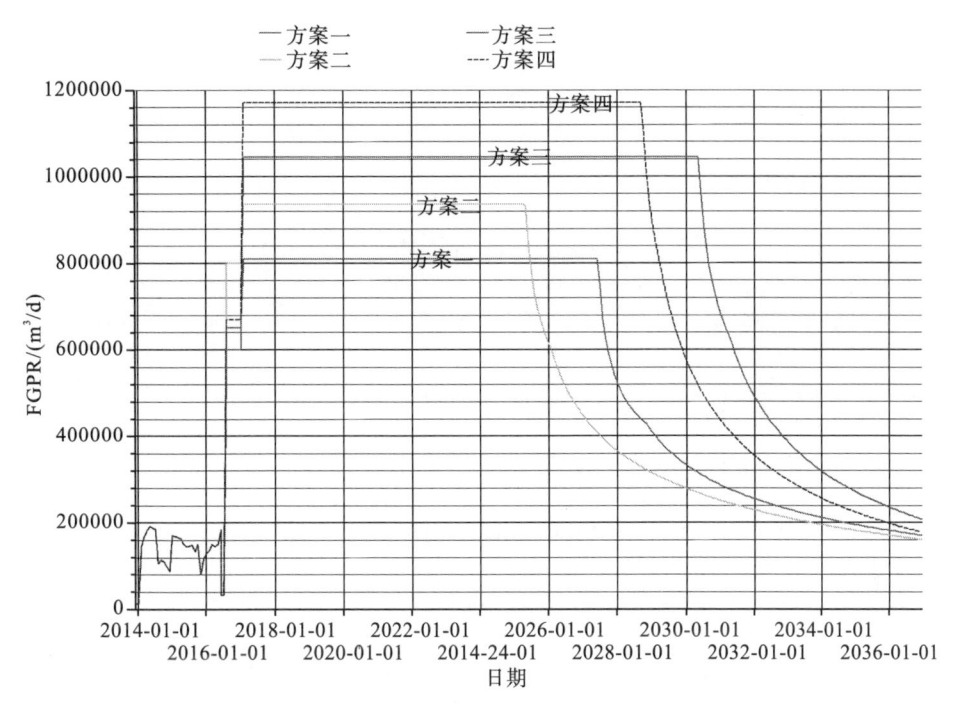

第八章 开发调整潜力评价及治水对策研究

图 8-50 黄龙场飞仙关组高含硫气藏不同方案日产气量预测对比图

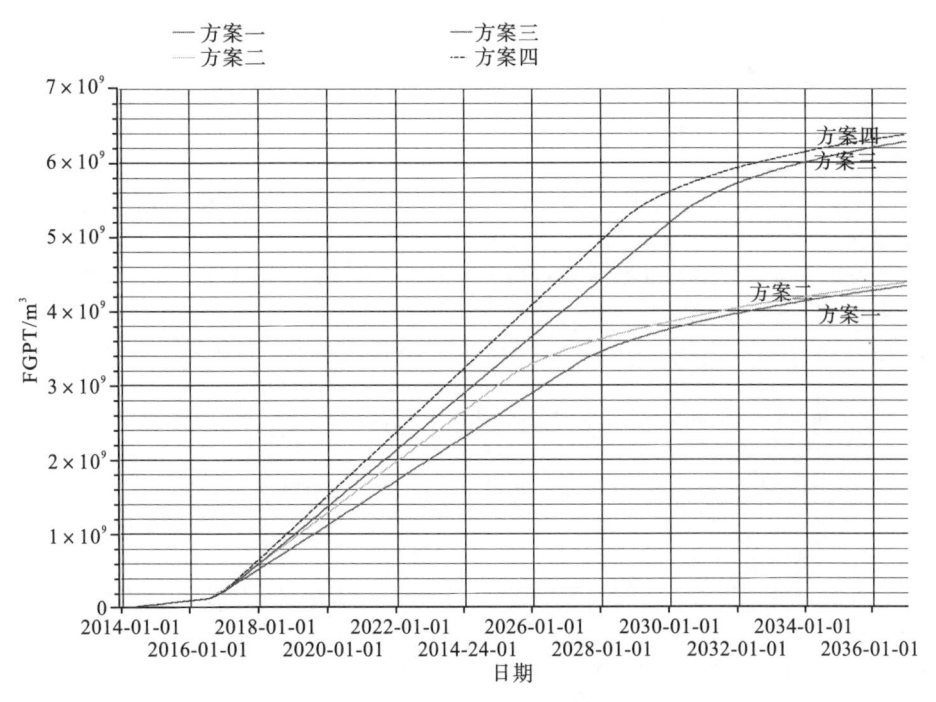

图 8-51 黄龙场飞仙关组高含硫气藏不同方案累产气量预测对比图

参 考 文 献

[1] 刘义成，朱晓惠，杨洪志，等. 川东北黄龙场构造气藏精细描述研究[R]. 中国石油西南油气田分公司勘探开发研究院，2006.

[2] 朱晓惠，曾令卓，刘义成，等. 黄龙场—符家坡气田开发方案[R]. 中国石油西南油气田分公司勘探开发研究院，2008.

[3] 徐昌海，郑伟，赵益，等. 黄龙场区块飞仙关组开发潜力评价及井位目标选择[R]. 中国石油西南油气田公司勘探开发研究院，2014.

[4] 蒋东，曹刚，任洪明，等. 黄龙场区块飞仙关组气藏滚动勘探开发方案[R]. 中国石油西南油气田公司川东北气矿，2015.

[5] 任洪明，于希南，王祖静，等. 黄龙场区块长兴组气藏跟踪评价研究[R]. 中国石油西南油气田分公司川东北气矿，2015.

[6] 马永生，牟传龙，郭彤楼，等. 四川盆地东北部飞仙关组层序地层与储层分布[J]. 矿物岩石，2005，25(4)：73-79.

[7] 刘均，戚志林，袁迎中，等. 黄龙场区块飞仙关高含硫气藏跟踪评价研究[R]. 中国石油西南油气田分公司川东北气矿，2014.

[8] 刘建强，罗冰，谭秀成，等. 川东北地区飞仙关组台缘带鲕滩分布规律[J]. 中国地质大学学报，2012，37(4)：805-812.

[9] 何鲤，罗潇，刘莉萍，等. 试论四川盆地晚二叠世沉积环境与礁滩分布[J]. 天然气工业，2008，28(1)：28-32.

[10] 吴亚生，范嘉松. 生物礁的定义和分类[J]. 石油与天然气地质，1991，12(3)：346-349.

[11] 彭军，谭秀成，刘宏，等. 黄龙场飞仙关组成藏条件及评层选井研究[R]. 西南石油大学，2006.

[12] 贺振华，蒲勇，熊晓军，等. 川东北长兴-飞仙关组礁滩储层的三维地震识别[J]. 物探化探计算技术，2009，31(1)：1-5.

[13] 李小燕，王琪，韩元红，等. 川东北地区长兴组-飞仙关组礁滩相沉积体系优质储层形成过程及储集空间演化主控因素分析[J]. 天然气地球科学，2014，25(10)：1594-1602.

[14] 蒋东，谭秀成，罗冰，等. 川东北地区长兴生物礁成藏条件研究及勘探目标评选[R]. 中国石油西南油气田分公司川东北气矿，2009.

[15] 蒋志斌，王兴志，张帆，等. 四川盆地北部长兴组—飞仙关组礁、滩分布及其控制因素[J]. 中国地质，2008，35(5)：940-950.

[16] 王瑞华，谭钦银，牟传龙，等. 川东北地区飞仙关组鲕滩储层的主控因素[J]. 石油天然气学报，2011，33(9)：37-42.

[17] 任阳，顾红卫，贺洪举，等. 罗家寨气田黄龙场区块长兴组天然气探明储量复算报告[R]. 中国石油天然气股份有限公司，2012.

[18] 钟孚勋. 气藏工程[M]. 北京：石油工业出版社，2001.

[19] 冯曦，钟孚勋，王浩，等. 评价川东北飞仙关组气藏大产量气井产能的改进一点法[J]. 天然气工业，2005，25(增刊)：107-109.

[20] 王阳，唐钢. 罗家寨构造飞仙关组高含硫气藏合理产能与采气速度研究[R]. 中国石油西南油气田分公司勘探开发研究院，2004.

[21] 李治平，邹云龙，青永固. 气藏动态分析与预测方法[M]. 北京：石油工业出版社，2002.

[22] 程时清，杨秀祥，谢林峰，等. 物质平衡法分区计算定容气藏动储量和压力[J]. 石油钻探技术，2007，35(3)：66-68.

[23] 戴勇，邱恩波，石新朴，等. 克拉美丽火山岩气田水侵机理及治理对策[J]. 新疆石油地质，2014，35(6)：694-698.

[24] 冯曦，钟兵，杨学锋，等. 有效治理气藏开发过程中水侵影响的问题及认识[J]. 天然气工业，2015，35(2)：35-40.

[25] 刘华勋，任东，高树生，等. 边、底水气藏水侵机理与开发对策[J]. 天然气工业，2015，35(2)：47-53.